中国古代建筑历史图说

侯幼彬　李婉贞　编

中国建筑工业出版社

图书在版编目（CIP）数据

中国古代建筑历史图说/侯幼彬，李婉贞编．—北京：
中国建筑工业出版社，2002（2025.9重印）
ISBN 978-7-112-05220-2

Ⅰ.中… Ⅱ.①侯… ②李… Ⅲ.建筑史-中
国-古代-图集 Ⅳ.TU-092

中国版本图书馆 CIP 数据核字（2002）第 055764 号

　　本书以中国古代建筑体系发展进程为脉络，详述从原始建筑、夏商周建筑、秦汉建筑，直至明清建筑以及延续传统的近代乡土建筑的发展历程和活动特点。对各个历史时期有代表性的城市、建筑实例和技术、艺术成就，采取列词条的写作体例，分项逐条展开深入细致的阐述。全书精选墨线图 500 多幅，史料翔实，图文并茂。文字阐述简练精要，版面编排紧凑充实，学科信息浓缩密集，是建筑院校学生学习中国建筑史课程的对口参考用书，也是建筑学专业与城市规划、环境艺术等相关专业研究生应试和注册建筑师资格考试的重要参考书。本书也可以作为文化、艺术、旅游等部门的广大读者学习中国古代建筑遗产的知识读物。

中国古代建筑历史图说

侯幼彬　李婉贞　编

＊

中国建筑工业出版社出版、发行（北京海淀三里河路 9 号）
各地新华书店、建筑书店经销
建工社（河北）印刷有限公司印刷

＊

开本：787×1092 毫米　1/12　印张：19　字数：384 千字
2002 年 11 月第一版　　2025 年 9 月第三十八次印刷
定价：**59.00** 元
ISBN 978-7-112-05220-2
　　　　（33393）

目　　录

1 原始建筑

(远古至公元前 2070 年)

　　中国古代建筑，与古代埃及建筑、古代西亚建筑、古代印度建筑、古代爱琴海建筑、古代美洲建筑一样，是世界六支原生的古老建筑体系之一。大约在 10000 年前，中国进入新石器时代后，原始先民的定居生活促进了住房的营建，中国原始建筑不仅集中显现于华夏文明中心的中原大地，而且在北方古文化、南方古文化的许多地域，留下了重要遗迹。发现于内蒙古赤峰敖汉旗的兴隆洼遗址，是距今 8000 年前的原始村落。这里发掘出半穴居房址 170 余座，都是井然有序地成行分布，最大的房址面积达 140 平方米。这个被誉为"华夏第一村"的遗址，显示出北方古文化的悠久建筑历史。南方古文化的建筑，也由于余姚河姆渡遗址的发掘而引人注目。这里发掘出新石器时代的干阑建筑遗存，在石制、骨制、角制、木制的工具条件下，已能采用榫卯结合，并已具备多种榫卯类别，表明早在 7000 年前，长江下游和杭州湾地区的木结构已达到惊人的技术水平。据古代文献记载，中国原始建筑存在着"构木为巢"的"巢居"和"穴而处"的"穴居"两种主要构筑方式。这两种原始构筑方式，既有"下者为巢，上者为营窟"（地势低下而潮湿的地区作巢居，地势高上而干燥的地区作穴居）的记载，也有"冬则居营窟，夏则居橧巢"的记载，反映出不同地段的高低、干湿和不同季节的气温、气候对原始建筑方式的制约。原始建筑遗迹显示，中国早期建筑的确存在着建筑考古学家杨鸿勋所指出的"巢居发展序列"和"穴居发展序列"，前者经历了由单树巢、多树巢向干阑建筑的演变，后者经历了由原始横穴、深袋穴、半穴居向地面建筑的演变。值得注意的是，这两个序列的演进，在母系氏族公社时期均已完成。到父系氏族公社时期，半穴居并没有消失，盛行一种适应父系小家庭居住的吕字形的半穴居。

　　原始建筑是中国土木相结合的建筑体系发展的技术渊源。穴居发展序列所积累的土木混合构筑方式成为跨入文明门槛的夏商之际直系延承的建筑文化，自然成了木构架建筑生成的主要技术渊源。巢居发展序列所积累的木构技术经验，也通过文明初始期的文化交流，成为木构架建筑生成的另一技术渊源。原始建筑的空间组织也有长足的进展。半坡 F24 的规整柱网，已是后来木构架建筑"一明两暗"基本型的萌芽；半坡 F1 的"一堂三室"格局，兼备首领居所和公共集会的功能，是已知最早的"前堂后室"实例。而辽宁建平县牛河梁的女神庙遗址，已呈多重空间组合，庙内有相当于真人大小的泥塑女像，并有墙面彩绘和线脚装饰；甘肃秦安大地湾 F901，更以完整的、带有前堂、后室、两旁、两夹的平面，显现出"夏后氏世室"的雏型，生动地展示出华夏文明过渡期的建筑风采，散射出文明建筑的曙光。

1.1 原始建筑活动

1.1.1 哈尔滨阎家岗兽骨圆屋遗址

哈尔滨阎家岗古营地遗址，发掘出两个由动物骨骼化石围成的半圆圈和大半圆圈遗址。图示是半圆圈遗址的骨骼排布，弧的残长约 5 米，宽 0.4～0.6 米，边壁较整齐，内壁比外壁平直。骨骼之间以砂质粘土填充、粘结。有的考古学者推断该遗迹应是兽骨构筑的房屋。我国旧石器时代的先民主要以天然山洞为住所，迟迟未发现旧石器时代人工建筑的痕迹。如果这两个遗址能断定为距今 22000 年的、旧石器时代晚期的兽骨圆屋的话，那就是已知华夏最早的建筑遗存。

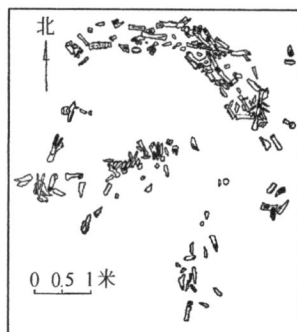

1.1.2 青铜錞于上的象形文字

古代文献有"构木为巢"的记述，可知中国原始建筑存在着"巢居"的构筑方式，但巢居难有遗存。四川出土的青铜錞于，器上的象形文字中有一个双树夹一悬空房屋的形象，杨鸿勋释为"巢居"的象形字。它很像是在两棵树或四棵树上架屋的"多树巢"，为我们留下了巢居的生动形象。

1.1.3 甲骨文中的"京"字

甲骨文中的"京"字，像架立桩柱提升居住面的建筑形象。《家语·问礼篇》注曰："有柴谓橧，在树曰巢"。可见这个"京"字，画的正是用"柴"支撑起来的"橧"，也就是干阑建筑的形象。

1.1.4 河姆渡遗址的干阑建筑构件

浙江余姚河姆渡遗址的第四文化层，发现大量距今 6900 年的圆桩、方桩、板桩以及梁、柱、地板之类的木构件。排桩显示至少有 3 栋以上干阑长屋，长屋不完全长度有 23 米，宽度约 7 米，室内面积达 160 平方米以上。这些长屋坐落在沼泽边沿，地段泥泞，因而采用干阑的构筑方式。在没有金属工具，只能用石、骨、角、木的原始工具条件下，这些构件居然做出梁头榫、柱头榫、柱脚榫等等各种榫卯，有的榫头还带梢孔，厚木地板还做出企口。它有力地显示出长江下游地区木作技术的突出成就，标志着巢居发展序列已完成向干阑建筑的过渡。

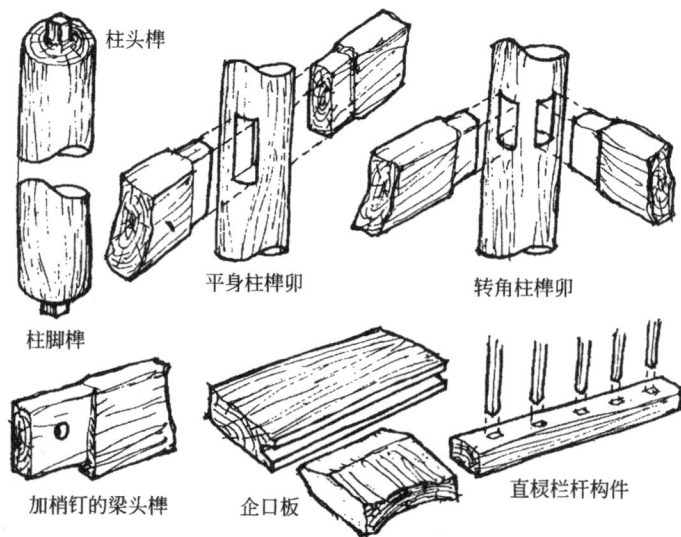

1.1.1 哈尔滨阎家岗骨骼建筑遗址

1.1.2 四川出土的青铜錞于上的象形文字

1.1.3 甲骨文中的"京"字

柱头榫　平身柱榫卯　转角柱榫卯

柱脚榫

加梢钉的梁头榫　企口板　直棂栏杆构件

1.1.4 余姚河姆渡遗址的干阑建筑构件

1	原始横穴			宁夏海原林子梁遗址 F13 利用坡地削出崖壁，横挖窑室。居住面呈马蹄形，面积约 25 平方米，顶部为穹窿顶，入口作筒拱门洞。椭圆形灶面长径达 2.2 米，穴壁有密集的松明灯孔。此穴应是集体活动场所
2	深袋穴			河南偃师汤泉沟遗址 H6 可能是居住空间或窖藏，穴形呈袋状，穴深超过一人高度。据穴底、穴壁的洞迹，可知设有兼作登梯和支柱的梯架，顶盖复原采用斜架橼木，覆茅草、树叶的低级茅茨
3	半穴居	圆形		洛阳孙旗屯半穴居遗址 穴口内收，呈袋形半穴，穴底有火台，无柱洞痕迹，未施中心柱，穴顶当系斜橼向心构架，据穴内堆积，顶盖可能用树枝、茅草铺装
		方形、长方形		西安半坡遗址 F21 穴直壁，深约 50～100 厘米，属直壁半穴居。据穴底柱洞，复原为四根栽柱，上加四根大叉手，构成方锥形顶盖。穴底、穴壁抹面经烧烤防潮，入口门道设大叉手雨篷
		吕字形		西安客省庄龙山文化半穴居遗址 平面为吕字形，呈双室相连的套间式半穴居。内室与外室均有烧火面，外室设有窖穴，供家庭储藏，套间的布置反映出以父系小家庭为单位的住居生活。穴内设窖的做法，是私有观念的展露

1.1.5 穴居的三种形态

1.1.5 穴居的三种形态

穴居可粗分为原始横穴、深袋穴和半穴居三种类别。穴居的发展经历了从原始横穴、深袋穴、袋形半穴居、直壁半穴居最后上升到地面建筑的演进过程。这个过程在母系氏族公社时期已经完成。深袋穴的穴口内收呈袋状，是因为当时的工程难点在于穴顶，缩小穴口是为了减小穴顶的跨度。袋形半穴居仍沿袭袋状的缩小穴口，到穴顶有了立柱的支撑，可加大跨度，半穴居也进展到直壁。从深穴到半穴居，意味着居住面上升的功能改善，意味着土木相结合的构筑方式，从以土为主逐渐向以木为主的方向过渡。吕字形的半穴居出现于父系氏族公社时期，它以双室相连的套间为特征，这是一夫一妻及其子女的父系家庭人口增多的需要。穴内设自家的窖穴，是私有观念的展露。

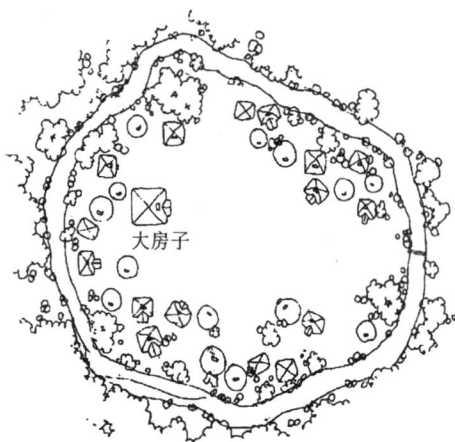

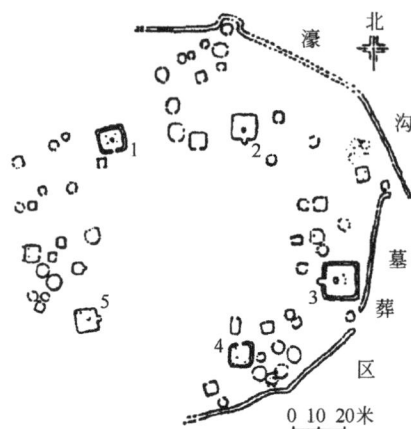

1.1.6　西安半坡聚落遗址

1.1.7　临潼姜寨聚落遗址

1.1.6　西安半坡聚落遗址复原示意

　　半坡聚落属新石器时代仰韶文化遗址，年代约公元前4800～4300年。遗址分居住、陶窑、墓葬三区。居住区约3万平方米，周边有壕沟环绕，住房围绕广场布置，早期多是方形半穴居，晚期有方、圆两种地面建筑，这些当是母系氏族成年妇女过对偶生活的住房。有一座面向广场的半穴居大房子，推测是氏族首领、氏族老幼成员的住所和氏族聚会的场所。

1.1.7　临潼姜寨聚落遗址示意

　　属仰韶文化遗址。居住区内有中心广场，周围分布5组共100多座房屋，每组以一座大房子为核心，各有十几座或二十几座穴居、半穴居或地面房屋簇拥，门均朝向中心广场。这里可能居住着若干氏族组成的一个胞族或一个较小的部落。

透视

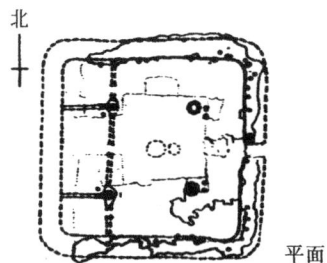

平面

1.1.8　西安半坡F1大房子

　　大房子为方形半穴居，位于聚落广场西侧，入口朝东、面向广场。平面略呈方形，东西10.5米，南北10.8米。泥墙厚90～130厘米，高约50厘米。据杨鸿勋复原，大房子内部有4根中心柱。西边两中心柱残存"泥圈"显示有隔墙痕迹，因而其平面呈前部（东部）一个大空间，后部（西部）三个小空间的格局。这是现在已知的最早的"前堂后室"布局。大空间的前堂当是氏族成员聚会和举行仪式的场所，三间后室可能是氏族首领的住所与老弱病残的集体宿舍。

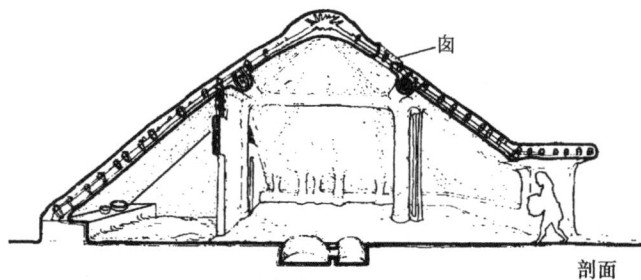

剖面

1.1.8　西安半坡遗址F1大房子(杨鸿勋复原)

4

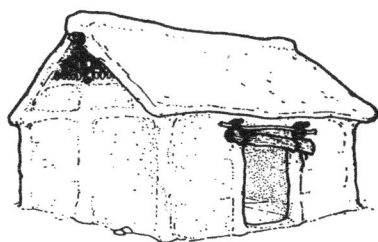

复原外观

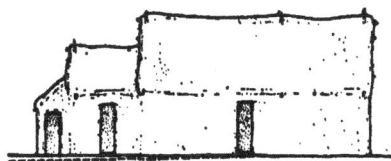

北立面

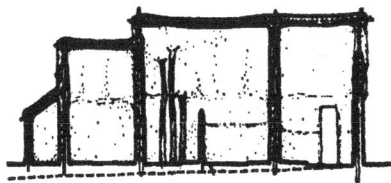

纵剖面

遗址平面

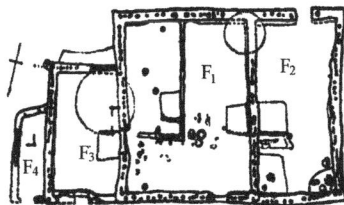

遗址平面

1.1.10 郑州大河村遗址 F1—4（杨鸿勋复原）

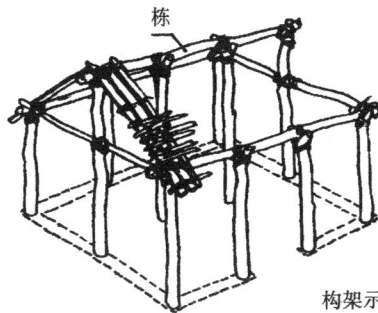

构架示意

1.1.9 西安半坡遗址 F24（杨鸿勋复原）

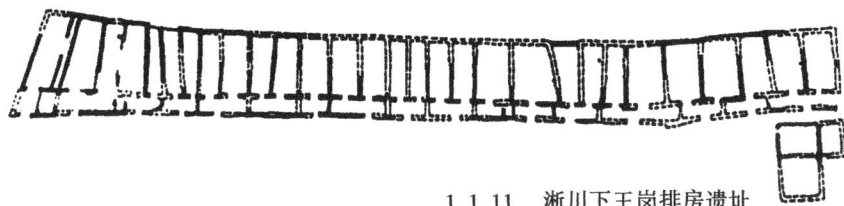

1.1.11 淅川下王岗排房遗址

1.1.9 西安半坡 F24

已是明确的地面建筑。遗址柱洞有显著的大小差别，分化出承重大柱和木骨排柱 。12 根大柱洞组成较为规整的柱网，显现出"间"的雏形。它标志着中国以间架为单位的木构框架体系已趋形成。中间一列四个柱洞大致在一直线上，反映出脊檩已伸到两山，即四柱等高。据此杨鸿勋将此屋复原为南北两坡的屋盖，把排烟通风口设在山尖上。室内未见沟漕和小柱洞墙基，可知室内无隔墙。此屋的三开间柱网已显露出木构架建筑"一明两暗"基本型的滥觞。

1.1.10 郑州大河村 F1～4

是仰韶文化晚期遗存 ，为四室连间的地面建筑。F1、F2 是一完整建筑，F1 内带一套间。后增建 F3，再增建 F4，两次增建跨度递减。据此杨鸿勋复原为递落的屋盖。遗址大部分墙体还保存一定高度，最高达

1 米左右 。此房屋未见大柱洞 ，采用的是木骨泥墙，即在墙基沟漕中立木排柱，排柱间用苇束填充，并以横木棍或苇束扎结固定，内外侧抹草泥面层，并经烧烤成硬面。地面为沙质土抹光烧烤，屋盖为椽木上施泥背屋面。此房址表明地面建筑已从单间型向多间型演进，反映出仰韶文化向龙山文化的过渡。

1.1.11 淅川下王岗排房遗址

现已发现郑州大河村、禹县谷水河、淅川下王岗和蒙城尉迟寺 4 处排房式建筑遗址。前三处属仰韶文化晚期，后一处属大汶口文化晚期，均已进入父系氏族社会。下王岗排房长屋东西 29 间 ，东端向南拐出 3 间，长屋以隔墙分成 20 个单元房。每个单元房由一、二间外间与一、二间内间组成，是一个父系小家庭的住所。这座长屋像一条父系血缘纽带，将众多的父系小家庭紧紧地连结在一起。

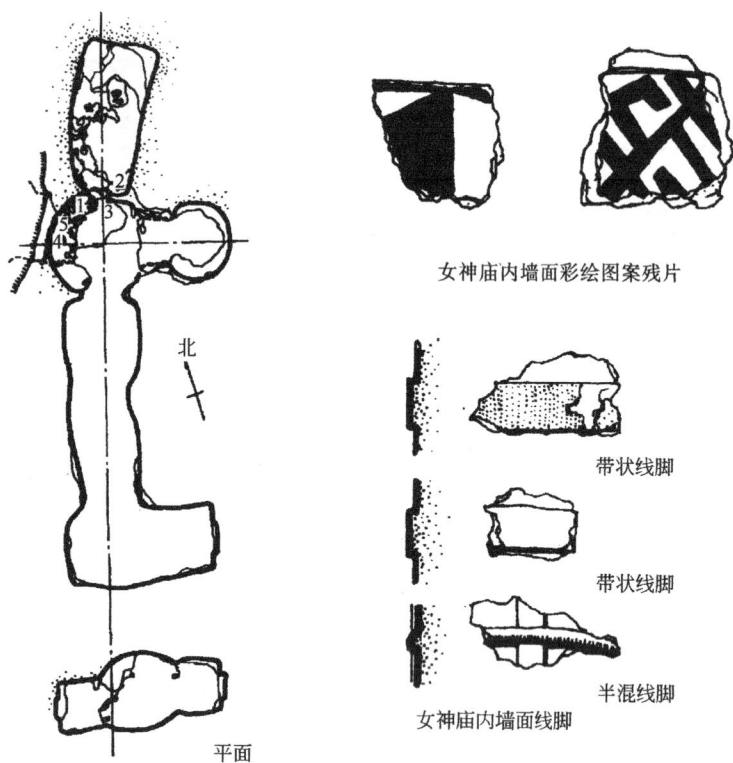

女神庙内墙面彩绘图案残片

带状线脚

带状线脚

半混线脚

女神庙内墙面线脚

平面

1.2.1　建平县牛河梁女神庙遗址

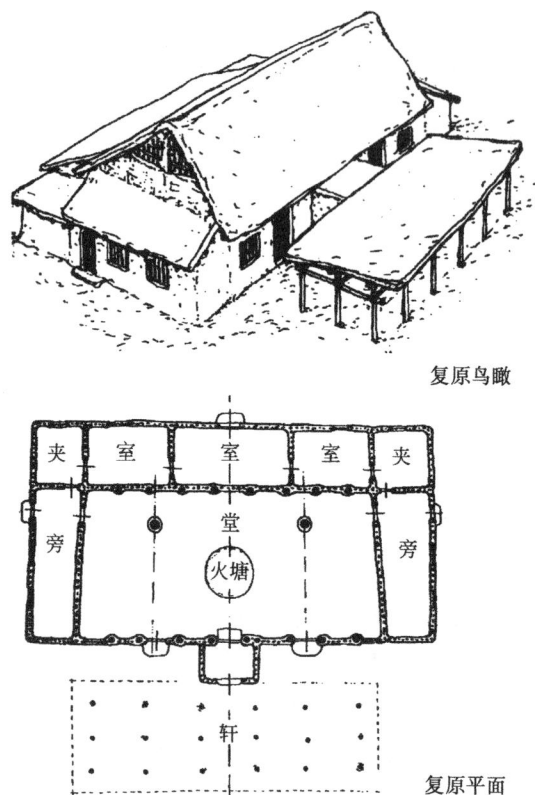

复原鸟瞰

复原平面

1.2.2　秦安大地湾遗址 F901（杨鸿勋复原）

1.2　文明过渡期的建筑风采

公元前 2070 年，夏王朝的建立宣告华夏文明时代的诞生。但文明时代并非一蹴而就，在这之前存在着一个"文明过渡期"，学术界称之为"文明的曙光"、"文明的黎明"。中国的北方古文化、中原古文化都已发现闪烁着文明曙光的重要建筑遗址。

1.2.1　辽西牛河梁女神庙遗址

女神庙遗址属红山文化，距今约 5000 年。它位于辽宁建平县牛河梁北山丘顶，由一个多室的主体建筑和一个单室的辅助建筑构成。建筑遗址内出土泥塑人像、动物塑像和陶祭器等。人像相当真人大小，形象逼真。墙体用原木骨架结扎草筋，内外敷泥，表面压光而成。主体建筑既有中心主室，又向外分出多室，形成一个有中心的、多重空间组合的平面。其墙面已施彩绘，并做

出线脚。这个遗址是国内至今发现的最早的祭祀建筑，生动地展现出文明曙光的建筑风采。它出现在远离中原的辽西地域，是华夏文明多源头的有力佐证。

1.2.2　秦安大地湾遗址 F901（杨鸿勋复原）

是距今约 5000 年的仰韶文化晚期遗址。房址以梯形的主室为中心，主室左右有侧室残迹，后部有后室残迹。主室前墙辟三门，中门出门斗，门前有与主室等宽的三列柱迹。杨鸿勋据此将房址复原为前堂后室，两侧带两"旁"、两"夹"的平面。这座房址是聚落中体量最大的建筑，又位于聚落中心，主室内有径长达 2.6 米的大火塘，有很气派的三门和前轩，表明它应是当时酋邦部落的中心建筑，前部堂、轩用于聚会、庆典，后室、旁、夹用作首领住所。其形式上是"前堂后室"，功能上是"前朝后寝"，平面布局已呈现"夏后氏世室"的初级宫殿雏形，是很典型的反映文明曙光的建筑风貌。

2 夏、商、周建筑

（公元前 2070 年～前 221 年）

夏　　（公元前 2070 年～前 1600 年）

商　　（公元前 1600 年～前 1046 年）

西周　（公元前 1046 年～前 771 年）

东周　（春秋：公元前 770 年～前 476 年

　　　　战国：公元前 475 年～前 221 年）

中国第一个王朝——夏朝的建立，标志着中国跨入了"文明时代"，进入了奴隶社会。奴隶制在中国经历了一千六百多年，大约从战国开始，过渡到封建社会。

《史记·轩辕本纪》有黄帝"筑城邑"的记载，《竹书纪年》有"夏桀作琼宫瑶台，殚百姓之财"的记述。现在考古已发现了两处夏代城址和两座夏代宫殿遗址。中华文明初始期的建筑踪迹，已经可以通过遗址的发掘来追寻。

商周时期创造了灿烂夺目的青铜文化，并进而完成了由青铜时代向早期铁器时代的转变。社会形态和经济生活的发展鲜明地反映在当时的城市，特别是作为国家象征和社会政治、经济、文化中心的都城中。从夏商都城到东周列国都城，可以看出中国城市的两种形态——"择中型"布局和"因势型"布局均已出现；以小城作宫城，以大城（郭城）划分里坊的封闭性都城格局，已具雏型。

夏、商、周三代的中心地区都在黄河中下游，属湿陷性黄土地带。承继原始穴居和干阑的营造经验，华夏先民突出地发展了夯土技术。在大型建筑工程中，把木构技术与夯土技术相结合，形成了"茅茨土阶"的构筑方式。晚夏的二里头宫殿遗址充分展示了这一点。西周的凤雏宫殿、召陈宫殿进一步将"茅茨"演进为"瓦屋"，奠定了中国建筑以土、木、瓦、石为基本用材的悠久传统。春秋、战国时期盛行台榭建筑，推出了以阶梯形土台为核心、逐层架立木构房屋的一种土木结合的新方式，把简易技术建造大体量建筑的潜能发挥到极致。

本时期是中国木构架建筑体系的奠定期。夯土技术已达到成熟阶段；木构榫卯已十分精巧；梁柱构架已在柱间用阑额，柱上用斗，开启运用斗栱之滥觞；组群空间的庭院式布局已经形成，既有体现"门堂之制"的廊院，也出现了纵深串联的合院。中国木构架建筑体系的许多特点，均已初见端倪。

2.1 城市的早期发展

原始社会晚期已出现城垣，主要用于防避野兽侵害和其他部族侵袭。进入奴隶社会后，城垣的性质起了变化，"筑城以卫君，造郭以守民"，城起着保护国君、看守国人的职能。文献记载夏代从禹开始，曾先后在阳城、斟鄩、安邑等地建都。现在河南登封王城岗发掘出一座距今约四千年的城堡遗址，可能就是夏代初期的阳城。在山西夏县东下冯村发现一座相当于夏代的城址，其地理位置与夏都安邑颇吻合。河南偃师二里头遗址的所在地，也有学者认为是夏都之一的斟鄩，其城垣遗址尚未探明。

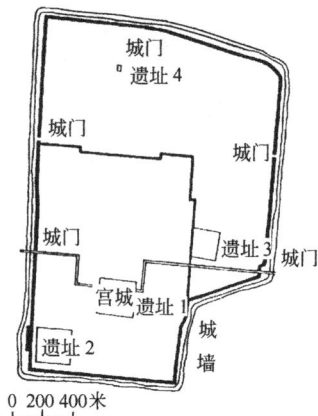

2.1.1 偃师尸乡沟商城遗址

2.1.1 河南偃师尸乡沟商城遗址

早商城址，可能就是商汤灭夏建都于亳的"西亳"城址。分外城、内城、宫城。宫城位于内城南北轴线上，布局颇规整。宫城内已发掘出宫殿遗址，均为庭院式布局，其主殿长达 90 米，是迄今所知最宏大的早商单体建筑基址。

2.1.2 郑州商城遗址

也属早商遗址，其始建年代与偃师商城基本相同或略有先后。夯土城垣周长近 7 公里。城内东北部有夯土的大面积宫殿基址，夯层匀平，夯土技术已达到成熟阶段。城外分布有铸铜、制陶、制骨等作坊遗址。

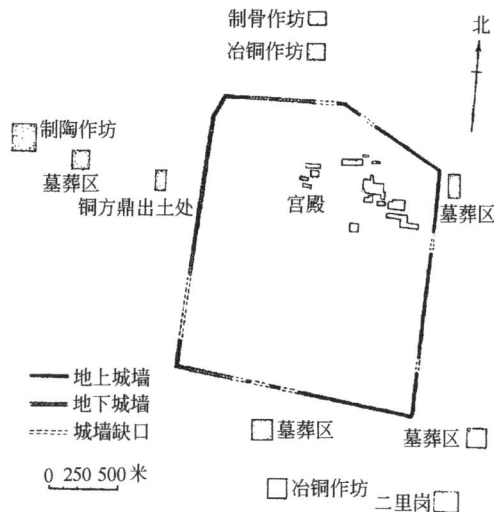

2.1.2 郑州商城遗址

2.1.3 《三礼图》中的周王城图

战国初期的著作《考工记》记载周王城的制度是：方形，每面长 9 里，各开 3 座城门。城内有 9 条纵街、9 条横街；纵街宽度能容 9 辆车并行。王宫居中，宫左右分布宗庙、社稷；宫前为外朝，宫后设市场。市和朝的面积各为"一夫"，即周制 100 亩。此图为宋人聂崇义在《三礼图》中据《考工记》所画的王城示意图。它表明当时的城市规划已涉及城市布局、规模、城门街道分布、主要建筑分区位置、局部用地指标，以及不同等级城市的等差标准。充分反映出当时中国城市规划和建设所达到的水平，并对以后中国都城形成宫城居中的方格网街道布局模式有深远的影响。

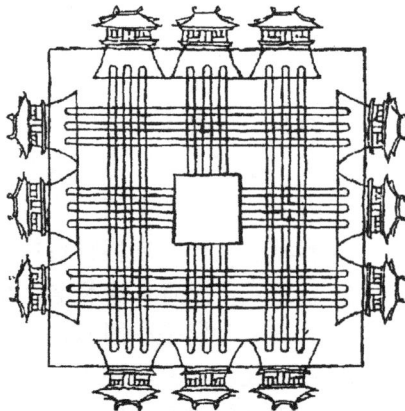

2.1.3 《三礼图》中的周王城图

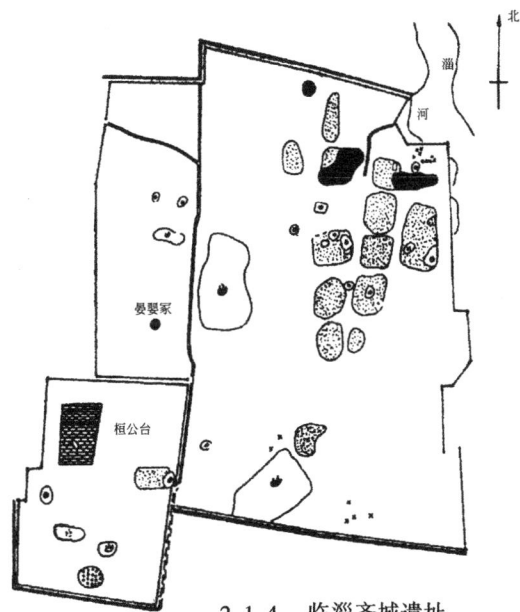

2.1.4 临淄齐城遗址

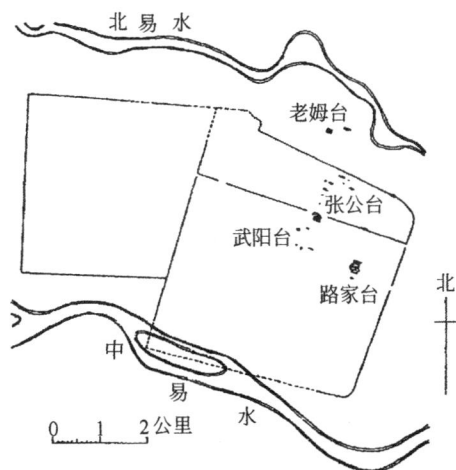

2.1.5 易县燕下都遗址

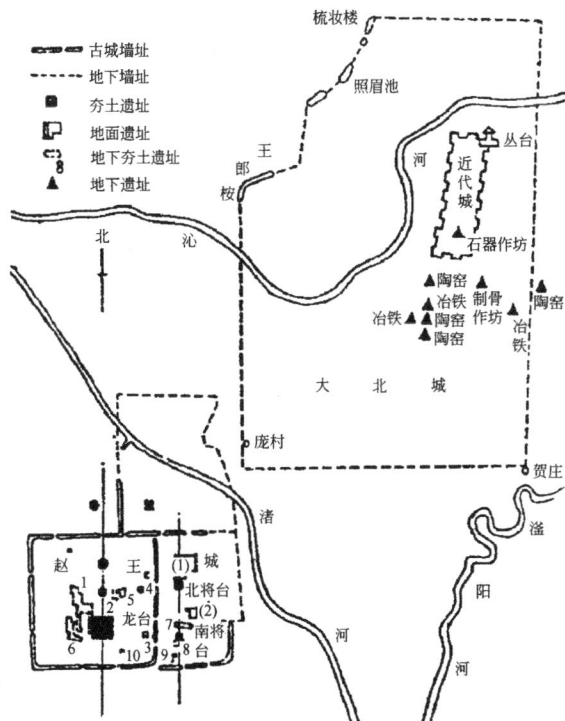

2.1.6 邯郸赵城遗址

2.1.4 临淄齐城遗址

战国的齐国都城遗址。文献记载临淄有7万户，21万男子；街道上"车毂击，人肩摩"，是人口众多、工商麇集的繁华城市，反映出春秋、战国之际经济生活在城市中的作用。城址位于淄河西岸，宫城依于郭城西南部。城垣随河岸转折，有20多处拐角，呈不规则布局。宫城西北部有传为"桓公台"的大片夯土高台，应是宫殿区的所在。

2.1.5 燕下都遗址

战国中晚期燕国都城遗址。位于河北易县东南，是战国都城中面积最大的一座。城址分东西两部分，东城又分南、北二部。以武阳台为中心，向北有望景台、张公台、老姆台等大型夯土台，全城内外大小台址达50处，展现出当时风行高台建筑的盛况。西城可能是战国晚期增建的附郭城。

2.1.6 邯郸赵城遗址

战国中晚期赵国都城遗址。城址分宫城、郭城，但城、郭不相连。宫城习称"赵王城"，由三座小城相连。西城中心有称为"龙台"的、尺度达296米×265米的大型夯土高台，是战国最大的夯土高台。龙台北部沿轴线上，尚有其他高台。郭城为长方形，但西北隅曲折不整。把齐临淄、燕下都、赵邯郸与《考工记》周王城规制相比较，可以看出中国城市很早就形成了随形就势的"因势型"布局和强调对称规整的"择中型"布局，这两种布局方式对中国后来的城市都产生了深远影响。

2.2 文明初始期的夏商宫殿

2.2.1~2 偃师二里头一号宫殿遗址

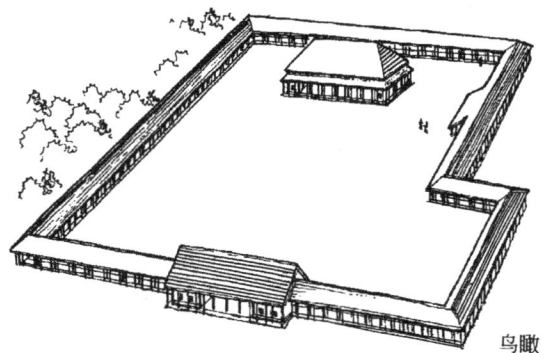

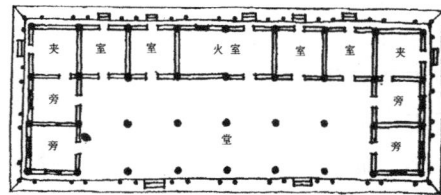

晚夏时期的宫殿遗址。有可能是夏都斟鄩的一组宫殿，是已发掘的最早的大型殿址，堪称"华夏文明第一殿"。

整组庭院略呈折角正方形，东西长 108 米，南北宽 100 米。原地表不平，北高南低，整组建筑建在低矮、平整的夯土台上。庭院北部正中的主体殿堂，东西宽 30.4 米，南北深 11.4 米，下部有宽大的夯土台基。柱洞排列整齐，组成面阔 8 间、进深 3 间的殿身平面。殿堂内柱不存。据《考工记》关于"夏后氏世室"的记载，有关专家将殿内平面复原为一堂、五室、四旁、两夹的格局。庭院四周回廊环绕。南廊正中有大门门址，也呈 8 开间，复原为中部穿堂、两边带东西塾的"塾门"形式。东廊折入处另有一侧门。除西廊为单面廊外，其他三面均为双面廊。大门与殿堂大体对位，没有完全对准。

遗址未发现瓦件，构筑方式当是以茅草为屋顶、以夯土为台基的"茅茨土阶"形态。主体殿堂檐柱前各有一对小柱洞，有的专家认为是擎檐柱的痕迹，据此复原"四阿重屋"式的重檐屋顶。有的专家则认为小柱洞应是廊下支承木地板的永定柱的遗迹。

二里头宫殿开创中国宫殿建筑的先河。它表明华夏文明初始期的大型建筑采用的是土木相结合的"茅茨土阶"的构筑方式；单体殿屋内部已可能存在"前堂后室"的空间划分；建筑组群已呈现庭院式的格局；庭院构成已突出"门"与"堂"的主要因子，形成廊庑环绕的廊院式布局。中国木构架建筑体系的许多特点，都可以在这里找到渊源。

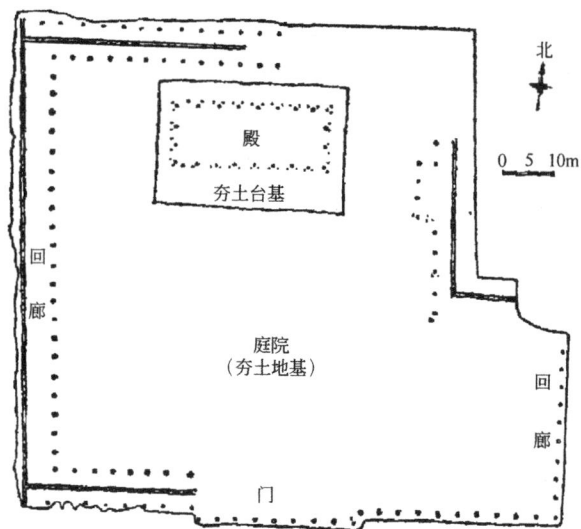

2.2.1 偃师二里头一号宫殿遗址

2.2.2 偃师二里头一号宫殿复原(杨鸿勋复原)

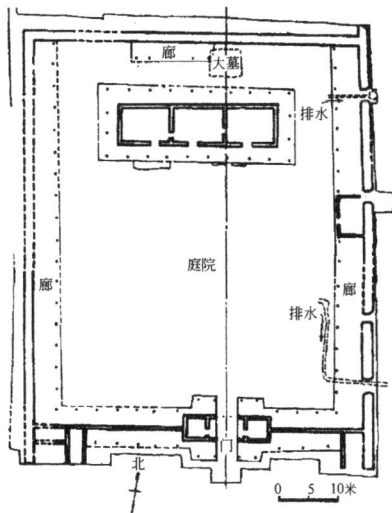

2.2.3 偃师二里头二号宫殿遗址

2.2.3　偃师二里头二号宫殿遗址

也是晚夏建筑遗址。面积较一号宫殿略小，同样是门、堂与回廊的组合，说明庭院式在晚夏已是大型建筑的常规布局方式。门屋与主殿仍未对准，但殿后大墓与门屋轴线正对。有人认为此遗址可能是一座宗庙。

2.2.4　盘龙城宫殿遗址

位于湖北黄陂县，是中商时期一个方国的宫殿遗址。整个宫殿区坐落在约1米高的夯土台面上。已发现三座南北向的平行殿基，最北的1号基址在周边檐柱内有4间木骨泥墙的横列居室。前后檐列柱数目不等，未形成进深方向的横向柱列。估计构架采用的是纵架支承斜梁的做法。远在长江之滨的盘龙城，营造技术与二里头遗址、小屯宫殿遗址已属同一传统，1号基址当用于寝居，其前方的2号基址似是大空间的厅堂，这个遗址有可能是迄今所知最早的"前朝后寝"的布局实例。

2.2.5　小屯殷墟宫殿遗址

位于河南安阳，是迁都于殷的晚商宫殿遗址。已发现基址50余座，分甲、乙、丙三区。未发现瓦，仍属"茅茨土阶"。遗址有"铜锧"出土，是置于柱下的、带纹饰的支垫物，显示木柱已从栽柱演进为露明柱的迹象，表明上部木构的稳定性已有进步。

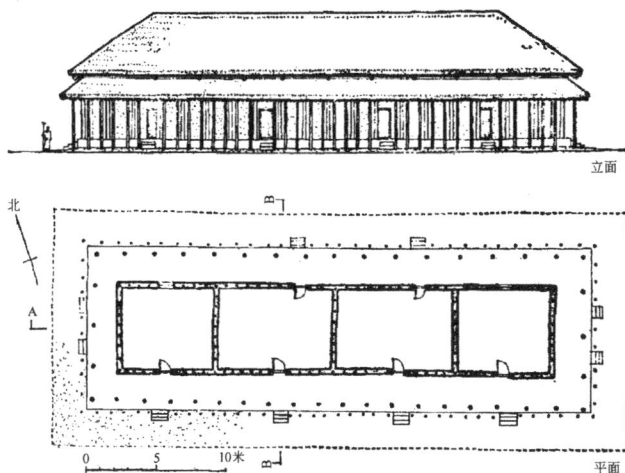

2.2.4　黄陂盘龙城宫殿遗址复原（杨鸿勋复原）

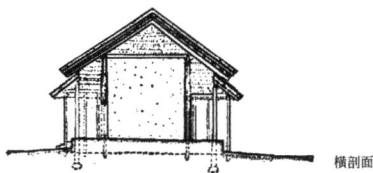

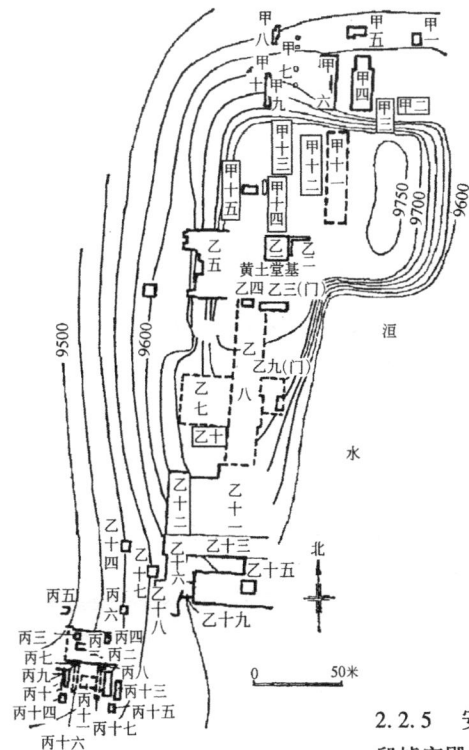

2.2.5　安阳小屯殷墟宫殿遗址

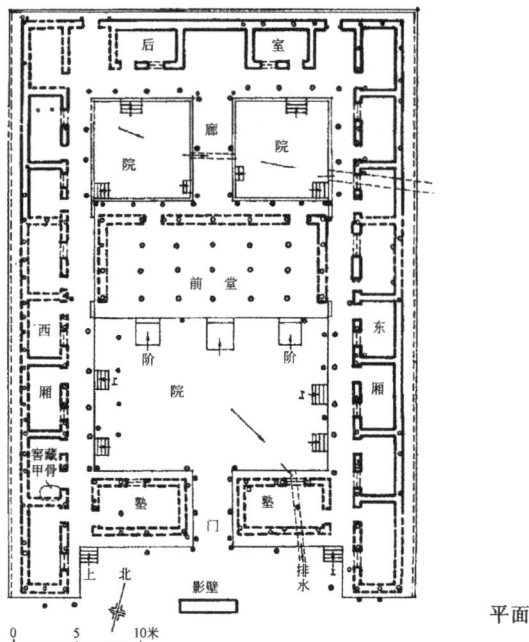

平面

0   5   10米

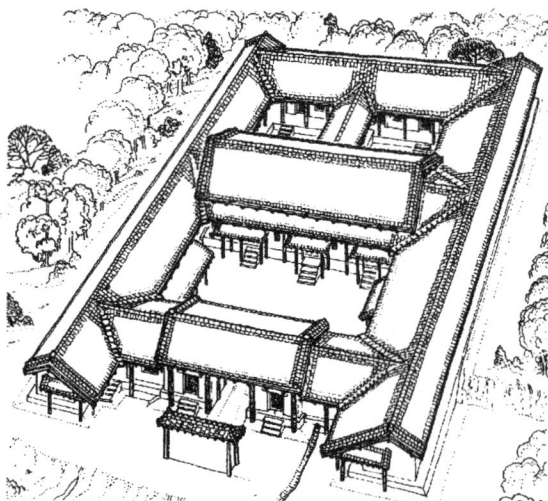

鸟瞰

2.3 西周"瓦屋"

2.3.1 凤雏西周建筑遗址

位于陕西岐山凤雏村，是西周早期的建筑遗址。整组建筑建在 1.3 米的夯土台面上，呈严整的两进院格局。南北通深 45.2 米，东西通宽 32.5 米。中轴线上依次为屏、门屋、前堂、穿廊、后室。两侧为南北通长的东庑、西庑。这个遗址保持着若干项"第一"的记录：它是迄今发现的最早的四合院，表明四合院在中国至少也有 3000 年的历史；它是最先发现的两进式组群，显示出院与院串联的纵深布局的久远传统；它是第一个出现的完全对称的严谨组群，意味着建筑组群布局水平的重要进展；它是第一次见到的完整的"前堂后室"格局，此前的盘龙城宫殿仅是前堂后室的雏型；它是第一次出现的用"屏"建筑。"屏"也称"树"，就是后来的照壁，由此可知照壁最晚在西周初期就已出现；它是迄今所知最早的用瓦建筑，只是出土瓦的数量不多，可能只用在屋脊、屋檐和天沟等关键部位，标志着中国建筑已突破"茅茨土阶"的状态，开始向"瓦屋"过渡。在木构技术上，遗址显示堂的柱子在纵向均已成列，而在横向有较大的左右错位。室、庑的前后墙柱子和檐柱之间，也是纵向成列而横向基本不对位。因此专家推测其构架做法是：在纵向柱列上架楣（檐额）组成纵架；在纵架上承横向的斜梁；斜梁上架檩；檩上斜铺苇束做屋面。从傅熹年的复原图上，可以看出这组由夯土筑基、筑墙，以纵架、斜梁支撑，屋顶局部用瓦的建筑的外观景象。无论是从空间组织还是从构筑技术来说，这个遗址在中国建筑史上都具有里程碑的意义。

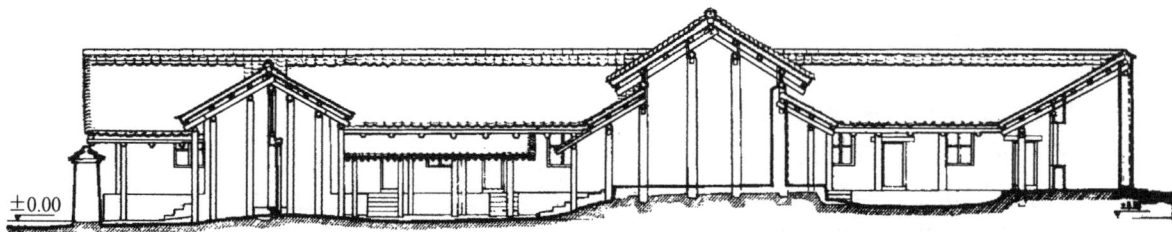

±0.00

纵剖面图

2.3.1　凤雏西周建筑遗址复原(傅熹年复原)

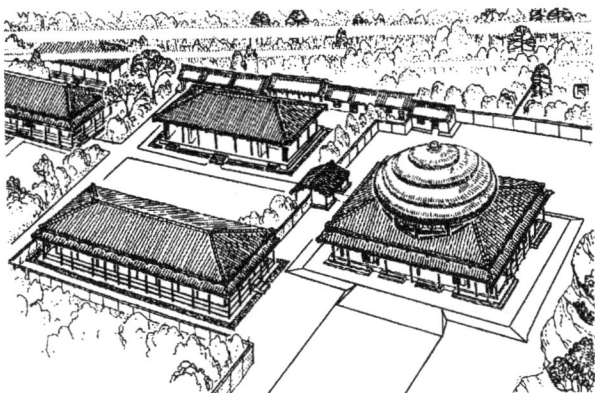

2.3.2 召陈建筑
遗址(傅熹年复原)

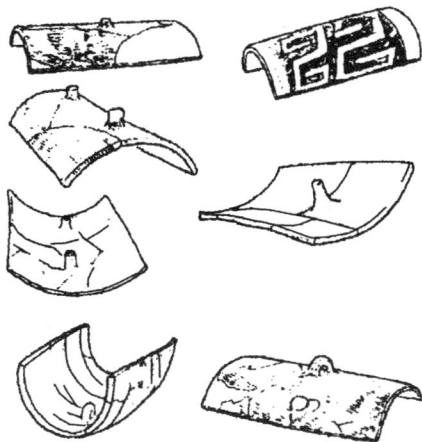

2.3.3 召陈建筑遗
址的瓦件

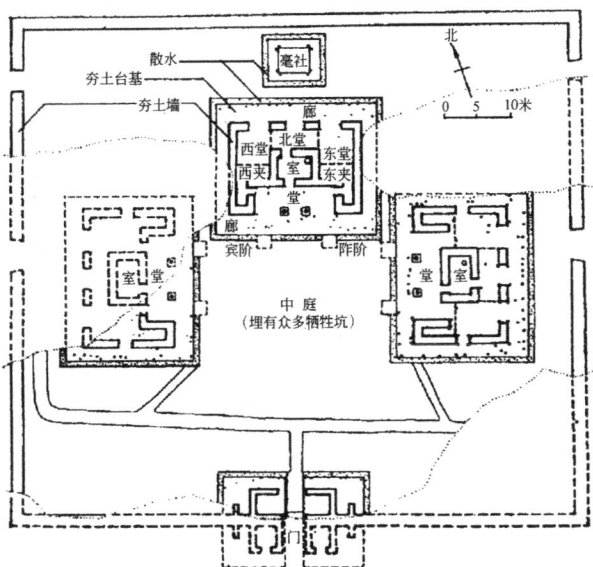

2.3.4 秦国雍
城宗庙遗址

2.3.2 召陈建筑遗址复原图(傅熹年复原)

遗址位于陕西扶风召陈村,已发掘出基址 14 座,除 2 座属西周早期外,均属西周中期,其中以 3 号、5 号、8 号三座基址面积最大,保存也较完整。各座建筑没有明确的对位,殿屋的功能性质尚不清楚,值得注意的是,3 号基址的最大开间已达到 5.6 米,是木构技术的新进展。遗址发现大量瓦件,表明西周中期的重要建筑已采用满铺的瓦屋面,完成了由"茅茨"向"瓦屋"的过渡。

2.3.3 召陈建筑遗址的瓦件

有各式板瓦、筒瓦和瓦当,有的带柱状瓦钉,有的带瓦环。瓦的运用大大改进了屋顶的防水性能,延长了屋顶的使用寿命,增强了建筑技术表现力,并由于加重了屋顶荷载而成为构架发展的一种推力。

2.3.4 秦国雍城宗庙遗址

位于陕西凤翔南郊,是春秋时期秦国都城雍城的一座大型宗庙。方院内有 3 座大小差不多的殿屋基址,居中为太祖庙,前方左右两座为昭、穆二庙。三庙内部划分出前堂、后室、东西夹和后部的东、西、北堂。台基前方均设阼阶、宾阶。中庭地面下有密集的牺牲坑,是识别祭祀性建筑的重要标志。祖庙后方有一亭式建筑基址。整组建筑左右对称,布局严整,为我们展示出春秋时期诸侯国宗庙的典型格局。

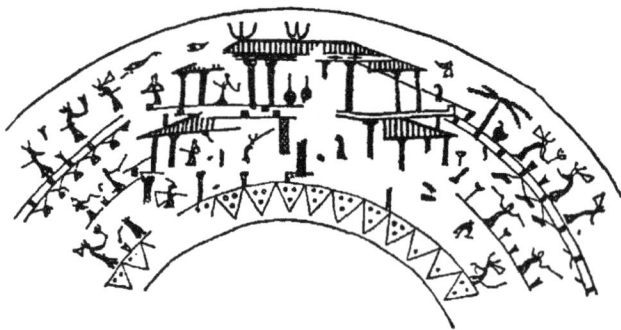

2.4.1 战国铜鉴上的建筑图像

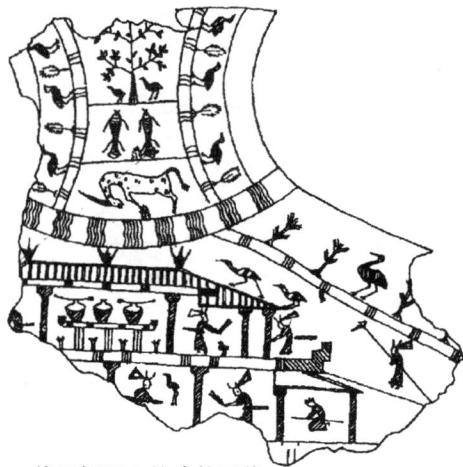

2.4.2 战国铜匜上的建筑图像

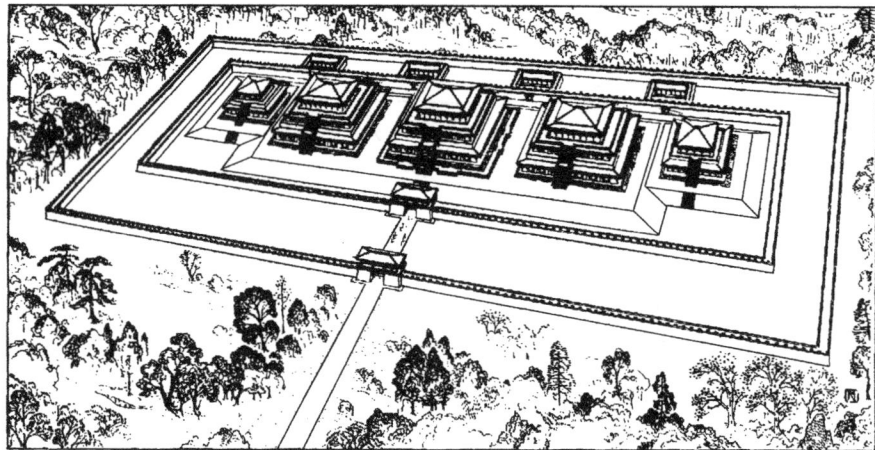

2.4.3 战国中山王陵园全景想像复原图(傅熹年复原)

2.4 春秋战国台榭建筑

2.4.1 战国铜鉴上的建筑图像

春秋、战国时期掀起一股"高台榭，美宫室"的建筑潮流。台榭建筑的基本特点是以阶梯形土台为核心，逐层架立木构房屋。图为河南辉县出土的宴乐射猎刻纹鉴。鉴内刻三层建筑，底层中为土台，外接木构外廊；二、三层均为木构，均带回廊并挑出平台伸出屋檐。整个图像为我们显示了土木混合结构的台榭建筑的直观形象。

2.4.2 战国铜匜上的台榭图像

山西长治出土的鎏金铜匜，刻有三层建筑，其做

法与上图如出一辙，可推知是当时台榭建筑的一种典型形式。

2.4.3 中山王陵园全景想像复原图

河北省平山县战国时期中山王墓出土了一块铜板兆域图。版面刻出陵园的平面图。傅熹年据此图和王墓的发掘资料，绘出了想像复原图。图上可见，在两道围墙内，突起一组凸字形的高台。台上中部并列王与后三座享堂，两侧各有一座稍低、稍小的夫人享堂，5座享堂下部是对应的坟丘。5座享堂自身都是台榭建筑。这组兆域图生动地显示出台榭建筑组合体的庞大体量和雄大气势，也标志着战国时期大型组群所达到的规划设计水平。

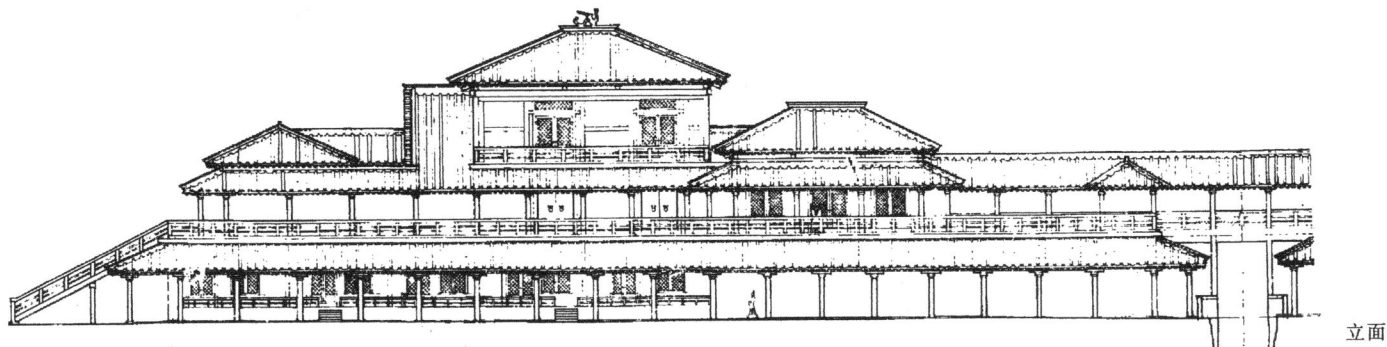

立面

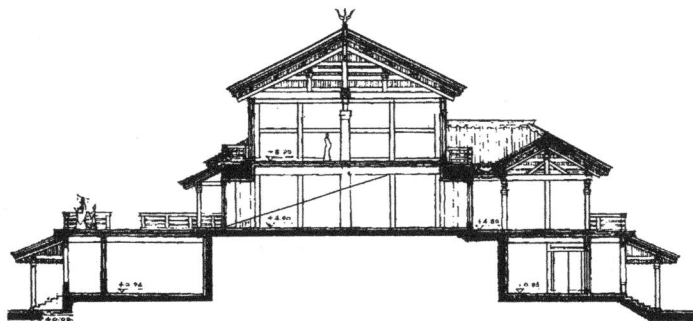

横剖面

2.4.4 秦咸阳一号宫殿遗址

位于陕西咸阳，是战国时期秦咸阳宫的一座台榭基址。图为杨鸿勋所作的复原。平面呈曲尺形，一层夯土台体南部有5室，北部有2室，周边绕回廊。二层中部矗起两层楼的主殿屋，西部有2室，东南角有1室，东北部呈转角敞厅；除敞厅外，均绕以回廊；台面南部留出宽大的露台。上、下层各室主要用作居室、浴室。各层排列灵活，形体高低错落。这座基地只是东西对称的一组宫观的"西观"，它与东观之间有飞阁复道相连，为我们展示了宫观建筑的生动形象和台榭建筑的丰富表现力。

台榭建筑是大体量的夯土台体与小体量的木构廊屋的结合体，它反映出当时在防卫上和审美上需要高大建筑，而木构技术水平尚难以达到，不得不通过阶梯形的夯土台体来支承、联结。这种土台可以做得很大，可以高达数层，可以取得庞大的规模和显赫的形象。但夯土工作量极为繁重，夯土台体自身占去很大结构面积，在空间使用和技术经济上都有很大局限。因此，随着木构技术的进步和大量奴隶劳动的终止，台榭建筑在汉以后，已趋于淘汰。

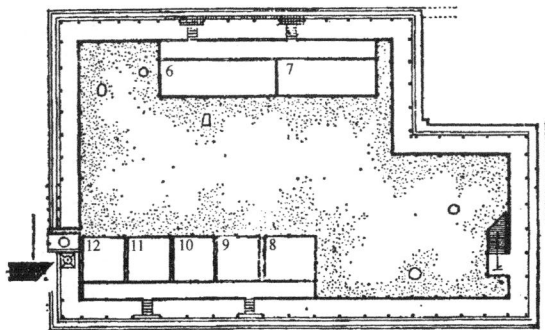

二层平面

北

0 5 10米

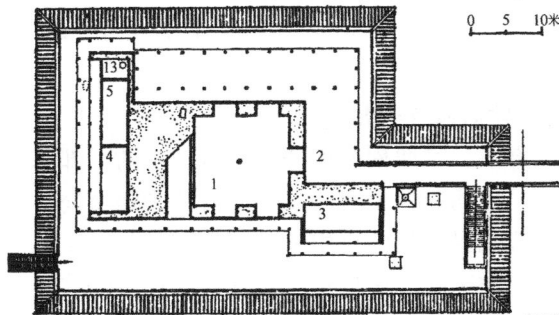

底层平面

2.4.4 秦咸阳一号宫殿遗址复原(杨鸿勋复原)

15

2.5 体系生成期的技术与艺术

夏、商、周三代是中国木构架建筑体系的生成期、奠定期。从构筑技术看，夯土技术已达到成熟阶段，广泛运用于夯筑城墙、地基、台基、墙体，并创造了大体量的台榭建筑。在木构技术方面，已开始运用斗栱，已能制作带边挺、抹头的板门，联结木构件的节点——榫卯已做得很精巧。屋顶形式已有两坡顶、攒尖顶和"四阿重屋"。见于扶风西周中期房址，很可能已出现"上圆下方"的屋顶。《说苑·反质》引墨子的话说，商纣的鹿台"宫墙文画，雕琢刻镂，锦绣被堂，金玉珍玮"。考古发现这时期建筑装饰在涂饰、彩绘、雕刻、壁画等方面都有进展。殷墟出土的柱脚石雕像，春秋出土的"金釭"，战国出土的模制花纹地面砖，以及各式漆绘的家具，可以从一个侧面反映出当时的室内装饰水平与当时的青铜器、玉器的艺术水平是相称的。

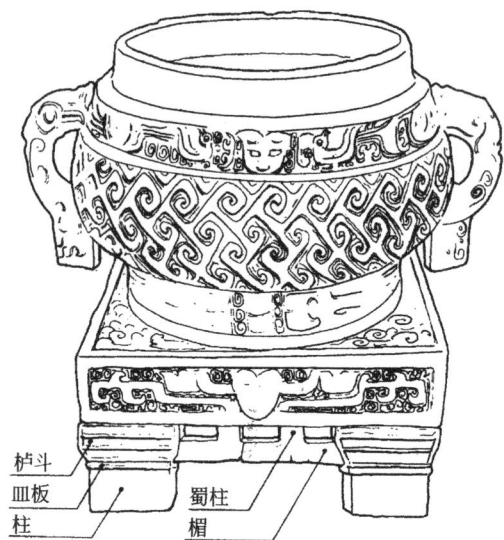

2.5.1 西周青铜器夨令簋

2.5.1 西周青铜器夨令簋

出土于洛阳，是西周初期的青铜器。簋的下部基座仿建筑形，四角柱头上有斗。斗底与柱头相接处凸出一条棱，似是汉以后斗栱中的"皿板"。斗与斗之间有阑额，阑额上各立两根蜀柱。这是现在所知的最早的"斗"的形象，是斗栱出现的滥觞。

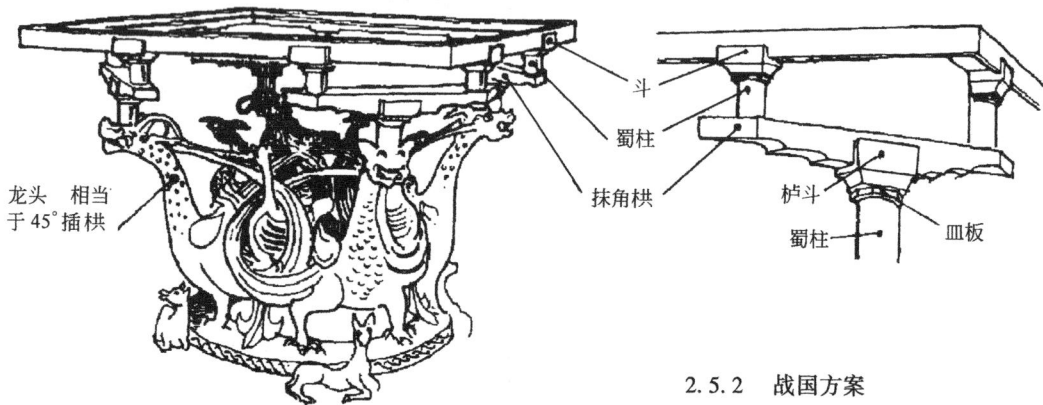

2.5.2 战国方案

2.5.2 战国方案

河北平山县战国时期中山国一号墓出土的这个四龙四凤方案，带有斗栱的形象。在龙凤盘缠的案座四角，斜出45度的龙头。龙头上立圆形蜀柱，柱上承栌斗，栌斗上承45度抹角栱，栱的两端各立蜀柱，上放散斗，散斗上再承枋。这是当时建筑物运用斗栱挑檐的真实写照。斗栱的这种做法，在东汉明器中常见。这件方案的出土，把这种做法的年代提早了400多年。

2.5.3 西周青铜器兽足方鬲

2.5.4 殷墟妇好墓出土晚商偶方彝

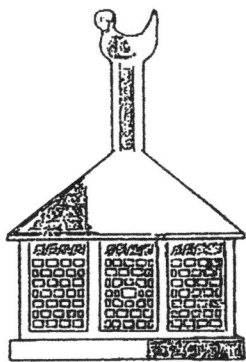

2.5.5 绍兴战国墓出土小铜屋

2.5.3 西周青铜器兽足方鬲

方鬲正面显双扇板门,其余三面开窗。门扇有左右边挺和上、中、下抹头。门心板四边抹斜,似是镶入边挺、抹头。但当时是否有适当工具开槽嵌板,还不易断定。门两旁有十字格栏杆。窗户均为固定的十字框,未表现出窗扇。西周蹲兽方鬲上的门窗与此器如出一辙,这种门窗当是西周的通行样式。

2.5.4 殷墟妇好墓出土的晚商偶方彝

长方形的彝盖仿四阿顶,有正脊和4条垂脊。正脊上还带有凸起的脊饰。檐下有一排凸出物,可能是斜梁伸出的梁头。

2.5.5 绍兴战国墓出土的小铜屋

是越族用于祭祀的庙堂建筑的模型,屋顶为四角攒尖顶。顶上耸立着八角柱,上面所立的大尾鸠,可能与图腾崇拜有关。

2.5.6 战国木构榫卯

榫卯是木构联结技术的重要体现,图为战国时期木椁墓所见的榫卯做法,自上而下分别为搭边榫、细腰嵌榫、燕尾榫和割肩透榫,反映出榫卯技术的精巧水平。

2.5.7 殷墟出土虎首人身大理石雕像

雕像背后有槽,当是用于柱脚旁的装饰物。此件为白大理石圆雕,表面施浅浮雕和线刻。可从中窥知当时建筑的雕饰状况。

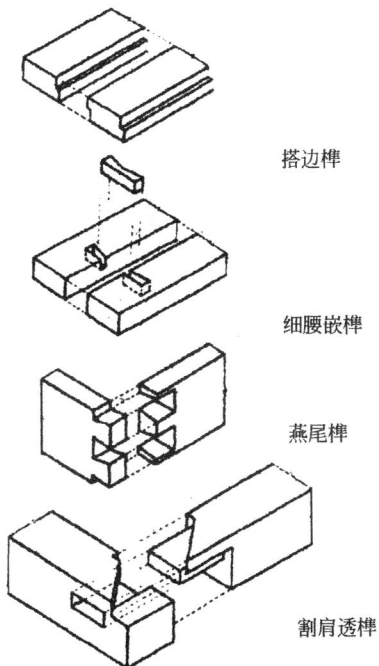

搭边榫

细腰嵌榫

燕尾榫

割肩透榫

2.5.6 战国木构榫卯

正面　　　　　侧面　　　　　背面

2.5.7 殷墟出土虎首人身大理石雕像

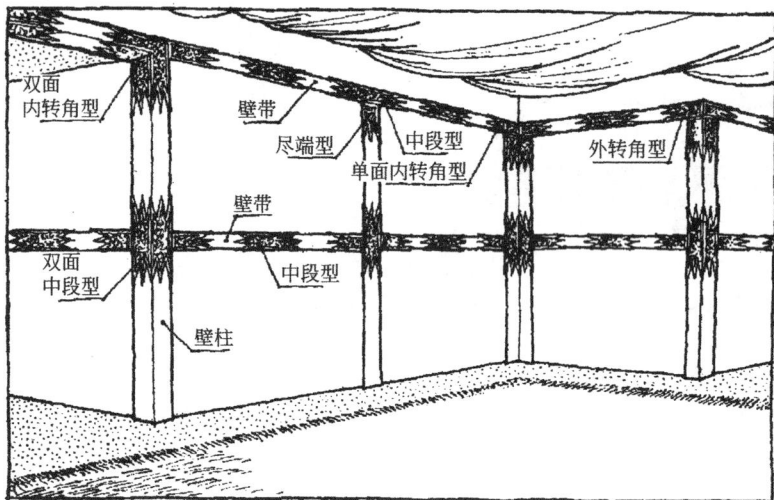

金钉装设的位置

2.5.9　战国半瓦当

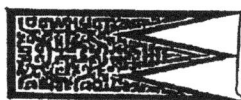

金钉纹饰

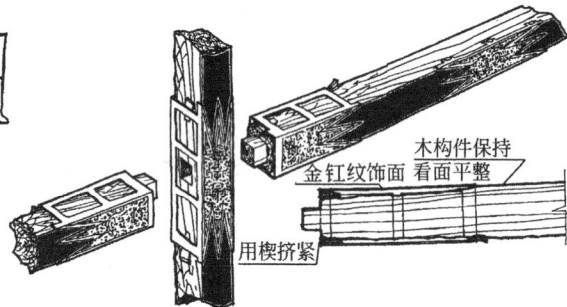

木构件保持
看面平整

金钉纹饰面

用楔挤紧

金钉构造示意

2.5.8　凤翔出土春秋铜构件——金钉

战国漆几

商代的俎

战国食案

战国书案

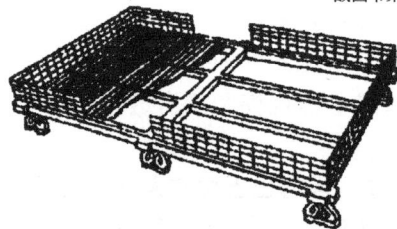

战国大床

2.5.8　凤翔出土的春秋铜构件——"金钉"

金钉是青铜铸造的、用以连接木杆件的一种附件，主要用于版筑墙内侧壁柱与壁带的交接处，起加固榫卯节点的作用。表面铸出夔纹，颇富装饰性。在宋代壁带彩画和清式和玺彩画上还可以看到源自金钉形象的构图和纹样。

2.5.9　战国半瓦当

战国时期盛行半瓦当，有云山纹、植物纹、动物纹、大树居中纹等，画面生动流畅。圆当也有少量出现。汉以后半瓦当消失，全为圆当。

2.5.10　商、战国的家具

商到战国的家具，均为与"席地坐"相适应的矮足家具。有俎、案、几、凭几、箱、屏、床等。

2.5.10　商、战国的家具

3 秦、汉建筑

（公元前 221 年 ~ 公元 220 年）

秦　（公元前 221 年 ~ 前 206 年）

西汉（公元前 206 年 ~ 公元 25 年）

东汉（公元 25 年 ~ 220 年）

公元前 221 年，秦灭六国，建立了中国历史上第一个真正实现统一的国家。秦始皇废封藩，置郡县；修驰道，建长城；统一全国文字、律令、度量衡。"秦每破诸侯，写放其宫室，作之咸阳北阪上"。秦都咸阳原计划沿着渭河两岸，以渭水贯都，横桥飞渡，弥山跨谷，广布宫苑，建置空前庞大的都城，因秦王朝仅存在 15 年而未能完成。但咸阳的大兴土木，集中了全国巧匠、良材，起到了交流融合各地建筑技艺的作用。强盛而短暂的秦帝国，在长城、宫苑、陵寝等工程上，投入的人力物力之多，建造的规模之大，都令人吃惊。从遗留至今的阿房宫、骊山陵遗址，可以想见当年建筑的恢宏气势。

两汉是中国古代第一个中央集权的、强大而稳定的王朝。在城市建设上，由于汉代手工业、商业的发展，出现了不少新兴城市。手工业城市有产盐的临邛、安邑，产刺绣的襄邑，产漆器的广汉，产铁的宛。著名的商业城市有洛阳、临淄、邯郸、宛、江陵、成都、吴、合肥、番禺等。西汉首都长安面积达 36 平方公里，是公元前世界罕见的大城市。建于东汉末年的曹魏邺城，则以明确的功能分区和规则的严整布局，开创了都城规划的新格局。

两汉时期是中国建筑发展的第一个高潮，主要表现在：

1. 形成中国古代建筑的基本类型：包括宫殿、陵墓、苑囿等皇家建筑，明堂、辟雍、宗庙等礼制建筑，坞壁、第宅、中小住宅等居住建筑，在东汉末期还出现了佛教寺庙建筑；

2. 木构架的两种主要形式——抬梁式、穿斗式都已出现；斗栱的悬挑机能正在迅速发展，多种多样的斗栱形式表明斗栱正处于未定型的活跃探索期；

3. 多层重楼的兴起和盛行，标志着木构架结构整体性的重大进展，盛行于春秋、战国的台榭建筑到东汉时期，已被独立的、大型多层的木构楼阁所取代；

4. 建筑组群已达到庞大规模，未央宫有"殿台四十三"，建章宫号称"千门万户"，权贵第宅也是"并兼列宅"、"隔绝闾里"。

所有这些，显示出中国木构架建筑到两汉时期已进入体系的形成期。

3.1 都城的演进

3.1.1 汉长安城遗址平面

位于今西安市西北渭水南岸的台地上。汉高祖五年置长安县，就秦兴乐宫的基础增扩为长乐宫，七年建未央宫，自栎阳迁都于此。汉惠帝元年开始筑城墙，5 年完成。汉武帝时在城内建北宫、桂宫、明光宫，在西郊建建章宫。长安城平面很不规则，城墙有多处曲折、偏斜，后人附会为"南象南斗，北象北斗"。实际上是因为长乐、未央建宫在前，城墙迁就围筑在后，再加上顺依北部渭水支流和南部龙首原地势而自然形成的。

据实测，汉长安城墙周长 25700 米，合汉代 62 里强。全城面积约 36 平方公里。5 座宫占地很大，长乐宫占全城面积 1/6，未央宫占全城面积 1/7。未央宫的布局以前殿居中，据勘测，前殿基坛南北长约 350 米，东西宽约 200 米，北端最高处高 15 米，可以想见其规模之大。

长安城墙全部由黄土夯筑。据遗存推测，高度在 12 米以上。城墙周边有宽 8 米的壕沟。城的每面各有 3 座城门。城内街道有"八街"、"九陌"之说。考古探明，通向城门有 8 条主干道，大体上呈直线，互相交叉成十字路口或丁字路口。最长的安门大街，长 5500 米。这些大街都由排水沟分成 3 股道，中间是皇帝专用的御道。街两旁种有槐、榆、松、柏等树木。

文献记载长安城内有 9 市、160 闾里。9 市的位置在横门大街北段两侧。3 市在街东，称东市；6 市在街西，称西市。闾里就是后来的居住里坊。一般百姓的闾里在城东北，靠近宣平门一带，少数权贵的邸宅分布在未央宫北阙附近，称"北阙甲第"。汉平帝时，长安人口有 8 万户，如此大量的住户，城内估计难以容纳，相当多的闾里可能分布在城外。考古发掘在长乐、未央两宫之间还有一处规模颇大的武库，共有 7 个大仓库，其中最大的一幢长 230 米，进深达 46 米，分隔为 4 个库房，建筑体量之大是十分惊人的。

长安城外有上林苑，原建于秦，汉武帝时修复，据称苑墙长达 400 余里。长安南郊还有汉平帝和新莽

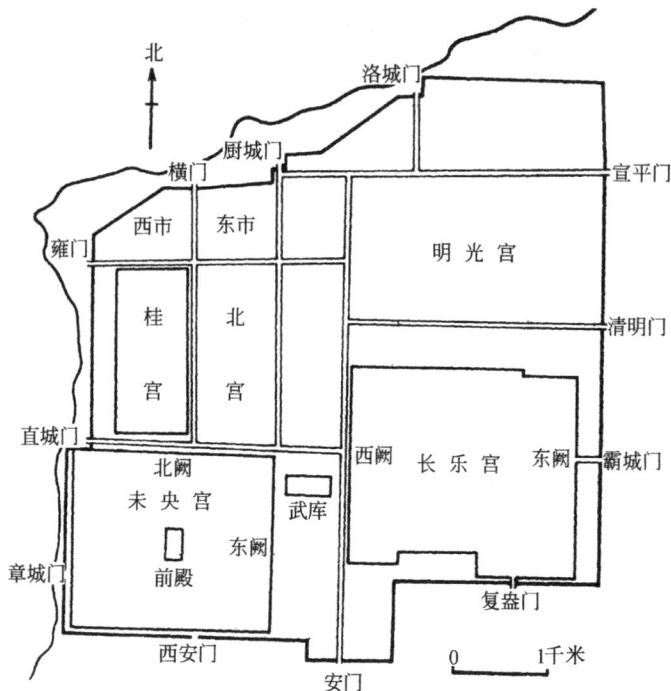

3.1.1 汉长安遗址平面

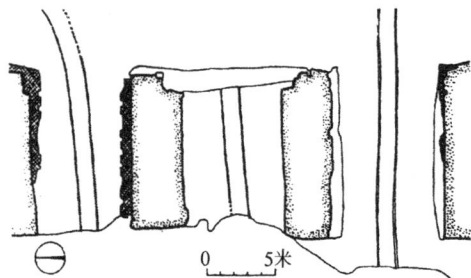

3.1.2 汉长安宣平门遗址平面

时期建造的明堂、辟雍、九庙等庞大的礼制建筑组群。分布在长安城东南郊和北郊的 7 座陵邑，有从各地强制迁来的富豪居住。每个陵邑都达到五、六万户的规模，它们组成了以长安城为中心的城市群。

3.1.2 汉长安宣平门发掘平面

汉长安城已发掘宣平门等 4 座城门。每门均为 3 个门洞，每洞宽 8 米，除去门道排叉柱石础，净宽约 6 米，可容 4 轨，正符合文献"三涂洞开"、"方轨十二"的记载。正对城门的大街宽约 45 米，分为 3 道，中间一道最宽，约 20 米，称驰道，是皇帝专用的御道。

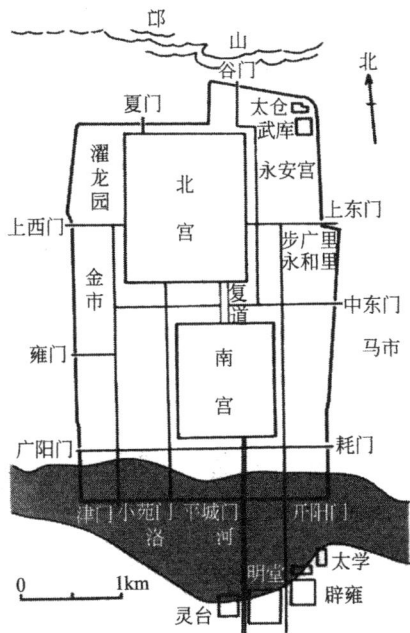

3.1.3　东汉洛阳城遗址平面

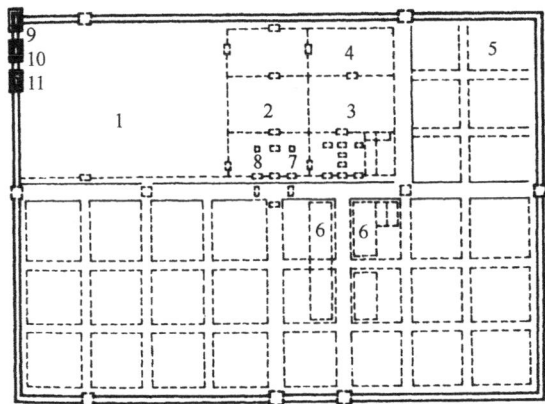

1. 铜雀园；2. 文昌殿；3. 听政殿；4. 后宫；5. 戚里；6. 衙署；
7. 钟楼；8. 鼓楼；9. 冰井台；10. 铜雀台；11. 金虎台

3.1.4　曹魏邺城复原平面

3.1.3　东汉洛阳城遗址平面

位于今洛阳市东约 15 公里。东汉光武帝建都于此。城址呈南北纵长矩形，北依邙山，南临洛水，谷水支流从西而东横贯城中。经实测、复原，城墙周长 13060 米，城市面积 9.5 平方公里，比汉长安城小得多。城墙用土夯筑，东、西、北三面城墙遗迹尚存。全城辟 12 座城门，城内大街都通向城门，街宽 20~40 米不等，相互交叉形成 24 段，这可能就是文献记载的"洛阳二十四街"。城中有南北两宫，北宫比南宫稍大，相互错位，未形成统一的南北轴线。两宫之间以架空的复道相连，这种布局给城市交通造成阻隔。据勘察，城东北隅有太仓、武库遗址，平城门外有始建于建武中元元年（公元 56）的灵台、明堂、辟雍遗址和创建于建武元年（公元 25）的太学遗址。其中的灵台和太学，分别是我国目前已发现的、最早的天文台遗址和大学遗址。

东汉洛阳的布局，发展了以宫城为主体，以横竖街道构组规整闾里的规划思想，是从不规整的汉长安城向规整型的曹魏邺城演变的一个中介过渡。

3.1.4　曹魏邺城复原平面

城址在今河北临漳与河南安阳交界处，是东汉末年魏王曹操营建的王城。平面呈横长方形，东西约 3000 米，南北约 2160 米。以一条横贯东西的大道把城分为南、北两部分。北城中部建宫城，正对南北中轴线为大朝所在，其东侧有作为常朝的听政殿。宫城以东是贵族聚居的"戚里"。宫城以西是禁苑铜雀园。园西北隅设铜雀三台，供平时游赏、检阅演习和战时城防之用。南城除正对常朝的司马门大街两侧集中布置衙署外，均为居民闾里。

邺城是中国历史上第一座轮廓方正规整、功能分区明确、具有南北轴线的都城。它把宫城设在北部，避免了宫殿与闾里的混杂；它将常朝的主轴对准城市南北中轴，改变了此前都城的不规则格局；禁苑、戚里、衙署、闾里的分布都很合理、妥帖，7 座城门也是根据街道的情况，灵活地分布，没有强求刻板的对称。这些都体现出规整布局与讲求实效的统一，标志着中国都城规划找到了规范的模式，对此后中国都城规划有深远的影响。

安门

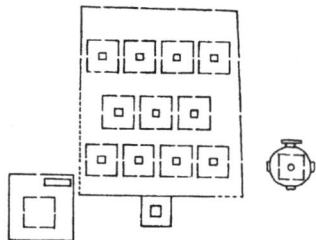

3.2.1 汉长安南郊礼制建筑遗址

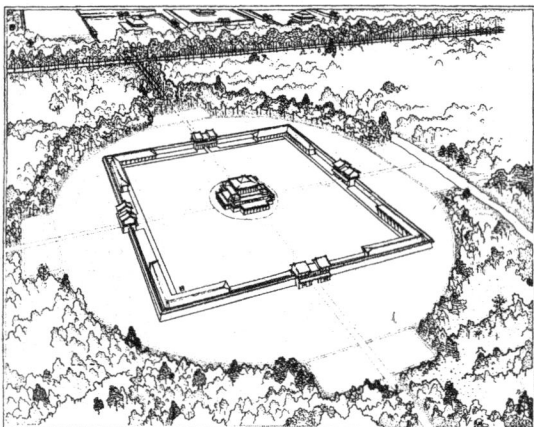

组群鸟瞰

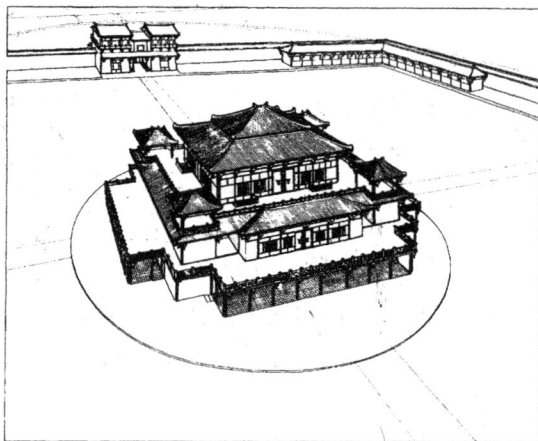

中心建筑鸟瞰

3.2.2 汉长安明堂、辟雍遗址复原(王世仁复原)

3.2 汉代礼制建筑

3.2.1 汉长安南郊礼制建筑遗址

位于今西安市西郊。遗址分三处：一是靠东面的明堂、辟雍遗址；二是靠西面的官社、官稷遗址；三是居中的"王莽九庙"遗址。王莽九庙建于新莽地皇元年（公元20年），共有12座形式相同的建筑。其中，11座建筑位于方形大围墙内，分成三排。每座建筑都由台榭式的中心建筑和正方形的、带四门的庭院组成。另有一座建筑在大围墙外南面正中，其中心建筑比其他中心建筑大一倍。"王莽九庙"应为9座建筑，何以出现12座？有学者认为是添加了王莽的3个远祖之庙，也有人认为是为王莽后代预留的3个新庙。其建筑数量和排列方式的原委都有待进一步考据。这组建筑的巨大规模充分显示出汉代礼制建筑的发展水平。

3.2.2 汉长安明堂、辟雍遗址（王世仁复原）

明堂、辟雍是古代皇帝明正教、宣教化的场所。这座遗址始建于西汉元始四年（公元4年）。平面正中的中心建筑，坐落在直径62米的圆形夯土基台上，呈亚字形台榭，每边长42米。中心建筑四周，由四面围墙、四向院门和四角曲尺形配房围成方院，每边长235米。围墙外环绕一圈直径约360米的环状水渠。整组建筑形成"圜水方院"和"圆基方榭"的双重外圆内方格局。据王世仁复原，中心建筑正中为17米见方的中心台体，四隅各有二个方形小夯土台。中心台体上建一大尺度的方室，是为"太室"；四隅外侧小夯土台上各建一小室，与太室一起构成中心建筑上层的"五室"。中心建筑的中层，在台体的四面各建一"堂"和"左个"、"右个"，这四个"堂"分别为明堂（南）、青阳（东）、总章（西）、玄堂（北），上层五室与中层四堂构成"九室"，而中层四堂及"左个"、"右个"又构成12堂。这些大体上可以吻合明堂建筑所谓"五室"、"九室"、"十二堂"、"八个"等的构成特点。文献有"明堂之制，周旋以水"，辟雍"圆如璧，雍以水"，"明堂外水曰辟雍"等说法，从此处遗址来看，当是明堂、辟雍合二而一的建筑。这组建筑展示了典型的、双轴对称的台榭形象，是一份难得的台榭建筑遗址。台榭建筑盛行于春秋战国时期，此时已处于尾声，进入东汉后，随着楼阁建筑的兴起，台榭建筑就趋于淘汰。

3.3 汉代宅第、坞壁

汉代的住宅已有不同等第的名称，列侯公卿"出不由里，门当大道"者，称为"第"；"食邑不满万户，出入里门"者，只能称为"舍"。住宅的贫富差别极为悬殊，贵族豪富的大第，"高堂邃宇，广厦洞房"；而贫民所居多是上漏下湿的白屋、博屋、狭庐、土圜之类。

汉代住宅没有实物遗存，但数量颇多的汉画像石、画像砖和明器陶屋，为我们提供了丰富的形象资料，从中可以看到汉代中小型宅舍、大型宅第和城堡型住宅——坞壁的大体状况。

3.3.1~4 广州汉墓明器陶屋

广州出土的汉墓明器，生动地反映出汉代中小型宅舍的多样形式，平面有一列式、曲尺式、三合式和前后两进组成的日字式等。房屋多为木构架结构，屋顶多采用悬山顶。有的陶屋用的是干阑式做法。

3.3.5 成都出土的庭院画像砖

画面显示住宅分主体部分和附属部分。主体部分由回廊组成前后两院。前院较小，前廊设栅栏式大门，后廊正中开中门。后院颇宽大，内有一座三开间的悬山顶房屋，屋内有二人席地对坐，当是堂屋。附属部分也分为前后两院，各有回廊环绕。前院进深较浅，内有井、炊、晒衣架等，是用作厨房、杂务的服务性内院。后院中竖立一方形木构望楼，四注式屋顶下有硕大的斗栱支承，颇似"观"的形象，可能是用以瞭望、防卫和储藏贵重物品之用。这幅庭院画像生动地展示了汉代中型住宅的建筑状况和生活情景。

3.3.1 汉明器曲尺式住宅

3.3.2 汉明器三合式住宅

3.3.3 汉明器日字式住宅

3.3.4 汉明器干阑式住宅

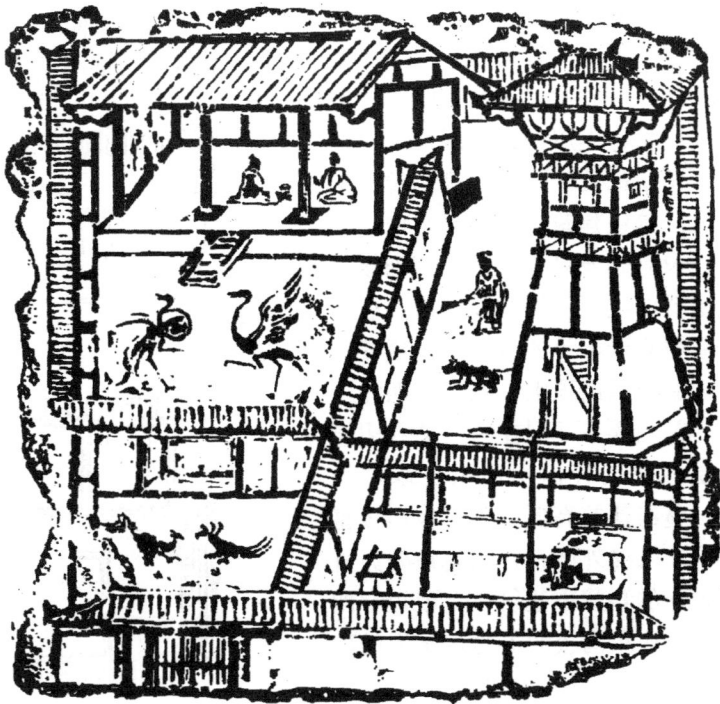

3.3.5 成都出土的庭院画像砖

陶屋照片

3.3.6　云梦出土的东汉陶楼明器

出土于湖北云梦一座东汉晚期的砖石墓中。陶楼由前后两列房屋组成。前列楼屋是建筑主体，有上下两层，各横分为数间，是主要居住用房。后列为辅助用房。东部由厕所和猪圈组成小院。厕所蹲坑高高架起，便于清理粪便。粪坑与猪圈相连，一头肥猪正伸头吃粪。中部设厨房，单层的厨房因需通风而占了两层高度。西部是高高耸立的望楼。这组建筑平面布局自由、合理，没有轴线对称关系。前列楼屋上层覆四注顶，下层设披檐。后列楼屋覆高低不等的悬山顶。望楼突起于后楼悬山顶上，腰部带四注腰檐。前列楼屋下层左右两端和望楼二层西侧均伸出由曲拱支承的挑楼。整组建筑高低错落，体形极富变化。陶楼外部，在东南角处另置一独立的亭状小建筑，上覆短脊四注顶。这组陶楼明器是很难得的珍贵史料，我们从中可以获得距今1800年前，东汉晚期盛行的楼房宅院的许多信息。

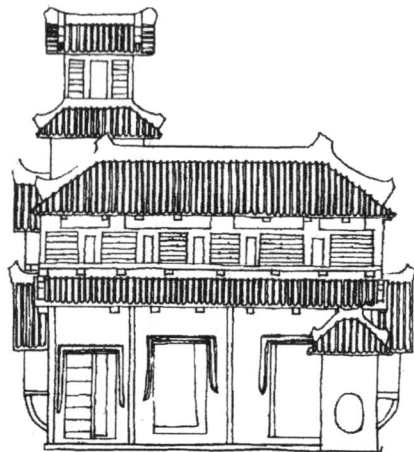
正立面

屋顶平面

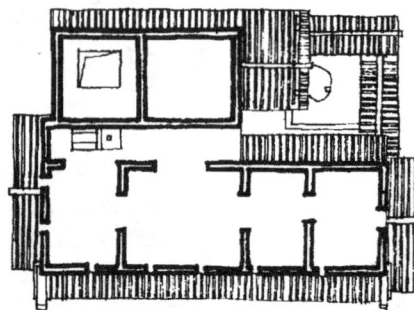
二层平面

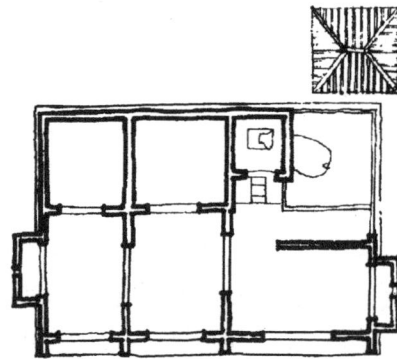
底层平面

3.3.6　云梦出土的东汉陶楼明器

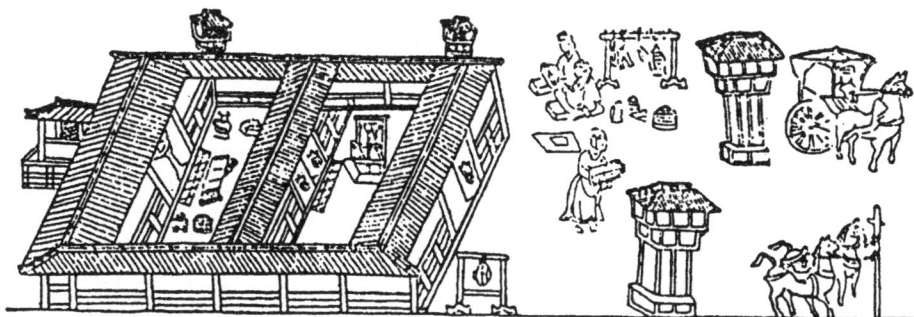

3.3.7　沂南东汉墓画像石"建筑图"

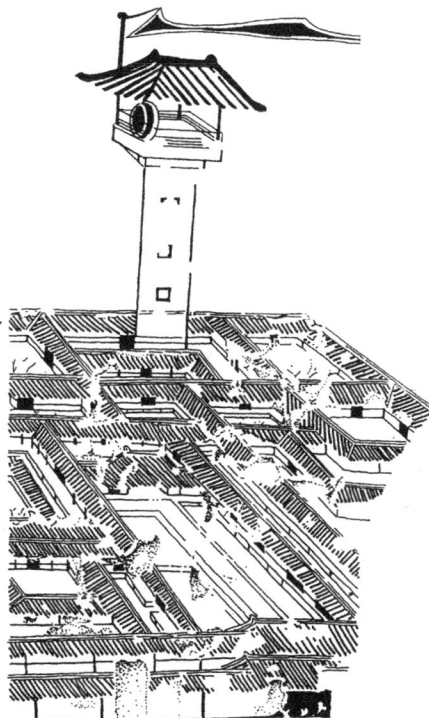

3.3.7　沂南东汉墓画像石建筑图

这幅画像表现的是一座祠堂建筑的形象。整个祠堂有两进院落，门前与左侧各有一对双阙。大门前还设有鼓架、庖架。前院前后廊正中辟大门、二门，均用双扇带铺首的板门。院内有水井、井架。后院正屋正中有带大型斗栱的大柱，把正屋辟成偶数开间，洞开门户，不设门扇。院内有案，两侧放有祭祀用的酒壶、器皿。这组建筑虽然不是住宅，但可以推知当时的住宅必然也盛行这种前后进的庭院式布局。

3.3.8　河北安平东汉墓壁画

河北安平逯家庄发掘一座东汉晚期的墓，墓室壁画中有一座大型宅院，至少有二十几个院落。中心部分由前院、主院、后院组成明显的主轴线。主院呈纵长方形，尺度宏大。正面是开敞的堂。堂后为横向后院，当是主人居所。主院两侧有窄长的火道。全宅以主轴三进院为核心，向左右及后部布置了一系列不同形状、大小的附属院落，形成总体布局大致平衡而不绝对对称的格局。宅后方有一座五层高的砖砌望楼，上建四面出挑的哨亭。亭内设鼓，当为打更报警之用。这个大宅是迄今所见规模最大的汉代住宅图。

3.3.8　安平东汉墓壁画

3.3.9　郑州汉墓空心砖宅院图

郑州南关发掘的汉墓空心砖上刻有前后两院的住宅形象。宽敞的前院绕以围墙，右侧建门阙，面临大道。来访宾客的车马络绎于途，而停跸于前院二进门外。二进门颇宏壮，上覆重檐四注顶。后院内建主房，为居住部分。前后院都盛植花木。王莽时曾下令："宅不树艺者为不毛，出三夫之布"。这幅图像充分展示汉代住宅重视绿化的景象。

3.3.9　郑州汉墓空心砖宅院图

3.3.10 武威出土东汉坞壁明器　　　　3.3.11 张掖出土东汉坞壁明器　　　　3.3.12 羊子山出土东汉"坞壁阙"画像砖

3.3.13 广州出土坞壁明器

3.3.10　甘肃武威出土东汉坞壁明器

坞壁，也称坞堡，是一种城堡式的大型住宅。东汉时期，地主豪强盛行结坞自保。武威出土的这座陶楼院，很典型地反映了东汉坞壁的形象。平面为方形，周围环以高墙，四角均有高两层的角楼，角楼之间有阁道相通。院内套院，中央矗立起高五层的望楼。高耸的望楼与四角角楼、坞门门楼（图上缺损）相互呼应，组构了坞壁建筑的丰富体形。

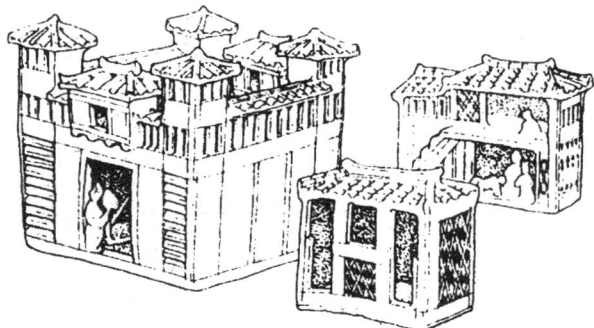

3.3.11　甘肃张掖出土东汉坞壁明器

也是一座带望楼的坞壁。值得注意的是城堡大门两侧突起一对阙形墩体，已近似"坞壁阙"的做法。

3.3.12　四川羊子山出土东汉"坞壁阙"画像砖

汉代建筑有在门前设左右双阙的传统，"坞壁阙"是这种双阙的发展。双阙不再孤立于门外两边，而是后退与大门组合，联结成一体，但仍保持着阙体的形象和双阙对峙的传统构图。这种做法有助于加强坞门的防守机能和壮大坞门的形象、气势。羊子山东汉墓出土的这幅"坞壁阙"画像，比例合度，构图完美，是一座很精彩的坞壁阙。

3.3.13　广州出土的两件坞壁明器

这两件明器都是不带望楼的坞壁。它们都是方形平面，都以高墙围护，都在四角设角楼，坞门不用"坞壁阙"，上设门楼，城堡后墙上也起城楼。门楼、城楼均为四注顶。上图坞堡内置有两座两层高的房舍，表示坞内排列着许多住屋。这也是当时盛行的一种坞壁形式。

3.4 汉代建筑遗存：石阙和石祠

3.4.1 雅安高颐阙

3.4.2 登封少室阙

3.4.1～2 汉代石阙

阙是从防卫性的"观"演变而来的一种表示威仪和等级名分的建筑，因系双阙孤植，"中间阙然为道"，故称"阙"。按其所属建筑的性质，分为城阙、宫阙、墓阙、祠庙阙。汉代是建阙的盛期，有传说高20余丈的大阙，也有高不过数米的小阙。现在遗存的东汉石阙，较完整的有25座，都是小品型的墓阙和祠庙阙。其形制有单阙和旁附子阙的子母阙。每种又有单檐和重檐的区别。阙的形象可分为仿木构型和土石型两种。位于四川雅安、建于建安十四年（公元209年）的高颐阙是仿木构型阙的代表性实例。整个子母阙分台基、阙身、阙楼、屋顶四部分。台基、阙身上雕出柱、枋、栌斗，阙楼上雕出楼面平坐木枋、花窗和挑檐斗栱，屋顶雕椽及瓦饰，雕刻颇为精致。这种阙可视为以石材建造的大型木构阙的浓缩模型。位于河南登封，可能与太室阙（公元118年建）同时建造的少室阙则是土石型的典型形象。阙体只分台基、阙身、屋顶3部分，无阙楼，子阙与正阙在平面上联成一体，阙身浮雕有龙、犀、象、犬、蟾、鱼、人物、车马等，外观颇为简洁、生动。

3.4.3 孝堂山石祠

位于山东长清县孝堂山顶，是东汉章帝、和帝时期（公元76～105年）的官吏墓祠。这是中国现存最早的、建于地面的（非地下的）、呈房屋形态的建筑实物。建筑为石构单檐悬山顶，面阔4.14米，进深2.5米，高2.64米，东、西、北三面由石壁围合，南面开敞。立面正中的八角形石柱将石祠划分为两开间。石柱上部有大斗承托檐头，柱下有斗状柱础。屋面雕刻出瓦垄、正脊，檐部刻出瓦当、椽头、连檐，两山刻排山勾头，对悬山顶的形制刻画得相当真实、齐全。石祠内部壁面满刻与祠主有关的车骑出行、庖厨炊宴等图像，刀法简朴有力。这个石祠是了解汉代小型房屋具体形象的难得实物资料。

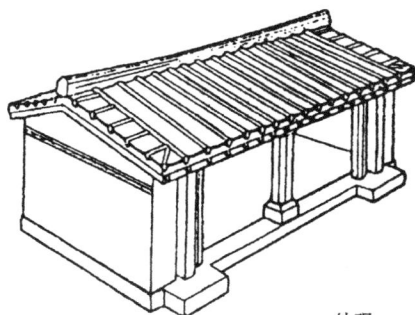

外观

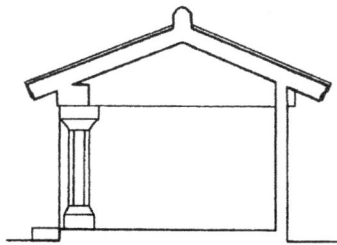

横剖面

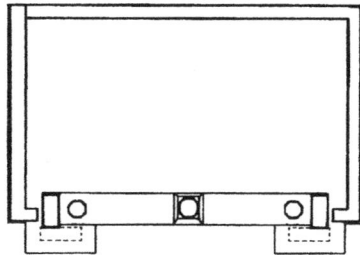

平面

3.4.3 长清孝堂山石祠

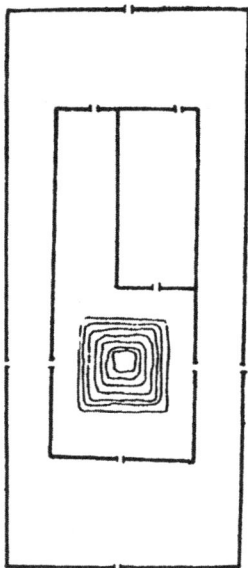

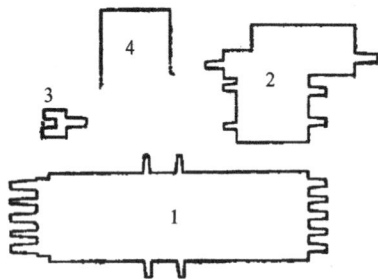

3.5.2　秦兵马俑优总平面示意
1. 1号兵马俑坑；2. 2号兵马俑坑；
3. 3号兵马俑坑；4. 扰坑

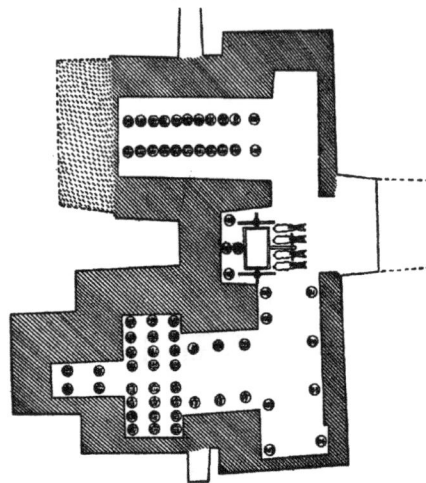

3.5.1　秦始皇陵总平面

3.5.3　3号兵马俑坑复原示意

3.5　秦汉陵墓

3.5.1　秦始皇陵

中国历史上第一个皇帝的陵园。位于陕西临潼骊山北麓、渭河南岸的平原上。陵园平面呈长方形，有两重夯土垣墙。内垣周长约2.5公里，外垣周长约6.3公里。除内垣北墙开二门外，内外垣各面均开一门。陵墓封土在内垣南半部，为夯土建造，底部方形，每边长约350米，现存残高43米。封土的原来形状，因年久塌毁，已不甚明显，估计应为覆斗形，其体量也当比现状更为高大。内垣北半部已发现建筑遗迹，可能是寝殿或寝殿附属建筑的所在。史书记载，秦始皇曾征调劳力70余万人建陵，前后延续30余年。墓室极为考究，"穿三泉，下铜而致椁，宫观百官奇器珍怪徙藏满之"。陵园东边有始皇诸公子、公主的殉葬墓，有埋置陶俑、活马的葬坑群，还有模拟军阵送葬的兵马俑坑。这是中国历史上形体最大的陵墓。秦始皇开创的陵园制度，对后代帝王陵寝也产生了深远影响。

3.5.2　秦兵马俑坑总平面示意

位于秦始皇陵东侧约1公里处。共发现4座俑坑。

1号坑平面呈长方形，面积12600平方米，约6000人马，是以步兵为主的军阵。2号坑平面呈曲尺形，面积约6000平方米，是以战车和骑兵为主的军阵。3号坑平面呈凹字形，面积约520平方米，兵马仅70个，似是统帅三军的指挥部，但未发现将军俑。4号坑仅有三面围墙，是未建成而废弃的空坑。这批兵马俑有可能是送葬军阵的模拟，守陵卫戍部队的模拟，这些兵马俑、战车实物以及实战兵器的出土，形象地展示了秦始皇时代军队的兵种、编制和武器装备情况。

3.5.3　3号兵马俑坑复原示意

图为3号兵马俑坑陶俑、战马位置复原示意图。俑坑平面呈凹字形，东西长17.6米，南北宽21.4米，深5.2～5.4米。坑内建筑平面分为南、中、北三部分，相互通联。3号俑坑和1号、2号俑坑一样，都是土木结构的地下建筑。其构造是，坑的周围立断面为30厘米×25厘米的方木柱，柱上置30厘米见方的枋木。枋木上排列棚木，棚木的圆径为20～50厘米。棚木上覆盖一层人字形编芦席，然后填土夯筑。坑的底部全用条形青砖墁铺。3号坑未经火焚，属自然塌陷，但塌陷前曾遭人为的严重破坏。

3.5.4 西汉茂陵

西汉有 11 座帝陵，汉武帝的茂陵是其规模最大的一座，位于陕西兴平县城东 15 公里处。汉武帝继位的第 2 年（公元前 139 年）就开始建陵，持续建了 53 年。汉承秦制，陵山呈覆斗形，称"方上"。底边各长 230 米，高 46.5 米，周围为夯土垣墙，东西长 430 米，南北长 414 米，每面正中各辟一门，门外立夯土筑的双阙。方上为夯土筑造，顶部残留少数柱础，方上的斜面也堆积很多瓦片，表明其上曾有建筑。史籍提到陵园内建有用于祭祀的寝、庙、便殿以及宫女、守陵人员居住的大批房屋。每天都由宫女理被枕，具盥水，日四上食，事死如事生。据记载，汉武帝曾动用全国赋税收入的三分之一作为建陵和搜置随葬品的费用。这个数字可能有所夸大，但陵墓工程之巨大精丽，随葬品之奢侈丰厚，由此也可想见。茂陵的西北有汉武帝最宠爱的李夫人的英陵，东边有霍去病、卫青、金日磾、霍光等人的 12 座陪葬墓，形成了一组庞大的墓葬群。

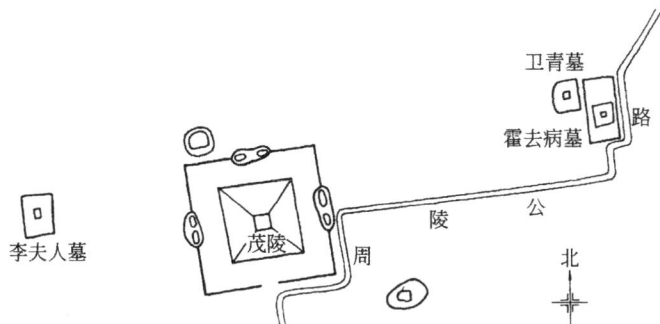

3.5.4 西汉茂陵总平面

3.5.5 沂南画像石墓

东汉晚期大型画像石墓，位于山东沂南县北寨村内。墓主姓名无考，可能是一名高级官吏。墓室沿南北轴线，分前、中、后三个主室，另有西侧室二间，东侧室三间（后附设厕所）。墓内净空南北总长 8.7 米，东西总宽 7.55 米。占地面积 88.2 平方米。墓门由中间立柱分为两间，前室、中室各有一八角中心柱，后室由隔墙分为两间，是放置棺木的地方。八角中心柱下部有柱础，上部有大尺度的斗栱。各室顶部用条石抹角或叠涩砌成藻井。全墓由 280 块多种形状的预制石构件装配而成，材质为石灰岩、砾岩、砂岩等。构件表面琢磨精细，对缝严密。从墙面刻出的线脚可以反映出汉代室内用壁柱、壁带的景象。画像主要分布于墓门和前、中、后三室，刻有两军激战、车骑出行、乐舞百戏、宴饮庖厨、家居生活、历史故事、神话故事和仙禽神兽等画题，大部分用减地平面线刻，刻工细腻，气象雄伟，生动地反映了当时豪强大族的生活情景。

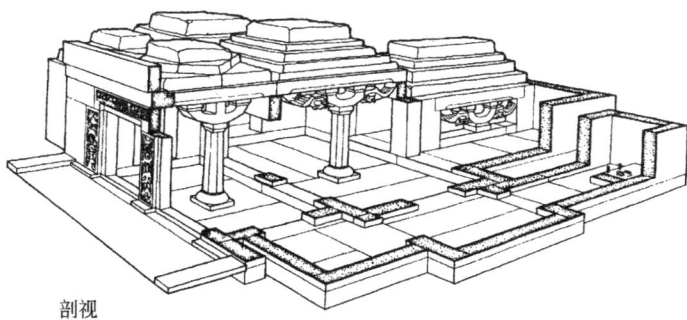

剖视

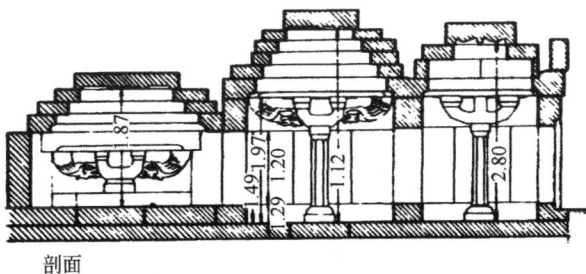

剖面

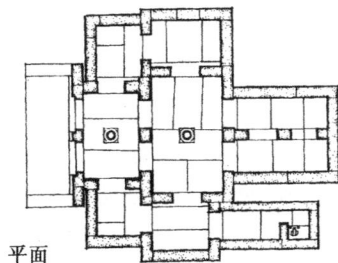

平面

3.5.5 沂南东汉画像石墓

3.6 体系形成期的技术与艺术

3.6.1~2 汉代抬梁式构架

河南荥阳汉墓陶屋明器,在悬山顶下部的山墙面上,清晰地勾画出柱上置梁,梁上再置短柱的构架形式。成都庭院画像砖上的主屋,也是柱上置梁,梁上置二根短柱,短柱上再置短梁的做法。这两例所显示的构架,都已具备抬梁式梁柱层叠的基本特征,表明抬梁式构架最迟在东汉已经形成,并已广泛使用。这种构架后来成为中国木构架体系的主要结构形式。

3.6.3~4 汉代穿斗式构架

这两例陶屋,山墙面上都清晰地刻画出柱枋形象,它们都是三根立柱直接承载檩子荷重,立柱之间有横向的穿枋联结,这是很典型的穿斗式构架形式。它特别适合用于南方地区的小型住宅,在南方汉墓出土的陶屋中,这种穿斗构架用得很普遍,是当时盛行的做法。

3.6.5~6 汉代井干式结构

井干式是将木头两端凿出榫卯,四木平面交叉出头组成井字方格,然后层层重叠,如"井上四交之干",故称井干。它是一种承重墙结构,不属于木构架结构。云南石寨山的两例都很清晰地显示出井干式的形象。文献记载汉长安建章宫汉武帝所建的井干台,"高五十丈,积木为楼"。这个高度可能有所夸张,但表明汉代已能用井干式建造颇大规模的井干楼。

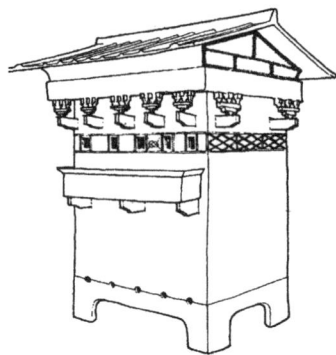

3.6.1 荥阳出土陶屋

3.6.2 成都庭院画像砖

3.6.3 长沙左氏藏陶屋

3.6.4 广州出土陶屋

3.6.5 石寨山贮贝器上图像

3.6.6 石寨山铜器

3.6.7　广西合浦出土西汉铜屋

3.6.8　广州出土陶屋

3.6.9　广州出土陶屋

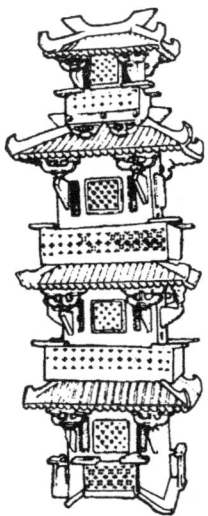

1. 山东高唐东汉陶楼　　2. 河南陕县东汉陶楼　　3. 东汉陶楼(出土地不详)

3.6.10　东汉陶楼明器

3.6.7~9　干阑式建筑

干阑式是一种由巢居演进而来的、居住面架空的建筑形式，它适用于潮湿地带。两汉时期在广东、广西等南方地区运用得很普遍。广西合浦出土的西汉铜屋，呈三开间、前出廊、悬山顶的形态，居住面下部有8根立柱，是一种低楼干阑；广州出土的两例陶屋，也都是三开间、悬山顶的房屋，其居住面架空较高，已近似高楼干阑。干阑建筑可以采用各种结构形式，有用抬梁式构架的，有用穿斗式构架的，也有采用井干式结构的。

3.6.10　东汉重楼

大约在西汉、东汉之交，开始通行重楼建筑，这是汉代建筑结构发展的一个重要标志。见于东汉明器陶楼，重楼多为三、四层，也有高达五层的，主要用作望楼。有的明器望楼下部设水盆，表示建于水池之中。重楼的做法不一，有的在层间设腰檐；有的在腰檐上置平坐，平坐边沿施勾栏；有的只置平坐而不施腰檐。这种分层配置平坐、腰檐的做法，主要是为了保护各层的土墙、木构，同时也起到遮阳和凭栏远眺的作用。层层挑出的平坐、腰檐，给高耸的楼身体量以强烈的横分割，并形成有节奏地挑出、收进，产生虚实明暗的对比，创造了中国式楼阁建筑的独特风格，后来南北朝时期盛极一时的木塔就是在这种楼阁建筑的基础上发展起来的。

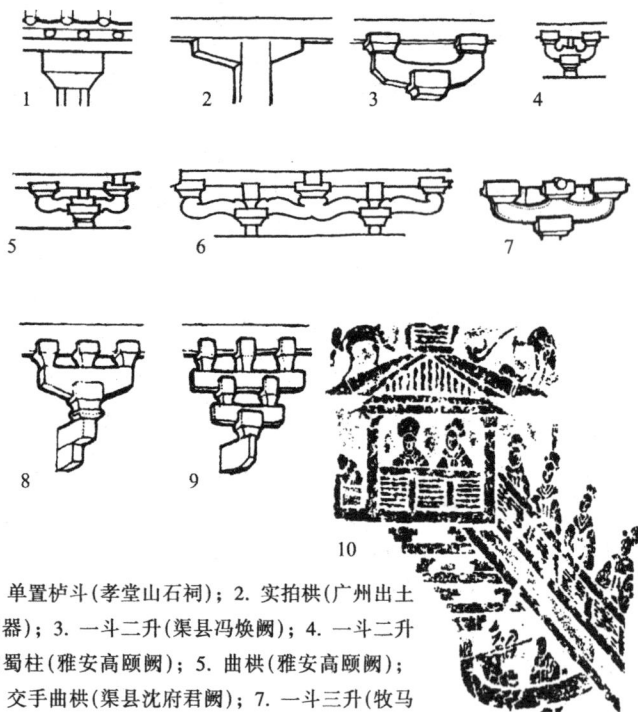

1. 单置栌斗(孝堂山石祠); 2. 实拍栱(广州出土明器); 3. 一斗二升(渠县冯焕阙); 4. 一斗二升加蜀柱(雅安高颐阙); 5. 曲栱(雅安高颐阙); 6. 交手曲栱(渠县沈府君阙); 7. 一斗三升(牧马山出土明器); 8. 挑梁单栱出跳(三门峡出土明器); 9. 挑梁重栱出跳(望都出土明器); 10. 多重插栱(河南出土水榭画像石)

3.6.11 汉代斗栱形式

3.6.11 汉代斗栱的多样形式

汉代斗栱资料十分丰富,从石阙、石祠、石墓、崖墓中可见到汉代斗栱实物,从画像砖、画像石、明器陶楼中可见到汉代斗栱的间接形象。大量资料表明,汉代斗栱的使用已相当广泛,但形制尚未确定,正处于斗栱的积极探索期,形成多种多样的斗栱形式。这些斗栱都是各自孤立的,没有形成整体联系。斗栱的形式有最简单的柱上放置栌斗和柱端插实拍栱的做法;有构成一斗二升、一斗二升加蜀柱和一斗三升的做法;有将栱做成曲线形的曲栱和交互曲栱的形式;有伸出挑梁,形成单栱出跳、重栱出跳的形式;还有一例似为多重插栱的形式。

3.6.12 石构仿木斗栱

从汉代石祠、石阙、石墓、崖墓中的斗栱,可以看出其仿木的形象。这些斗栱和石柱都很硕大,显现出强有力的承载性能,充分展现斗栱的结构机能。图中彭山崖墓和沂南画像石墓的3例柱上斗栱,都呈一斗二升的形式,其中2例在栱的中部加蜀柱,是向一斗三升演变的过渡形式。1例在栱的两旁添加倒悬的龙头,把斗栱的宽度夸大到极致。

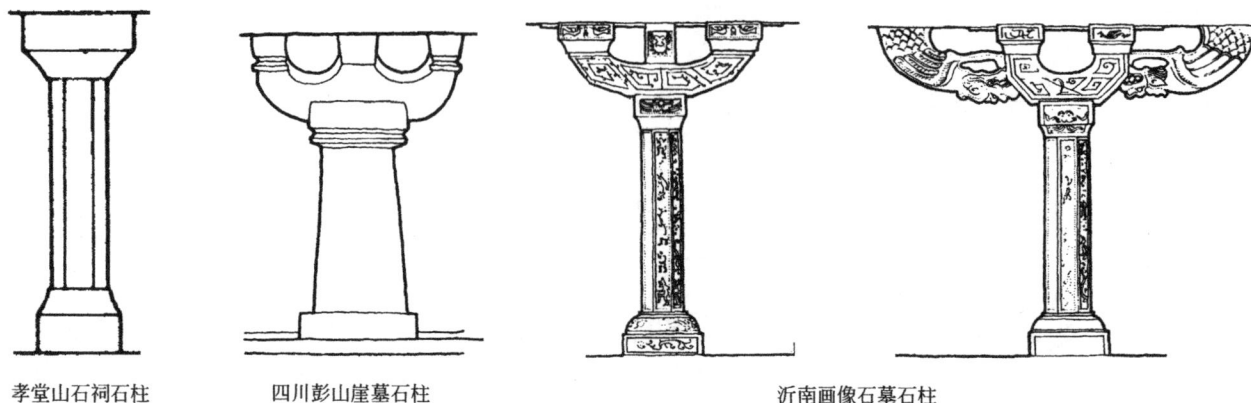

孝堂山石祠石柱　　四川彭山崖墓石柱　　沂南画像石墓石柱

3.6.12 石构仿木斗栱

3.6.13 汉代柱头铺作

汉代斗栱大部分都放置在柱头上，属于柱头铺作。其中有不少位于角柱之上，因其不像后期的角铺作那样向正侧两面出跳，仍然与柱头斗栱无异，因而这些位于角柱上的斗栱实际上也是柱头铺作。

3.6.14 补间铺作雏形

位于柱间阑额上的斗栱，称为补间铺作。汉代斗栱资料中没有明确的补间铺作形象。成都庭院画像砖上的木构望楼，檐下有3个斗栱，中间的斗栱应是补间铺作。山东两城山汉墓画像中，两柱斗栱支承的阑额上，一列4个斗栱，中部的两个斗栱，也可能是补间铺作。它们至少已显现出补间铺作的雏形。

3.6.15 探索中的"角铺作"

汉代还没形成真正的转角铺作。由于四坡屋顶出檐和平坐四面出跳的需要，推动了对角铺作的探索。大体上有以下几种处理方式：第一种是在转角的两面各自挑出挑梁斗栱；第二种是在转角处立两根角柱，由两根角柱各自挑出挑梁斗栱；第三种是在转角处斜出45°斜撑，支撑檐角；第四种是在转角处既出斜撑，也加斗栱；第五种做法是在转角处斜出挑梁（插栱），上置45°抹角栱支撑角檐。

牧马山崖墓出土明器　　　　　　徐州画像石

3.6.13　汉代柱头铺作

成都庭院画像砖　　　　　　两城山画像石

3.6.14　汉代补间铺作

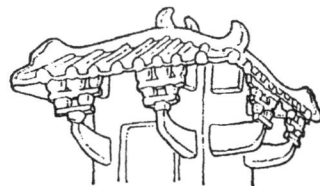

望都陶楼　　　　　　望都陶屋

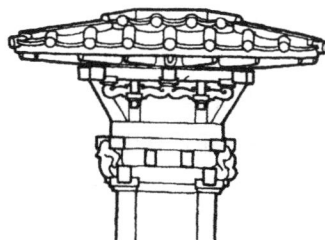

灵宝陶楼　　　　　渠县沈府君阙　　　　　顺义陶楼

3.6.15　探索中的角铺作

荥阳汉墓陶楼

广州汉墓陶屋

3.6.16　汉代悬山顶

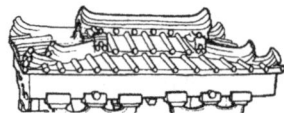
牧马山崖墓陶屋

纽约博物馆藏汉陶楼

唯宁双沟画像石

沂南汉墓画像石

3.6.17　汉代庑殿顶

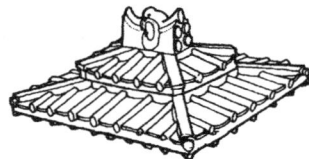
雅安高颐阙

广州汉墓陶屋

顺义汉墓陶楼

3.6.18　汉代"短脊顶"

成都庭院画像砖

3.6.19　汉代"叠落顶"

3.6.16　汉代悬山顶

悬山顶是一种两坡排水,并悬出山墙的屋顶形式。东汉孝堂山石祠(见3.4.3)是遗存至今最早的悬山顶实物,可以从中了解汉代悬山顶的具体做法、形制。见于明器陶屋和画像中的中小型宅屋,绝大部分都是悬山顶,可知悬山顶在汉代是用得最多的屋顶形式。

3.6.17　汉代庑殿顶

庑殿顶是一种四坡排水的屋顶,在汉代也已广泛使用。它多出现在较大型的、重要的殿屋、楼阁、门屋、门楼,属于高等级的屋顶形式。

3.6.18　汉代"短脊顶"

汉代有一种近似方形攒尖顶的屋顶,但梁架顶部还没交汇到一点,因而出现一条短短的正脊,是一种介乎庑殿与攒尖之间的形态,特称为"短脊顶"。这种顶在多层望楼和方形楼阁、角楼上颇为常见。

3.6.19　汉代"叠落顶"

汉代的屋顶,还有把屋面做成上下二叠的形式。图中,前两例屋顶上半部是悬山,下半部是庑殿,已具有歇山顶的雏形;后两例上、下两部分均为庑殿,有可能是后来出现重檐庑殿顶的滥觞。

3.6.20　汉代屋面、檐口

1. 渠县沈府君阙；
2. 三门峡汉墓陶楼；
3. 嵩山太室阙；
4. 牧马山崖墓陶楼；
5. 高唐汉墓陶楼；
6. 唯宁画像石

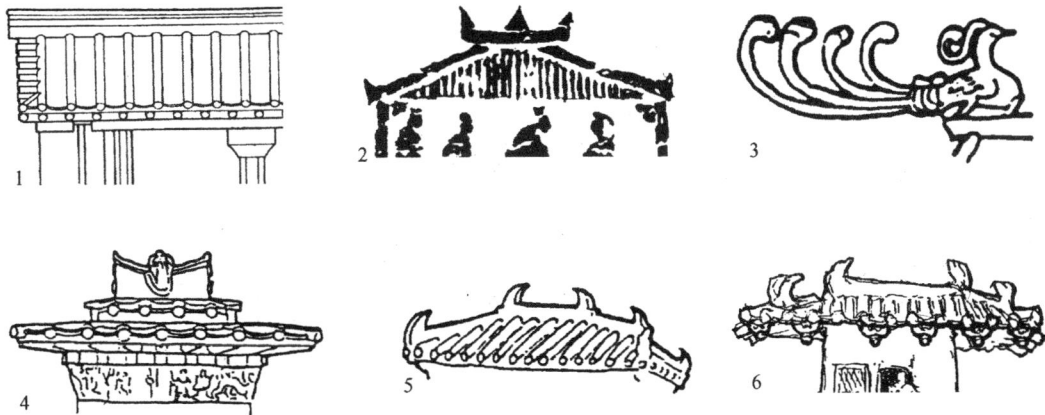

3.6.21　汉代的脊饰

1. 长清孝堂山石祠；
2. 徐州画像石；
3. 纽约博物馆藏画像石；
4. 雅安高颐阙；
5. 无极汉墓陶楼；
6. 当阳汉墓陶楼

3.6.20　汉代的屋面、檐口

文献记载，汉代屋面已有"反宇"，但绝大多数的汉阙、明器、画像所表示的屋面、檐口都是平直的，还没有反宇的凹曲屋面和翘曲的屋角（图1、2），只有个别的实例有檐口起翘和屋面凹曲的迹象（图3、4）。值得注意的是，大多数平直的屋面、檐口，都带有微微凹曲的垂脊，并在垂脊端部有意地翘起，以削弱僵直的感觉，显示出追求屋角起翘的意图。

3.6.21　汉代的脊饰

汉代屋顶形象重拙，多数屋脊装饰朴实无华，有的正脊仅在端部微微翘起（图1）或凸起尖突，隆重者在正脊中部再添加饰物（图2）。受楚人崇火尊凤尚赤的影响，汉代屋顶盛行以凤和鸟为饰（图3），高颐阙脊上也有巨鸟口衔组绶（系玉的丝带）的雕饰（图4）。汉武帝听信巫术厌火之言，逐渐改凤鸟为鸱尾。图5、6上已显现出鸱尾的轮廓。

3.6.22　汉代建筑大门
1. 成都庭院画像砖；
2. 德阳画像砖；
3. 沂南汉墓画像石

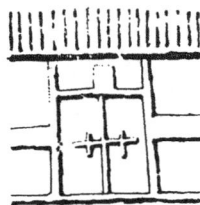

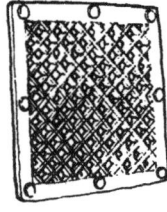

3.6.23　汉代门窗、天花、栏杆
1. 版门(沛县汉墓)；
2. 木门(彭县画像砖)；
3. 直棂窗(徐州汉墓)；
4. 琐文窗(徐州汉墓)；
5. 斜格窗笼(汉明器)；
6. 卧棂栏杆(两城山石刻)；
7. 斗子蜀柱栏杆(两城山石刻)；
8. 覆斗形天花(乐山崖墓)；
9. 斗四天花(沂南汉墓)

3.6.22　汉代建筑大门

汉代宅院盛行带栅栏的大门，大门内常常还有中门（图1）。贵族大型宅第的大门强调气势，如德阳画像砖中的大门（图2），中部三间高起，两侧有廊庑簇拥，形成颇壮大的门面。此门东庑另开小门便于出入，门庑可居留宾客。重要的建筑组群还在门外矗立双阙（图3），由高耸的门楼和门阙组成显赫的大门形象。

3.6.23　汉代的门窗、天花、栏杆

汉代大门上槛已带有门簪，门扇上有兽首含环的"铺首"。窗子未见可开启的窗扇，通常嵌直棂，也有斜格、琐文等其他花纹。有的在窗外另加格子窗笼或在窗内悬挂帷幕。栏杆以卧棂居多，已出现在寻杖下用蜀柱和几何形栏板的栏杆样式。室内天花藻井，见于崖墓、石墓，至少已有"覆斗形"和"斗四"两种形式。

空心条砖　　　　空心条砖　　　　楔形砖　　　　楔形砖

企口砖　　　　企口砖　　　　楔形企口砖　　　　墓门空心砖

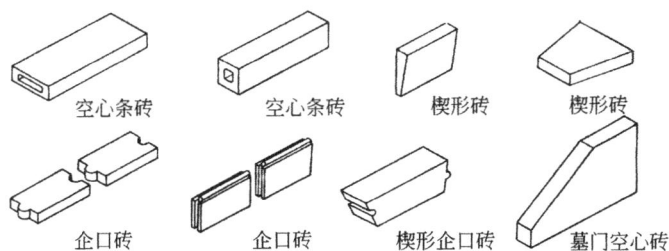

3.6.24　汉代墓砖类型

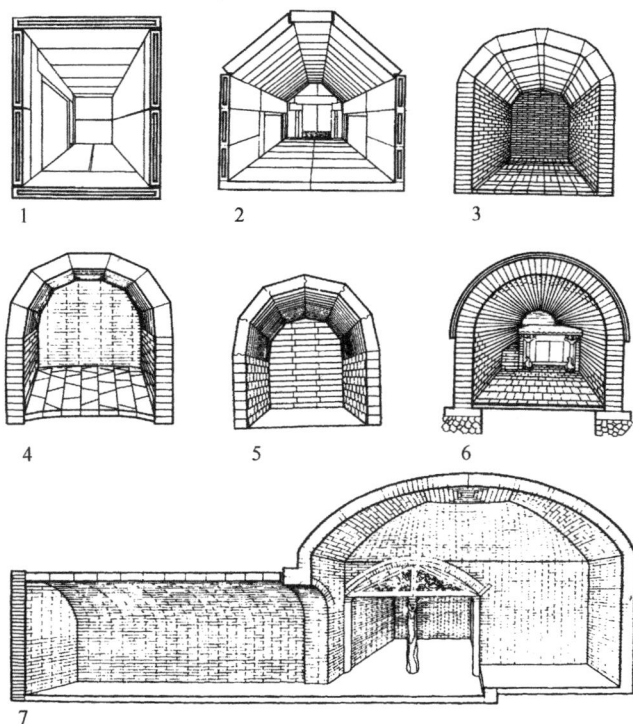

1　　　　　　2　　　　　　3

4　　　　　　5　　　　　　6

7

3.6.25　汉代砖墓结构

1. 平置板梁式空心砖墓；
2. 斜撑板梁式空心砖墓；
3. 折线嵌楔形空心砖墓；
4. 折线楔形空心砖墓；
5. 折线楔形企口空心砖墓；
6. 半圆弧形小砖墓；
7. 穹隆顶小砖墓；
8. 叠涩顶小砖墓

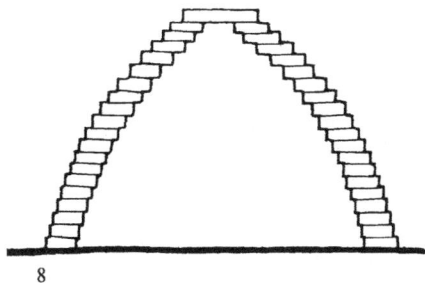

8

3.6.26　秦汉铺地砖图样

3.6.24～25　汉代砖墓结构

为解决木椁墓的防腐和耐压问题，战国晚期出现了空心砖墓，并一直盛行到西汉时期。这种空心砖墓，经历过平置板梁式、斜撑板梁式和折线楔形式的演变过程。为此，汉代用于墓室的砖材形成空心条砖、楔形砖、企口砖、楔形企口砖等多种类型。西汉晚期形成的小砖券墓是墓室结构的重大演进，在东汉时期仍久盛不衰。东汉前期和中后期，分别产生了穹隆顶小砖墓和叠涩顶小砖墓。叠涩结构利用拱壳矢高增大的条件，采用水平砖的层层出跳成顶。它在结构受力上不如穹隆顶，但在施工上较为方便而得以应用。可以说，中国的砖结构在两汉时期取得了颇为迅速的发展。因地面建筑已先入为主地普遍采用土木结构，导致砖结构的运用长期局限于地下墓室，并在人们心目中形成砖拱与冢墓的联系，更使它难以用于宫室，从而大大限制了中国砖构的发展。

3.6.26　秦汉铺地砖

现已发现不少秦汉时期的铺地砖，一般多为方形，砖面有模印花纹，图案简单者只是点状乳突，复杂者有各种几何纹和文字、动物的组合纹。

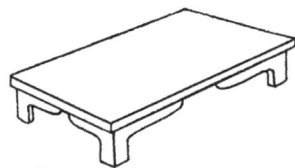
榻

小榻

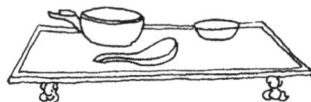
陶食案

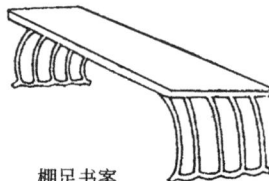
棚足书案

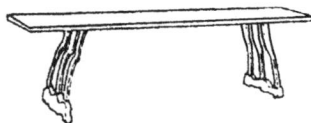
木案

凭几

彩绘木屏

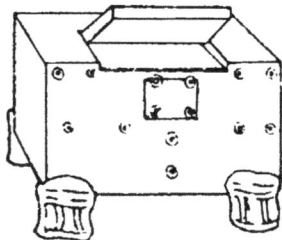
陶柜

3.6.29　汉代家具

3.6.27　秦汉瓦当

3.6.28　秦始皇陵出土"遮朽"

3.6.27　秦汉瓦当

秦汉都盛行圆瓦当。秦瓦当多用各式云纹，也有饰篆文的文字当。汉瓦当沿用云纹，文字当更为常见，多为吉祥语，如"亿年无疆"、"长生无极"、"延寿长久"、"千秋万岁"等。也有署以宫名、苑名的，如"长乐未央"、"寿成"等。还有用动物纹的四神当、龙凤当、鸟纹当和文字与动物并用的图案。

3.6.28　秦始皇陵出土"遮朽"

正面呈平底大半圆形，饰夔凤纹，直径约40厘米，通称"大瓦当"。实际上瓦当不会做这么大，也不会做成平底，应是套在出头的梁端上用以防避雨淋的"遮朽"。

3.6.29　汉代家具

汉代仍风行席地坐，坐具除席、筵外，已盛行榻和独坐式小榻。与之相应配套的是各式矮腿的食案、书案和各式直形、曲形的凭几。屏风的使用也很普遍，以长沙马王堆西汉墓出土的彩绘座屏最具代表性。整座屏风通体彩绘，图案线条自然流畅，可从中看出西汉家具工艺所达到的水平。

4 三国、两晋、南北朝建筑

(公元 220 年~581 年)

三国 （公元 220 年~265 年）

两晋、十六国（公元 265 年~420 年）

南北朝（公元 420 年~581 年）

从公元 220 年东汉灭亡，到 581 年隋王朝建立，中国经历了 350 多年动荡分裂的局面。这期间，有魏、蜀、吴的三国鼎立，有两晋与十六国的分裂，有宋、齐、梁、陈与北魏、东魏、西魏、北齐、北周的对峙。这种南北分裂，在造成破坏衰退的同时，也促进了民族的大融合和各地区、各民族建筑文化的大交流。

从建筑发展来看，这时期有以下几点值得注意的进展：

一是东南地区城市建设和建筑活动的崛起。我国东南地区是天然富庶之地，但在三国以前长期未得到充分开发。这时期，由于晋室南迁，中原人口大量涌入江南，带来先进的生产技术和文化艺术，经过孙吴、东晋、宋、齐、梁、陈六朝三百多年的持续经营，东南经济文化后来居上，推动了以"六朝故都"建康城为中心的江南建筑的繁荣发展。南朝建筑虽无实物遗存，但从日本法隆寺五重塔等建筑，可以折射出南朝木结构技术已较北朝先进。

二是佛教的盛行和佛寺、佛塔、石窟寺建筑的高潮迭起。佛教在东汉初已通过西域传入中原，经魏晋到南北朝，由于统治阶级的大力提倡，佛寺建造数量剧增，南朝建康有佛寺五百多所，北魏洛阳有佛寺一千三百六十七所，北魏统治区内的寺院竟达到三万多所。这时期的佛寺，有源自印度的"中心塔型"和基于"舍宅为寺"而形成的"宅院型"两种主要布局形式。佛塔有楼阁式、密檐式、金刚宝座式、亭阁式等多种形式，对后来的塔的形制产生了深远的影响。石窟寺有源自印度支提窟、以塔为中心的"塔院型"，有模仿宅院佛寺，以佛像为供奉主体的"佛殿型"和源自印度毗诃罗，在窟内四周凿若干小窟的"僧院型"。

三是形成皇家园林与私家园林并立的格局。这时期士人阶层的兴起，魏晋玄学的肇兴，强劲地推动了文士园的发展。不仅盛行士族庄园别墅，城市私园和寺庙园林也为数不少，中国园林经历了承上启下的转折期，园林的营造观念从大尺度的形似自然向小尺度的神似自然转变。

四是由于"胡坐"的传入，中国家具从适应席地坐的矮足型开始向适应垂足坐的高足型转变，由此引发了中国建筑室内空间和室内景观的嬗变。

可以说本时期是中国建筑体系发展的融合期，既有基于佛教传播，来自印度、中亚的外来文化交流，也有来自国内民族大融合的南北文化交流。中国建筑从类型、风貌以至细部装饰，都展露新姿，为下一阶段隋唐时期建筑新发展准备了条件。

4.1 都城：建康与洛阳

4.1.1 东晋、南朝建康

位于今南京市，东依钟山，北枕玄武湖，西北濒长江，东、南有青溪和秦淮河环绕，形势险要，历来有"龙蟠虎踞"之称。吴、东晋、宋、齐、梁、陈六朝都建都于此。

吴的都城周 20 余里，宫城在城内偏北部分。东晋、南朝仍沿用吴旧城。齐时在土城外包砖。建康无外郭城墙，整片外郭随形就势呈不规则布局。都城南面正门曰宣阳门，往南 5 里设朱雀门。两门之间的御道两侧布置官署府寺。居民多集中于秦淮河两岸的广阔地区，大臣贵戚的第宅多分布在青溪、潮沟两岸。居住区有里、巷的名称，如长干里、乌衣巷，但因山丘起伏，这种里巷可能与北方规整的里坊布局不同。

六朝帝王都信仰佛教，建康城内外遍布佛寺，总数在 500 所以上。作为六朝古都的三百多年中，建康一直是南方政治、经济、文化的中心。

4.1.2 北魏洛阳

是在西晋洛阳城废墟上重建的。遗址已经发掘勘查，全城呈外郭、内城、宫城三城相套格局。内城是东汉、西晋故城，外郭是北魏时新建，东西 20 里，南北 15 里。内城居外郭中轴位置，除北部有宫城和苑囿华林园外，主要分布官署、庙社、仓库。居住区大部分都在外郭，分为 323 个里坊。居住相当密集，有的里坊居民达二、三千人，全城人口当在六、七十万以上。商业点的市也很集中，主要有城西的"洛阳大市"，城东的"洛阳小市"和外商云集的南郊"四通市"。北魏洛阳也是北方佛教中心，全城有佛寺一千余座。主要的官署、太庙、太社和著名的永宁寺塔，都分布在宫城前的御道——铜驼街两侧。洛阳城内的树木也很多，登高俯望，可以看到"宫阙壮丽，列树成行"的景象。北魏洛阳城的规划建设，承继了曹魏邺城以来近四百年都城建设的经验，正式完成了三城相套的格局，对后来的隋唐长安城和洛阳城均有很大的影响。

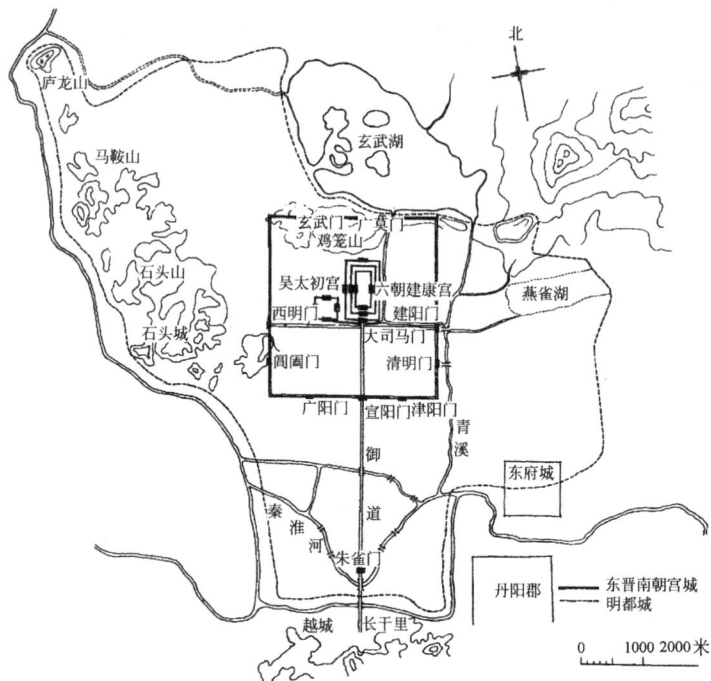

4.1.1 东晋、南朝建康城

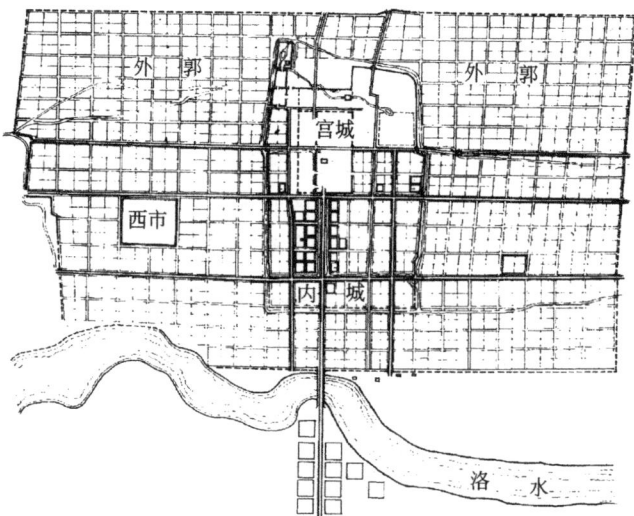

4.1.2 北魏洛阳城

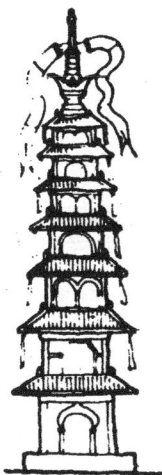
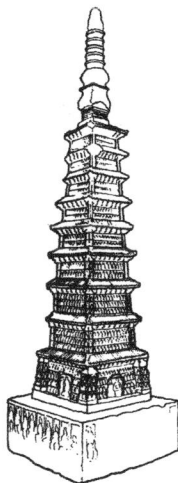
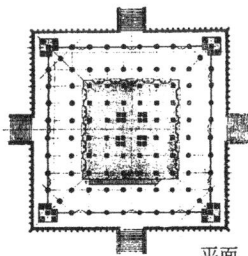
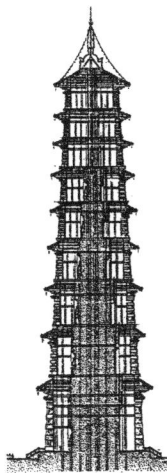
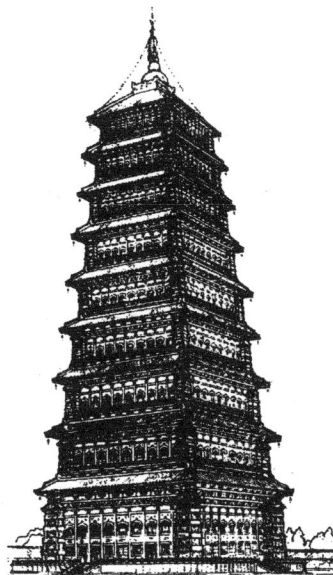

平面　　　　剖面　　　　　　　外观

4.2.1　云冈7窟浮雕塔　4.2.2　崇福寺藏北魏9层石塔　　　　　4.2.3　北魏洛阳永宁寺塔(杨鸿勋复原)

4.2　佛教的传入和塔的演化

佛教大约在西汉后期传入中国,见于记载的最早佛寺是东汉永平十年(公元67年)的洛阳白马寺。公元2世纪末,笮融在徐州建浮屠祠,"上累金盘,下为重楼",这是有关中国楼阁式木塔的最早记述。经三国到两晋、南北朝,佛寺和佛塔的建造已十分普及,数量剧增。佛塔已形成窣堵波式、层叠窣堵波式、楼阁式、密檐式、金刚宝座式和亭阁式等诸多类型。其中楼阁式和密檐式后来成为中国塔的两种最基本的形制。

4.2.1~2　早期楼阁式塔

楼阁式塔是中国木构重楼与印度的"窣堵坡"相结合的产物。窣堵坡是藏置佛的舍利和遗物的实心"坟墓"建筑,由台座、覆钵、宝匣和相轮组成。到公元一、二世纪,犍陀罗的窣堵坡已将台座演变为三、四层的塔身。窣堵坡经犍陀罗传入中国后,很自然地就以中国固有的重楼作为塔身,将覆钵、宝匣、相轮大大缩小作为标志性的塔刹,而形成中国式的木塔。云冈7窟浮雕塔和崇福寺藏北魏9层石塔,都是这种木构楼阁式塔的模写。

4.2.3　北魏洛阳永宁寺塔(杨鸿勋复原)

据《洛阳伽蓝记》载,北魏灵太后于熙平元年

(公元516年)在洛阳建永宁寺,中有9层木塔。塔的遗址现已发掘。塔基为素土夯筑,东西101米,南北98米,厚2.5米以上。塔基上部筑素土夯实的方形台基,长宽38.2米,高2.2米,四周用青石包砌。台基上分布着纵横9间的柱网。中部的柱网插在土墼实体中,核心部位以密集的16根木柱(分4组,每组4根)组成坚实的中心柱束。塔的四角各由6根柱子组成转角支撑结构。遗址所示与文献记述的"四面、九间、三户、六窗"完全相符。杨鸿勋据此将塔心部分的土墼台体逐层收缩,砌到第6层止,上部3层由16柱直达顶端,可纯为木构,也可在柱间加砌土墼。这样推定了全塔土木相结合的结构体系。

这个塔的高度,文献说法不一,有说"高一千尺",有说高"四十九丈"、"四十余丈"。复原图采纳的是高四十九丈,加上塔刹,总高为147米。这个高度是现存辽代应县木塔的2.2倍。这座塔可能是中国古代最高的木构建筑。它沿用"台榭建筑"的遗意,以高6层的土木合构的土台,解决了塔心的结构,取得令人触目的建筑成就。文献称颂它"殚土木之功,穷造形之巧,佛事精妙,不可思议"。可惜的是,塔建成后18年就毁于雷火。

4.2.4 嵩岳寺塔

位于河南登封市，建于北魏正光四年（公元523年），是中国现存最早的一座塔的实物，也是唯一一座平面十二边形的塔。

嵩岳寺塔是砖砌密檐式塔，全高39.8米，底层外径10.6米，内径约5米，壁体厚2.5米。塔身建于简朴的台基上。塔身腰部有一组挑出的砖叠涩，将塔身划分为上下两段。下段素平无饰。上段四个正面辟券门，贯通上下两段。门上做火焰券面装饰。上段其余八面各砌出一个单层方塔形的壁龛，龛门也用火焰券面，龛座隐起壸门，内刻狮子。上段塔身12面转角处均砌出八角形壁柱，有宝珠莲瓣柱头和覆莲柱础。塔身上部层叠15层塔檐，均为砖砌叠涩檐。各层檐间只有短短的一段塔身，每面均辟有小龛和小窗。多数小窗仅具窗形，并不通透。塔刹也是砖砌的，在壮硕的覆莲上，以仰莲承受相轮。塔内砌成直通顶部的空筒，塔身下段平面为十二边形，至塔身上段以上改为八角形。塔内有向内挑出的叠涩8层，可能原来设有8层木楼板。整个塔的外观，比例匀称，总体轮廓呈和缓的抛物线形，丰圆韧健，绰约秀美。券门券窗上的火焰券面和角柱上的莲瓣柱头柱础，都带有浓郁的异域风味，显现出南北朝的时代风韵。

嵩岳寺塔在中国建筑史上占有重要地位。现在所知中国砖塔的最早记载，是西晋太康年间（公元280~289年）建造的太康寺三层砖塔。遗存至今的嵩岳寺塔，既是中国现存最早的塔的实物，也是中国现存最早的砖构地面（非地下）建筑。它的出现标志着中国砖构技术的重要进展和融合外来建筑文化，创造中国式密檐塔达到了成熟水平。

4.2.5 西凉小石塔

这批出土的小石塔高仅数十厘米，共12座，最早为公元426年，最晚是436年。因此它们是中国现存最早的塔，但尺度过小，算不上真实的塔。这些塔可以称为窣堵坡式，是最接近印度原型的塔。塔的特点是下部有八角柱形基础，中部塔身分上下两段，上段为塔身主体，刻为半球形覆钵，表面镌有八个拱券佛龛，龛内各有一尊造像。塔身上部刻覆莲、相轮、华盖。据萧默研究，嵩岳寺塔的密檐正是从西凉小石塔的相轮演化的，因此这些小石塔可视为密檐塔的近源。

酒泉高善穆塔　　　　酒泉程段儿塔

4.2.5　西凉小石塔

立面

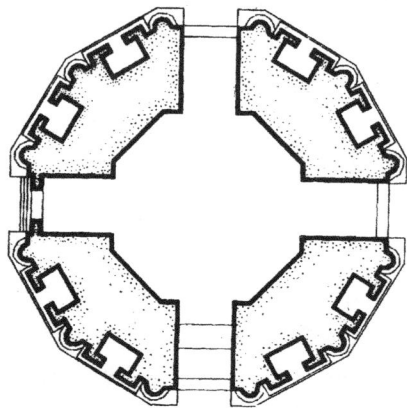

平面

4.2.4　登封嵩岳寺塔

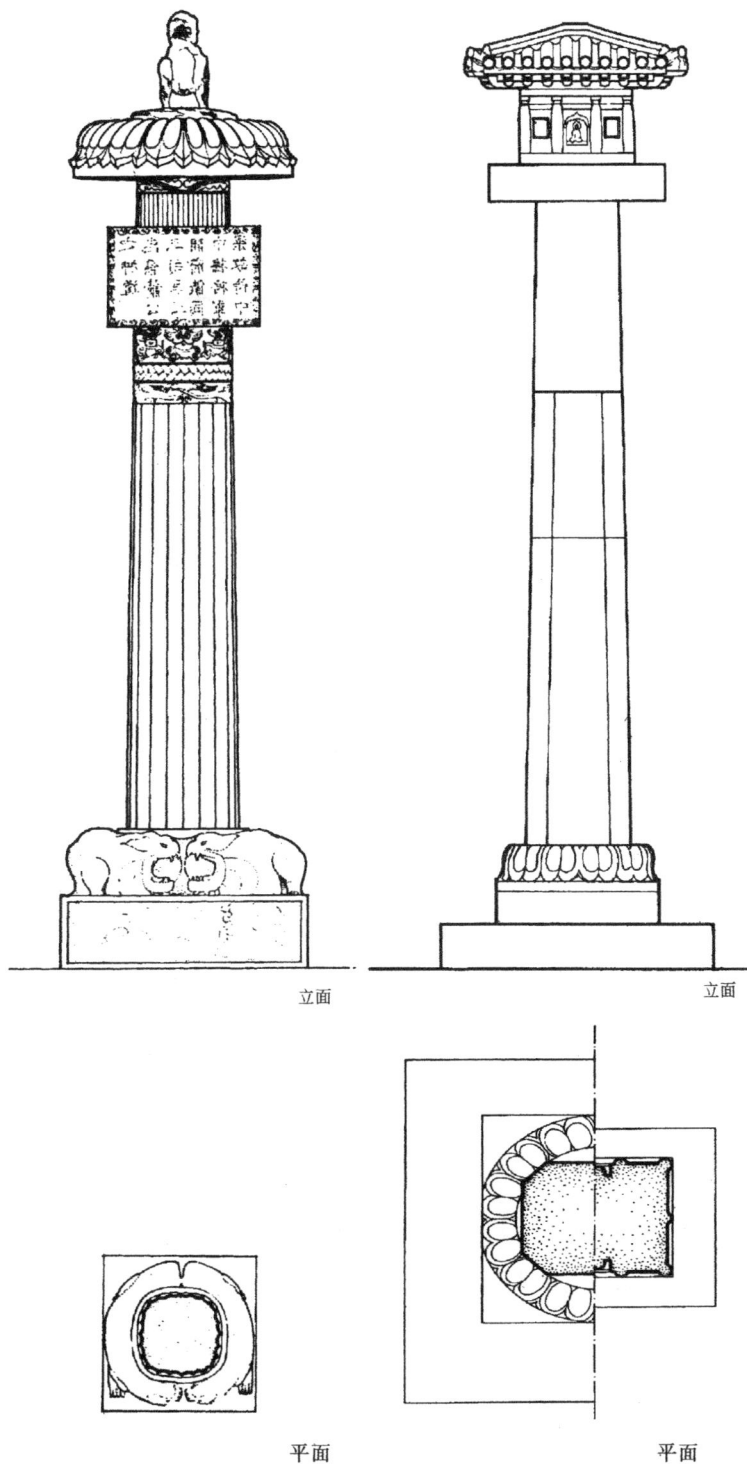

立面

立面

平面

平面

4.3.1 南朝萧景墓表

4.3.2 北齐义慈惠石柱

4.3 建筑小品遗存：墓表和石柱

4.3.1 南朝萧景墓表

南朝帝王陵墓，都在神道两侧设置对称的石刻，常规的布置是：第一对为相向的石兽；第二对为面向前方的石柱（即墓表）；第三对为相向的，立于龟趺座上的石碑。有的在石兽与墓表之间，多加一对石碑。南朝墓表尚存十余座，以南京梁萧景墓表最为典型。墓表的形式直接继承汉晋以来的形制，下部为方形柱础，四面雕人物异兽，方座上置圆形鼓盘，刻成双蟠龙团旋。柱身介于方圆之间，似方而微圆，似圆而略方，上部微微收小。柱下部约2/3竖刻内弧外棱的凹槽，槽顶以双龙交首纹和绳辫纹各一道收束；柱上部1/3刻外弧内棱的"束竹"竖槽，以一圈忍冬纹收束。柱身正面于绳辫纹上嵌小方石，上承石版，版面刻墓主职衔。柱顶部在刻有覆莲的圆盘上，蹲坐一辟邪。全柱通高6.5米，挺拔秀美，简洁精致，是汉以来墓表石雕的精品。墓表的柱身凹槽、莲瓣圆盘和盘上蹲兽都带有融合印度阿育王柱和希腊石柱的印痕。

4.3.2 北齐义慈惠石柱

在河北定兴县，建于北齐天统五年（公元569年），是为义葬战乱残骸而立的。石柱通高6.65米，分为柱基、柱身、柱顶小屋三部分。柱基下部为2米见方的方石，上置覆莲柱础。柱身为方形削去四角而成的"小八角"形，下粗上细，两端内收、略呈梭形。柱身至3/4高处，正面两角不削，留出较宽的柱面，上镌"标异乡义慈惠石柱颂"大字及题名。柱身其余表面刻"颂文"3000余字。柱顶在一方形盖板上置一面阔三间、进深两间的小石屋。小屋逼真地刻出地栿、梭柱、栌斗、额枋、椽子、角梁。屋顶为介乎庑殿与攒尖之间的"短脊顶"，曾是东汉习见的做法。石屋正面、背面当心间各刻火焰券佛龛一个，内供小佛。这个柱顶石屋可能是象征佛国天宫，有祈愿亡灵升天的寓意。石柱整体厚重朴拙，石刻小屋比例匀称，莲瓣雕工古朴有力，显现典型的北朝艺术风格。石屋自身也是很有价值的建筑史资料。

4.4 体系融合期的技术 与艺术

4.4.1~3 寺院的两种布局形式

佛寺的大量涌现，是本时期建筑发展的一个突出现象。当时的寺院布局主要有两种形式——中心塔型和宅院型。中心塔型的布局源于印度佛教早期不设佛像，信徒以塔作为尊崇对象，因而形成以塔为中心，以廊庑或院墙围成院落的布局形式和信徒绕塔礼拜的行为方式。洛阳永宁寺遗址就属于中心塔型的布局。敦煌莫高窟北魏第254窟所示的塔院型石窟正是对中心塔型寺院的模写。

宅院型的布局则是"舍宅为寺"的产物。它"以前厅为佛殿，后堂为讲堂"，碍于既成格局而不建塔。这种寺院大多规模较小，但数量可能占多数。太原天龙山北齐第3窟所示的以佛像为供养主体的"佛殿型"石窟，正是宅院型寺院的写照。

4.4.4~5 屋顶形态的演进

本时期的建筑风貌出现明显的变化，外观由汉代的端严雄强向活泼遒劲发展。表现在屋顶上，屋面由平面逐渐向凹曲面变化，屋檐由直线逐渐向两端起翘的曲线演进。中国建筑最引人注目的"如鸟斯革，如翚斯飞"（像鸟一般展翅，像雉一样起飞）的屋顶形象主要在这时期奠定。图4.4.4各图是屋面凹曲的数例，图4.4.5各图是檐角起翘的数例。

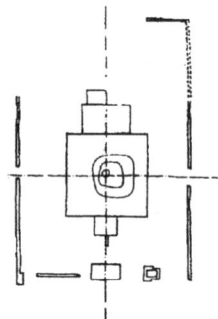

4.4.1 洛阳北魏永　　4.4.2 敦煌北魏第254　　4.4.3 太原天龙山第3窟内景
宁寺遗址　　　　　　窟窟形

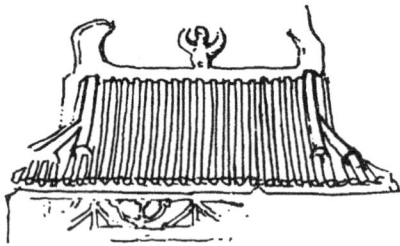

龙门古阳洞南壁小龛屋顶　　　　龙门路洞北壁东魏殿堂浮雕

4.4.4 屋面凹曲现象

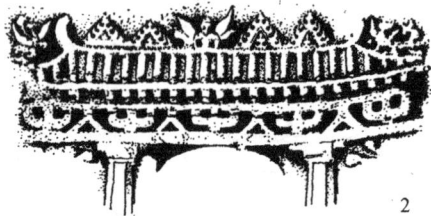

4.4.5 檐角起翘现象
1. 云冈第12窟前室西壁佛龛屋顶；
2. 云冈第10窟北魏佛龛屋顶；
3. 涿县旧藏北朝造像碑；
4. 洛阳出土北魏画像石

麦积山西魏43窟　　　　　云冈北魏9窟　　　　　龙门北魏古阳洞

4.4.6　阑额在柱顶的搭接方式

麦积山北周4窟　　　　　北魏宁懋石室　　　　　沁阳东魏造象碑

4.4.7　阑额插于柱间的搭接方式

麦积山北魏015窟内部　　北魏宁懋石室线刻　　麦积山北魏140窟壁画

4.4.8　平梁上的叉手

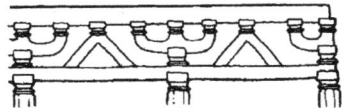

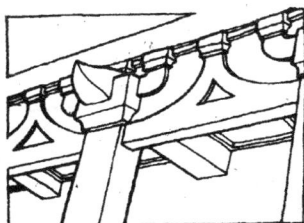

1. 云冈21窟塔柱　　　　　3. 麦积山5窟的梁头出尖

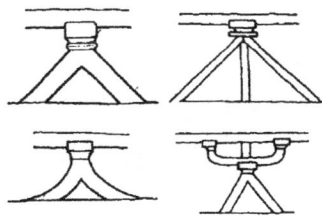

2. 石窟中反映的人字栱　　4. 日本法隆寺金堂斗栱

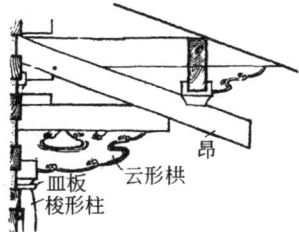

4.4.9　南北朝的斗栱

4.4.6～7　柱枋搭接的两种做法

南北朝时期，外檐柱子与阑额、檐檩的搭接关系，主要有两种做法：

第一种是阑额压在柱顶或柱头栌斗之上，阑额和檐檩之间垫木方或斗，额与檩之间有的还加斗栱、叉手，组成通面阔的檐下纵向构架。这种做法表明纵向构架是主要梁架。它本身由于叉手的作用而得以稳定，它与梁、椽的结合，也可保持屋顶结构的稳定。但它与柱列的结合只是简单的支持关系，柱列并不稳定而导致整体木构架还不是独立的稳定体系。

第二种是柱头承檩，阑额低于柱顶而插入柱身，额、檩之间加叉手、蜀柱，二柱之间形成一平行弦桁架。这种做法可以保持额、檩之间和柱列之间的稳定，增强了木构架的整体性。它的出现意味着木构架技术的重要改进。

4.4.8　叉手的继续使用

梁上用叉手承托脊檩是很古老的做法，至迟在西汉前期已用于宫殿等大型建筑。本时期的叉手运用仍很盛行。

4.4.9　斗栱的演进

南北朝时期，斗栱呈现以下现象：

1. 栱枋尺寸已规格化，已具"以材为祖"的特点；2. 柱上栌斗除承载斗栱外，还承载内部的梁；3. 栱端卷杀已很明确；4. 广泛运用人字栱作为补间铺作，人字栱由直线逐渐改为曲线；5. 从日本飞鸟时期建筑（如法隆寺金堂）可以看出最晚在南北朝后期，斗栱已出现"昂"，这是斗栱在出跳支撑挑檐的作用上的重要推进。

4.4.10 高足家具的兴起

胡床在东汉末年传入中原，到魏晋南北朝已普及到民间，人们的起居方式开始从席地坐逐渐转向垂足坐，引发了低足家具向高足家具演进的趋势。这时期由西域输入了各种形式的高坐具，如椅子、方凳等，睡眠的床增加了高度，上部还加床顶。休憩用的床（榻）也加高加大。人们既可以席地坐于床上，也可以垂足坐于床沿。家具的增高变化，深刻地影响了室内空间的变化。

4.4.11 细部装饰的外来影响

随着佛教艺术的流传，印度、波斯、希腊的装饰纷纷传入中国，火焰纹、莲花纹、卷草纹和璎珞、飞天、狮子、金翅鸟等装饰图案，不仅广泛用于建筑，后来还广泛应用于工艺美术，特别是莲花、卷草和火焰纹的应用最为普遍。盛开的莲花主要用作藻井的"圆光"，莲瓣主要用作柱础和柱头装饰，火焰纹主要用作各种券面雕饰，卷草纹则成了各种条形装饰最常见画题。这时期的装饰风格，北朝经历了从初期的苗壮、粗犷、稚气，到后期向雄浑而带巧丽，刚劲而带柔和的转变；南朝则很早就显现出秀丽柔和的特征。

胡床（敦煌 257 窟）　　束腰形圆凳（龙门莲花洞）　　床榻（顾恺之女史箴图卷）

方凳（敦煌 257 窟）　　椅子（敦煌 285 窟）

4.4.10　两晋南北朝家具

嵩岳寺塔火焰券券门　　敦煌 285 窟龛楣火焰券　　义慈惠石柱莲花柱础

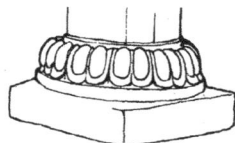

云冈 9 窟莲瓣纹

南朝墓砖卷草纹

云冈 15 窟莲花纹

萧景墓碑卷草纹

4.4.11　南北朝的建筑装饰

5　隋、唐、五代建筑

（公元 581 年～979 年）

隋　　　（公元 581 年～618 年）

唐　　　（公元 618 年～907 年）

五代十国（公元 907 年～979 年）

　　隋唐是中国封建社会的鼎盛时期。隋结束了长期战乱和南北分裂的局面，虽然王朝延续时间很短，却兴建了都城大兴城和东都洛阳城，为唐长安、洛阳的两京建设奠定了基础。建于隋大业年间的赵州桥是世界上最早出现的敞肩拱桥，从一个侧面生动地显示出隋代建筑技术和建筑艺术所达到的水平。唐代是统一、巩固、强大、昌盛的封建王朝，中国木构架建筑在唐代初期迈入了体系发展的成熟期。繁荣的唐代建筑显现出以下几个特点：

　　1. 建造规模宏大。唐长安城是世界古代史上最大的城市。唐长安宫城（包括太极宫、东宫、掖庭宫）面积是明清北京紫禁城的 6 倍。唐代的里坊、街道、寺院和单体殿堂都达到很大的尺度。正如顾炎武在《日知录》中所说："予见天下州之为唐旧治者，其城郭必皆宽广，街道必皆正直；廨舍之为唐旧创者，其基址必皆宏敞，宋以下所置，时弥近者制弥陋"。

　　2. 建筑布局水平提高。唐代不仅加强了城市的总体规划，宫殿、寺院等建筑都注意突出主体建筑的空间组合。帝王陵墓变"堆土为陵"为"因山为陵"，以长列的神道前导空间，突出组群的纵深轴线。公卿贵戚和名士文人纷纷建造宅园、山庄、别墅，推进了宅居与林木山水环境的密切交融。

　　3. 木构技术进入成熟阶段。大体量建筑已不需要依赖夯土高台外包小型木构的办法来解决。大明宫麟德殿以面阔 11 间、进深 17 间的柱网布置创造了庞大的木构殿堂。木构件的形式和用料已呈现规格化的现象，可能已建立"以材为祖"的用材制度。斗栱结构机能的充分发挥标志着木构架整体已达到完善成熟的地步。专掌握绳墨绘制图样和指挥施工的"都料匠"的出现，意味着建筑技术分工和技术管理的进展。

　　4. 砖石建筑取得进一步发展。主要体现在砖石塔的演进。唐代砖石塔已形成楼阁式、密檐式和亭阁式三种主要类型。一部分砖石塔的外形已开始朝仿木的趋势发展。

　　5. 建筑形象呈现雄浑、豪健的气质，从总体、单体到局部都显现有机的联系。屋顶宽平舒展，斗栱雄健有力，门窗朴实无华，梁柱加工体现力与美的统一，没有多余的装饰，鄙弃矫揉的造作，充分展现中国封建社会鼎盛期的时代风貌。

　　唐代建筑的成就，对日本、朝鲜都产生了不少影响。唐代建筑遗存至今的有 4 座木构建筑和若干座砖石塔。建于公元 782 年的南禅寺大殿和建于公元 857 年的佛光寺大殿，是我们认识成熟期中国木构架建筑信息的最重要的文本。

　　五代时期，黄河流域经历了后梁、后唐、后晋、后汉、后周五个朝代，其他地区先后建立十个地方割据政权，中国又陷入破碎的分裂战乱局面，只有长江下游的南唐、吴越和四川地区的前蜀、后蜀战争较少，建筑仍有所发展。

5.1 都城：隋唐长安、洛阳

5.1.1~2 隋大兴城、唐长安城

是隋唐两代的都城，城址在今西安城区及其周围地带。公元 581 年，隋王朝建立。因汉长安故城规模狭小，宫殿、官署、闾里混杂，且屡经战乱，宫室凋零，加上城区水质咸卤，隋文帝决策在其东南龙首原创建新都。开皇二年（公元 582 年）六月命宇文恺负责规划营建，宫殿、官署大都从汉长安拆建，工程进展神速，开皇三年三月即建成宫室，迁入新都。因隋文帝在北周时封为大兴公，新都即定名为大兴城。

大兴城分宫城、皇城、郭城。宫城先建，皇城次之，郭城到隋炀帝大业九年（公元 613 年）始建。大兴城规模浩大，郭城东西宽 9721 米，南北长 8651.7 米，全城面积达 84.1 平方公里，是中国古代史，也是世界古代史上规模最大的城市。唐代继续以大兴为都，改名长安城。基本沿袭隋大兴格局，主要的改造是在郭城北墙外增建大明宫，城内东部建兴庆宫，城东南角整修曲江风景区。

宫城、皇城 皇城、宫城前后毗连，位于郭城中轴北部。宫城东西宽 2820.3 米，南北长 1492.1 米，由三区宫殿组成：中为皇帝听政和居住的太极宫，西为宫人住居的掖庭宫，东为太子住居的东宫。皇城东西宽与宫城相同，南北长 1843.6 米。城内安置寺、监、省、署、局、府、卫等中央衙署。设东西向街道 7 条，南北向街道 5 条，并有太庙、太社分设于中轴线左右，符合"左祖右社"之制。皇城与宫城之间，开辟一条宽 220 米的横街，形成横长方形的宫前广场。

城门、街道 郭城城墙为夯土筑造，城基宽度一般在 9~12 米左右。东、南、西三面各辟 3 座城门，郭城内设南北向街道 11 条，东西向街道 14 条。通向南面三门的 3 条街道和沟通东西面三门的 3 条街道，合成"六街"，是全城的主干道。这 6 条街道，除最南面的延平门、延兴门大街宽度为 55 米外，其余宽度都在 100 米以上。明德门内的朱雀大街，宽度达 150

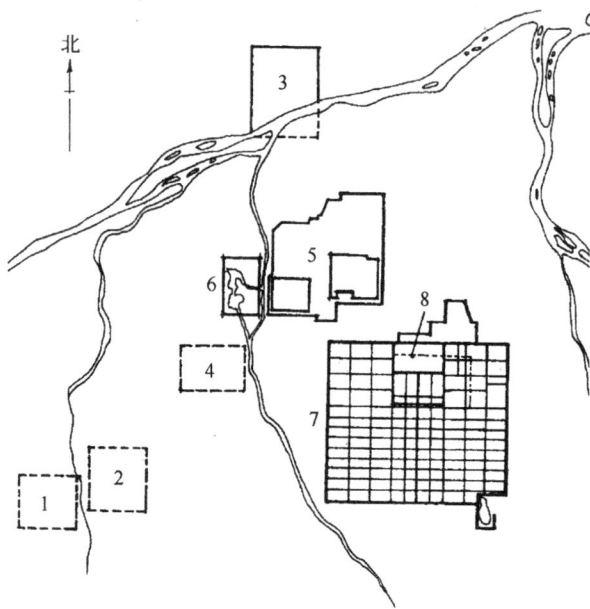

1. 西周沣京；2. 西周镐京；3. 秦咸阳；4. 秦阿房宫；
5. 汉长安；6. 汉建章宫；7. 隋唐长安；8. 西安(虚线)

5.1.1 隋唐长安城位置图

米。其他不通城门的大街宽度在 35~65 米之间，沿城边的顺城街宽度为 20~25 米。这些街道两侧有宽深各 2 米的水沟，两旁种有成行的槐树。据勘察，明德门有 5 个门道，其他城门均为 3 个门道。以明德门为起点，包括朱雀大街、承天门街和太极宫主轴所组成的纵深轴线，总长度将近 9 公里，当是世界古代城市史上最长的一条轴线。

里坊、市 郭城由街道纵横划分为 114 坊，除去东市、西市和曲江池各占去 2 坊，实数为 108 坊。不同时期里坊尚有其他占用和分割情况，坊数略有变动，里坊均围以坊墙。小坊约一里见方，内辟一横街，开东西坊门。大坊比小坊大数倍，内辟十字街，开四面坊门。坊内还有巷道称为"曲"。坊的外侧部位是权贵、官吏的府第和寺院，直接向坊外开门，不受夜禁限制。一般居民住宅只能面向坊内街曲开门，出入受坊门控制。

东市、西市是两处手工业、商业店肆集中的市场。周围有墙垣围绕，市内辟井字形干道，分成 9 区。

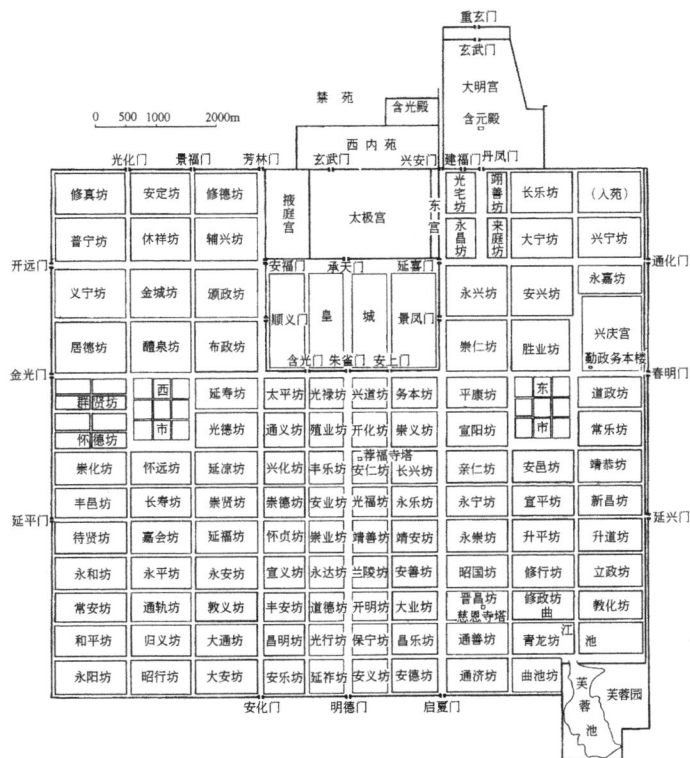

5.1.2 唐长安城复原图

复原鸟瞰

遗址平面

5.1.3 唐长安明德门(傅熹年复原)

并引入水渠，便于运输。东市有二百二十行，西市行业更多，并有胡商云集。考古发掘市内临街布置的店铺，毗连栉比，每一店家进深一般3米多，面阔4~10米。两市每日中午开市，日落前闭市。实际上有些里坊中也有店肆，中晚唐甚至还出现了夜市，意味着唐代后期的都城工商业已酝酿着空间、时间上的突破限制。

隋唐长安城以恢宏的规模、严整的布局，壮观的宫殿、封闭的坊、市，宽阔而冷寂的街道和星罗棋布、高低起伏的寺观塔楼，充分展现了中国封建鼎盛期的都城风貌，谱写了世界城市史上的一大杰作。

都城初期规划也有过分追求庞大规模的失误，直到盛唐，郭城南部四列里坊仍"率无居人第宅"。以致"耕垦种植，阡陌相连"。城市地形选择也不够恰当。街道采用很大尺度，但全是土路，大雨后泥泞不堪，甚至影响到上朝，反映出工程技术与庞大的城市

规模未能同步适应的历史局限。

5.1.3 唐长安明德门(傅熹年复原)

明德门是唐长安郭城的南面正门，与皇城正门朱雀门、宫城正门承天门遥遥相对，构成唐长安城中3座最大的城门。正对明德门的朱雀大街宽150米，是唐长安城的中轴干道。明德门遗址已于1972年发掘，是一座木构五门道的城门形制。门墩东西55.5米，南北17.5米，每个门道宽5米。傅熹年根据遗址情况作了复原图。每道门洞由15对直立的排叉柱和15道木梁架构成梯形城门道顶。5组门洞和6个隔墩、边墩组成整体门墩，上面对应地设置面阔11间，进深3间，带单檐庑殿顶（四阿顶）的城门楼。门楼下部设平座。据《唐会要》记载，明德门门楼建于初唐永徽五年（公元654年）。复原的门楼形象，体量宏大，造型简洁，气势雄健，显现出初唐的建筑风貌特色。窥一斑而知全豹，我们从这个城门形象，可以推想唐长安城的整体建筑气度。

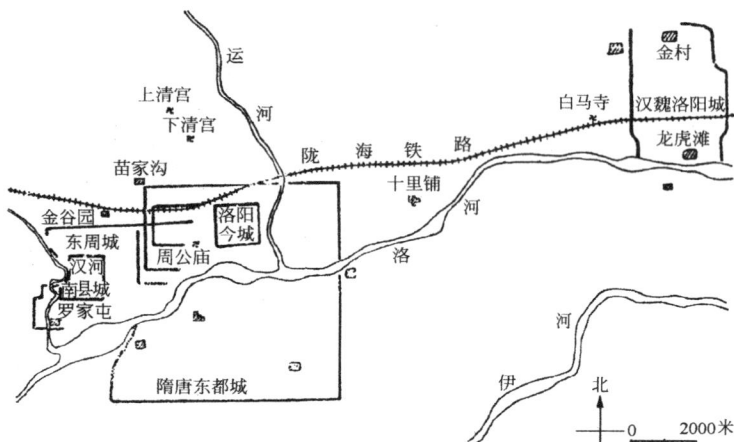

5.1.4 隋唐洛阳位置图

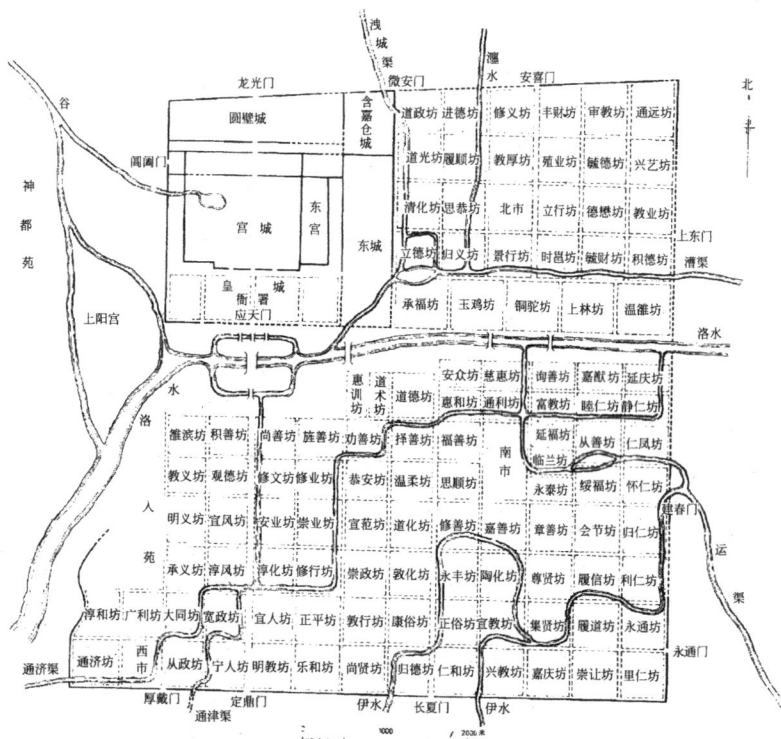

5.1.5 隋唐洛阳复原图

5.1.4～5 隋唐洛阳城

隋唐二朝继承汉以来设东西二京的制度，以洛阳为东都。隋炀帝即位的第二年（大业元年，公元605年）三月诏杨素、宇文恺营建东都，每月役使工丁二百万人。第二年正月，不到一年时间，隋东都洛阳即建成。唐初一度废东都，焚宫殿，但不久就恢复，沿用隋洛阳总体布局，没有大的变动。

洛阳的地理位置比长安更适中，尤其是运河开通后，江南物资北运十分便利。隋唐洛阳定位在汉魏洛阳之西约十余公里，部分基址与现洛阳重叠。城址北依邙山，南对伊阙龙门。东西6公里许，南北7公里多，平面近于方形，面积约为唐长安城之半。城中由洛水横穿分为南北二区。宫城、皇城偏置于北区西部，既利用了地势最高的地段，又显出较京城降等的规格。宫城南有皇城，东有东城，西连西苑，北面又加添了两道城墙，透露出对宫禁防卫的分外重视。

郭城南区和北区东部划分出规整的里坊，据复原，南区为81坊，北区为28坊，合计109坊。洛阳里坊普遍比长安里坊小，坊内"开十字街，四出趋门"。洛阳的街道也比长安窄，最宽的主干道定鼎门街实测宽度为121米，其余正对城门的大街只有40～60米，一般小街在30米以下，布局较长安紧凑。

洛阳有三市：北市、南市、西市。文献记述南市"其内一百二十行，三千余肆，四壁有四百余店，货贿山积"。市内有纵横各3条街道，四面各开三门，并有漕渠通入，便于水运。北市及其附近是当时洛阳最繁华的地带。也有为数不少的中亚商人，反映出唐代商业与外贸的进展。

隋唐二代洛阳以西都有范围很大的西苑。武则天当政时期，在皇城外西南方建上阳宫，其作用类似于长安的大明宫。中唐以后，很多贵族官僚在洛阳南区营建住宅、园林，洛阳也成为以园林著称的城市。

5.1.6～7　隋唐长安、洛阳布局的影响

隋唐长安、洛阳集中地反映了隋唐盛世的繁荣局面，长安、洛阳的典章律令，一时都为中外所效法。都城的规划布局也成了一种被模仿的楷模，当时国内新建、改建的地方城市，如南方的益州城，北方的幽州城、云州城，以及许多小县城，几乎都以长安、洛阳的里坊布局作为城市布局，在城内开辟十字街。一些地方政权和邻近国家的都城规划更是鲜明地仿照长安、洛阳的基本格局。

渤海上京龙泉府

渤海国是我国唐代北方少数民族靺鞨人建立的地方政权。首府上京龙泉府城址在今黑龙江省宁安县。城平面为横长方形，东西约4600米，南北约3400米，面积相当于唐长安的1/6强。它的宫城、皇城设于郭城北部正中。郭城南北墙各辟3门，东西墙各辟2门。以对着南墙正中城门的南北大街为全城纵向主轴，宽约110米。由纵横相交的街道把郭城划分为规整的里坊。整个上京龙泉府如同一个缩小了的、具体而微的唐长安城。

日本平城京、平安京

隋唐时代正当日本巩固奴隶制的时期，极力吸取隋唐文化。此时期兴建的藤原、难波、平城、长冈、平安五座京城，都有仿效隋唐长安、洛阳布局的特点。从奈良平城京和京都平安京平面复原图上可以看出，这两座城市把宫城置于京城北部正中，设朱雀大街于京城南北主轴，在京城主轴东西对称地建置东市、西市，都明显地模仿长安制度，而京城面积采用南北长、东西短的纵长方形，里坊大部分采用规整的正方形，又揉入了洛阳的规制，可以说是兼收了长安与洛阳的布局模式。

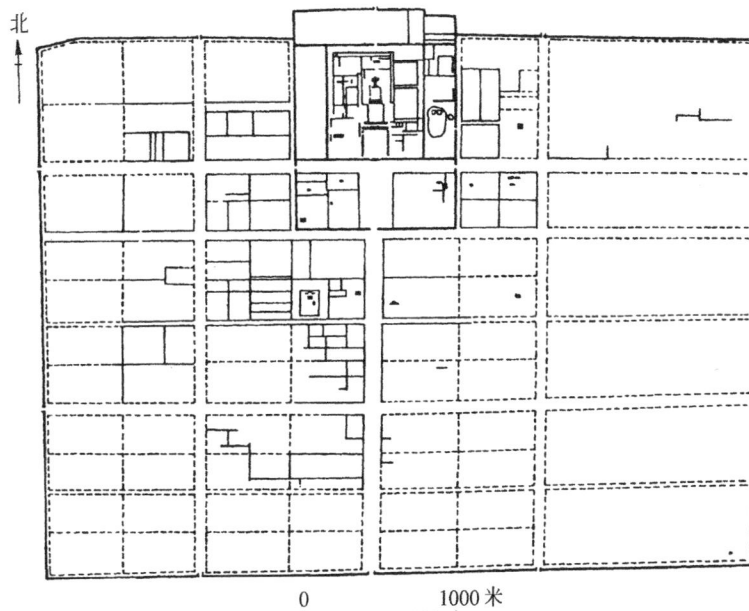

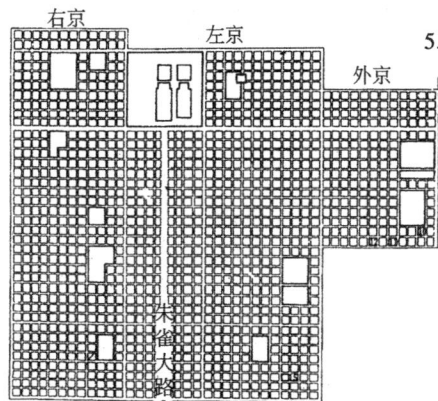

0　　　　　1000 米

5.1.6　渤海上京龙泉府平面复原图

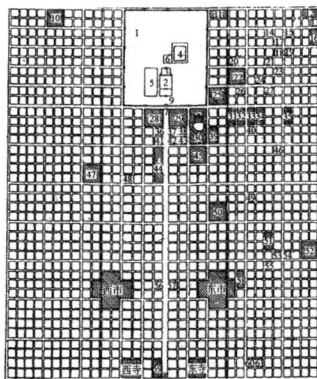

1.大极殿；
2.苍龙、白虎；
3.龙尾坛；
4.十二堂院；
5.朝集殿；
6.会昌门；
7.应天门

1.大内里；2.朝堂院；3.大极殿；
4.内里；5.丰乐院；6.中和院

5.1.7　日本平城京(上)、平安京(下)平面复原图

5.2 唐长安大明宫

5.2.1 大明宫遗址

位于长安城外东北的龙首原上，始建于唐太宗贞观八年（公元634年），经唐高宗等陆续扩建修治，成为唐代主要的朝会之所。自高宗以后，除玄宗主要在兴庆宫活动外，都常居于此。

大明宫平面呈南宽北窄的不规则梯形。宫城周长7628米，总面积约3.27平方公里，相当于太极宫的1.7倍。

大明宫大部分已经过发掘，已探得亭殿遗址30余处。宫城轴线南端，依次坐落着外朝含元殿、中朝宣政殿和内朝紫宸殿。含元殿两翼，伸出翔鸾、栖凤两阁。有三道东西向的横墙，分隔于含元殿前方，含元殿两侧和宣政殿两侧。三道横墙均开左右对称的二门，形成前后贯通的两条纵街。相距约600米的两街之间，对称地分布着门座庑廊，簇拥着含元、宣政、紫宸三殿。

紫宸殿后部是皇帝后妃居住的内廷。宫的北部地势低洼，开辟了以太液池为中心的园林区，池中有蓬莱山，沿池岸有蓬莱、珠镜、郁仪等殿。池西高地上建有一组大型建筑——麟德殿，是唐代皇帝饮宴群臣、观看杂技、舞乐和作佛事的地方。

据发掘，大明宫宫墙用夯土筑成，只有宫门、宫墙转角等处表面砌砖。宫城的东、北、西三面建有夹城。宫城四面均有门。南面正门为三门道的丹凤门。北面正门为玄武门、重玄门，并设有内重门、外重门，反映出森严的戒卫。

含元殿、麟德殿、玄武门、重玄门均已发掘，并有专家做过复原研究，从这些建筑可以看出大明宫组群所反映的恢宏气势和初唐风貌。

5.2.2~4 大明宫含元殿（傅熹年复原）

含元殿是大明宫中轴线上第一殿，是举行元旦、冬至、大朝会、阅兵、受俘、上尊号等重要仪式的场所。始建于唐高宗龙朔二年（公元661年），建成于龙朔三年四月。

含元殿遗址在龙首岗的南缘，南距丹凤山610

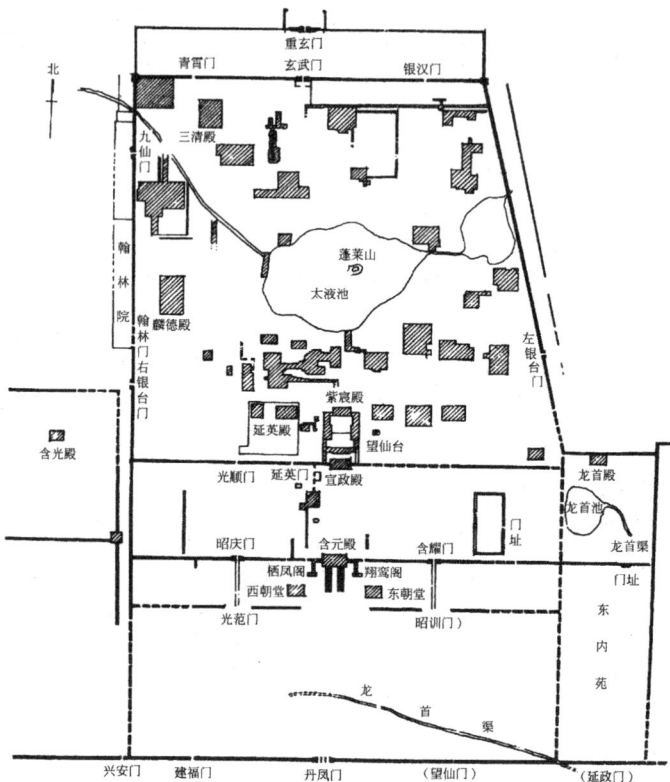

5.2.1　唐长安大明宫遗址

米，殿前空间广阔、深远。基址高出平地15.6米，雄踞于全城之上，"终南如指掌，坊市俯而可窥"。含元殿在大明宫内所处的位置，相当于太极宫的承天门，其作为大朝会的功能性质也相同，按说这里应该建门，但因龙首岗地势的高起，不适于建门，因地制宜地由门改殿，并由此开创了外朝三殿相重的布置方式，对后来的宫殿制度产生了深远影响。

复原的含元殿，殿下墩台由铲削龙首岗南缘加局部夯土补齐，形成凹形突出岗外的大墩台。台南面壁立，高10.8米。东西侧与宫内横墙衔接。北面平连岗体。整组殿、阁、飞廊的台基都夯筑在这个凹形墩台上。墩台周边砌砖并加红粉刷，台顶边缘环砌带螭首的石栏杆。

墩台上有二层殿基，下层为陛，上层为阶，与墩

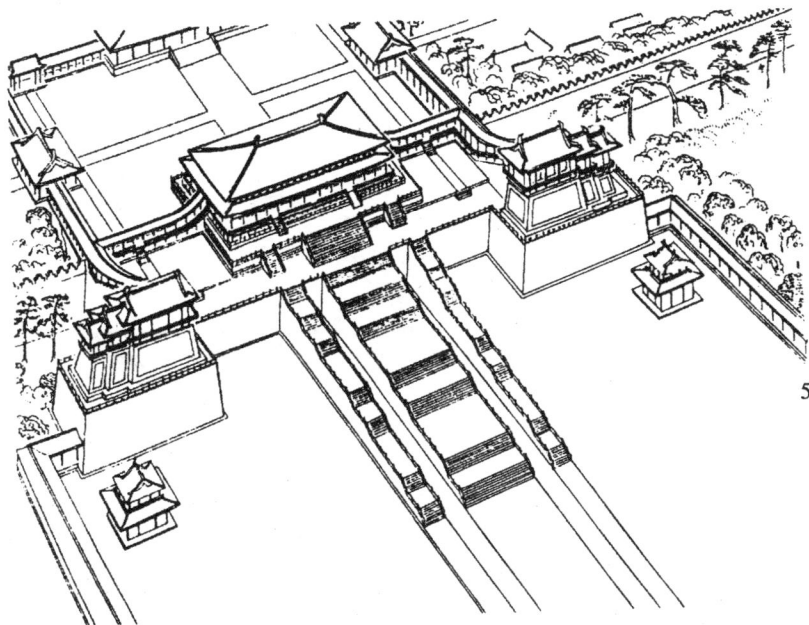

5.2.2　含元殿复原鸟瞰

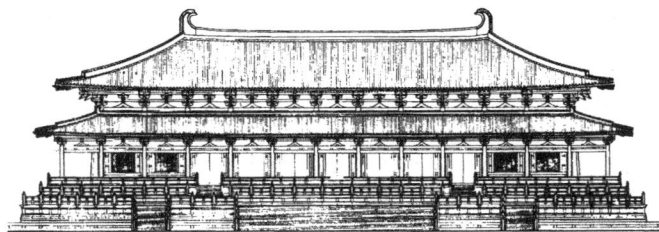

5.2.4　含元殿复原立面

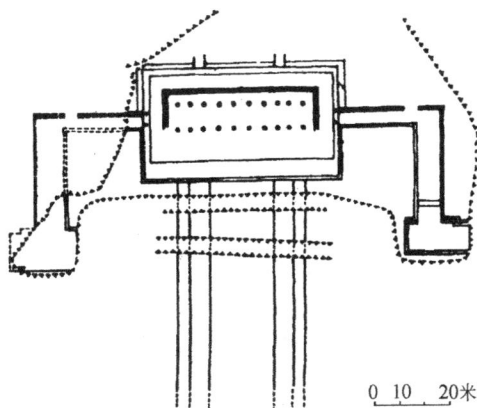

0　10　20米

5.2.3　含元殿复原平面

台一起合成"三重"。殿陛、殿阶均为砖石壁,环砌石栏杆,引出螭首。正面登陛设3条道路,中央御路为花砖坡道,两侧上下的路为石质踏步。殿阶上部设副阶平坐,登平坐的台阶,南北两向均设木制的东西两阶。

殿身平面近似《营造法式》中的"双槽副阶周匝",内槽两排柱,共20柱;外槽前檐12柱,北、东、西三面为厚2.35米的承重墙。身内面阔十一间,加副阶共十三间,深29.2米;面积为1966.04平方米,与明清北京紫禁城太和殿的面积相近。

殿单层,上覆四阿顶,加副阶周匝,呈重檐庑殿形象。遗址出土有黑色陶瓦(即青棍瓦)和少量绿琉璃瓦片。屋顶复原为黑瓦顶、带绿琉璃脊和檐口"剪边"。

殿基墩台前方有登台的慢道遗址,是长约70余米

的3条平行阶道,中道宽25.5米,两侧道各宽4.5米,各道间距约8米。这种"若龙垂尾然"的阶道,通称"龙尾道"。复原的龙尾道,采用七段平坡相间的做法,起坡缓和而有节奏。阶道用砖壁加红粉刷,边镶石栏杆,与墩台浑然一体。

殿基东西两侧各有向外延伸并向南折出的廊道遗址,与殿前左右对称的翔鸾阁、栖凤阁基址相连。"左翔鸾而右栖凤,翘两阙以为翼",两阁复原为歇山顶的三重阙式,高高的阁基昂立于凹形外突的墩台上,通过飞廊与大殿联结。

含元殿的整组建筑,尺度巨大,气势恢宏,威壮而不抑压,雄浑而不森严,充分表达出大唐盛世的精神风貌和进入体系成熟期的中国建筑雄姿。

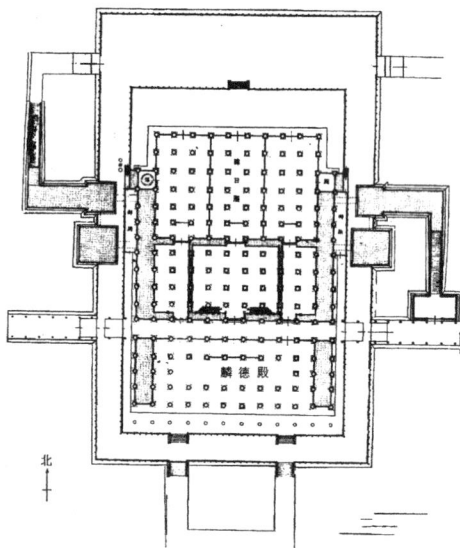

5.2.5　麟德殿复原平面

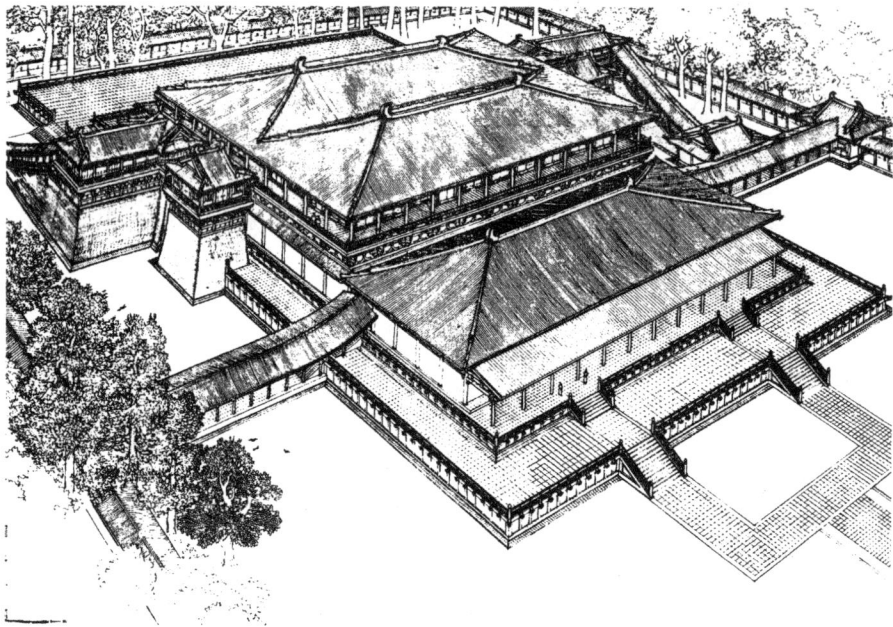

5.2.6　麟德殿复原鸟瞰

5.2.5~6　大明宫麟德殿（杨鸿勋复原）

麟德殿位于大明宫太液池西部隆起的高地上，是宫内一处规模庞大的宴乐场所，赐宴群臣，观赏伎乐、百戏，观看马球、角抵，接见蕃臣、命妇，以至佛法道事等都在这里进行。乾封元年（公元666年）唐高宗已在这里宴会群臣，推测这组建筑当建于初唐麟德年间（公元664~665年）。

麟德殿遗址已经过发掘，从复原图上可以看出，这是一组前后殿阁相连，两翼楼亭连接的宫殿组合体。南北主轴上串联着前、中、后三殿。前殿面阔11间，进深4间，前檐出前轩，两尽间以版筑填实，上冠以四阿顶，是整组建筑的正殿。中殿底层隔一廊道与前殿相连，进深5间，面阔与前殿相同，两尽间同样以版筑填实，内部以两道隔墙分成三个空间。此处空间较幽暗，当是联系前后殿和上下层的穿堂空间。后殿进深6间，其中南向4列，面阔11间，两端尽间各以版筑填实3间，各留1间耳房，分别作为浴、厕。

北向2列，面阔9间，东、西、北三面均为便于采光的木质隔断围护，后殿内部分隔成并列的三个面阔各3间、进深各6间的厅堂，当是文献提到的障日阁的所在。中、后殿的上层，复原出面阔11间、进深9间的楼上厅堂，这里可能就是文献所提到的面积宽大的景云阁。主轴线的两侧，对称地耸立着郁仪楼、结邻楼和东亭、西亭，它们都是坐落在高台之上的亭、楼，以架空的飞阁（天桥）与景云阁连接。两座楼台还另设斜廊式的登楼阶道，东楼阶道在南面，西楼阶道在北面，这种不对称的处理当是为了通往南北院庭的便捷联系。

这组建筑的进深达17间，底层面积估计达5000平方米，相当于明清太和殿面积的3倍，是中国古代最大的殿堂。三殿串联、楼台簇拥、高低错落的组合形象，是从早期聚合型的台榭建筑向后期离散型的殿庭建筑演变的一种中介形态。

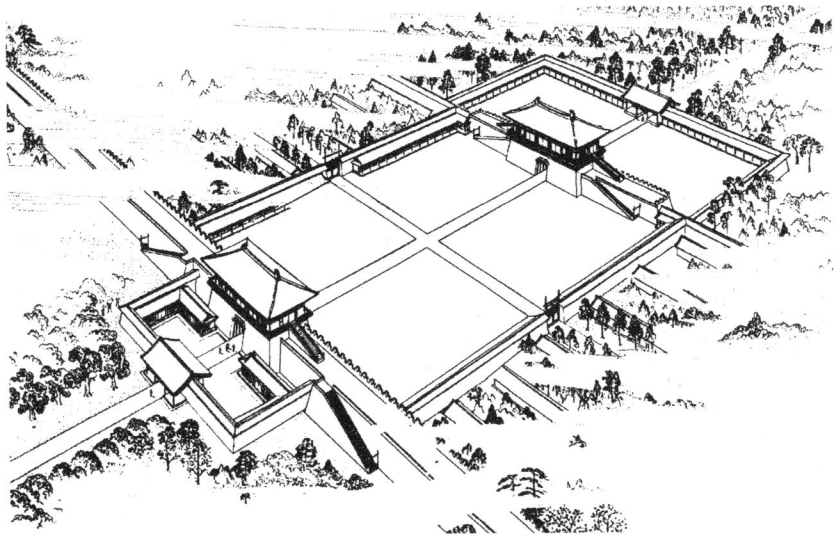

5.2.7 玄武门、重玄门复原鸟瞰

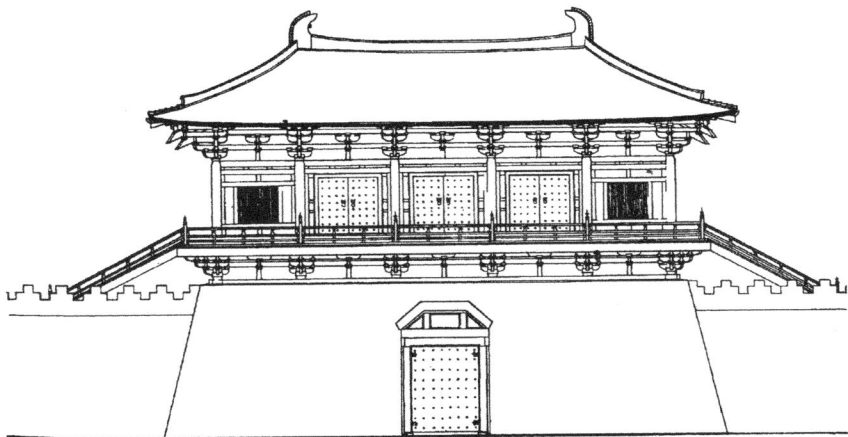

5.2.8 重玄门立面复原

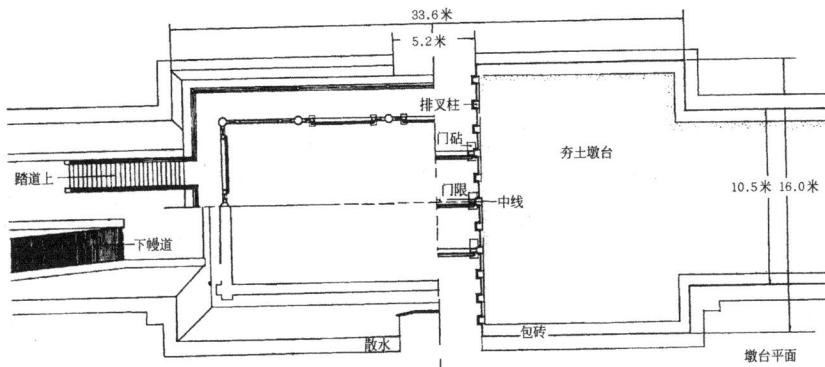

5.2.9 重玄门平面复原

5.2.7~9 大明宫玄武门、重玄门
(傅熹年复原)

大明宫的北门由南北相对的玄武门、重玄门及其前后两座重门组成。门址发掘表明，玄武门、重玄门的门道均为单门道木构排叉门，其基址面积几乎全同，推测其建筑形制、做法应该是基本相同的。在复原设计中，两门均采用内斜收的城墩，墩高设定为9米，墩面包砖。城门道的木排叉柱，采用方形石础上立矩形断面木柱的做法。内部9对木柱直立，两边最外一柱向内倾斜，斜度与城墩斜面平行。排叉柱上顺城门道方向架承重枋，左右枋间跨门道架梯形构架，架上铺木板，板上夯土直至墩顶。墩顶上设平坐层，上立面阔五间、进深二间四椽、带四阿顶的门楼。门楼正面，两门均为中央三间开板门，两梢间设直棂窗。门楼侧面两门略有差异。因玄武门城墙正对城楼侧面中线，故门楼侧面划分为一整二破的分间，正中设板门。重玄门城墙没有直对城楼侧面中线，而略偏北，其门楼侧面相应地中分为二间，板门设于北间。两座城门均在两侧城墙的南面设慢道登城墙，再由城墙架设木踏道登平坐。

这种木构城门道的城门，至迟在西汉已经出现，一直沿用了近1500年。自南宋中后期起，开始出现砖石拱券结构的城门。到元末明初，城门已基本改为砖石券门道。

5.3 隋唐佛寺

隋唐是中国佛教发展的重要时期，佛经的输入和翻译都有显著进展。唐代出现了天台宗、法相宗、华严宗、净土宗、禅宗、密宗等宗派，除净土宗、禅宗外，以繁琐思辨为特色的其他宗派到唐代后期大都衰落，佛教经历了中国化的历程，实质上已变成饱和着中国文化土壤所生发的世俗之情的中国式佛教。因而佛寺不仅仅是宗教活动中心，也是市民的公共文化中心。佛寺建筑、佛寺园林、佛像雕塑、佛殿壁画、佛法仪式以及生动的俗讲和歌舞戏演出等等，都极大地吸引着公众。这些使得佛寺既蕴含宗教的神秘主义基调，也充溢世俗的人文主义色彩。这与欧洲中世纪基督教堂所体现的清冷、严峻的禁欲主义是大不同的。

隋唐时期建造的佛寺数量和规模都是很惊人的。当时的唐长安城里有佛寺九十余座，有的寺院占了整整一坊之地。寺院经济的发展，影响了国库的收入，唐武宗会昌五年（公元 845 年）和五代后周世宗显德二年（公元 955 年），先后进行了两次"灭法"。其中武宗灭法，一次就拆毁天下佛寺四万所。这两次灭法虽然是短暂的，很快就恢复，但对隋唐五代的佛寺殿塔的破坏是灾难性的。以至于唐代建筑留存至今的只有 4 座木构佛殿和若干砖石塔。这 4 座木构佛殿都在山西省，是五台的南禅寺大殿、佛光寺大殿、芮城的广仁王庙正殿、平顺的天台庵正殿，它们都属于中小型的殿屋。后两处的梁架尚是唐构，外观已经过后代改建。我们要认识唐代木构建筑，自然以南禅寺大殿和佛光寺大殿为主要标本。

5.3.1~5 南禅寺大殿

南禅寺大殿是一座禅宗寺院，位于山西省五台县李家庄。寺区四周山峦环抱，寺址规模不大。全寺坐落在一个坚实的土岗上，居高临下，排水通畅。寺创建年代不详，据殿内西缝平梁下的墨书题记，可知大殿重修于唐德宗建中三年（公

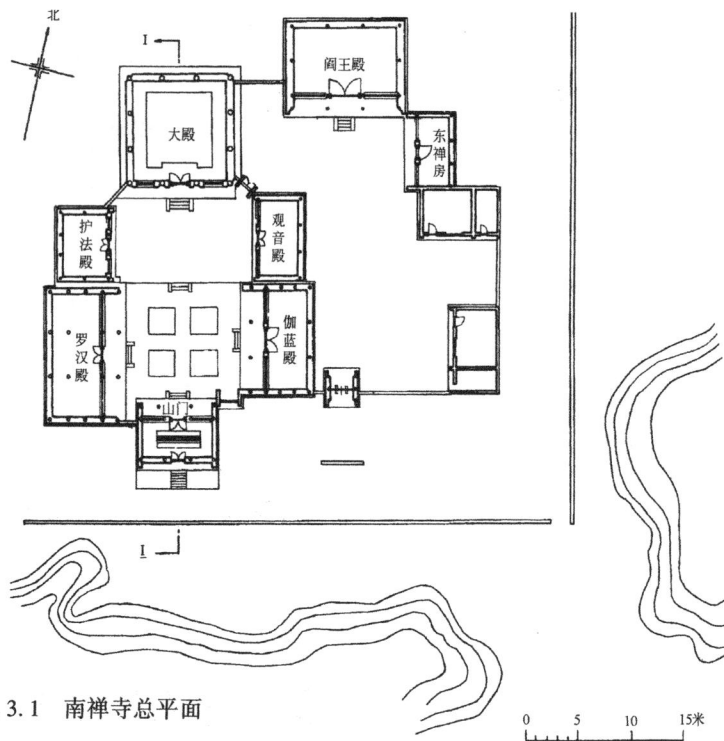

5.3.1 南禅寺总平面

元 782 年）。大殿重修后 60 余年，发生唐武宗会昌五年（公元 845 年）的"灭法"事件，全国佛寺拆毁殆尽。而南禅寺大殿却奇迹般地幸免于难，得以遗存至今，特别值得珍贵。这座距今 1200 多年的中唐大殿，是我国现存最早的木构建筑，其作为建筑文物的历史意义和重要价值不言而喻。寺内的其他殿屋均为明清所建。1966 年，受邢台地震影响，大殿殿身向东南倾斜，1973 年进行了复原性整修。

南禅寺大殿体量不大，殿身面阔、进深各三间，通面阔 11.75 米，通进深 10 米，平面近方形。据发掘，它的台基前方原先还有月台，与台明联结为一个整体的、前窄后宽的、倒梯形的大砖台。整个阶基高 1.1 米。

大殿内设一长方形砖砌佛坛，正面略有凹进。佛坛高 0.7 米，三面砌须弥座，底层莲瓣浑圆，年代较早。束腰壸门内砖雕花卉、动物、方胜，形象生动，刀法简洁。坛面用方砖铺墁，坛上供释迦、文殊、普贤、天王、供养菩萨、侍立童子等大小泥塑像 17 尊。这些塑像都是唐代原塑，手法洗练，技法纯熟，虽经元代部分重妆，仍不失原貌，是现存唐代塑像的精品。

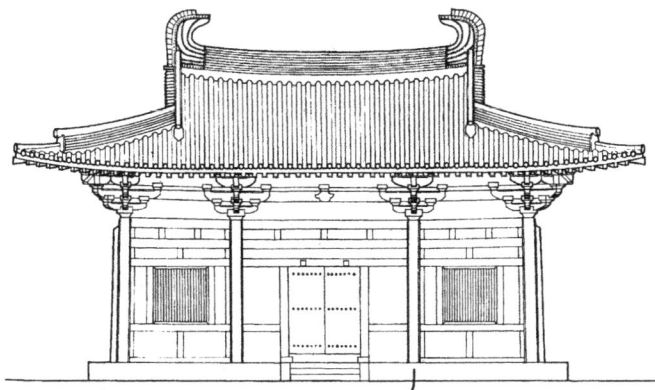
5.3.2　南禅寺大殿正立面

5.3.4　南禅寺大殿横剖面

5.3.3　南禅寺大殿纵剖面

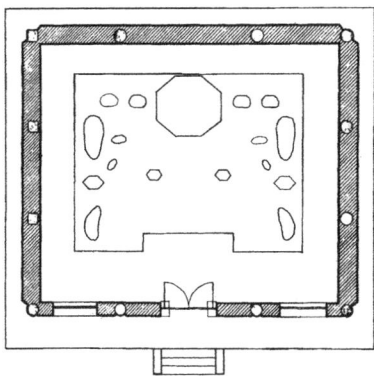
5.3.5　南禅寺大殿平面

大殿整体结构十分简练，总体构架属《营造法式》的"四架椽屋通檐用二柱"的厅堂型构架，近似于当时的"村佛堂"。殿内无柱，仅殿身四周施檐柱12根。其中，西山墙有3根抹楞方柱，当是原建时遗物；其余均为圆柱，可能是唐建中三年重建时更换的。柱子均有显著的"侧脚"、"生起"，角柱比明间柱高起6厘米，各柱侧脚7厘米。柱头之间仅用阑额连接，不用普拍枋，阑额至角柱不出头。柱头上置斗栱承梁枋。明间用两根"四椽檐栿"，梁头插入柱头斗栱内，砍成第二跳华栱。四椽栿上施一层"缴背"，以加强栿的承载力。缴背也插入柱头斗栱内，砍成昂形耍头。缴背上置驼峰、托脚，搭交令栱以承平梁。平梁上置叉手，搭交令栱以承脊槫。叉手中部有一根后代添加的、由驼峰、侏儒柱和大斗组成的支撑件。全殿不用补间铺作，仅在明间正中的柱头枋上隐刻驼峰，上置散斗一枚。前后檐柱头铺作，为五铺作双抄偷心造。与此殿面阔进深相近的五代、宋代木构，都采取六椽七檩的做法，此殿仅用四椽五檩，构件组合显得异常简练。此殿栱枋断面尺寸，大多数为26厘米，约合宋《营造法式》规定的二等材。与宋代三间小殿只用四、五等材相比，此殿用材明显偏大，颇能显现唐代建筑的大气风度。

大殿外观简洁，立面设计以柱高为模数，以柱高3倍为通面阔，按2:3:2的比例划分开间。后檐与两山均为土坯垒砌、内外抹灰刷浆的光洁实墙面。前檐明间设板门，两次间安破子棂窗，门窗两侧装余塞板。屋顶为单檐歇山灰色筒板瓦顶。屋面坡度为1:5.15，是已知木构古建中屋顶坡度最平缓的。1973年修缮时，已恢复台明、月台原状，恢复被截短的出檐，恢复鸱尾等瓦作。南禅寺大殿虽然只是三间小殿，却以舒展的屋顶、洁净的屋身、雄劲的气度表现出唐代建筑豪爽的美。

5.3.6~7　佛光寺

佛光寺位于山西省五台县豆村的佛光山中，相传创建于北魏孝文帝年间（公元471~499年），隋唐时代为五台大刹之一。唐会昌五年（公元845年）武宗"灭法"时，寺内大部建筑被毁。唐大中元年（公元847年）宣宗"复法"后陆续重建。

寺址坐落在朝西的山坡上，背负崇山，左右山峦环抱。寺院布局依山岩走向呈东西向轴线，自山门向东，随地势辟成三层台地，形成依次升高的三重院落。第一层台地院落开阔，中轴线上有唐僖宗乾符四年（公元877年）建造的陀罗尼经幢。北侧有金天会十五年（公元1137年）建的文殊殿。南侧与之对称，原建有普贤殿（一说观音殿），已不存。第二层台地中部有近代建的两庑，两庑之后建有南北两个跨院。第三层台地就山崖削成，陡然高起8米左右，中间有踏步通上，台上以坐东面西的东大殿作为全寺主殿，这就是闻名遐迩的佛光寺大殿。殿前立有唐大中十一年建的经幢，殿之东南有祖师塔，大约建于北朝末。大殿后部紧接山崖。东大殿高踞山腰台地，可俯视全寺，在地形利用上颇为成功。这组寺院容晚唐大殿、金代配殿、北朝墓塔和两座唐幢于一寺，堪称荟萃中华古建瑰宝的第一寺。

5.3.8~11　佛光寺大殿

即佛光寺内的东大殿。建于唐大中十一年（公元857年），其年代略晚于南禅寺大殿，而规模较之大得多，在中国建筑史上具有独特的历史价值和艺术价值。

平面　大殿面阔7间，长34米；进深八架椽（4间），深17.66米。殿身平面柱网由内外两圈柱子组成，属宋《营造法式》的"金箱斗底槽"平面形式。内槽柱围成面阔五间，进深二间的内槽空间，两圈柱子之间形成一周外槽空间。内槽后半部设大佛坛。佛坛背面和左右侧面由扇面墙和夹山墙围合。大殿正面中部五间，设板门，两端尽间和山面后间辟直棂窗。其余三面均围以厚墙。

构架　大殿为殿堂型构架，由下层柱网层、中层铺作层和上层屋架层水平层叠而成。这组构架是现存唐宋殿堂型构架建筑中时间最早、尺度最大、形制最典型的一例，佛光寺大殿的殿堂构架有几点值得注意：

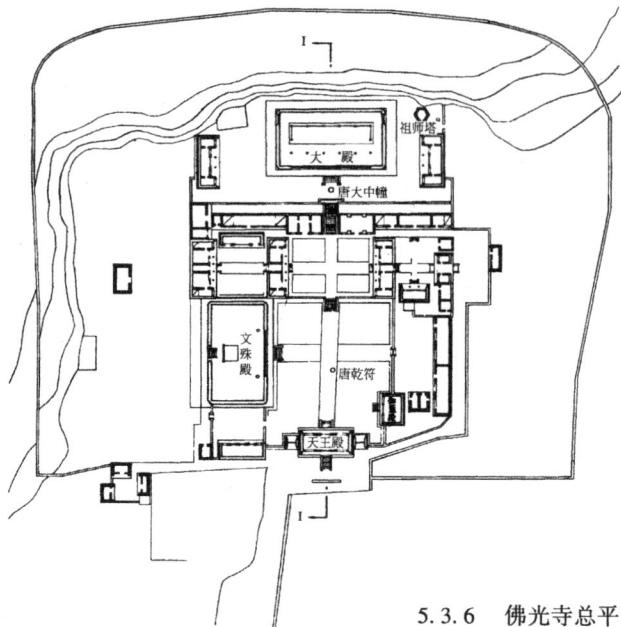

5.3.6　佛光寺总平面

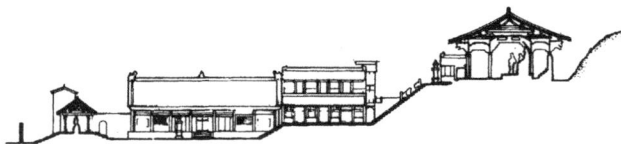

5.3.7　佛光寺总剖面

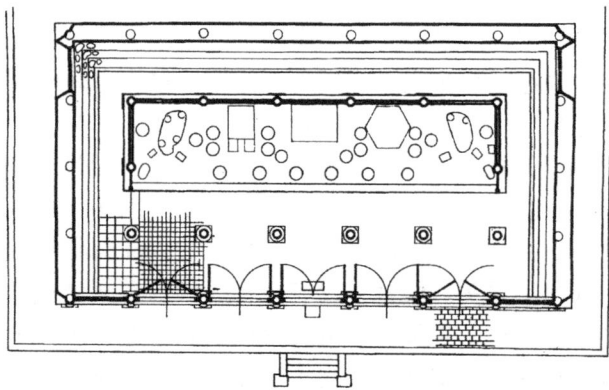

5.3.8　佛光寺大殿平面

5.3.9　佛光寺大殿正立面

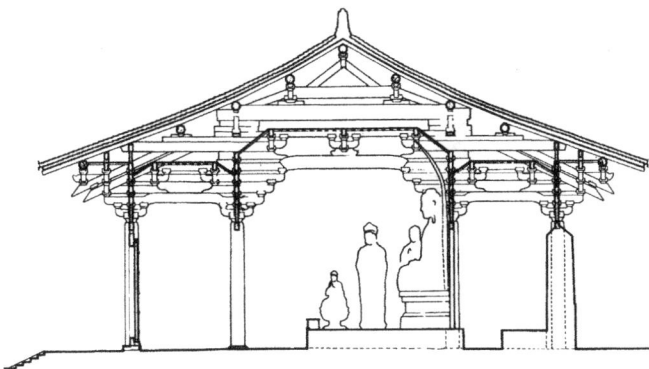

5.3.10　佛光寺大殿横剖面

5.3.11　佛光寺大殿纵剖面

1. 柱网层有显著的"生起"和"侧脚"；2. 左、右、后三面的外檐柱列都包砌在很厚的土坯墙内，对柱网稳定起很大作用；3. 在屋架层内运用了四椽草栿、草乳栿，在铺作层内运用了四椽明栿、明乳栿，形成明、草两套梁栿；4. 在平梁上采用"叉手"，在四椽草栿上添加"托脚"，构成局部的三角杆件，增添了屋架的稳定性；5. 斗栱用"材"已标准化，"材"高30厘米，"分"长2厘米。大殿的面阔、进深、柱高均为"材分"的整齐倍数，表明以材分为模数的设计方法，至迟在唐代已成熟运用。

斗栱　大殿共用7种斗栱。外檐柱头铺作为七铺作出双抄双下昂，半偷心。外檐补间铺作每间仅施一朵，不用栌斗，而是在柱头枋上立蜀柱，内外出双抄。身槽内柱头铺作为七铺作出四抄，全偷心。值得注意的是，明乳栿的两端分别插入外檐柱头铺作和身槽内柱头铺作，均砍作第二跳华栱。这表明斗栱与纵向的柱头枋和横向的明栿、素枋都连成一体，充分发挥着整体构架联结点的机能。外檐柱头铺作出跳达2.02米，也充分发挥着铺作支撑挑檐的机能。

殿内空间　内槽佛坛上供奉着释迦、弥勒、阿弥陀佛和文殊、普贤等主像，并有胁侍、供养菩萨、供养人像等簇拥，共30余尊，均为唐塑。外槽依两山及后檐墙砌台三级，置五百罗汉像，为明清时添加。内槽空间宽大、高敞、规整，内外槽尺度及其与佛像的尺度比例均很合称；架空的明栿丰富了上部空间层次和内槽空间划分；繁密的平闇与简洁的月梁、斗栱，精致的背光与全部朴素的结构构件形成恰当的对比；微微弯曲的佛像背光，与后柱斗栱的全偷心出跳和边沿天花的抹斜平行，更添增了内槽空间与佛像的有机整体感。

外观　大殿上覆单檐四阿顶（庑殿顶），下承低矮的台基。平缓挺拔的屋面，深远舒展的出檐，造型遒劲的鸱尾，微微凹曲的正脊，雄大有机的斗栱，一气五间的方形板门，细腻的柱列"升起"、"侧脚"，以及鸱尾对准左右第二缝梁架的严密构图，组构了大殿外观简洁、稳健、恢宏的气度，典型地展示出唐代建筑的泱泱风貌。佛光寺大殿的平面、构架、内景、外观的高度协调，也反映出木构架建筑体系成熟期的夺目光彩。

59

5.4 隋唐五代佛塔

隋、唐、五代是中国佛塔发展的重要时期。木塔的建造仍在继续。隋文帝仁寿年间（公元601～604年）曾两度下诏令各州郡按统一样式建塔，所建都是木塔，现均无存。唐代砖石塔建造量渐多。现存的隋唐楼阁式砖塔有：周至仙游寺法王塔、西安兴教寺玄奘塔、西安慈恩寺大雁塔，均为方形平面、空筒式结构，外观以砖叠涩出檐和隐出柱、额，仿木楼阁式塔。现存唐代密檐式砖塔有：登封法王寺塔、大理崇圣寺千寻塔、西安荐福寺小雁塔等，也是方形平面、空筒式结构，塔身仅一层，上部为层层密叠的砖叠涩檐。现存的隋唐亭阁式砖石塔有：历城神通寺四门塔、长青灵岩寺惠崇塔、登封会善寺净藏禅师塔、平顺明惠大师塔等。这类塔均为单层，有的在顶上加一小阁。结构为空筒式或塔心柱式。平面仍以方形居多，也有六角形和圆形的。八角形的净藏禅师塔可以说是后代盛行八角形塔的先声。

立面

平面

5.4.1 兴教寺玄奘塔

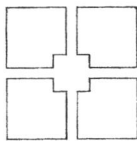

立面

平面

5.4.2 慈恩寺大雁塔

5.4.1 兴教寺玄奘塔

位于陕西长安县少陵原兴教寺内，是唐朝著名高僧玄奘法师的墓塔，也是中国古代体量最大的墓塔。玄奘塔建于唐高宗总章二年（公元669年），左右伴有玄奘弟子圆测和窥基的两座墓塔，三塔呈一主二从拱卫格局，十分庄严肃穆。

玄奘塔全部用砖砌筑，平面方形，高21米。底层南面辟拱门，内有方形龛室，供玄奘像。二层以上全部填实。塔身以砖檐分为五层。除第一层塔身经后代修建已是平素墙面外，上部四层均以砖砌出三间四柱。柱身为八角形壁柱，柱间隐出阑额，柱上出普拍枋，柱头作"把头绞项造"斗栱，斗栱上方出两道菱角芽子，其上再叠涩出檐。塔体收分显著，檐部叠涩出跳较长，呈内凹曲线，粗中有细，刚中带柔，整体比例匀称，形象简洁洗练。

5.4.2 慈恩寺大雁塔

位于西安南郊。初建于唐永徽三年（公元652年），高僧玄奘用以存放由印度带回的经籍，原为五层。武则天长安年间（公元701～704年）倒塌，重建为十层，后只剩七层。现在塔的外观是明万历年间包砌外墙后的形象。属楼阁式砖塔，平面方形、空筒式结构，通高63.25米，内设木梯、木楼板。塔身收分显著，逐层减小高宽。各层以叠涩出檐，檐下砌菱角牙子。壁面隐出立柱开间，一、二层九间，三、四层七间，五、六、七层五间。柱间作阑额，柱头施栌斗。塔造型雄伟稳重，虽系明代包砌后的形象，仍带有简洁、雄健的唐风。此塔原处唐长安城晋昌坊内，是大明宫轴线向南延伸的对景。塔底层西面门楣有一幅线刻佛殿图，是反映初、盛唐殿堂面貌的珍贵形象资料。

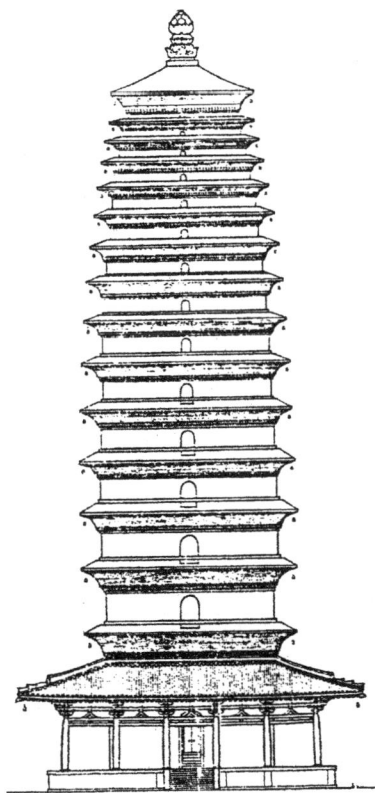

5.4.3 荐福寺小雁塔立面复原图
（杨鸿勋复原）

立面　　　　　　　　　　　　　　平面

5.4.4　栖霞寺舍利塔

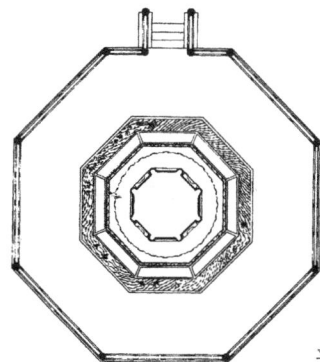

5.4.3　荐福寺小雁塔

位于西安市南关荐福寺内，原处唐长安城安仁坊，是一座典型的唐代砖密檐塔。塔建于唐中宗景龙元年（公元707年）。平面为空筒方形，底层每面长11.38米。原塔层叠十五层密檐，现塔顶残毁，剩十三层檐，残高43.3米。塔内设木构楼层，内壁有砖砌磴道。塔身一层较高，南北各辟一门。上部密檐逐层降低，各层出砖叠涩挑檐，檐下仅作菱角牙子，墙面光洁无其他装饰。塔身五层以下收分极微，六层以上急剧收杀，塔体形成圆和流畅的抛物线轮廓。文献记载和塔址发掘均表明一层塔身外部有"缠腰"，杨鸿勋据此作了带副阶的复原图。此塔各层均辟南北向券窗，上下成串，明代时一次地震将塔顺窗震裂，再次地震时又将裂缝震合。后来建塔已知将塔窗错层设置。

5.4.4　栖霞寺舍利塔

位于南京东北栖霞山，建于五代南唐时期（公元937~975年），是一座小型实心的八角密檐式石塔。塔高18米。基座特别宽大，座上刻饰海水、鱼虾，周边绕以勾片石栏。基座上以覆莲、须弥座和千叶莲平座承托塔身。须弥座束腰部分雕"释迦八相"。带八角倚柱的塔身，正面、背面刻板门，左右侧面刻文殊、普贤像，其余四面各刻一天王像。二层以上密檐逐层减低，各层均为下设覆莲座，上冠素混石盘，挑出较深的仿木塔檐。密檐塔身每面均雕两个佛龛。塔顶由多重鼓墩、莲瓣组成塔刹。这座江南地区罕见的密檐塔，是仿木结构密檐石塔的最早遗物，也是一件密布精美雕饰的石刻精品。宽大的基座，华丽的须弥座、平座雕饰，创造了中国密檐塔的一种新形式，开启了密檐塔走向繁丽的趋势。

立面

平面

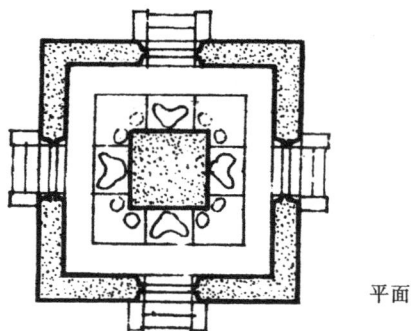

5.4.5　神通寺四门塔

立面

平面

5.4.6　海慧院明惠大师塔

5.4.5　神通寺四门塔

位于山东历城县柳埠镇青龙山麓，建于隋大业七年（公元611年），是我国现存最早的亭阁式塔，也是现存最早的一座石塔。塔身单层，通高15.04米，平面方形，边长7.08米。四面各辟一半圆拱门。塔通体用产自附近的大青石砌成，非常坚硬，一千多年来尚无风化侵蚀现象。塔身外墙光洁，略有收分，上部用5层石板叠涩出带内凹弧线的出檐，檐上用23层石板层层收进，形成截头方锥形塔顶。顶上由方形须弥座、山花蕉叶和相轮组成塔刹，与云冈石窟中浮雕塔刹形制相同。塔内部形式与中心柱型石窟相似，有一方形塔心柱立于石坛中央，柱四面各置佛像一尊，佛座上有东魏和盛唐造像题记，可知佛像与塔并非同时建造。此塔形态古拙，外观简洁，造型质朴庄重，与当时仿木结构装饰的砖石塔全然异趣。

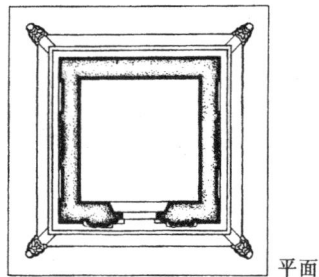

5.4.6　海慧院明惠大师塔

位于山西平顺县紫峰山海慧院遗址内，唐乾符四年（公元877年）为纪念海慧院住持明慧大师而建。

此塔为单层亭阁式石塔，高9米，平面正方形，边长2.21米。塔底部设高约1.5米的基座，座上置须弥座。须弥座四角各斜出一个螭首，四面束腰立柱间各辟4个壶门。塔身正侧三面隐出方形角柱，正面开门，门两侧浮雕天神像；两侧面刻破子棂窗．塔身上部作四坡顶，檐口刻出两层圆形椽子。檐部檐下设混石盘，其上刻防雀编竹网。额枋下刻三角形流苏垂帐。四坡顶上立硕大的塔刹。塔刹分4级，下两级为反卷蕉叶，上两级为仰莲托宝珠。塔内有1.5米见方的小室，有平闇天花。全塔比例适当，造型优美，雕刻精致，基座粗犷的线条与塔身各部细腻的浮雕曲线形成鲜明对比，反映出唐代建筑与雕刻相结合的高水平。

5.5 隋唐五代住宅

隋、唐、五代时期尚无住宅实物遗存，但有一些典章、律令、诗文、传记涉及宅第的记述，并有敦煌壁画和传世卷轴画提供形象资料。通过这些可以了解到，唐代住宅已建立严密的等级制度，"凡宫室之制，自天子至于庶士各有等差。"门屋的间架数量、屋顶形式以至重栱、藻井、悬鱼、瓦兽等细部装饰、做法都有明确的限定。唐代的住宅布局，虽然廊院式还在延续，但已明显地趋向合院式发展。承继魏晋以来崇尚山水的习气，唐代公卿贵戚和名士文人的住宅呈现出三种融合自然的方式：一是以山居形式将宅屋融入自然山水；二是将山石、园池融入宅第，组构人工山水宅园；三是在院庭内点缀竹木山池，构成富有自然情趣的小庭院。

5.5.1 敦煌莫高窟第85窟壁画

5.5.1 晚唐宅院（敦煌莫高窟第85窟壁画）

为前后两进廊院，前院横扁，主院方阔，前廊、中廊正中分设大门、中门。大门高两层，中门高一层，主院正中建两层高的主屋。大门、中门与主屋构成主轴线，形成主轴院落左右对称的规整格局。主院右侧附有版筑墙围合的厩院，真切地反映出盛行畜马的唐代官僚地主的宅院格局。

5.5.2 五代宅院（敦煌莫高窟第98窟壁画）

与上图宅院如出一辙，同样是前后两进廊院，旁带厩院，表明这种布局是唐、五代官僚地主宅院的通行格式。但大门为单层，中门为两层，主屋为单层，与上图恰恰相反，说明屋、门的层数可以灵活择定。厩院的前院设有庐帐，当是奴仆的栖身之所，反映出不许婢奴住院屋而与牲畜共居外厩的迹象。

5.5.2 敦煌莫高窟第98窟壁画

纵剖面

平面与屋顶平面

鸟瞰

5.5.3　王休泰墓出土陶院落

5.5.4　展子虔《游春图》中的住宅

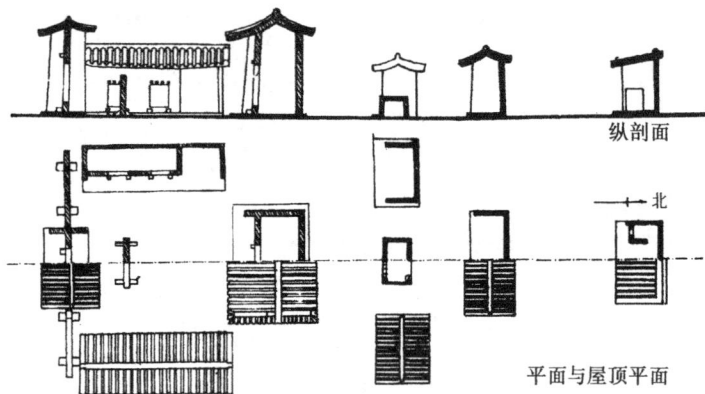

5.5.5　敦煌莫高窟第9窟壁画

5.5.3　王休泰墓出土陶院落

山西长治唐大历六年（公元771年）王休泰墓出土一组三进院的陶院落。第一进为主院，有门、堂、照壁和东西厢，庭院和建筑的尺度都较大。第二进有正屋和朝南方位的东西厢，院内有灶，并伴随出土碾盘、碓臼等物。第三进仅一后房，可能为马厩或仆人居处。全组建筑除马厩为单坡顶外，均为悬山顶。门屋两侧连接院墙，门楣上饰方形门簪4枚，门槛下有石门枕。这组陶院落生动地显示出盛唐时期不很完整的合院式住宅的布局。

5.5.4　展子虔《游春图》中的住宅

据傅熹年考证，传世的展子虔《游春图》应是北宋的复制品，它的底本在晚唐时就已存在，画中的建筑反映出晚唐到北宋的特点。画面可见当时的乡村宅舍不用回廊而以房屋围绕的景象，有平面狭长的四合院，有木篱与茅屋、瓦屋混构的简单三合院，布局都很紧凑。表明合院式宅舍已在农村盛行。

5.5.5　晚唐宅院绿化（敦煌莫高窟第9窟壁画）

画面显示宅院一角，在主院之前有一扁小的曲尺形过院，过院中种竹，院外门前和两侧也是花竹并茂，生动地展示唐代住宅绿意盎然的景象。

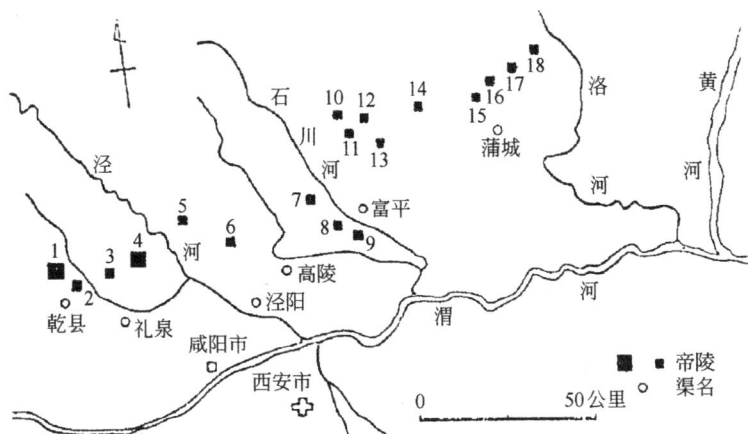

5.6.1　唐"关中十八陵"分布图

1. 乾陵；　2. 靖陵；　3. 建陵；　4. 昭陵；
5. 贞陵；　6. 崇陵；　7. 庄陵；　8. 端陵；
9. 献陵；　10. 简陵；　11. 元陵；　12. 章陵；
13. 定陵；　14. 丰陵；　15. 桥陵；　16. 景陵；
17. 光陵；　18. 泰陵

5.6　唐代陵墓

5.6.1　唐"关中十八陵"分布图

唐代共有 21 个皇帝，除唐末昭宗、哀帝分别葬于河南渑池和山东菏泽外，19 个皇帝都葬在渭河以北地段，其中武则天与高宗合葬一处，共为 18 处帝陵，号称"关中十八陵"。这些帝陵，再加上一大批陪葬墓群，形成了东西绵延达 100 多公里的唐陵集中区。

这 18 处帝陵，形制上分为两类：一类建于原上，沿袭秦汉以来"封土为陵"的做法，墓顶封土呈覆斗形，献、庄、端、靖四陵属此类；另一类仿魏晋和南朝的"依山为陵"做法，把墓室开凿在山的南面，昭、乾、定、桥等 14 陵都属此类。唐帝陵的范围大小不等。大者如昭陵、贞陵，周长约 60 公里。小者如献陵，周长约 10 公里。一般陵周长约 20 公里左右。

5.6.2　唐乾陵

唐高宗李治和武则天的合葬墓，位于陕西省乾县梁山。乾陵依山为陵，以梁山主峰为陵山，四周建方形陵墙，四面辟门。南面朱雀门前延伸出长 4 公里的神道，设三道门阙。南端第一道门阙为残高 8 米的土阙一对。中部第二道门阙利用东西连亘的两丘山势，在丘顶建阙，远看状如双乳，俗称奶头山。自第二道门阙向北，依次排列华表、翼马、朱雀各 1 对，石马及牵马人 5 对，石人 10 对、述圣记碑、无字碑 1 对。碑北即第三道门阙。其北为番酋像 61 座。再北为朱雀门，门前设石狮、石人各 1 对。门内有祭祀用的主要建筑——献殿。陵园整体模拟唐长安城格局：第一道门阙比附郭城正门，神道两侧星罗棋布地散布着皇帝近亲、功臣的陪葬墓；第二道门阙比附皇城正门，以石人石兽象征皇帝出巡的卤簿仪仗；第三道门阙比附宫城正门，以朱雀门内的"内城"象征帝王的"宫城"。这组气象磅礴的陵园规划，渗透着强烈的皇权意识，也充分展现出善于利用自然、善于融合环境的设计意识。

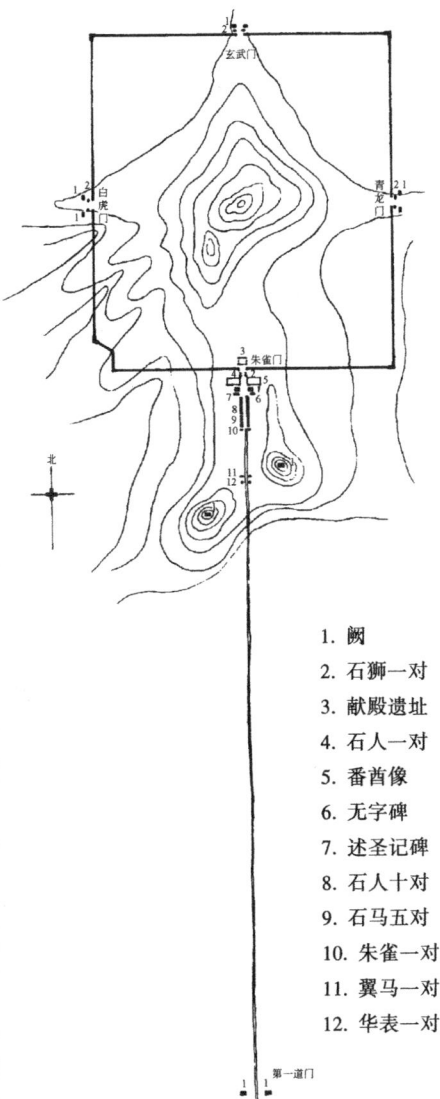

1. 阙
2. 石狮一对
3. 献殿遗址
4. 石人一对
5. 番酋像
6. 无字碑
7. 述圣记碑
8. 石人十对
9. 石马五对
10. 朱雀一对
11. 翼马一对
12. 华表一对

5.6.2　唐乾陵总平面

5.6.3~5　唐永泰公主墓

永泰公主是唐高宗和武则天的孙女，中宗第七女，因非议而遭武则天戮杀。中宗复位后，追赠为公主，神龙二年（公元706年）与其夫合葬，陪葬乾陵，并享"号墓为陵"的殊荣。

墓位于乾陵东南隅，有底边方55米、高11.3米的方形覆土式封土，四周设围墙，四角有角楼遗址。南面辟门，有夯土残阙1对。阙前依次列石狮1对、石人2对、华表1对。列石狮、华表属陪葬的高体制，大约只有"号墓为陵"才能设置。

墓的地下部分由斜坡墓道、甬道和前室、后室组成，通长87.5米，深16.7米。这根地下轴线较地上轴线偏东8.65米，当是为防盗而有意采取的偏移。斜坡墓道开挖6个天井、5个过洞、8个小龛。天井的设置，既为便于运出挖土，也为表征地面建筑的庭院。前后甬道和前后墓室均为砖砌，后室西侧置石椁1具。永泰公主墓以精美壁画著称。墓道两壁绘有青龙、白虎、阙楼、仪仗、戟架；甬道顶部绘宝相花平棊图案及云鹤图，前后墓室绘有侍女执扇等人物题材壁画，形象生动，线条流畅，是已发现的唐墓壁画中的精品。墓室穹隆顶上绘天象图则是秦始皇陵以来的常规做法。

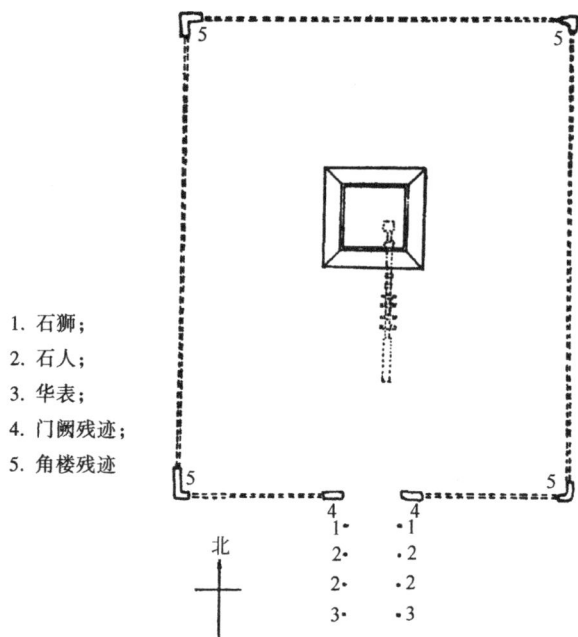

1. 石狮；
2. 石人；
3. 华表；
4. 门阙残迹；
5. 角楼残迹；

北

5.6.3　永泰公主墓总平面

5.6.4　永泰公主墓剖视

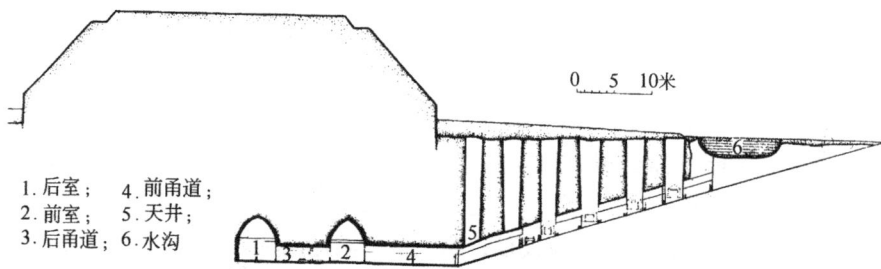

0　5　10米

1. 后室；　4. 前甬道；
2. 前室；　5. 天井；
3. 后甬道；　6. 水沟

5.6.5　永泰公主墓纵剖面

66

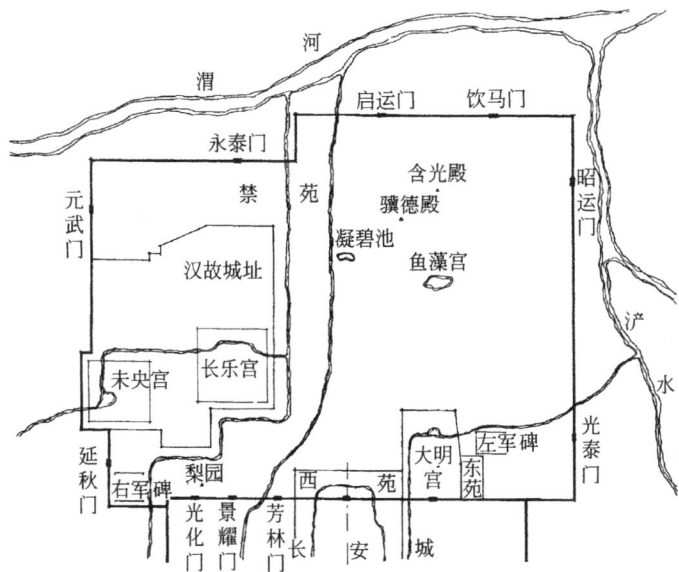

5.7.1　隋唐长安禁苑

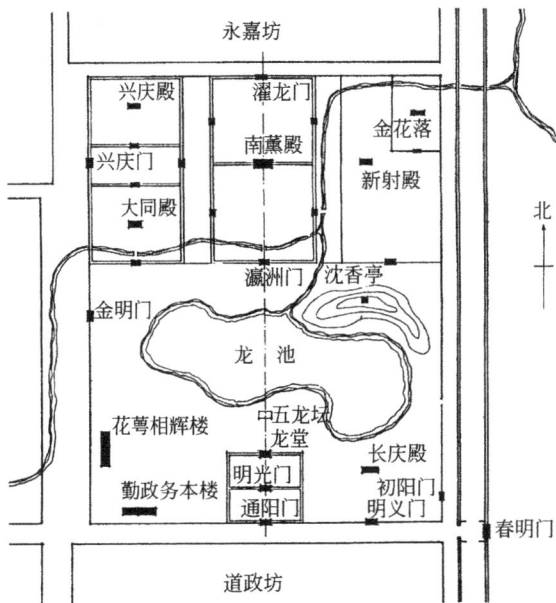

5.7.2　唐长安兴庆宫

5.7　隋唐园林

隋、唐是中国园林发展的重要时期，呈现出以下三点景象：

一是帝王宫苑的兴作极盛，大内御苑、离宫御苑、行宫御苑都频频营建。属于大内御苑的有隋唐长安禁苑、隋唐洛阳西苑和大明宫、兴庆宫等；属于离宫御苑和行宫御苑的有麟游的九成宫、骊山的华清宫、蓝田的万全宫、咸阳的望贤宫、洛阳的上阳宫等不下20处。

二是私家园林的兴建日趋频繁，以长安、洛阳两地为最盛。唐贞观、开元间，公卿贵戚在洛阳开馆列第的达千余家，布列着池塘竹树、高亭大榭的宅园盛极一时。除城内宅园外，在郊外山野泉清林茂之地建山居别墅之风也颇盛。如王维的辋川别业、白居易的庐山草堂等都颇负盛名。

三是城市和近郊的风景点有明显发展。长安城的曲江成为行宫御苑兼具公共游览的胜地。各州府所在城市也着手开发城郊风景点，杭州、桂州、永州等都以城郊景胜著称。创建于唐代的滕王阁、岳阳楼等风景建筑都盛名久扬。

可以说，园林景胜从都城向地方城市扩散，园主

阶层从帝王、贵戚、豪富向一般官员、士人、平民推演，造园规模从前期的大型化向后期的小型化转移，造园意趣从自然天成的质朴、粗放、疏朗、雅淡向追求诗情画意的精致化演化，构成了唐代园林的基本发展脉络。

5.7.1　隋唐长安禁苑

位于唐长安城之北，南接都城，东界浐水，北枕渭河，西面包入汉长安故城。隋代称大兴苑，唐代改名禁苑。苑区范围辽阔，东西27里，南北23里，苑内设东、西、南、北四"监"，"分掌各区种植及修葺园苑"，苑中建筑有24组，见于文献记载的有鱼藻宫、九曲宫、望春宫、临渭亭、葡萄园、梨园等。禁苑占地大，树木密茂，建筑疏朗，除供游憩外，还兼作驯养野兽、供应宫廷蔬果禽鱼和狩猎、放鹰的场所。禁苑也是护卫京师的重要军事防区，苑内驻扎着大批禁军。

5.7.2　唐长安兴庆宫

兴庆宫又称"南内"，东西宽1080米，南北长1250米。宫内呈北宫南苑格局。苑林区以龙池为中心。池西南建有"花萼相辉楼"、"勤政务本楼"两座主殿。池北偏东堆土山，上建沉香亭。土山周围遍种红、紫、淡红、纯白诸色牡丹花，兴庆宫也以牡丹花之盛而名重京华。

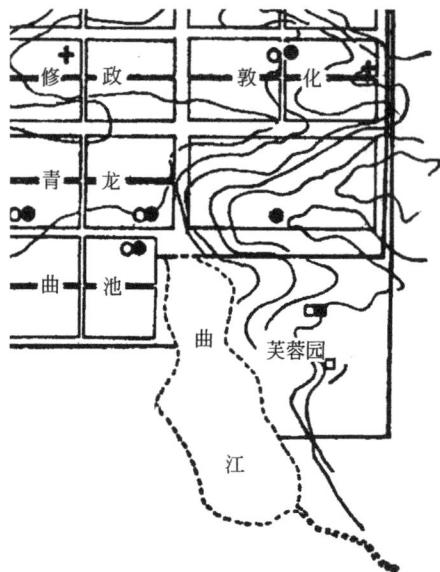

5.7.3　唐长安芙蓉园、曲江池

5.7.4　唐墓出土陶宅院

5.7.5　唐墓出土陶山及游山俑

5.7.3　唐长安芙蓉园、曲江池

位于唐长安郭城东南隅，是一处兼具行宫御苑和公共游览地性质的园林。经勘查，芙蓉园周围有墙，东西广 1400 米，南北长约 2000 余米，周长约 7 公里。

曲江池隋时名芙蓉池，位于芙蓉园的西部，呈南北狭长的不规则形。池南北长 1700 余米，东西最宽处 600 余米。全园以水景为主体，以芙蓉著称。岸线曲折，"花卉周环，烟水明媚"，是唐长安著名的风景点。

芙蓉园、曲江池都是定期开放，供公众游赏。每年中和（二月初一）、上巳（三月初三）、中元（七月十五）、重阳（九月初九）等节和每月晦日（月末一天），都人竞趋而至，"鲜车健马，比肩击毂"，十分热闹。唐长安郭城有一道夹城从大明宫经兴庆宫而通至芙蓉园，便于皇帝潜行往来。天子驾幸芙蓉园时，常临时搭建帷幔，围出场地称为"帷宫"。这种既是皇家御苑，又兼市民公共游览胜地的场所，在封建时代是极为罕见的。

5.7.4　唐墓出土带后园的陶宅院

西安中堡村盛唐墓中出土一组三彩陶宅院明器。中轴线上布置大门、前堂、后室。大门与前堂间的前院，置一四角攒尖方亭。前堂与后室间的后院，左右对称地布置三彩山池和八角亭。两边院墙分别布置 6 座厢房。三彩山池中，假山与水池相连接，假山山势奇峭，树木苍翠，间缀花草小鸟。这组陶宅院生动地反映出盛唐时期在住宅后院掇山理水，点景起亭，开辟后花园的景象。

5.7.5　唐墓出土陶山及游山俑

陕西咸阳盛唐银青光禄大夫张去逸墓，出土陶假山和一群游山俑，可以窥知当时叠山的情状和游山的盛况。

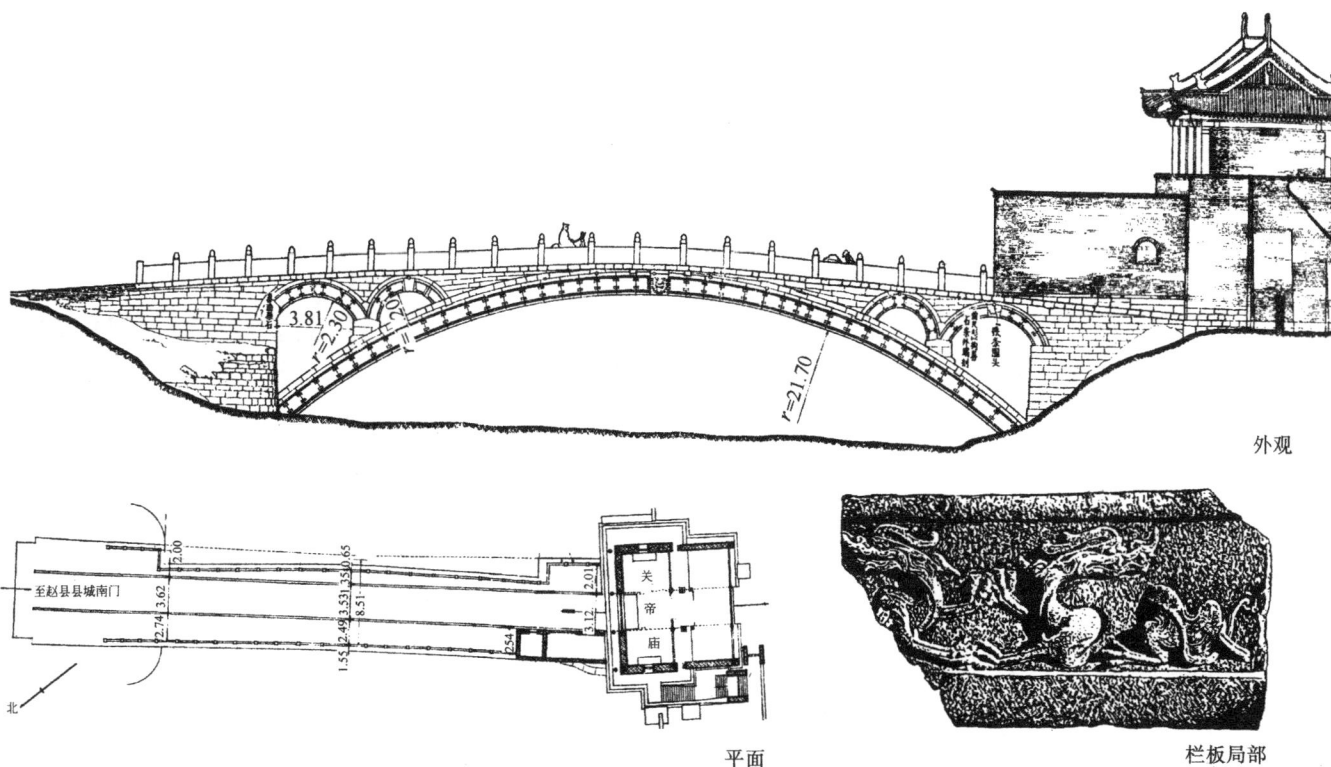

外观

平面

栏板局部

5.8.1 赵县安济桥(赵州桥)

5.8 隋代石桥

5.8.1 赵县安济桥

位于河北省赵县城南2公里,跨于洨河之上,俗称赵州桥。这座桥是隋匠李春主持建造的,建于隋大业年间(公元605~617年),距今已近1400年。在漫长岁月中,历经洪水冲击,地震摇撼,车辆重压,风化腐蚀,仍傲然挺立,被誉为"天下雄胜"。

安济桥为单孔敞肩式石桥。主孔净跨37.32米,矢高7.23米,矢高与净跨比达1:5,以极平缓的弧形拱券减低了桥面坡度,大大方便了过桥车马行人的交通。

安济桥没有沿用罗马式的纵联砌券法,而采用了巴比伦式的并列砌券法。桥身主孔由28道并列拱券组成。这是由于洨河水情夏涨冬枯,一旦山洪迅发,势不可遏。因而采用并列券以便逐券合龙,可免施工中被洪水冲毁。这种并列券施工,还可大量节省架桥木材;日后拱券损坏,并列券也易于修复。但并列券的确存在着券间横向联系不紧密,外侧拱券易于倾散的问题。为此,除横铺伏石外,还在相邻拱石之间加嵌腰铁,在拱背设9根铁拉杆和6块钩石,并将桥面宽度自两端至中间逐渐缩小,使两侧拱券微微向内收分以此防止并列券的外倾。

为了"杀怒水之荡突",桥的两端各辟两个敞肩券。这样可以增加排水面积16.5%,节省石料700多吨,减轻桥身净重15.3%,增加桥的安全系数11.4%。弧度平缓的桥身,配上敞肩小券,显得线条柔和,造型空灵,雄伟中透出秀逸,整体形象格外轻盈、匀称。再加上桥面两侧42块石栏板,雕刻着龙兽花草图像,刻工精细、生动;更添增了桥身的轻秀气韵。

安济桥一直受到我国民间的广泛传颂。它是世界上保存至今最早的一座敞肩拱桥。欧洲直到19世纪中叶才广泛流行这种敞肩桥。

5.9 体系成熟期的技术与艺术

5.9.1~2 唐代大型寺院组群

体系成熟期的建筑组群布局严谨，规模宏大，只要看当时大型寺院的布局即可见一斑。据记载，唐长安章敬寺有48院，房屋多达4130间。唐长安大兴善寺也是尽一坊之地，"寺殿崇广为京城之最"。从唐初道宣所撰《关中创立戒坛图经》中所绘理想的律宗寺院图和敦煌壁画所绘佛寺图像，可知这时期的大型寺院多采取对称式的庭院布局。沿轴线纵列数重殿阁，常以二、三层楼阁为全寺中心，殿阁联以横廊，划分成几进院落，构成全寺中路主体。两侧左右路则对称地排列若干较小的"院"，按其供奉内容或使用性质，命名为药师院、大悲院、菩提院、罗汉院、法华院、净土院、塔院、阁院、方丈院、山庭院等，院数常达数十院之多。我们从傅熹年所作北京法源寺的前身——唐景福间重修的悯忠寺的复原想像图，可以生动地感知其具体的景象。

5.9.1 据《戒坛图经》所绘的唐代律宗寺院总平面示意图

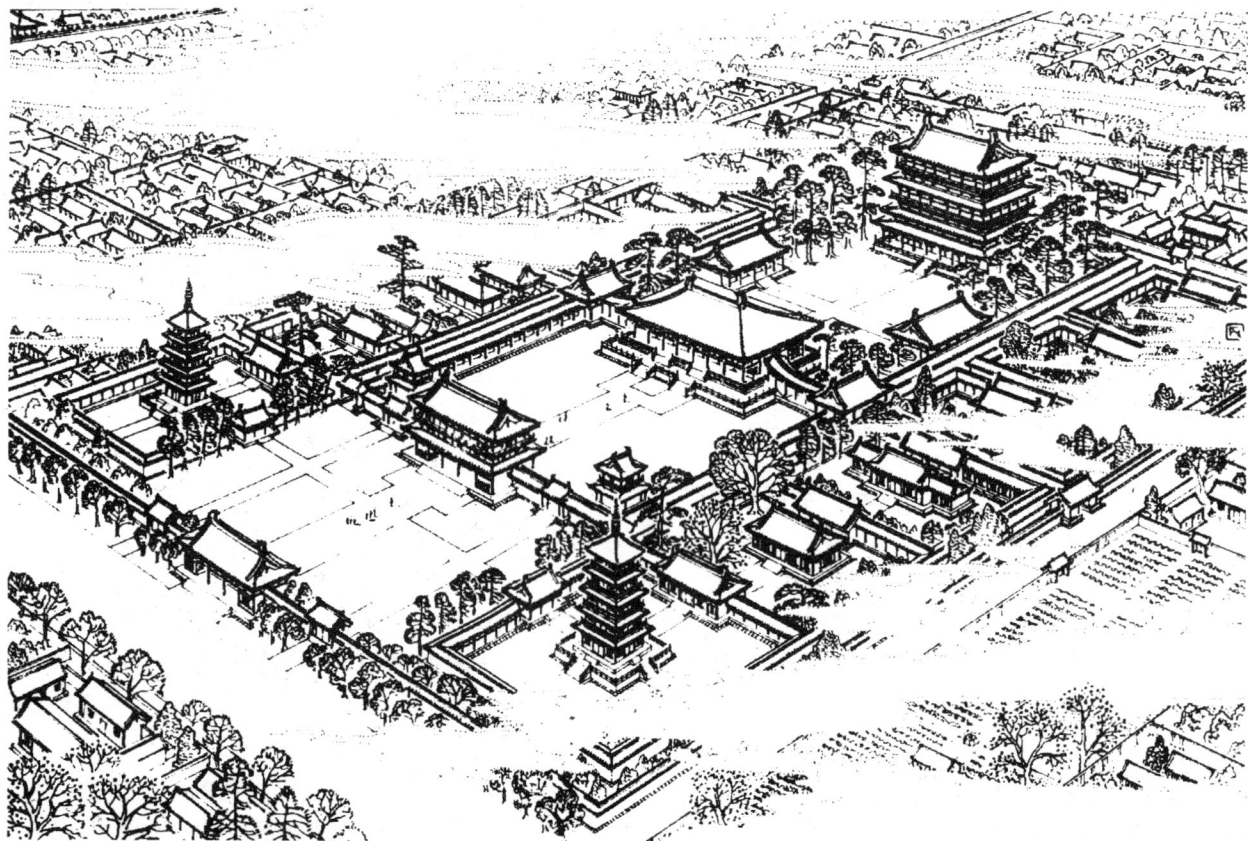

5.9.2 傅熹年所作唐景福年间重修的悯忠寺想像复原图

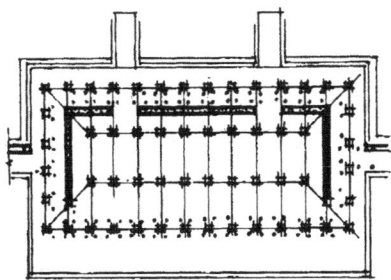

1. 唐大明宫含元殿址

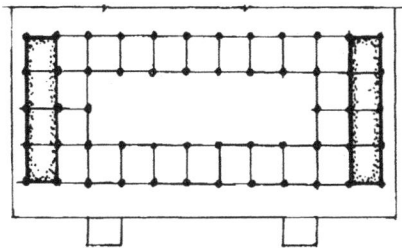

2. 唐大明宫麟德殿址

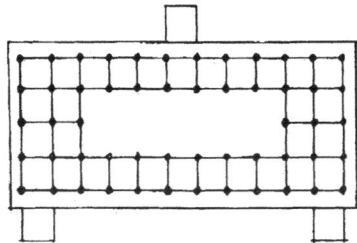

3. 渤海上京 1 号宫殿址

5.9.3　唐代大型殿宇平面

立面

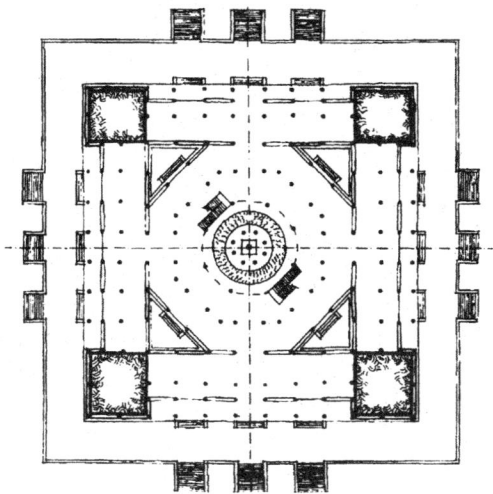

平面

5.9.4　王世仁复原的武则天明堂

5.9.3~4　唐代大型殿宇

　　大型建筑的发展在唐代进入了一个新的阶段。南北朝时，北朝建筑仍以土木混合结构为主，以土墼台体为中心的北魏永宁寺塔，就是这种土木混合结构的一种形式。而南朝的木结构，见于日本法隆寺五重塔等的纯木构做法，可以折射出其技术远较北朝先进。经过隋的统一，南北文化交流给建筑发展带来新的活力。我们从初唐的大型殿堂遗址，可以看出南朝先进的木构技术北传中原、关中后所呈现的新景象。建于初唐的大明宫含元殿、麟德殿是两座大型的殿宇，它们已逐步摆脱夯土构筑物的扶持而发展为独立的木构架。大约在高宗、武后时期，以木构架为主体的大型殿宇已达到成熟的水平。不仅京都地区如此，远在黑龙江的渤海国上京城宫殿遗址，也达到这样的水平。

　　垂拱四年（公元 688 年）建于洛阳的武则天明堂，可以说是初唐超大型殿阁的一个突出个例。据《旧唐书》的记述，这座明堂高 294 尺，东西南北各 300 尺。有 3 层，下层象四时，中层法十二辰，上层法二十四气。中心有巨木十围，上下贯通。这表明，这座明堂既非高台式，也非殿宇式，而是一座大尺度的、带堂心柱的三层崇楼。它以整体体型，满足了上圆下方的明堂传统形态，而其主体结构则已经摆脱了土台核心的扶持而代以中心堂柱的木构架，显现出这时期大型殿阁木结构技术的新面貌。

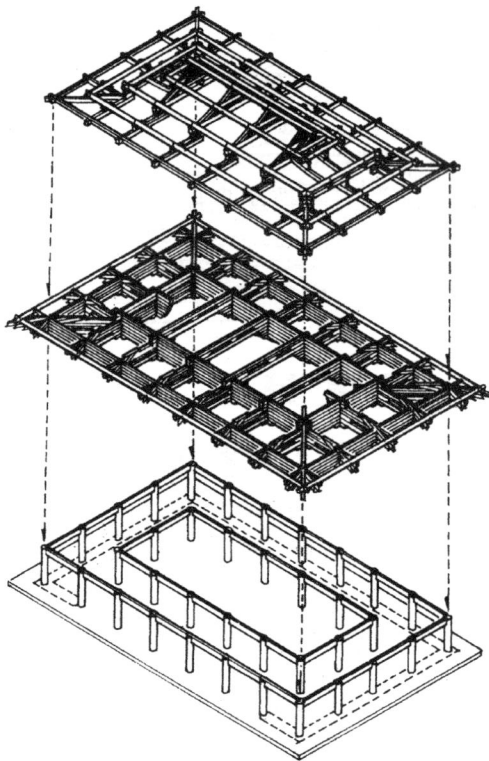

5.9.5　殿堂型构架示意

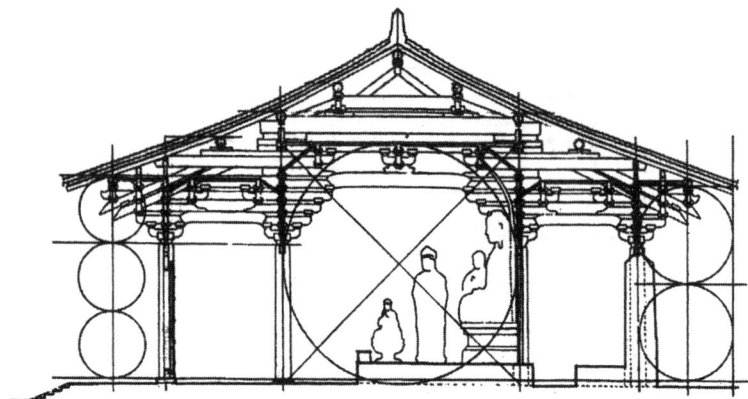

佛光寺大殿的比例关系

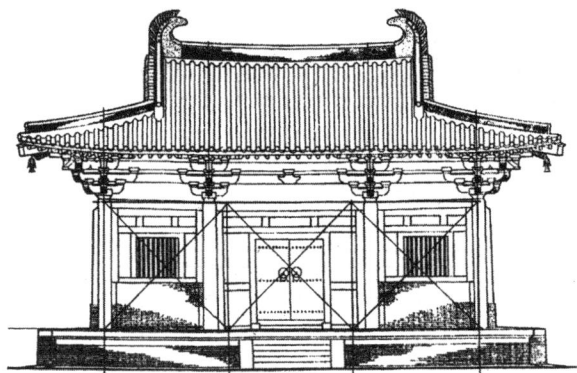

南禅寺大殿的比例关系

5.9.6　唐代殿堂的材分比例

5.9.5　唐代殿堂型构架

　　唐代已形成殿堂、厅堂、亭榭三种基本构架形式。佛光寺大殿是成熟期殿堂型构架的典型实例。它由上、中、下三层水平构架叠加而成。下层为柱网层，由一圈外檐柱和一圈内槽柱联以阑额组成，内外两圈柱高相等；中层为铺作层，由两圈柱网上架设的4~5层柱头枋组成井干构造的回字形框格，再分间架设梁、枋，并在各个节点设斗栱。这种井干构造的水平方格网架，四角还加上斜向枋木，有很强的刚性，可以起到保持构架整体性和均匀传递荷载到柱网的作用；上层为屋架层，由梁架、檩椽组成屋顶的骨架。这种殿堂型构架，由于存在着结实的铺作层而取得整体构架良好的稳定性。在这种构架中，斗栱的结构机能、构造机能也发挥到极致。

5.9.6　唐代殿堂的材分比例

　　以"材分"为模数的设计方法，到唐代已经成熟。据傅熹年研究，佛光寺大殿构架用材已明确采用高30厘米为1"材"，即以2厘米为1"分"的模数。如檐柱、内柱之高均为250分，明、次、梢间面阔大体与柱高相等。正侧面梢间面阔相等，均为220分，等于檐柱与内柱的中距。内槽平闇的标高与内槽进深相等。内槽柱上的中平槫的标高为500分，为柱高的2倍。橑风槫的标高为375分，为柱高的1.5倍。外槽平闇也采用这个标高。这个数字也正好是外檐出挑的2倍。这些取得了建筑空间与形体的良好比例。南禅寺大殿立面设计中，也存在着以柱高为模数的现象。它以柱高的3倍为通面阔，明、次间的面阔则为3:2的明确比例，这也同样反映出对于比例关系的细腻推敲和熟练把握。

5.9.7 唐代斗栱

唐代是斗栱发展的重要阶段。初唐时期，斗栱从不成熟状态向成熟状态过渡。从敦煌莫高窟初唐第321窟壁画上，可以看到五铺作的柱头斗栱，其做法是：出两跳，双抄，第一跳偷心，第二跳跳头施不带散斗的令栱；正心部位在栌斗上用一栱一枋为一组，共重叠两组。这种做法与大雁塔门楣石刻的斗栱基本相同。由此可知这是初唐斗栱的通行做法。

盛唐时期，斗栱已进入成熟状态。其特点是品类增多，形制丰富，充分发挥结构机能。见于敦煌莫高窟盛唐第172窟壁画上的斗栱，其转角铺作已是出四跳的七铺作斗栱，正侧两面为双抄双下昂，第一、二跳跳头施重栱，第三跳跳头为单栱，第四跳以令栱替木承槫。同时也有斜出的双抄双下昂。这表明盛唐时期斗栱已可以出到四跳，已有逐跳计心的做法，补间只用一朵斗栱，但也已出跳。这些都显现出斗栱形态已臻成熟。

中唐时期，补间铺作有了进一步发展。敦煌莫高窟中唐第231窟壁画上，当心间画着两朵补间斗栱和三个驼峰。这意味着"双补间"的出现。这个现象表明，中唐时期已呈现当心间加宽的趋势，为防止橑风槫的下垂而推动补间支承的增多。

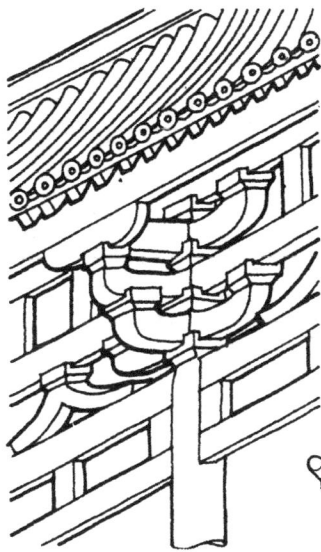

1. 敦煌莫高窟初唐第321窟壁画上的柱头铺作

2. 敦煌盛唐第172窟壁画上的转角铺作

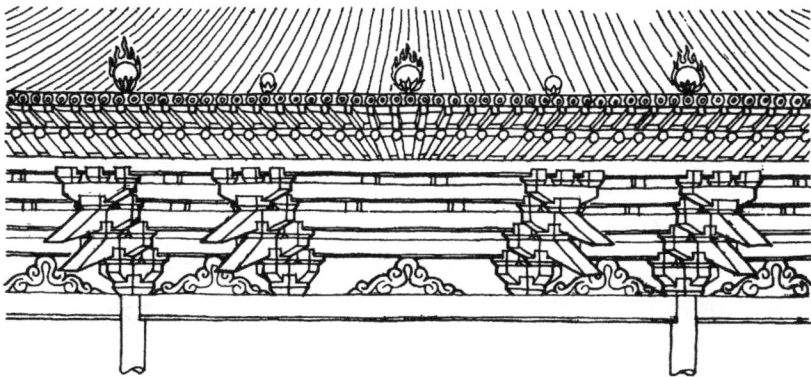

3. 敦煌中唐第231窟壁画上的当心间补间铺作

5.9.7 唐代斗栱

5.9.8 唐代屋顶

唐代建筑屋顶，除硬山顶尚未出现外，其他几种屋顶，如庑殿、歇山、悬山、攒尖以至盝顶等，均已齐备。见于大明宫含元殿带"副阶周匝"的殿址，可知大型殿堂已采用重檐屋顶。敦煌唐代壁画还展现出大型寺庙组群中屋顶组合的丰富景象，画面中庑殿顶多用于居中的正殿，歇山顶多用于两侧的配殿，表明屋顶组合的等级规制也已形成（图5.9.8-1）这些意味着唐代屋顶从单体形态到群体组合都已臻成熟。

在屋顶的细部形象上，初唐（贞观四年，公元630年）李寿墓壁画上的楼阁，屋顶全有显明的角翘（图5.9.8-2），而盛唐（景龙二年，公元708年）韦洞墓壁画上的两重府门，却是前座檐口平直而后座檐口起翘（图5.9.8-3），这透露出唐代尚并行着"有角翘"和"无角翘"的两种做法。唐代屋顶的垂脊、戗脊都颇为简洁，脊端未见垂兽、戗兽、走兽，多以光脊或加宝珠作结（图5.9.8-4）。正脊两端沿用鸱尾，尾尖向内，尾身简洁，常饰以数枚圆珠（图5.9.8-5~8）。最晚从中唐开始，鸱尾向张口吞脊的鸱吻过渡。佛光寺大殿元代仿唐鸱吻留下了晚唐的鸱吻形象（图5.9.8-9）

1. 敦煌莫高窟盛唐第148窟壁画

2. 初唐李寿墓壁画

3. 盛唐韦洞墓壁画

4. 敦煌莫高窟中唐第359窟壁画

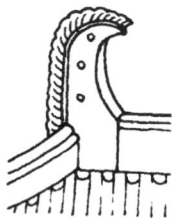

5. 西安大雁塔门楣石刻鸱尾（初唐）

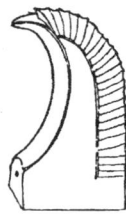

6. 大明宫麟德殿前出土鸱尾（初唐）

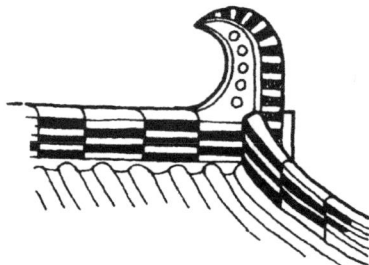

7. 敦煌莫高窟初唐第220窟壁画

8. 敦煌莫高窟盛唐第126窟壁画

9. 佛光寺大殿元代仿唐鸱吻

5.9.8　唐代屋顶

1. 大雁塔门楣石刻佛殿台基

2. 敦煌莫高窟初唐第 71 窟壁画

3. 敦煌莫高窟中唐第 158 窟壁画

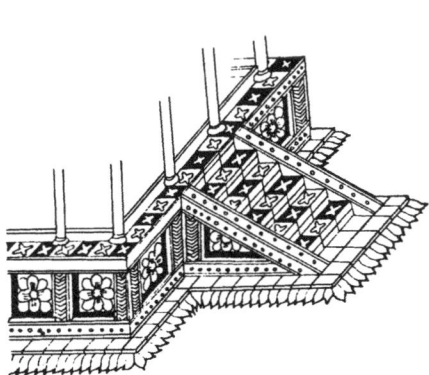

4. 敦煌榆林窟中唐第 25 窟壁画

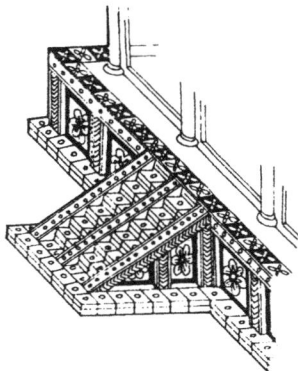

5. 敦煌莫高窟晚唐第 141 窟壁画

6. 敦煌莫高窟中唐第 231 窟壁画

7. 敦煌莫高窟中唐第 237 窟壁画

5.9.9　唐代台基

5.9.9　唐代台基

唐代台基有三种形式：

一是素方台基，西安大雁塔门楣石刻上的佛殿台基（图 5.9.9-1）和现存南禅寺大殿、佛光寺大殿实物台基都是这种形式。敦煌壁画中可以看到砖砌的、周边设散水的素方台基形象（图 5.9.9-2）。这是唐代中小型殿屋用得最普遍的台基形式。

二是上下枋台基，其特点是台壁凸出上枋、下枋和间柱。通常都呈正方形格，方格中绘团花，上下枋和间柱绘连续图案。敦煌莫高窟中唐第 158 窟、敦煌榆林窟中唐第 25 窟、敦煌莫高窟晚唐第 141 窟壁画中都有这种台基形象。这些画面显示，上下枋台基很可能

是用花砖包砌、陡砌的。晚唐第 141 窟壁画中的台基勾栏，望柱呈白色，寻杖、盆唇、地栿等均着深色，透露出着色者仍为木材质，而白色的望柱已是石材质，表明木质勾栏正在朝石质勾栏演变。

三是须弥座台基。须弥座在南北朝已用于塔座，唐代已见用于殿座。由壁画中所见，由北魏至唐前期，须弥座轮廓还比较简单，均为直线叠涩挑出。从中唐以后，开始出现在束腰上下施加仰、覆莲的须弥座形式（图 5.9.9-6）。

见于敦煌莫高窟中唐第 237 窟壁画，还出现重叠组合的台基。这些都表明，台基从中唐开始走向完备。

75

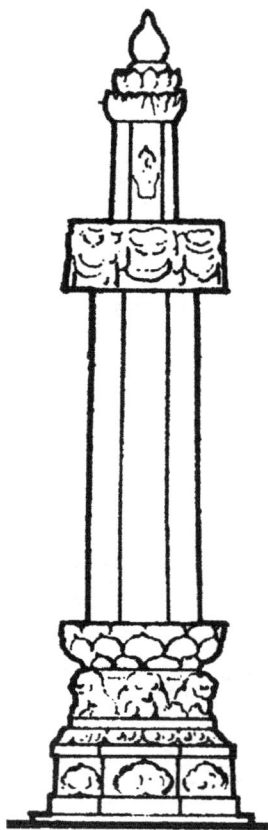

1. 佛光寺唐大中十一年幢　　　2. 唐渤海上京城石灯

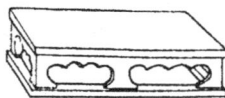

5.9.10　唐代建筑小品

西安唐墓三彩陶榻

敦煌莫高窟第 217 窟
壁画上的唐代屏风

敦煌莫高窟第 473 窟壁画
上的唐代长条桌、长条椅

敦煌莫高窟第 85 窟
壁画上的唐代方桌

(唐)周昉《挥扇仕女图卷》上的腰圆凳

(唐)周昉《挥扇仕女图卷》
上的圈椅

5.9.11　唐代家具

5.9.10　唐代建筑小品

石幢、石灯都是唐代很有特点的建筑小品。

石幢始见于唐代，它的前身是立于佛前的、以木杆柱扎丝织物做成的"幢"。演变为石幢后，主要在柱状幢身刻经文，在盘状宝盖刻垂幔、飘带、花绳，并在其他部位间杂雕刻佛、菩萨、佛传等题材。佛光寺"唐大中十一年幢"是唐幢的代表性实例。幢高3.24 米，由八角形的幢座、幢身、宝盖、小柱和近代补置的砖质莲瓣、宝珠组成。幢上镌刻陀罗尼经和立幢人姓名。整幢比例匀称，造型秀美。

灯在佛教中属六种供具之一，石灯是佛供具的凝固化、持久化。渤海石灯伫立在渤海上京故城寺庙遗址上，通高 5 米多，由 9 块玄武岩雕凿叠筑。基座为八角形，略似须弥座。座上为莲瓣覆盆，上立卷杀圆柱。柱上置一朵盛开的巨莲，撑托起八角形的灯室。顶上覆盖着带刹柱、相轮的攒尖屋顶。整个石灯比例硕壮，凝重端庄，刻工娴熟，刀法精练，具有浓郁的唐风韵味。

5.9.11　唐代家具

唐代同时并存着平坐与垂足坐的习俗，是低型家具向高型家具转变的过渡期。低型家具的床、榻、几、案等仍在沿用，而与垂足坐相适应的高型家具，如方桌、长桌、靠背椅、扶手椅、圈椅、圆凳、长条椅等，已在上层社会流行，并转向全社会普及。家具的构造和造型，也从箱形壶门结构向梁柱式的框架结构演化。这些导致了唐代家具布局和室内格局的新变化。

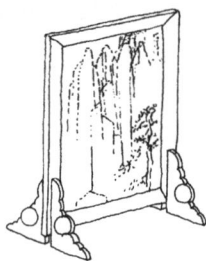

6 宋、辽、金、元建筑

（公元 960 年～1368 年）

北宋（公元 960 年～1127 年）　**辽**（公元 907 年～1125 年）

西夏（公元 1038 年～1227 年）　**南宋**（公元 1127 年～1279 年）

金（公元 1115 年～1234 年）　**元**（公元 1206 年～1368 年）

宋、辽、金时期，中国又处于南北分裂的局面，先后呈现北宋与辽、西夏，南宋与金、元的对峙。这三百多年间，中原地区基于农业、手工业的发展和城市商品经济的繁荣，促使市民阶层的兴起和城市格局的演变。相对安定富庶的江南地区，经济、文化发展快速，建筑有后来居上之势。而崛起于华北、东北的契丹、女真，通过吸收汉族先进的文化、技术，也跟上了当时城市、建筑的发展步伐。

在城市发展上，城市数量明显增多，唐代户数十万以上的城市只有十几座，北宋时已增至四十多座。城市人口密度、建筑密度增大，北宋都城东京是中国第一个达到百万人口的大都市。东京城的布局废弃封闭的里坊制，转向开放的街巷制。城市管理如疏浚河道、修桥铺路、建置防火设施、设立各类服务行业等，在当时居于世界先进地位。

在建筑发展上，本时期呈现以下几点态势：1. 建筑规模缩小，无论是建筑组群还是单体建筑，规模一般都比唐代小。建筑总体布局趋向多进院格局，加深了组群纵深发展的程度。景观建筑中也出现像滕王阁、黄鹤楼那样以形态复杂的大型楼阁为主体的布局方式。2. 建筑类型增多，以城市商业、饮食业、娱乐业建筑最为显著。东京街市上，各类商铺齐全，酒楼、茶坊、饮食店占很大比重。以"勾栏"（戏场）为主体的"瓦子"（娱乐中心）达到很大规模，有的瓦子竟有大小勾栏 50 余座。3. 建筑技术取得重要进展。木构架的殿堂型、殿阁型、厅堂型、堂阁型构架均已齐备，并呈现前两者走向淘汰，后两者跃居主流的发展趋势。《营造法式》的问世，意味着对成熟的木构架建筑体系进行了规范化的总结，建筑定型化达到严密的程度。《营造法式》表明，宋代建筑已开结构简化的端倪，斗栱机能开始减弱。砖产量的增加，使砖塔数量大幅度上升。砖塔楼层运用砖发券，塔心与外墙连成整体，大大增强了塔体的坚实度、整体性。但砖石塔外观在仿木上刻意追求细节真实，在显现工艺进步的同时，也失之虚假造作和繁琐累赘。4. 小木作发育成熟，门窗从唐、辽的版门、直棂窗演进为宋式可开启的、棂条组合的成列隔扇。藻井、经橱、勾栏之类日趋华美、细腻。彩画装饰趋向绚丽、多彩。5. 建筑风貌显现鲜明的地域性特色。辽主要在唐北方地域传统上发展，风格古旧，延续着唐风的雄健浑厚；北宋吸收齐鲁和江南文化，与汴梁地区传统相结合，创造出秀柔、精细的北宋官式风貌；金在北宋建筑影响下倾向于精巧华靡；南宋则在北宋官式基础上，与江南地方传统相结合，风格走向秀雅、绚丽，偏于小巧、精致。这些表明，中国木构架建筑体系在经过唐代粗犷的成熟期后，在宋、辽、金时期经历了精致化的磨练。

元代统一全国，建筑上接受宋、金传统。元大都是规模巨大、规划完整，完全按街巷制创建的新都城。对藏传佛教的尊崇，促进了喇嘛教建筑的发展和汉藏建筑的交流。来自中亚的伊斯兰教建筑也在大都、新疆及东南地区陆续兴建，并开始出现中国式的伊斯兰教建筑形式。

6.1 都城、府城

6.1.1~2 北宋东京城

北宋名义上有四京：东京开封府、南京应天府、西京洛阳府、北京大名府，以东京为首都，亦称汴梁、汴京。五代时期，后梁、后晋、后汉、后周均建都于此。

东京城位于今河南开封，地处黄河中游平原，大运河中枢地段，邻近黄河与运河的交汇点。这一带地势低平，无险可守。东京城之所以选址于此，主要是考虑大运河漕运江南丰饶物资的便利。城内有汴河、蔡河、金水河、五丈河贯通，号称"四水贯都"，水运交通十分方便。

东京城由宫城（子城）、内城（里城）、外城（罗城）三城相套。宫城也称皇城，宋称大内，是宫室所在地，原是唐朝节度使治所。内城原是唐汴州城，955年，后周世宗因"屋宇交连，街衢狭隘"，曾下诏加筑外城，展宽道路，疏浚河道，并明令有污染的墓葬、窑灶、草市等须安置在离城七里以外。东京城的三城相套格局就是这次扩建外城奠定的。北宋时曾重修外城，仅有少许展拓。现经考古试探，知外城近似平行四边形，东墙7660米，西墙7590米、南墙6990米、北墙6940米，总长29180米，约合宋里52里许。因东京城址叠压在黄河历次决口的深厚泥层之下，其内城、宫城确切位置不明。根据各地唐、宋、元、明城址大多不变更位置的情况推测，现存的砖砌开封城垣，有可能就是东京内城的位置。其周长约27里，平面呈不规则的矩形。城内主要布置衙署、寺庙、府第、民居、商店、作坊。宫城原系节度使治所，面积很小，据记载周长仅5里。969年，宋太祖仿洛阳宫进行扩建，周长扩至9里18步。其位置约在内城中心偏北，改变了曹魏邺城和隋唐长安、洛阳宫置于北部的布局。东京城的三重城墙均有护城河环绕。外城辟旱门、水门共20座。各门均有瓮城，上建城楼、敌楼。城墙每百步设"马面"，强化防御功能。内城每面辟3门。宫城每面辟1门，四角有角楼，南面正门宣德门有御道直通内城正门南薰门。这条宽阔端直的干道成为全城的纵轴大街。东京城的这种宫城居中的三城相套格局，基本上为金、元、明、清的都城所沿用，对后期都城的规划布局产生了深远影响。

东京城的城市结构，最值得关注的，就是由里坊制走向了街巷制。早在后周世宗加筑外城时，就已确定，外城由官府做出规划，划定街巷、军营、仓场和官署用地后，"即任百姓营造"。这已经迈出了冲决集中设市和封闭里坊的第一步。北宋初年，东京城仍实行过里坊制和宵禁制，设有东、西两市。但商业、手工业的发展，出现了"工商外至，络绎无穷"的局面，宋太祖即位的第6年，就正式废弛夜禁，准许开夜市。仁宗时进一步拆除坊墙，景佑年间又允许商人只要纳税，就可以到处开设店铺。这样，封闭坊市的时间限制和空间限制都被打破，完成了从封闭的里坊制向开放的街巷制的过渡。

开放的街巷制给东京城带来一片繁华景象：一是商业街成批出现，专业性市街和综合性市场相辅相成。二是夜市、晓市风行。酒楼、茶坊、饮食摊贩多通宵营业。早市从五更即开张，人称"鬼市子"。三是周期性市场的开辟，以相国寺庙会最为著名，每月开放5次，"万姓交易"。四是商业、饮食业、娱乐业建筑空前活跃。东京街市上，酒楼有正店、脚店之分。称为正店的大酒楼有72户，都设在热闹街市。称为脚店的小酒楼，则散布全城，数量之多不能遍数。大酒楼建筑最为瞩目，"三层相高，五楼相向，各用飞桥栏槛，明暗相通"。酒楼门前"皆缚绿楼欢门"。九桥门街的酒店，"绿楼相对，绣旗相招"，竟达到"掩蔽天日"的地步。宋代建筑规制还明确规定："凡屋宇非邸店楼阁临街市之处，毋得为四铺作、闹斗八"，对这些临街酒楼、旅店，给予了特许饰用斗栱和藻井的优待，表现出对商业街市艺术表现力的重视。被称为"瓦子"的游艺场，更是新出现的建筑类型。每处瓦子都设有供表演的戏场——"勾栏"和容纳观众的"棚"。大型"瓦子"竟有"大小勾栏五十余座"，大型的"棚"竟达到"可容数千人"的规模。这些前所未有的街景和建筑，深刻地反映出城市商品经济的活跃和市民阶层的崛起，标志着中国城市发展

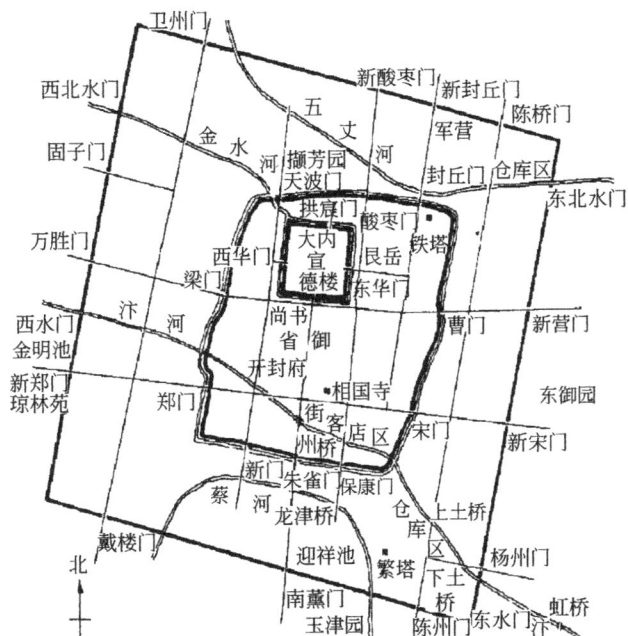

6.1.1　北宋东京城复原图

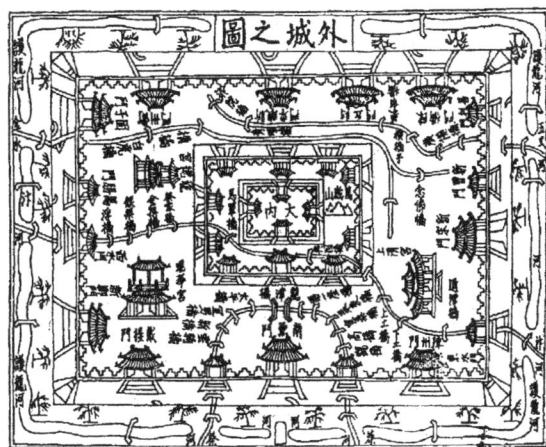

6.1.2　汴京图

6.1.3　《清明上河图》东水门内广场

史上的重大转折。

东京城的人口，据专家分析，不可能达到通常认为的 140～170 万，但可能达到 100 万左右，是中国有史以来较为可信的第一个百万人口的大都市。

东京城人口比唐长安多，而面积只及唐长安城的 3/5。人口密度和建筑密度都大为增加，由此带来城市防火、防疫等问题。东京城有严密的消防措施。"每坊巷三百步许，有军巡铺屋一所，铺兵五人，夜间巡警，……又于高处砖砌望火楼，楼上有人卓望"。望火楼的设置是东京城的创举。在卫生防疫方面，东京城设有官营药局，有集中医铺、药铺的街段，有小儿科、产科、口腔科等专门医铺和专门药铺。其他服务行业如打水、淘井、出租担子、租借牛车等，都很齐全。这类城市服务性行业，在当时也居世界先进地位。

6.1.3　《清明上河图》片断

北宋张择端所画《清明上河图》长卷，描写了宋东京城沿汴河的近郊风貌和城内的街市情景。图上是进入城门后的街市片断。画中的城门是当时通行的排叉门做法。入城不远即到繁华的十字街口。街道上有熙来攘往的行人轿舆，有骑马的、挑担子的、推独轮车的、赶骆驼队的，有装运木桶的骡车，有快速奔驰的四马套车。街市店铺鳞次栉比。这里有高 3 层、扎着"綵楼欢门"的大酒楼——孙家正店，有树起"久住王员外家"招牌的旅店，有高挂各式幌子的丝绸店、香店、食店，有在地上竖起高牌广告的"赵太丞家"医店、药店，还有开设在十字街西南角的听说唱的敞棚和赵太丞家门旁的四眼大井等等。这些，形象逼真地反映出北宋晚期东京城繁华商业街的生动景象。

79

6.1.4 南宋临安城

即今杭州。古称钱塘，杭州之名始于隋初在这里设州治。五代时杭州是吴越国的都城。绍兴八年（1138年），南宋正式定都于此。因南宋偏安于淮河以南地域，都城取名临安，有临时安都、不忘复国之意。

临安城东临钱塘江，西接西湖，北通大运河，南部有吴山、凤凰山，地形复杂，植被繁茂，河运、海运十分便利。隋初开始在凤凰山麓建州城，周长36里余。吴越建都后，以原州城为内城，扩建原州治所为子城，并加筑罗城，周长达70里。北宋时，内城拆除，即以吴越罗城为州城。南宋定都20年后，除将吴越子城扩为皇城外，其他无大变化。可以说临安城南北长、东西窄的腰鼓式格局是由吴越都城奠定的。

临安城的整体结构呈"坐南朝北"的特殊布局。皇城偏处南端，以丽正门为南面正门，和宁门为北面后门。但实际上和宁门却是真正的正门。以它为起点，向北延伸出一条长13500尺的御街。这条御街与城内主要河道平行，由南而北，贯穿全城，成为全市的主干道。御街分南、中、北三段：南段西侧设三省、六部等中央官署，东侧集聚着官府经营专卖商品的机构和宫市；中段是商肆栉比的繁华商业街，也是大酒楼、茶坊、歌馆（妓院）和瓦子的集中地，成为全市的商业中心；北段仍有密集的街市。与御街垂直相交的，有4条通向城门的东西向干道，它们与御街一起构成了全城的干道网。城内的4条河道——茅山河、盐桥河（大河）、市河（小河）、清湖河（西河）有大小桥梁122座，这些沿河近桥地段也成了热闹的街市。再加上坊巷附近的街市和城门口内外的街市，构成了临安城"大小铺席，连门俱是"的景象。这种把官府商业安置在宫前御街，把商业中心安置在御街中心地段，以及全城遍布铺户的景象，大大突出了城市的商业性、经济性功能，完全不同于传统都城强化政治性、礼仪性功能的旧格局。

临安的居民住宅，也推行开放式的坊巷制，只是仍称巷为"坊"。临安的人口，"城内外不下数十万户，百十万口"。这与宋东京城一样，列为当时世界

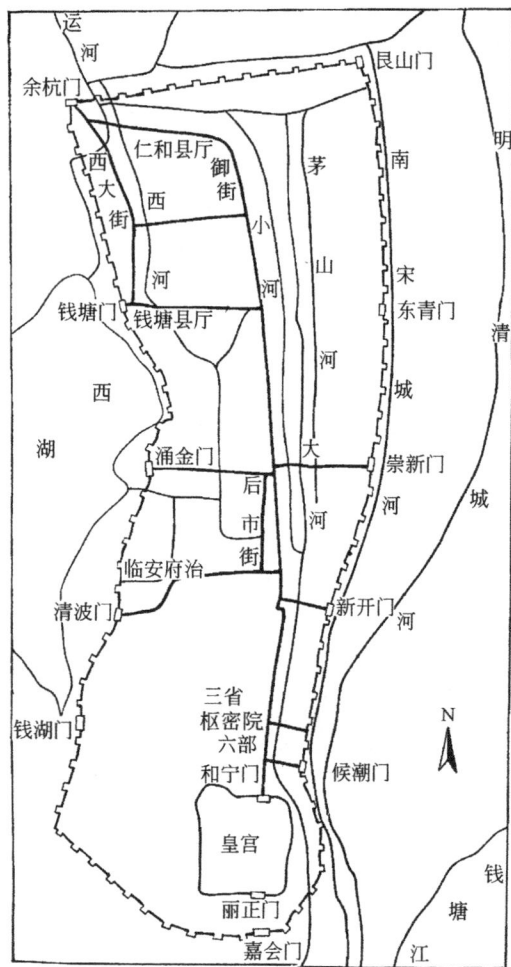

6.1.4 南宋临安城平面示意

人口最多的城市。人口的稠密导致建筑的密集，易患火灾，临安城采取了开辟火巷、留防火空地、取缔易燃茅顶、颁布火禁条例、设立军巡监视火警等消防措施。

临安也是一座风景城市。它有得天独厚的湖山胜境，城内外散布着皇家园林、私家园林、寺庙园林和自然风景点。仅私家园林见于记载的就达近百处之多。天然风光加上众多人工园林的点缀，使临安如同一座特大型的城市山水园。

南宋临安城突出地显示南方型都城在经济结构、空间结构、生态结构上的一系列特色，这使它在中国古代城市史上占据着一页重要的地位。

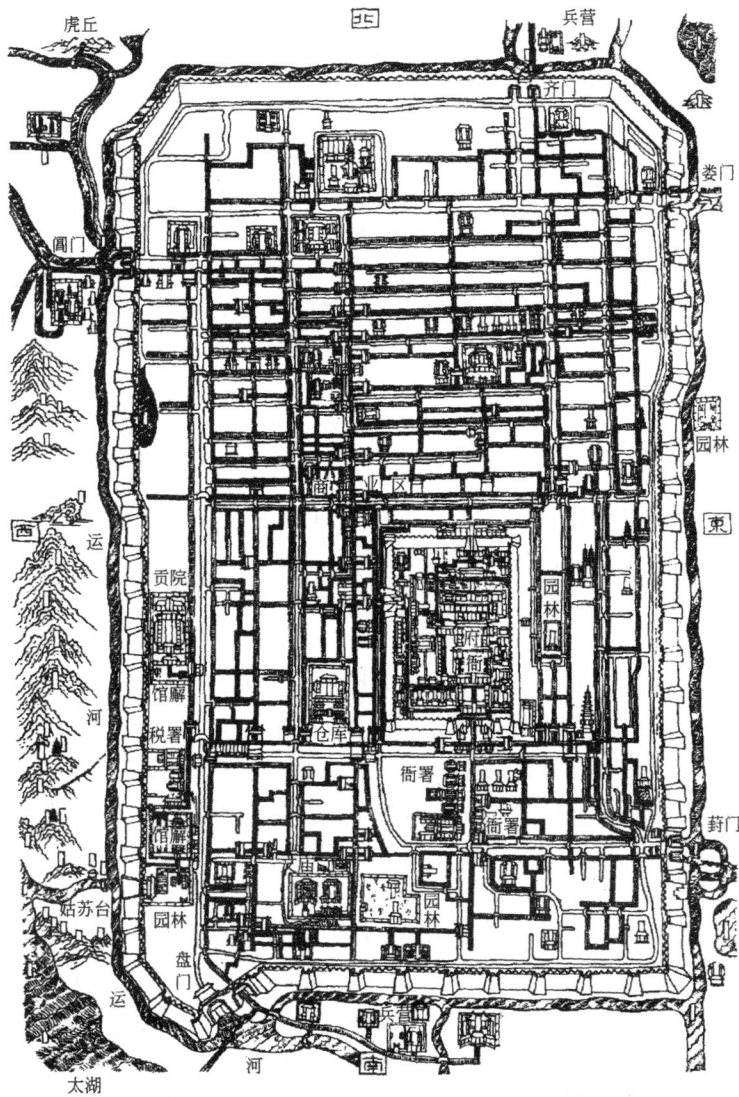

6.1.5 宋平江府城图碑

6.1.5 宋平江府城

平江是北宋末和南宋时期的府城，即今江苏省苏州市。春秋时为吴国都城，称阖闾城。隋唐以来，苏州已是江南一座繁华的商业、手工业城市。南宋初年遭战乱破坏。绍定二年（1229年），郡守李寿朋把重整坊市后的平江城平面图刻于石碑上，通称"平江府城图碑"。它是现存最古的苏州城图，也是流传下来的最完整、最详密的宋代城市图。

平江城位于长江下游南岸，南临太湖，大运河绕城西南而过，城内外河湖串通，以河网纵横著称。从碑图上可以看出，平江城有外城、子城两重城墙。外城呈长方形，面积约14平方公里。城墙

内外均有护城河环绕。有城门5座，各门都是水门、陆门并列。子城在外城中部，是平江府衙所在地。子城内分布有府院、厅司、兵营、宅舍、库房、园林，南门轴线上，前部建府衙厅堂，后部有王字形平面的宅堂。

平江城利用水网地区条件，采取水路、陆路两套相互结合的交通系统。主要街道都取横平竖直的南北向或东西向，以丁字或十字相交。街巷多与河道并行，主要街道多是"两路夹河"格局，巷道则是"一河一路"并列。河道总长达82公里，共有大小桥梁357座。

子城以北地段是大片居住区，划分出南北向的街道与东西向的联排长巷。巷内建宅，巷口立牌坊，巷外为商业街道。这是北宋东京城废弛里坊制后出现在平江城的早期街巷面貌。后来元大都和明清北京的联排式胡同就是承继这种布局。子城以南地段集聚较多的官署、学校、寺观、园林，其街道多为网状方格，无联排的横巷，有的还带有十字形小街。当是唐代里坊的残迹。这生动地烙刻下平江城从里坊制转向街巷制的印记。

平江城的规划建设，充分体现出因水制宜的特色。住宅多是前巷后河，呈现"人家尽枕河"、"家家门外泊入舟航"的景象。城墙、城门的设置都不强求方正、对位。外城墙的四角除东南角为直角外，都根据畅通河流、便利行舟和防避洪峰的需要，做成抹角形和外凸形。五座城门的定位也都是依据河流走向，迎河设门的。

平江城的规划也很注重街巷的景观，善于发挥塔、观、城楼、牌坊等的对景、组景作用。特别是把塔均匀分散地布置在近郊山顶、街道对景、城市门户等显要地位，丰富了城市的立体轮廓和独特个性。

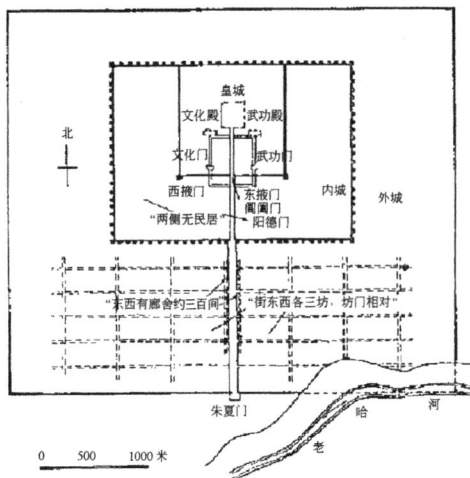

6.1.6 辽中京平面

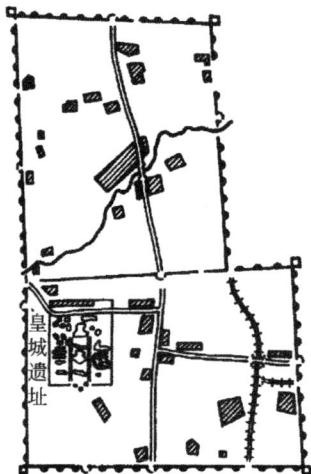

6.1.7 金上京遗址平面图

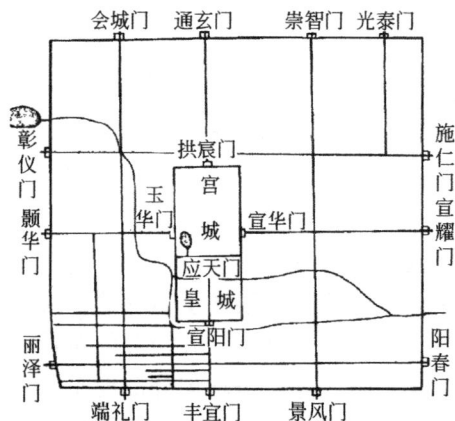

6.1.8 金中都平面示意图

6.1.6 辽中京城

辽设五京。初以上京为首都。中期后，政治中心移到中京。辽中京建于辽统和二十一年至二十五年（1003～1007年），遗址在今内蒙古宁城县。中京城布局仿北宋东京城的制度，有外城、内城、宫城三重城垣。城墙全用黄土版筑，残迹最高约4米。由宫城正门阊阖门至外城正门朱夏门，有宽64米的大道，构成城市中轴。全城规划十分规整对称。现外城南部的东北角，尚存一座密檐式砖塔，是中京城内感圣寺的舍利塔，塔高74米，为辽塔之冠。塔身造型浑厚，是辽代佛塔中的珍品。

6.1.7 金上京城

金代设五座都城，金上京会宁府是金代前期的首都，城址在黑龙江省阿城附近阿什河西岸。始建于金太宗天会二年（1124年），扩建于金熙宗皇统二年（1142年）。贞元元年（1153年）海陵王迁都中都，"命会宁府毁旧殿、诸大族宅第及储庆寺，夷其址而耕种之"。上京遭严重损毁。大定二十一年（1181年）复建上京宫殿、城垣，但没有恢复到熙宗时的盛况。

金上京分南北二城，纵横相接成曲尺形。城垣设有马面、角楼、瓮城和护城河。现残存的夯土城墙还高达3～4米。有9处土城豁口，可能是当时的城门址。南城西北部有宫城，宫城午门内中轴线上排列着五重殿址，两侧有长达380余米的回廊址。遗址上散布着黄、绿琉璃瓦等残砖断瓦。北城曾发现铁作坊遗址，当是手工业、商业和居民聚集区。

6.1.8 金中都城

金代五京中，金中都是最重要的一座。城址在今北京广安门一带。金天德三年（1151年），海陵王在辽燕京城（又称南京城，即唐幽州城）的基础上进行扩建，贞元元年（1153年）建成，首都从上京会宁府迁此，定名中都大兴府。这是古都北京作为首都的起始。

金中都规划仿北宋东京城形制。外城近方形，实测东西最宽处4900米，南北最长处4530米。城外有护城河。东、南、西城墙每面开3个城门，北面开4个城门。城门遥相对应，有街道相连。宫城位于外城中部略偏西，平面呈方形。外城正门丰宜门、皇城正门宣阳门与宫城正门应天门、后门拱宸门以及外城北门通玄门，组成一条贯穿全城的主轴线。祭坛设于城外，南、北、东、西分建圜丘、方丘、方坛，分祭天地日月。城内建有悯忠寺、开泰寺等多所寺院。城外东北（今北海琼岛处）建有离宫大宁宫。

据考古复原研究，金中都原属辽燕京城范围的街道，仍保存唐代里坊的形式，而金代新扩展的部分，则改为沿大街两侧平行排列街巷的形式，这也是金中都的一大特色。

6.1.9 元大都城

元大都是当时世界上著名的大城市，也是明清北京城的前身，在中国城市发展史上具有重要的地位。它始建于元世祖至元四年（1267年），历时近30年建成。大都的规划由太保刘秉忠主持，参与规划、营建的有阿拉伯人亦黑迭儿丁等人。

元大都规划、建设是很有特色的：

一是保留金中都旧城，在其东北另建新城。元朝百年统治期间，旧城始终未废，新旧二城并存，既能充分发挥旧城作用，又能无障碍地创建理想的新城。在中国按规划平地新建的古都，这是最后的一座。

二是形成大城、皇城、宫城三重相套的格局。大城为长方形，东西宽约6700米，南北长约7600米，面积约为50余平方公里。有11座城门，除北面二门外，东、南、西三面各三门，均设瓮城。城垣四角建角楼，城周环绕护城河。皇城位于大城南部中央，内含宫城（大内）、兴圣宫（嫔妃居所）、隆福宫（原为太子府，后改太后居所）、太子宫、太液池、御苑等。宫城在皇城内偏东部位，处于大城中轴线上。

三是对河湖水系的特别关注。规划把整个太液池圈入皇城，并环绕水面布置宫城、兴圣宫、隆福宫，从而决定了皇城偏南、偏西的定位。大城的定位也使积水潭处于全城中部，并将城市的几何中心——中心台设定在积水潭东侧近旁。这种结合水系的布局，使宫城处于南部而积水潭近旁的商业区处于北部，再加上后来在东面齐化门内布置太庙，在西面平则门内布置社稷坛，大都城基于因地制宜的布局，却吻合了《考工记》"左祖右社，面朝后市"的王城模式，体现了现实需要与历史文脉的统一。

四是规整的街巷布局。南北向街道贯穿全城。东西向街道受居中的皇城和积水潭阻隔，形成若干丁字街。它们构成棋盘式的街道网，划分成50坊。但坊无坊墙、坊门，不同于封闭的里坊制，而是在南北向大街之间平行地分布胡同。胡同宽5~7米，胡同之间相隔约70米。胡同内联排布置院落式大宅，按至元二十二年的规定，宅地分配"以贵高及居职者先"，每宅分基地8亩。大都新城是中国古都中惟一的、全面按

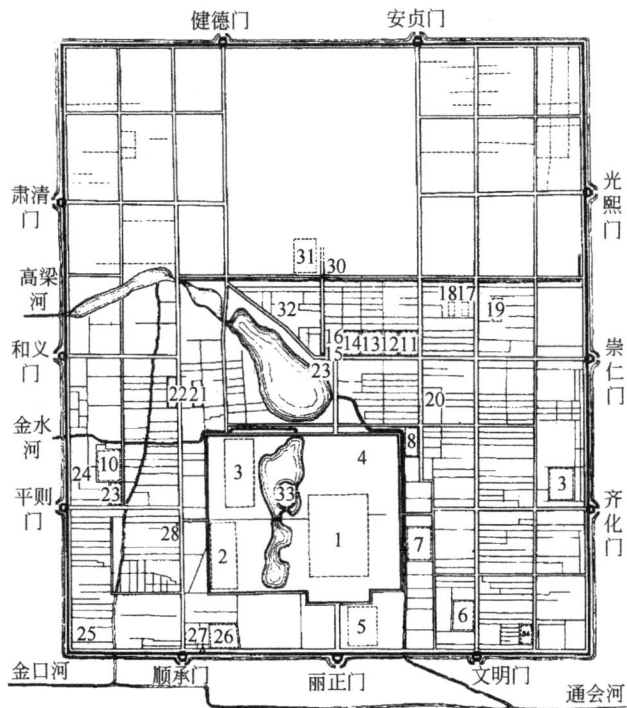

6.1.9 元大都城平面复原想像图

街巷制创建的都城。

五是开发了两个系统的河湖水系，一个系统是开挖从积水潭连通大运河的通惠河，并从昌平、西山一带引水，经高粱河，注入积水潭以充足水源，使得大运河漕运可直达积水潭。积水潭成为大都的水运中心，其东北的斜街和鼓楼一带，成为繁华的商业区。另一个系统是开挖金水河，从西郊玉泉山下引水，注入太液池，满足宫中用水和苑囿水景的需要。

六是突出都城的壮观景象。忽必烈强调大都"宫室城邑，非钜丽宏深，无以雄八表"。城市布局严谨，道路整齐方正，井然有序。城市中轴线南起丽正门，经皇城前广场，穿过皇城、宫城，直达全城几何中心——中心阁。这条突出的城市轴线为明清北京城的中轴线奠定了基础。大都的宫殿也极尽工巧精美之能事。当时来到大都的马可波罗在其《游记》中称赞大都是"街道甚直，此端可见彼端。……城中有壮丽宫殿，复有美丽邸舍甚多。各大街两旁，皆有种种商店屋舍。……全城地面规划有如棋盘，其美善之极，未可言宣"。

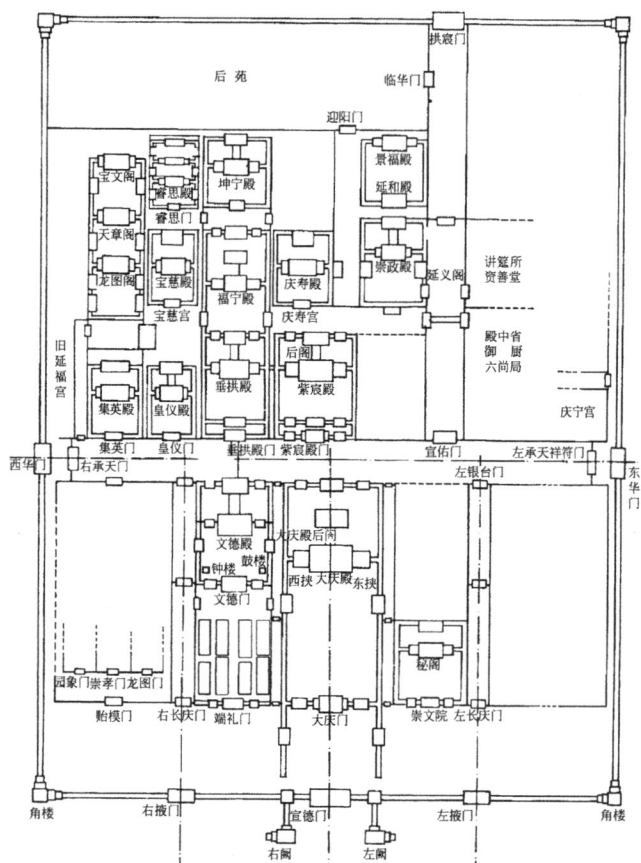

6.2.1 北宋汴梁宫城平面示意

6.2.2 (宋)赵佶《瑞鹤图》中的汴梁宣德门屋顶

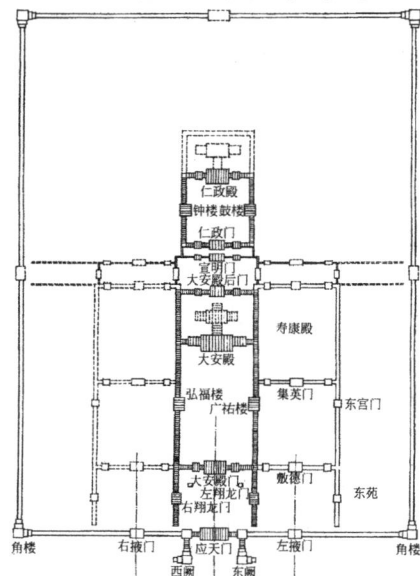

6.2.3 金中都宫城平面示意

6.2 宋金元宫殿

6.2.1~2 北宋汴梁宫殿

北宋东京汴梁宫城是在唐汴州衙城基础上,仿洛阳宫殿改建的。宫城由东、西华门横街划分为南北二部。南部中轴线上建大朝大庆殿,其后北部建日朝紫宸殿。又在西侧并列一南北轴线,南部为带日朝性质的文德殿,北部为带常朝性质的垂拱殿。紫宸殿在大庆殿后部,而轴线偏西不能对中,整体布局不够严密。但各组正殿均采用工字殿,是一种新创,对金、元宫殿有深远影响。

汴梁宫城正门宣德门,墩台平面呈倒凹字形,上部由正面门楼、斜廊和两翼朵楼、穿廊、阙楼组成。从宋赵佶所绘《瑞鹤图》上,可以见到宣德门正楼为单檐庑殿顶,朵楼为单檐歇山顶的形象。宣德门前有宽200余步的御街,两旁有御廊,路心列杈子,辟御沟,满植桃李莲荷,显现出颇有特色的宫前广场。

6.2.3 金中都宫殿

金中都大内宫殿是仿汴梁宫殿建造的。它纠正了汴宫的轴线错位,正宫大安殿与后宫仁政殿已在中轴线上对齐。大安殿前东西庑建广祐楼、弘福楼,仁政殿前东西庑建鼓楼、钟楼,开启了宫殿东西庑建楼的先例。宫城正门应天门与汴梁宣德门一样为倒凹形、带"曲尺垛楼"的阙门。门前的宫廷广场,御街宽阔,也分为三道,设有朱栏、御沟,植有柳树。两侧二百余间长廊,在应天门前分别转向东西,可知宫前广场已演进为丁字形。中都宫殿刻意追求宏丽,大安殿和应天门均面阔11间。文献说它"运一木之费至二千万,牵一车之力至五百人。宫殿之饰偏傅黄金,……一殿之费以亿万计。成而复毁,务极华丽"。

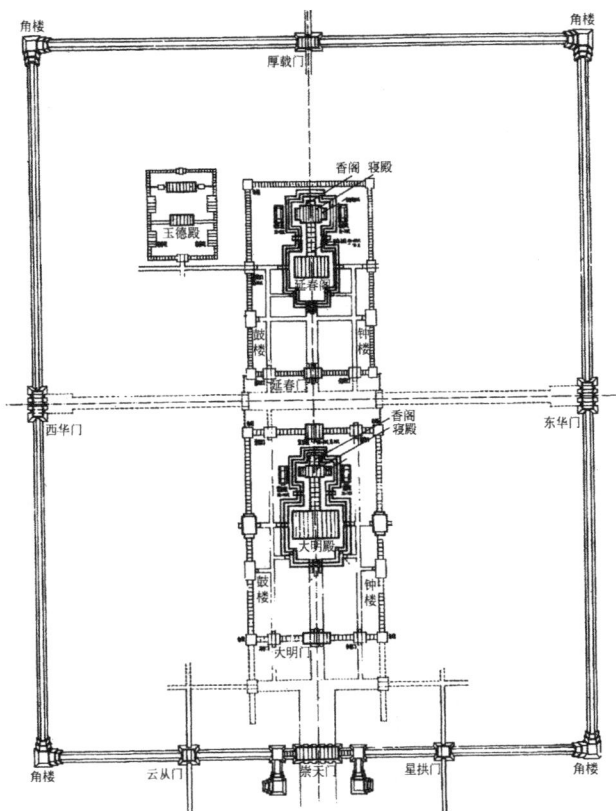

6.2.4　大都主要宫殿平面示意

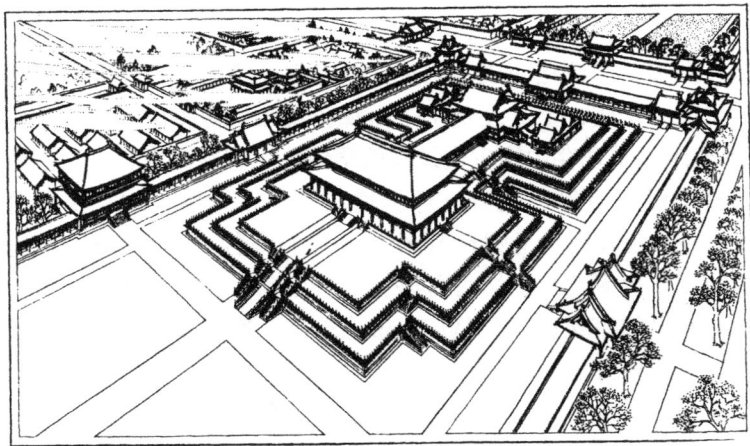

6.2.5　大明殿建筑群复原鸟瞰(傅熹年复原)

6.2.4　元大都大内宫殿

元大都大内宫殿(即宫城)在皇城东部,居大城中轴线上。其规模与明清北京紫禁城相当,而位置略偏后。宫城辟南、北、东、西四门。由东、西华门横分宫城为前后两部分,中轴线上各置一组以工字殿为主体的宫院。前宫以大明殿为主殿,后宫以延春阁为主殿。主殿后部通过柱廊连接寝殿。寝殿左右带挟屋,后出龟头屋香阁。工字殿下承三重工字形大台基。前后宫院东西庑均建钟楼、鼓楼。除前宫以殿为主殿,后宫以阁为主殿的差别外,两组宫院形制大体相同,后宫宫院规模仅略小于前宫,反映出元代"帝后并尊"的特点。

大都的宫前广场承继金中都的丁字形,但位置从宫城正门崇天门移到皇城正门灵星门前,并在灵星门与崇天门之间设置第二道广场,由此加强了宫禁的森严,也强化了宫前纵深空间的层次和威严,为明清北京的宫前广场奠定了初型。

元大都宫殿上承宋、金,下启明、清,是中国宫殿建筑形制发展的一个重要环节。

6.2.5　元大都大明殿宫院复原鸟瞰(傅熹年复原)

元大都大明殿宫院是大内前宫主院,据傅熹年考据复原,主体建筑呈工字殿。主殿大明殿面阔11间,进深7间,重檐庑殿顶。后面寝殿面阔、进深各5间,重檐歇山顶。寝殿两旁带东西挟屋3间,后部出龟头屋3间名曰香阁。东西挟屋外侧另置两座殿屋,复原为歇山勾连搭顶。主殿与寝殿之间连以柱廊12间。工字殿下承三重工字形大台基,台基前方伸出三重丹陛。宫院周庑共120间,四角设角楼。南庑辟大明门和日精、月华两掖门,北庑有宝云殿和嘉庆、景福两掖门。东西庑设文楼、武楼和凤仪、麟瑞二门。整组宫院布局严谨,气势宏敞,用材贵重,装饰华丽。庭院中首创植草,当是因发祥于草原牧区而专设的。大明殿宫院的形制对后来明南京、北京外朝宫殿布局产生了深远的影响。

6.3 宋辽金元佛寺

6.3.1 蓟县独乐寺

独乐寺位于天津蓟县城内西街。寺原建年代不可考。据《日下旧闻考》引用《盘山志》记载，知寺内观音阁建于辽统和二年（984年）。现寺内主轴线上的山门、观音阁两座建筑，还是统和二年的原构，其后院、东院、西院殿屋均明清重建。

辽代重佛教，大型寺院的布局多是在主轴线上依次布置山门、观音阁、佛殿、法堂，四周环绕庑廊，东西庑上对峙建阁。独乐寺的现状表明，现有的山门、观音阁仅是辽代主院前部的部分遗存。但是这两座建筑，都是距今1000余年的辽代木构，是辽尚父秦王韩匡嗣家族所建的，是十分难得的辽代官式建筑典范，有极其重要的历史价值和文化艺术价值。

6.3.2~3 独乐寺山门

山门面阔三间，进深四架椽，单檐四阿（庑殿）顶。采用分心斗底槽殿堂构架。两次间中柱间垒墙分为前后间，前两间各塑金刚像一座，两后间各绘二天王像。心间中柱安双扇板门。空间紧凑得宜。内部彻上明造，不用天花，栿（梁）、槫（桁）、斗栱、托脚等构件全部显露，朴实无华，以清晰的结构逻辑取得和谐的艺术效果。山门标准"材"24×17厘米，相当于三等材。通面阔16.16米，通进深8.62米。其当心间宽达25材，椽条平长达10材，都是当时所能允许的最大值，显现出壮大的尺度感。山门台基低矮、屋身板门、直棂窗古朴简洁，斗栱雄大，出檐深远，脊端鸱吻形制遒劲，整体建筑形象雄健、壮观。进入山门的人流，通过敞开的后檐当心间，恰好将观音

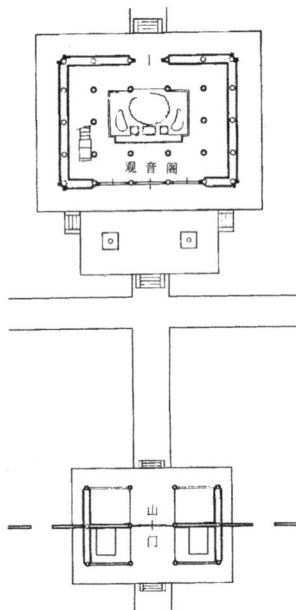

6.3.1 蓟县独乐寺山门、观音阁平面

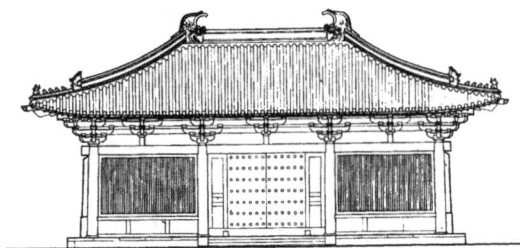

6.3.2 山门立面

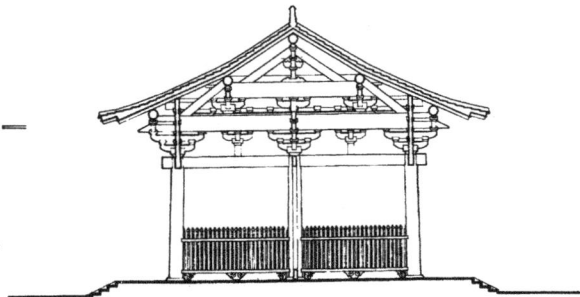

6.3.3 山门横剖面

阁全部收入视线范围。门与阁的空间关系处理得妥帖、周到。

6.3.4~6 独乐寺观音阁

观音阁是一座典型的殿阁型构架的建筑。平面为金箱斗底槽形式，分内外槽。外槽面阔5间，总广19.93米；进深8架椽。总深14.04米。内槽面阔3间，进深4架椽。构架高3层，下层挑出斗栱、下檐，中层挑出斗栱、平坐，上层挑出斗栱、上檐。每层各有柱网层、铺作层，整体结构在竖向上由3个柱网层、3个铺作层，加上一个屋架层，共7个构造层层叠而成。中层空间因平坐斗栱和下檐遮挡而成为暗层。阁内部外槽四壁绘壁画，内槽设木须弥座坛座，上立辽塑十一面观音及二胁侍菩萨。观音主像高15.4米，是现存中国古代最高的塑像。为容纳高像，下层、中层内槽都做成空筒，观音立像贯通三层，直达阁顶中央藻井之下。十一面观音因头上塑有10个小头像而得名，面目慈祥，仪态雍容华贵。两侧伫立的胁侍菩萨，姿势生动，造型优美。三座塑像均有浓厚的唐塑遗风，是辽代塑像珍品。阁内空间处理与主像取得妥帖的协调。

观音阁外观显两层，总高19.73米。台基低矮、宽大，前方伸出宽舒的月台。阁顶覆九脊顶（歇山顶）。阁身中部挑出平坐、下檐。平坐出挑1.12米，下檐出挑3.16米，深远的出挑形

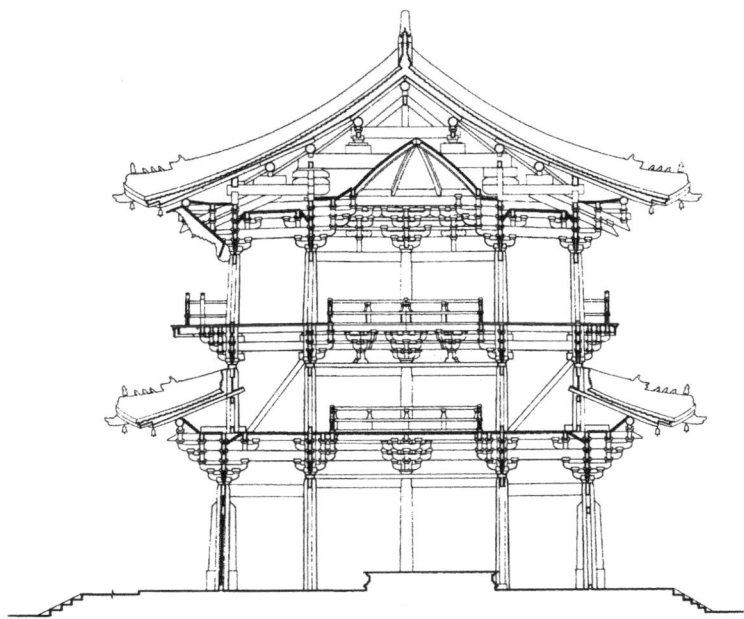

6.3.4　观音阁横剖面

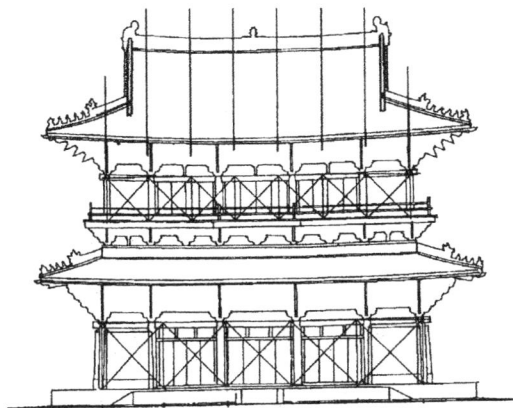

6.3.6　观音阁正立面构图分析

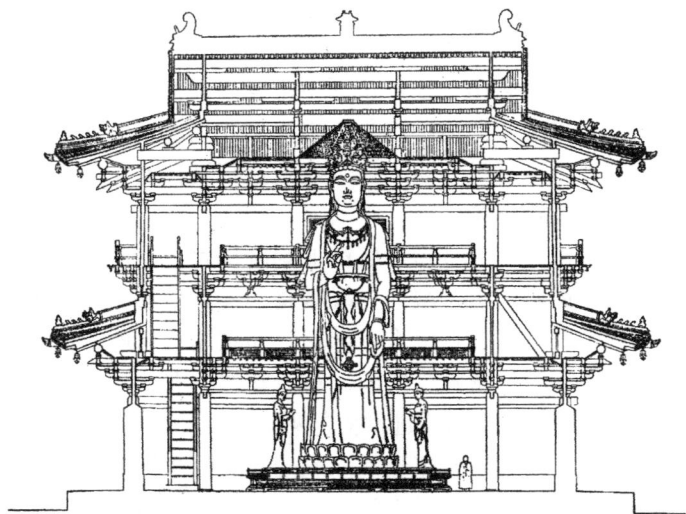

6.3.5　观音阁纵剖面

成立面构图强烈的横分割。正立面上下层心间、次间全部安装隔扇门，梢间为光洁实墙面。整座建筑形象稳定、端庄、雄健、舒展，没有竣严、神秘的感觉，而带有亲切、易于接近的意味，颇能吻合人们心目中的观音菩萨的性格特点。

这座千年古阁曾经历 28 次地震。其中清康熙十八年（1679 年）的 8 级强震，蓟县"官廨民居无一存，而阁独不圮"。1976 年唐山地震，观音阁也只木柱略有走闪，大木构架安然无恙。观音阁的这种优越的耐久性、抗震性，有属于木构架构筑体系传统做法的原因，也有属于观音阁构架自身特殊处理的原因，主要有以下几点：1. 整座构架浮摆在石柱础上，木柱与石础之间可以发生位移，起到隔离水平方向的地面运动的隔震作用；2. 由内外槽斗栱构组的三个铺作层，形成了三道水平刚性环，有利于保持各层柱网和整体构架的稳定；3. 采用递角栿、抹角栿、柱间斜撑等多种斜向构件，强化了整体构架的稳定性；4. 斗栱具有榫卯组合的"柔性构造"的特点，独乐寺的雄大斗栱充分发挥了"耗能节点"的减震作用。

观音阁在尺度处理上十分严谨。从地面至下层柱头，从下层柱头至平坐柱头，从平坐柱头至上层柱头，从上层柱头至中平槫，高度都基本相等。立面上总广恰为下檐柱高的 5 倍，上层总广恰为上檐柱高的 7 倍，存在着以檐柱高作为定高、定宽模数的现象。

观音阁延承着唐风的雄健，反映出辽代早期官式建筑的风貌，是辽代建筑的一个重要实例。

6.3.7 正定隆兴寺

在河北省正定县城东隅，创建于隋代，原名龙藏寺。北宋开宝四年（971年）至元丰年间（1078～1085年）扩建，改名龙兴寺。清初定名为隆兴寺。此寺历经金、元、明、清和近代重修，大体上还保持北宋时期的总体布局。

寺院主要建筑沿纵深轴线布置。山门前方设琉璃照壁和三路单孔石桥。山门内第一进院原有大觉六师殿，已毁，仅存遗址。殿前清代增建的钟鼓楼也已坍塌。第二进院有摩尼殿及其东西配殿。一、二进院现连通成一深度很大的纵长方形院。第三进院有主殿佛香阁（也称大悲阁）及其两侧的转轮藏殿与慈氏阁。并有清代重建的戒台和两座清代碑亭。第四进院以弥陀殿及其毗连的朵殿作为轴线终结。这条贯通全寺的纵深轴线，院落空间纵横变化，殿宇楼阁高低错落，生动地反映出唐末至北宋期间以高阁为中心的高型佛寺建筑的特点。

现寺内的摩尼殿、转轮藏殿、慈氏阁和山门（也称天王殿）均为宋代木构建筑，同一寺内存有数座宋构是不多见的。隆兴寺的主体建筑佛香阁原来也是宋代建造的。它与东西两侧的御书楼、集庆阁通过飞桥相连，组成气势壮观的群阁。因极度残毁，这组群阁于1933年拆除。现存佛香阁为1944年重建，平面较原建筑缩小1/3。现阁内尚存宋开宝四年铸造的四十二臂观音铜像，高22米多，是我国现存铜造像中最大的一尊。

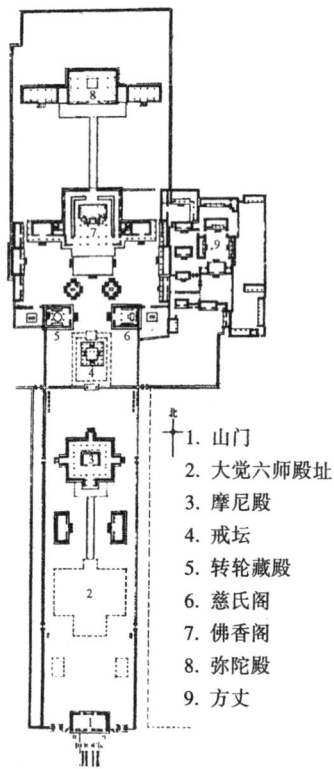

1. 山门
2. 大觉六师殿址
3. 摩尼殿
4. 戒坛
5. 转轮藏殿
6. 慈氏阁
7. 佛香阁
8. 弥陀殿
9. 方丈

6.3.7 正定隆兴寺总平面

6.3.8 隆兴寺摩尼殿正立面

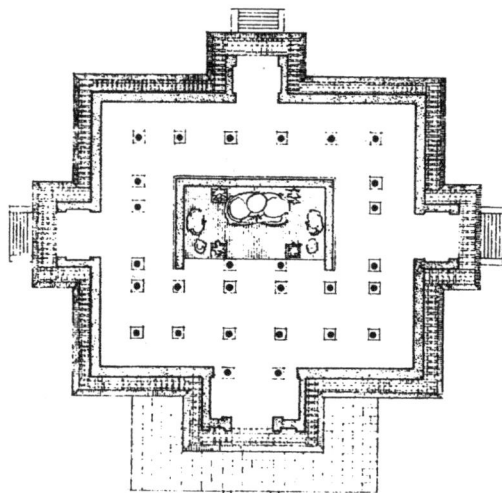

6.3.9 隆兴寺摩尼殿平面

6.3.8～9 隆兴寺摩尼殿

建于北宋皇祐四年（1052年）。大殿呈四出抱厦形式。殿身平面近方形，面阔、进深各7间（山面两次间均为半间，通进深仅12椽）。上覆重檐九脊（歇山）顶。南面出抱厦3间其余三面各出抱厦1间，均以九脊顶山面向前。这种四出抱厦并以歇山山面向前的形象，在传世的宋画中见过，而宋辽金建筑遗存则仅此一例，以其外观造型的丰富、潇洒著称。

大殿属殿堂型构架，为金箱斗底槽加副阶周匝。副阶柱间满砌檐墙，只在抱厦正面开门窗，殿内光线幽暗，气氛凝重。内槽佛坛上塑释迦和二弟子及文殊、普贤像。佛坛三面砌墙，后墙背面悬塑须弥山和自在观音，其他壁画绘壁画。观音塑像体态、神色明显具有世俗生活情调，宗教艺术已揉进世俗色彩。

摩尼殿斗栱尺度硕大，分布疏朗。殿身、副阶和抱厦斗栱外转均为五铺作。殿身与副阶柱头铺作为一抄一昂，下一抄偷心；抱厦柱头铺作为双抄，下一抄偷心。殿身柱头铺作的耍头也做成昂形。引人注目的是补间铺作添加45度斜栱，是已知宋代建筑中使用斜栱的最早实例。

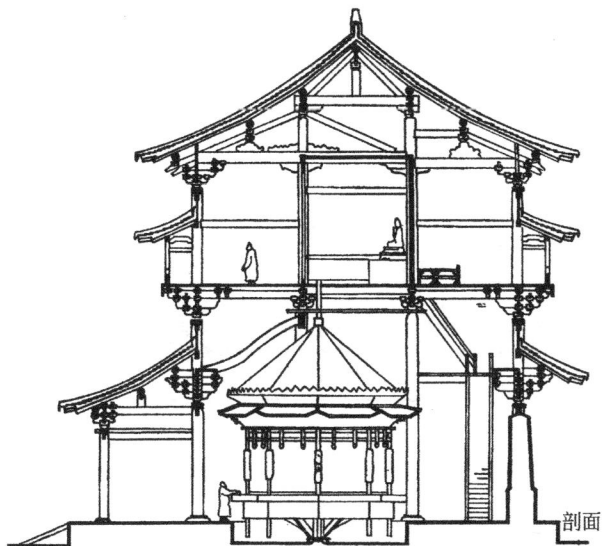

6.3.10　隆兴寺转轮藏殿

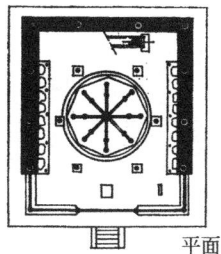

6.3.11　隆兴寺慈氏阁

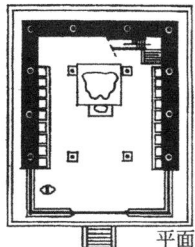

6.3.10　隆兴寺转轮藏殿

转轮藏殿在佛香阁前方西侧，建于北宋初年，是一座两层的楼阁。阁身平面近方形，面阔、进深各3间。底层正面伸出副阶，其他三面出腰檐。阁内底层中部设木构转轮藏。这个转轮藏直径约7米，是一个可转动的八角亭式的藏经橱。上层四周出平坐，正中一间供佛像。阁上覆九脊（歇山）顶。清代大修时，曾在上层檐的下面增添一层覆盖平坐的腰檐，使阁顶呈重檐歇山顶的假象。1958年重修时，已将此腰檐取消，恢复原建貌。

此阁为堂阁型构架，上下两层间无平坐暗层。上层梁架为彻上明造，上下层柱用叉柱造交接，就是将上层柱下端施十字开口，插入下层柱上的斗栱内。因柱身较高，檐柱与内柱间使用顺串栿（清称穿插枋）加强联系。

由于内置可转动的转轮藏，阁身构架作了变通处理：底层的两根内柱向左右两侧推移；上层相对应的

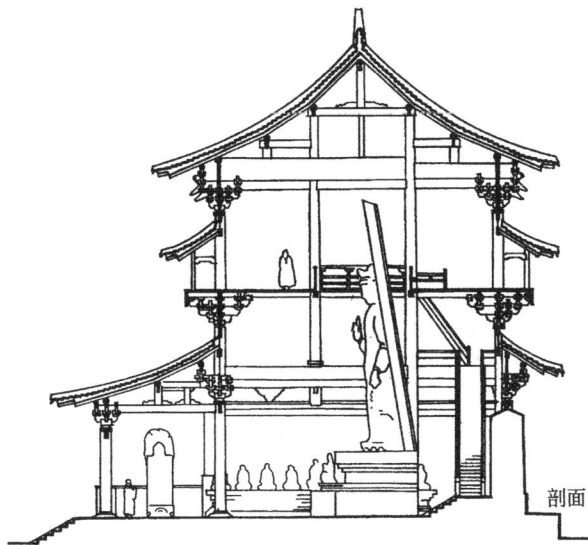

两根内柱取消；底层正面与山面当心间檐柱上均使用罕见的曲梁；上层檐柱柱头铺作的第二跳昂延伸到平梁（清称三架梁）下成为大斜撑；补间铺作的昂尾也延伸到下平槫（清称下金檩）下。这些变通是适应功能需要而不得不采取的大胆破格，但运用不合材性的曲梁，不能不说是颇为牵强的。

6.3.11　隆兴寺慈氏阁

慈氏阁在佛香阁前方东侧，与转轮藏殿东西相对。两阁外观形制和尺度都很相近。平面也是面阔、进深各3间，底层正面出副阶，其余三面为缠腰周匝腰檐，与转轮藏殿做法不同。上层四周出平坐。阁上覆九脊（歇山）顶。与转轮藏殿一样，清代大修时添增的上层腰檐，1958年重修时已拆除。慈氏阁内正中置木雕慈氏立像一尊，立像头部及其背光伸到二层，为此形成楼层空井。此阁也属于堂阁型构架。为疏朗像前空间，底层减去两根内柱而成为减柱造。

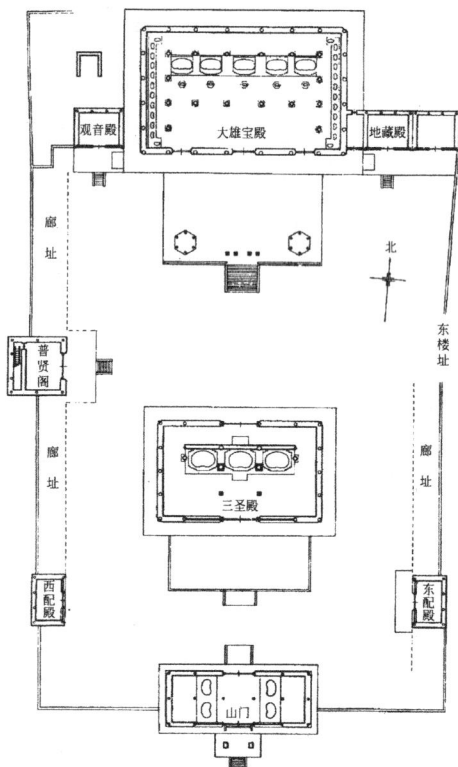

6.3.12　大同善化寺总平面

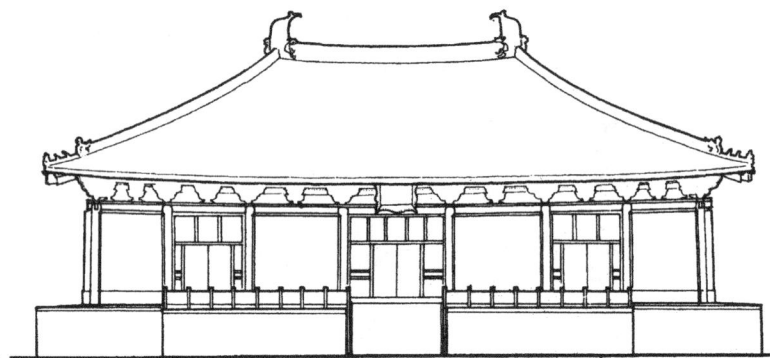

立面

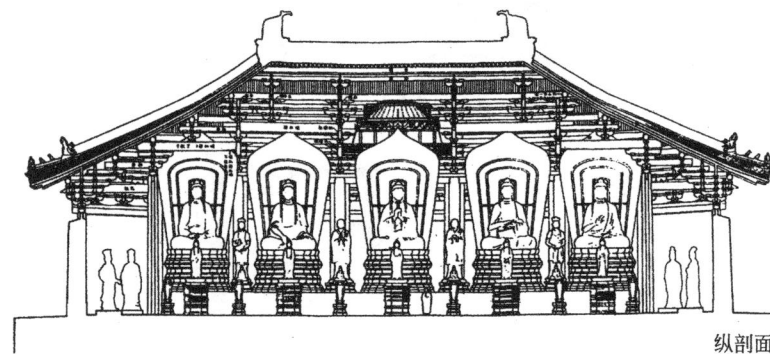

纵剖面

6.3.13　善化寺大雄宝殿

6.3.12　大同善化寺

在山西省大同市城内,始建于唐开元年间,曾名开元寺、大普恩寺。金天会六年至皇统三年(1128~1143年)重修,明代更名善化寺。

寺院占地约14000平方米。沿中轴线自南而北为山门、三圣殿、大雄宝殿。三圣殿前庭设东西配殿。大雄宝殿左右毗连东西朵殿,殿前庭院西侧有普贤阁,东侧原有文殊阁已毁。原有贯通全寺的东西廊,也已毁。现存的大雄宝殿是经过金代大修的辽代建筑,山门、三圣殿、普贤阁均为重建的金代建筑。一寺之内有辽金木构4座,弥足珍贵。

这组寺院是现存辽金佛寺中规模最大的一处。总平面布置因东西向偏宽而南北轴偏短,特将普贤、文殊两阁位置尽量靠南,以疏放大雄宝殿,规划布局颇具匠心。

6.3.13　善化寺大雄宝殿

大雄宝殿是善化寺的主殿。建于辽代,经金代大修,仍保持辽构。殿高踞于3米高的砖砌台基上,台前有宽阔的月台。殿身面阔7间(40.7米),进深5间10椽(25.5米)。除正面当心间、左右梢间辟版门和方格横披外,均为厚墙封闭。上冠单檐四阿(庑殿)顶。外观尺度宏大,形象简洁,加上两侧小尺度朵殿的陪衬、对比,整体气势壮然。

大殿结构属厅堂二型构架。其柱网布置采用减柱造,前檐第一列内柱和后檐第二列内柱各减去4根。殿内形成深4间、宽5间的主体空间和三面环绕的回廊空间。主体空间前半部较矮,供礼佛、法事之用;后半部空间较高,砌5间通长的佛坛,上列5尊坐佛,各居1间之中。上部梁架为彻上明造,唯当心间前部施平棊,后部装斗八藻井,以突出主佛的崇高地位。两尽间沿山墙砌凹形台,上立护法诸天24身。此殿的构架做法及其所形成的殿内空间同佛像布置和礼佛法事取得和谐的统一。大殿外檐补间铺作采用45度和60度两种斜栱,藻井已用斗栱装饰,已显繁丽趋向。

立面

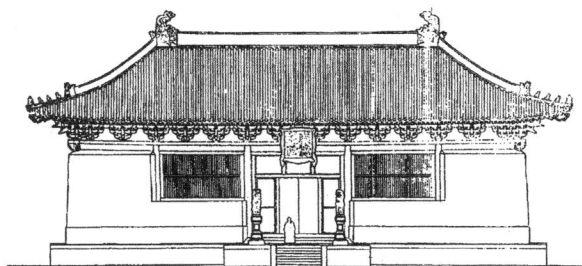

6.3.15　善化寺山门立面

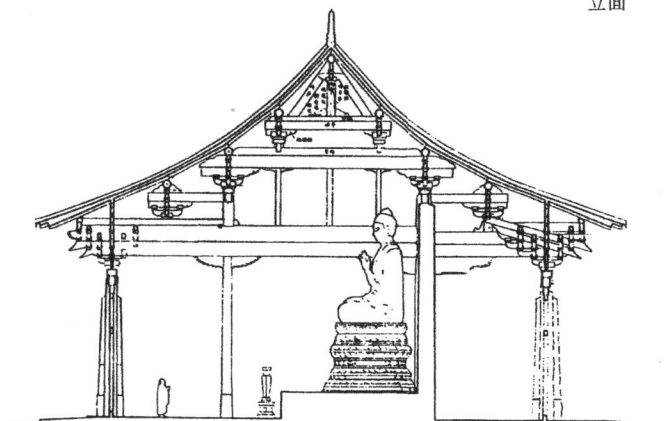

6.3.14　善化寺三圣殿　　　　　　横剖面

6.3.16　善化寺普贤阁立面

6.3.14　善化寺三圣殿

建于金天会、皇统年间（1128～1143年）。面阔5间，进深4间8椽，属厅堂型构架。其柱网布置特殊，是辽金建筑运用减柱移柱的重要实例。殿内仅有内柱4根，其中两根包在佛坛后面的扇面墙内，另两根位于佛坛两侧的不显眼位置，由此取得殿内空间分外空阔的感觉。佛坛上供释迦、文殊、普贤"华严三圣"坐像。殿身坐落在带月台的台基上，上覆单檐四阿（庑殿）殿。前后檐当心间辟板门，前檐左右次间装直棂窗，其余屋身全以实墙封闭。此殿四阿屋顶举折过于陡峻，屋面凹曲偏大，有悖四阿顶的庄重形象。外檐次间补间铺作，每跳都斜出45度的斜栱，为金代用斜栱之最，导致补间铺作笨重累赘，损害立面整体形象。

6.3.15　善化寺山门

山门与三圣殿同期建造。面阔5间，进深2间4椽。上覆单檐四阿（庑殿）顶。梁架为分心斗底槽殿堂型构架。左右次间各置天王像二尊。前后檐当心间

辟版门为寺之正门通道。前檐左右次间设直棂窗，其余屋身全以实墙封闭。殿内彻上明造，乳栿、劄牵（单步梁）均用月梁，为北方罕见。外檐柱头铺作用假昂，补间铺作用插昂，已显现斗栱蜕化的征兆。

6.3.16　善化寺普贤阁

建于金贞元二年（1154年），是善化寺主院的西配阁。底层为面阔3间（因次间为半间，实阔2间）、进深3间的正方形平面；上层面阔、进深均改为一整二半的3间。梁架为堂阁型构架，中部由平坐、腰檐形成一暗层，全阁呈内部结构3层、外观显两层的形象。阁顶覆单檐九脊（歇山）顶，出檐深远，斗栱舒展。底层除正面当心间辟板门、横披外，均以厚墙封闭；上层除正面当心间正中辟窄门外，全部用薄墙围护，并显露柱枋，阁身上下形成良好的轻重权衡。此阁虽是金代重建，却保持浓郁的辽风。全阁比例峻高，立面由平坐和腰檐形成显著的横分割，细部处理细致，外观古朴、清丽、潇洒，雄浑之中不失秀雅。

6.3.17　华严寺大雄宝殿

华严寺在山西省大同市，建于辽重熙七年前，明中叶后分为上、下寺。大雄宝殿为上寺的主殿，1140年在辽旧址上重建，沿辽俗取坐西朝东方位。大殿面阔9间，长53.9米，进深5间，宽27.5米，是现存元代以前木构殿屋中体型最大的一座。梁架为厅堂二型构架，殿内6缝前后金柱各退入一椽，形成"十架椽屋前后三椽栿用四柱"的做法。这样的减柱移柱，使中跨宽度近12米，是现存元代以前殿屋内最高大宽敞的一例。外观覆单檐四阿（庑殿）顶，屋面坡度平缓，檐口平直，起翘少，不出翘，保持浓厚的北方唐辽建筑风格。殿身四周除正面有三间辟门外，其余部分均为厚实墙体包裹，外形敦实、厚重，显现沉稳、朴拙、刚劲的性格。

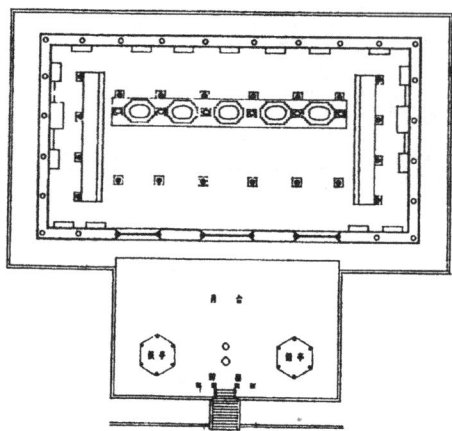

6.3.17　华严寺大雄宝殿平面

6.3.18　华严寺薄伽教藏殿

薄伽教藏殿是下华严寺的主殿。"薄伽"意为世尊，"教藏"是藏经的书库。中国佛寺建经藏始于唐代，此殿是现存最早的经藏，建于辽重熙七年（1038年），为辽代原构。殿面阔5间，进深4间，建在高4米、前带月台的高台上。殿身正面三间辟格子门、横披，背面当心间辟一小窗，其余用厚墙封闭。上覆单檐九脊（歇山）顶。屋顶坡度平缓，两山出际深远，檐柱升起显著，整体外观稳健、洗练，是典型的辽代风格。殿内柱网布置为内外两圈，属殿堂型的金箱斗底槽构架。内槽设凹形佛坛，坛上供3尊坐佛主像和大小胁侍菩萨，共33尊。诸像或立或坐，或合掌或扬手，姿态不一，为辽塑精品。殿内用平棊天花，3尊主像顶上有斗八藻井，内部构架、空间与佛像陈列取得和谐统一。外槽沿外壁排列重楼式壁藏。

6.3.18　华严寺薄伽教藏殿纵剖面

6.3.19　薄伽教藏殿壁藏

壁藏共38间，为上下两层的重楼式经橱。下层藏经，每间一橱。上层作空廊、佛龛，正中飞跨"天宫楼阁"。壁藏的屋顶、腰檐、平坐、勾阑、斗栱、须弥座一应俱全，是辽代小木作精品，可视为辽代建筑的精确模型，对研究辽代建筑细部有重要价值。

6.3.19　薄伽教藏殿壁藏

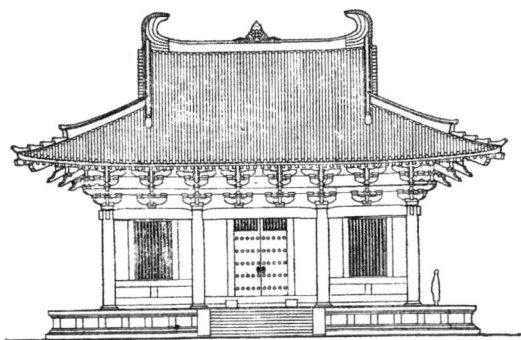

6.3.20　华林寺大殿立面

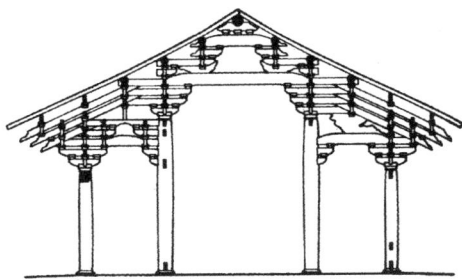

6.3.21　华林寺大殿剖面

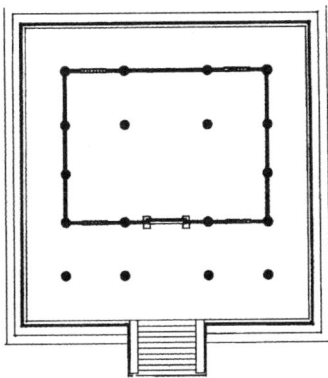

6.3.22　华林寺大殿平面

6.3.20~22　华林寺大殿

华林寺大殿在福建省福州市屏山南麓，创建于北宋乾德二年（964年），原名越山吉祥禅院，明正统九年改今名。华林寺大殿是寺内现存惟一的原建殿屋，它是中国长江以南现存年代最早的木构建筑。在全国现存木构中，它的年代居第7位。

大殿坐北朝南，正面三间四柱，通面阔15.87米；山面四间八椽，通进深14.68米。殿前部为深二椽的敞廊，廊内设平闇，殿内彻上明造。上覆单檐九脊（歇山）顶。

大殿属厅堂二型构架，当心间左右两缝梁架为"八架椽屋前后乳栿用四柱"。殿内金柱比檐柱高出5个足材，檐柱上的乳栿、丁栿的后尾部都插入金柱，并由金柱挑出两抄丁头栱来承托乳栿、丁栿之尾。前后金柱之间架四椽栿。

大殿的斗栱很有特色。前檐当心间用两朵补间铺作，两次间各用一朵补间铺作，两山和后檐各间都不用补间铺作。外檐铺作外转都用"七铺作双抄双下昂出四跳"，第一、三跳偷心，第二跳头施重栱承罗汉枋，第四跳头施令栱承橑檐枋；与令栱相交的耍头位置出昂，因此外观显双抄双下昂的形象。

大殿以开间尺度和用料尺度硕大著称。其当心间面阔为6.5米，比佛光寺大殿（5米）、独乐寺观音阁（4.7米）等绝大多数唐宋殿阁实例都大得多。大殿构架的材高为33~35厘米，柱头栌斗达68厘米见方，昂通长达8米余，铺作总高达2.65米，总出跳达2.08米，这些尺度都是现存木构殿阁中最大的。华林寺大殿虽然只是三间方殿，而实际间架尺度、构件尺度却很大，给人分外高敞、硕壮的感觉。而其梁栿用断面近似圆形的月梁，立柱卷杀成梭柱，昂咀斫成枭混曲线，细部处理丰盈浑圆，使得大殿于古朴雄浑之中透露出几分轻盈秀美。

华林寺处在偏远的福州，保留了很多早期建筑的处理手法，如用梭柱、用皿斗、用丁头栱承托梁尾、用单栱素方重叠扶壁栱和柱间不用补间等等，这些用法在中原地区可追溯到初唐，以至南北朝时期，在北方唐宋建筑中也很少见。华林寺大殿中的一些特殊手法，如斗底有皿板蜕化的痕迹，昂咀、梁头刻作特殊的两折曲线，月梁断面近似于圆形，以丁头栱承梁栿，柱身作弧形卷杀，屋顶全用方椽，不用飞椽，椽头用遮板等等。这些做法不仅与北方和中原同期建筑不同，甚至与江南的宋元建筑不同，而是与福建现存几座北宋、南宋的石塔相同，反映出宋代福建特有的地方手法。其中的许多做法，在日本镰仓时代和朝鲜高句丽时代的建筑中也能见到，可见其影响之大、流布之广。

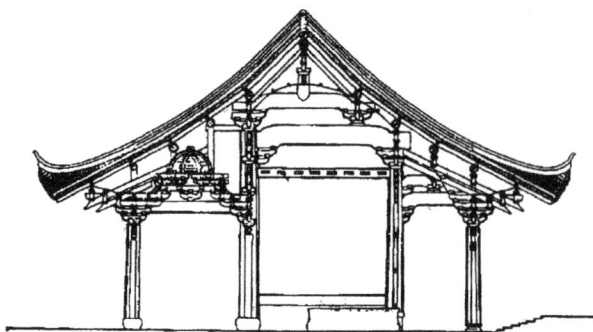

6.3.23　保国寺大殿横剖面

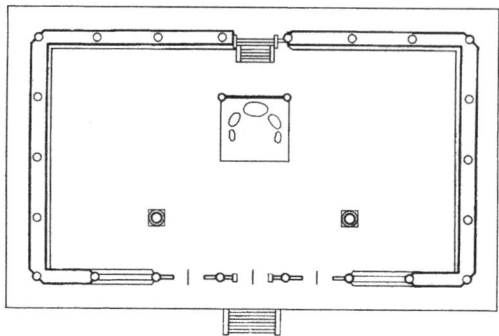

6.3.24　佛光寺文殊殿平面

6.3.23　保国寺大殿

在浙江宁波灵山。大殿建于宋大中祥符六年（1013年）。原为面阔3间、进深3间8椽、厅堂型构架的单檐歇山顶方殿，清乾隆时在大殿前方、两侧加建下檐，形成面阔5间重檐歇山顶的现状。

此殿各柱均作八瓣形，柱头栌斗随柱身雕为八瓣形，补间铺作栌斗四角也凹入做海棠瓣状；一部分斗栱昂身长达两架；昂咀作琴面昂；阑额作月梁形，下加雀替；主梁下加顺栿串；令栱不交要头。这些做法既保留一些古制，又具有鲜明的地方特点，是唐五代以来吴越地方建筑的延续和发展。

6.3.24～25　佛光寺文殊殿

在五台山佛光寺内。建于金天会十五年（1137年）。面阔7间，长31.56米；进深4间8椽，宽17.50米。前檐当心间、次间和后檐当心间装板门，前檐梢间装直棂窗。前后檐其余部分和两山砌墙封闭。上覆"不厦两头"（悬山）顶。此殿为厅堂型构架，梁架为"八架椽屋前后乳栿用四柱"。共用8道梁架，前后乳栿与中间四椽栿交接处各有一列内柱。此殿以大量减柱著称。前后两列内柱都只剩下2柱，而以粗大的内额承托减柱处的梁栿。前列中跨和后列两个边跨的内额都长达3间跨度，跨距近14米。这些内额下面各加一根由额加强。后列边跨由额上还添加蜀柱、绰幕枋、斜撑，与内额一起组成近似现代平行弦桁架的复合梁。这种做法表明当时工匠已能把握构架的受力情况，敢于采取大胆的结构措施。

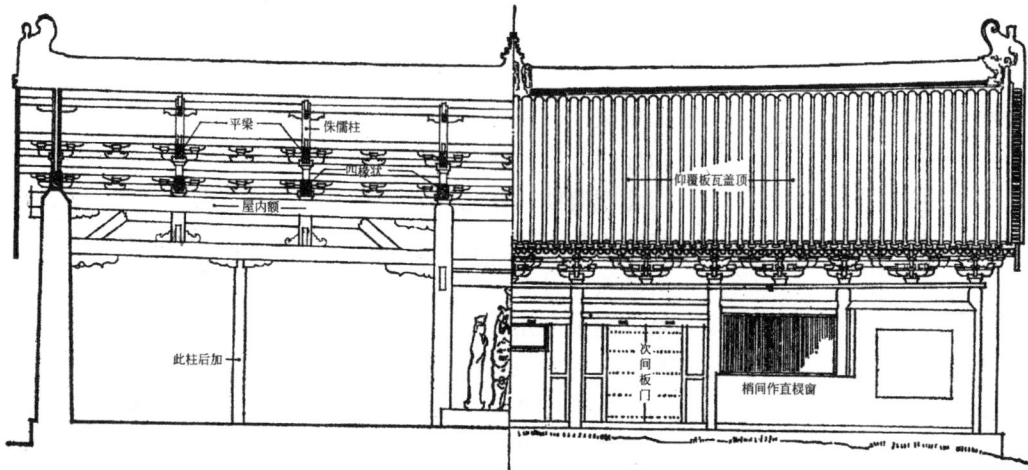

6.3.25　佛光寺文殊殿立面、纵剖面

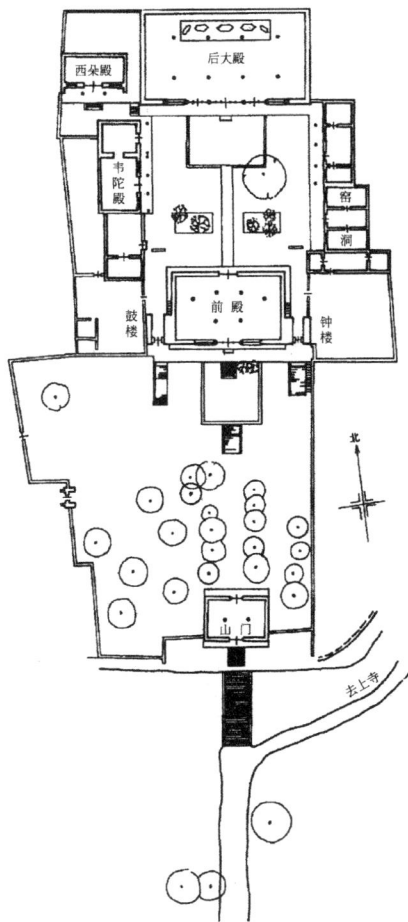

6.3.26 广胜下寺总平面

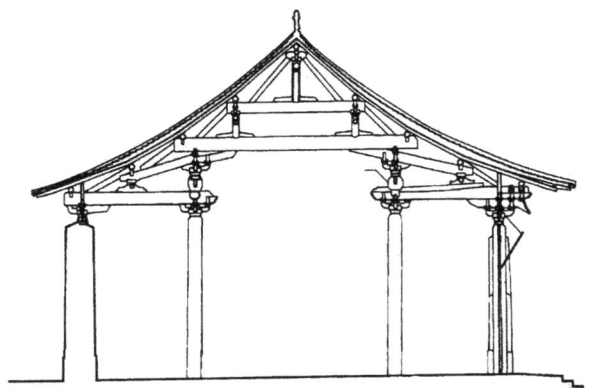

6.3.27 广胜下寺大殿横剖面

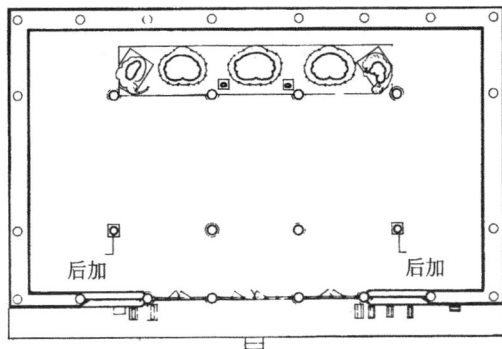

6.3.28 广胜下寺后大殿平面

6.3.26~28 广胜下寺

在山西省洪洞县霍山之麓,分为上寺、下寺。上寺在山顶;下寺在山脚,与水神庙相邻。

下寺保持较多元代格局,现存轴线上的山门、后大殿和西侧后部的西朵殿,都是元代建筑。山门面阔3间,进深2间6椽,单檐歇山顶。其前后檐下出雨搭,是罕见的孤例。它的构架为殿堂型分心槽。山门建造年代不明,从构架做法看当是元代所建。

下寺前殿重建于明成化八年(1472年)。面阔5间,进深3间6椽,单檐悬山顶。

下寺后大殿重建于元至大二年(1309年)。面阔7间,进深4间8椽,单檐悬山顶。它的构架有两大特点:一是殿内使用减柱、移柱法,前列仅用明间的两根内柱,后列仅用4根内柱,整座大殿只用内柱6根。比平常做法减柱6根。而且后列有两根内柱移位,不与檐柱对准。内柱列上架大内额以承载上部梁架。前列大内额跨距长达11.5米;二是使用斜梁,斜梁下端置于檐柱斗栱上,上端搁于大内额上,其上置檩。这种大胆而灵活的构架做法,是元代地方建筑的一个特色。由于缺乏科学的计算方法,长达11.5米的大内额实际上难以持久,后来不得不在下面添加支柱。殿内在后列内柱之后设佛坛,供三世佛和文殊、普贤菩萨像,均为元代佳作。殿内壁画也是元代精品。

6.4 宋元祠庙道观

6.4.1~2 晋祠

在山西省太原市南郊悬瓮山麓。原是奉祀周初古晋国始祖唐叔虞的祠庙。创建年代已不可考。北魏时已有唐叔虞祠的记载。北宋天圣年间（1023~1031年）为叔虞之母姜氏建造圣母殿，奠定了晋祠的新格局。

祠区周围山环水抱，古木参天。山上松柏青翠，山前沃田遍野。晋水源头就发源于此。祠址背山面水，坐西向东。圣母殿成为祠内的建筑主体。殿前建有鱼沼飞梁、献殿、金人台、水镜台等，形成晋祠的主轴线。圣母殿前方左右还分列其他祠庙，分祀叔虞、关帝、文昌、公输、水母、东岳、三圣等。这些祠庙或大或小，或依山崖，或傍溪流，灵活分布，各抱地势，殿屋亭台与周柏隋槐、晋水三泉相交织在一起，组成了一组庞大的建筑美与自然美高度融洽的园林式祠庙群。

这些建筑，圣母殿和鱼沼飞梁都建于北宋，献殿重建于金，其他为明清所建。

古人称池塘"圆者曰池，方者曰沼"。鱼沼飞梁就是指方形沼池及其上架设的十字形桥。沼池18米见方，沼内原为晋水第二源头。现桥下立于水中的石柱和柱上的斗栱、梁木还是宋代原造。这种飞梁，桥身伸展如翼，架空若飞，形制独特。在唐宋壁画、绘画中曾见到类似形象，现存实物则仅此一例，弥足珍贵。

鱼沼飞梁之东的献殿，是供奉圣母祭品的享堂，金大定八年（1168年）重建。小殿面阔3间，进深2间4椽，单檐歇山顶。梁架用前后檐通梁，构架极为简洁、洗练。明间前后设门，其余部分都装透空的栅槛，犹如四面开敞的凉亭，造型轻巧、秀丽。在风格

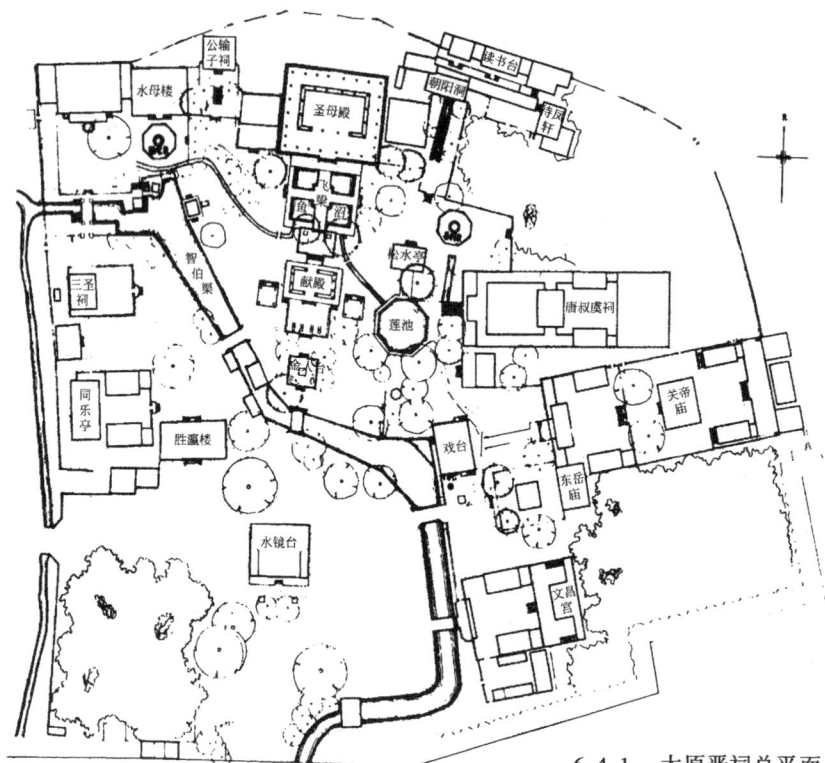

6.4.1 太原晋祠总平面

上与主体建筑圣母殿取得和谐一致。祠庙、陵墓中的献殿，保留至今的，多为后世所建。此祠有建于金代的献殿，也是十分可贵的。

6.4.3~5 晋祠圣母殿

圣母殿创建于北宋天圣年间（1023~1032年），崇宁元年（1102年）重修，是晋祠的主体建筑。它坐西朝东，殿身面阔5间，进深4间，四周环绕深1间的回廊，构成《营造法式》所说的"副阶周匝"形式，呈重檐歇山顶。结构为殿堂型构架单槽形式。为加深前廊，其构架做了减柱处理。殿身4根前檐柱不落地，将前廊4道梁架加长到4椽，梁尾插到身内单槽缝的内柱上，并将殿身正面的门窗槛墙也推到单槽缝上，从而取得深2间的分外宽阔的前廊空间，满足了殿屋与园林环境的协调。殿内部分深3间6椽，架六椽栿通梁，整个内殿空间无内柱，上部作彻上露明造，使得殿内空间非常完整、高敞。

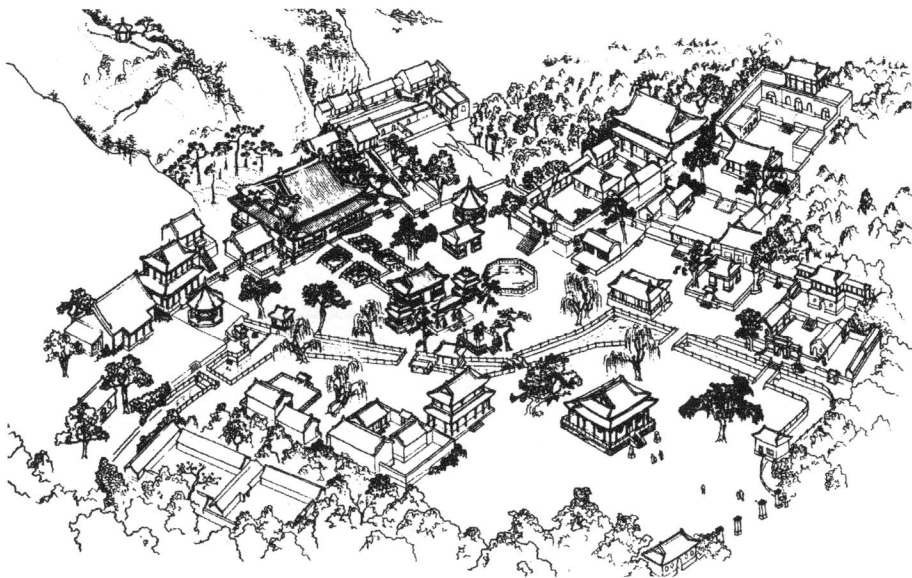

6.4.2　晋祠鸟瞰

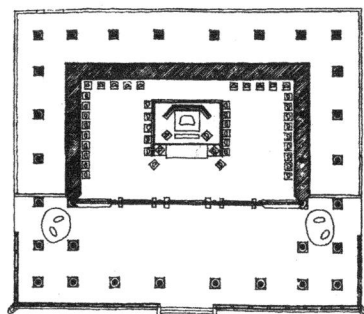

6.4.3　晋祠圣母殿平面

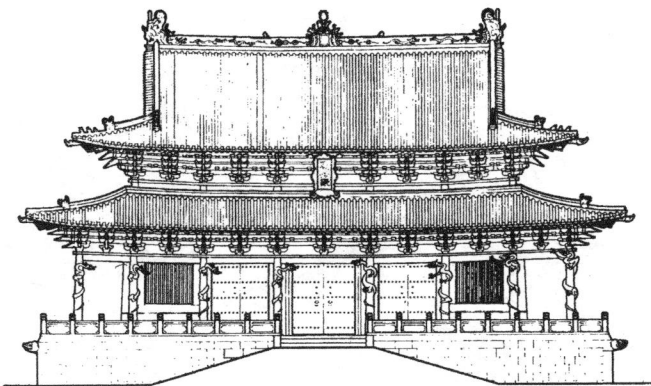

6.4.4　晋祠圣母殿剖面

大殿斗栱用材很大，形制灵活多样。补间铺作仅正面每间用一朵，侧面及背面均不用。副阶斗栱用五铺作，单栱，补间铺作出单抄单昂；柱头铺做出双下昂，其下昂是以华栱头外延为假昂头，已开启明清式假昂的先声。上檐斗栱用六铺作，单栱，补间铺作出单抄重昂；柱头铺作出双抄单昂，其要头改作昂形，呈双抄双下昂的假象。

大殿柱身有显著的侧脚、生起，尤以上檐为甚。檐口和屋脊呈柔和曲线，表现出典型的北宋建筑风格。

殿内中央设高大的神龛，内供圣母邑姜主像。围绕主像，在殿内塑彩色侍女像44尊。除龛内2小像为后补外，均为宋代原塑。这些侍女像，比例适度，服饰艳丽，姿态自然，眉目传神，细腻地表现出天真、喜悦、烦闷、悲哀、忧虑、沉思等不同性格、神态，是宋塑中的杰作。

圣母殿是现存宋代建筑中惟一用单槽副阶周匝的实例，可视为宋代建筑的代表作。

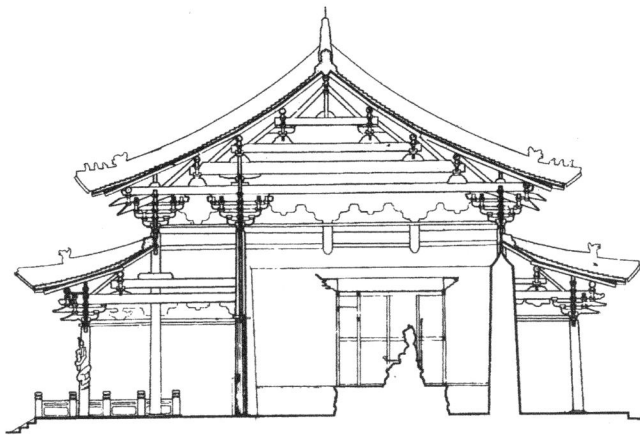

6.4.5　晋祠圣母殿立面

6.4.6~7　汾阴后土庙图碑

山西万荣县汾阴后土庙,建于北宋大中祥符五年
(1012 年),毁于 16 世纪末。现存庙址是清同治十二
年(1873 年)第二次迁建的。庙内保存着一块刻于金
天会十五年(1137 年)的庙貌图碑,忠实地反映了北
宋时期后土庙的布局和建筑形式,是现存最完整的北
宋祠庙图之一。

图碑显示,北宋后土庙北临汾水,西靠黄河。总
体呈前庙后坛格局。庙区自身分前后两部分:前部设
三重庭院,中轴线上依次建三重门殿,院内分建碑
亭。后部为庙区主体,由回廊组成方形殿庭。南廊居
中为"坤柔之门",北廊正中为寝殿,殿庭中心为
"坤柔之殿"主殿。主殿左右回廊将殿庭分为两重。
主殿与寝殿有穿廊连通,形成工字殿。主殿前方有舞
台,左右有乐亭。殿前有栅栏围绕的方形水池。主院
外东西两侧各有 4 个小院。庙区自身统一由瓦顶宫墙
环护,四角建有角阙。庙后北部为半圆形的祭坛区,由
一道东西隔墙隔成前后二院。前院有工字形台,院内满
植树木。后院在方坛上建重檐方殿,题曰"轩辕扫地坛"。

这组后土庙的总体布局,与金刻中岳庙图所示基
本相同,可视为宋代国家级祠庙的通行格局。

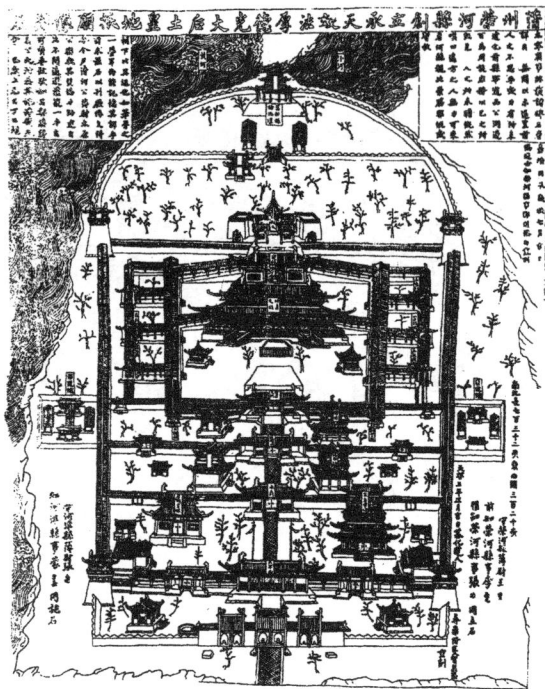

6.4.6　金刻后土祠庙貌图碑

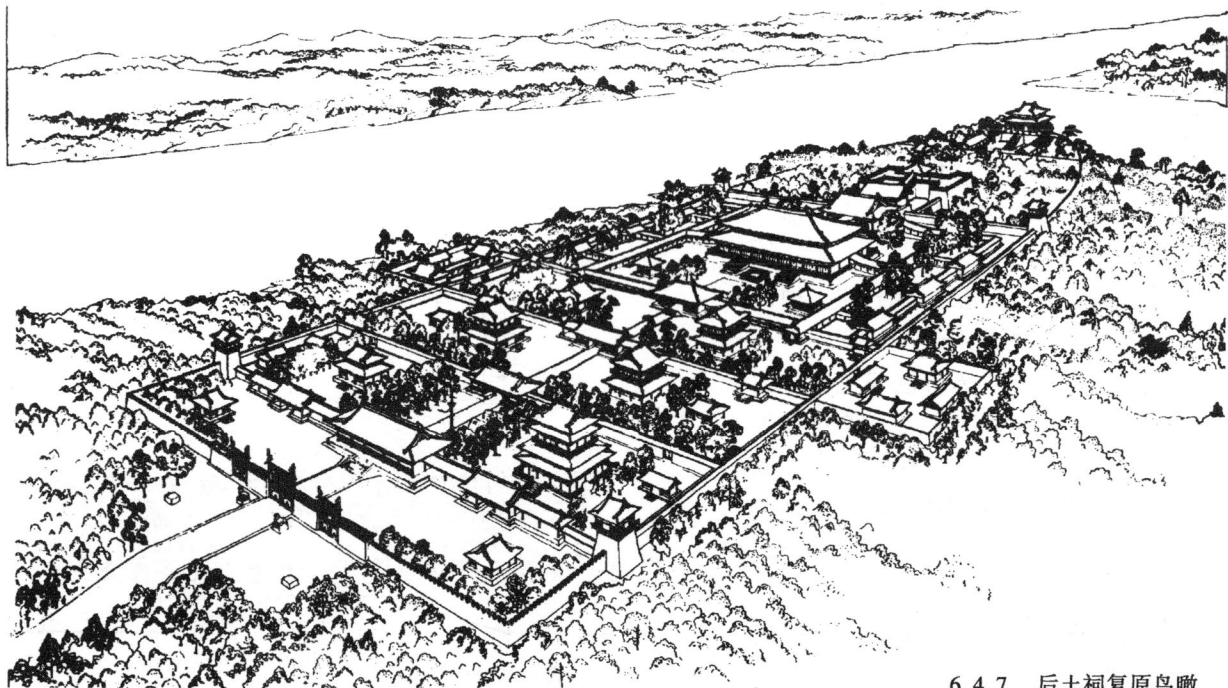

6.4.7　后土祠复原鸟瞰

6.4.9 三清殿立面

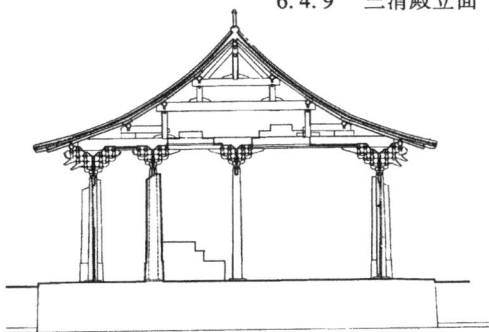

6.4.10 三清殿剖面

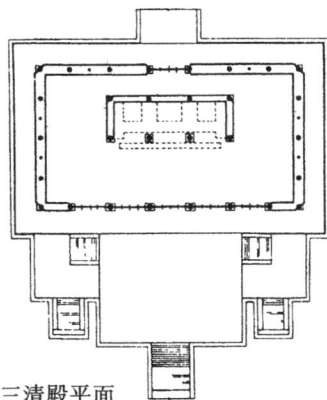

6.4.11 三清殿平面

6.4.8 永乐宫

道教全真派重要据点,原址在山西芮城县永乐镇,传说是"八仙"之一吕洞宾的诞生地。宋淳祐七年(1247年)开始在此建大纯阳万寿宫,后改称永乐宫。1262年主体建筑建成,1358年诸殿壁画完成。1959年因修三门峡水库迁建于芮城龙泉村。

永乐宫在纵深主院的轴线上重置无极门(也称龙虎殿)、三清殿、纯阳殿、重阳殿4座殿宇,均属元代官式建筑(前部宫门是清代改建,后部丘祖殿仅有遗址)。各殿都有宽大的月台和相通的甬道,不设东西配殿、庑廊,构成一处规模恢宏、气势雄伟、别具一格的宫观建筑组群。

永乐宫以壁画闻名于世。各殿四壁及扇面墙上满绘巨幅元代壁画,共达960平方米。画中人物形态生动,色彩和谐,技法和构图都达到很高水平,在中国建筑史、绘画史上占有极重要地位。

6.4.9~11 永乐宫三清殿

三清殿是永乐宫的主殿,面阔7间、进深4间,单檐庑殿顶。内设神坛奉祀太清、玉清、上清神像。殿内减柱,仅用8根内柱。殿前庭院超长,台基高起,出月台、朵台,形制独特。立面比例和谐,侧脚、生起显著,外观柔和秀美。殿内绘"朝元图"壁画,场面开阔,气势磅礴,线条流畅,为元代壁画的代表作。

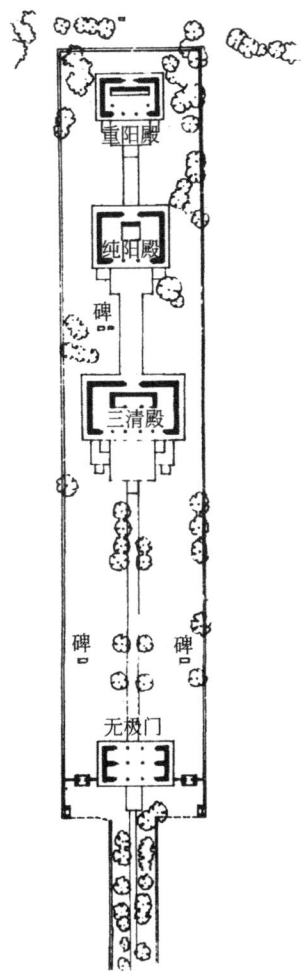

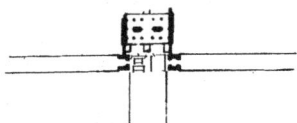

6.4.8 永乐宫总平面

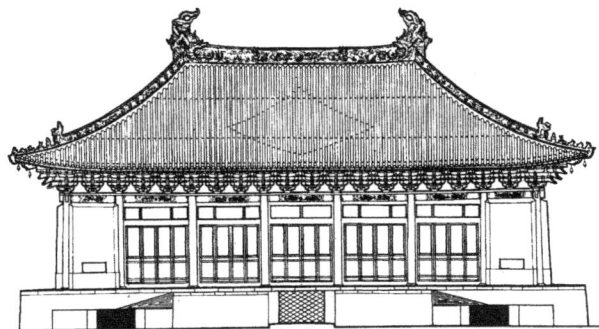

6.5 宋辽金元佛塔

6.5.1~5 应县木塔

又称佛宫寺释迦塔。位于山西应县佛宫寺内。应县古称应州，属辽西京大同的近畿地带。塔始建于辽清宁二年（1056年），金明昌二年至六年（1191~1195年）做过一次大修。佛宫寺是以塔为主体的寺院布局，木塔正处在寺院中心。塔前方现存的山门、配殿、钟鼓楼，塔后方现存的正殿、配殿，均为清代建筑。

木塔为楼阁式塔，平面八角形、内外槽，底层出一圈副阶周匝。外观显5层、6檐，塔身内槽5层，外槽因添加4个平坐暗层而呈9个结构层。整体结构为殿阁型构架。全塔自下而上由砖石台基、木构塔身、砖砌刹座、铸铁塔刹四部分组成，总高67.31米。木塔已经历900多年的漫长岁月，遭遇过大风暴和多次大地震，1926年又遭战争炮击，仍屹然鼎立，充分显示其结构之坚固。

木塔的优良结构性能是综合采取多方面措施的结果：一是采用八角形的平面，比正方形平面减少5%的风压，有利于抗风性能的增强；二是采用底层副阶直径30.27米、外槽直径23.69米的大尺度，使塔的总体比例偏于粗壮，有利高宽比的稳定；三是采用内外槽双层套筒式的平面和结构，意味着把中心塔柱扩大为内柱环，大大增强了塔的整体刚度；四是采用殿阁型构架，由塔身各层斗栱和平坐斗栱组成9个铺作层，形成9道强有力的刚性环；五是在平坐暗层内添加立柱、斜撑，把平坐柱网与其上下铺作层联结成整体框架，使4个暗层变成了4层刚性层；六是合理安排门窗、楼梯，塔的原状是二至五层仅在4个正面当心间辟格子门，正面次间和斜面各间全部用灰泥墙，各个次间墙内都加斜撑，大大提高了外槽柱的稳定（可惜1935年重修时，将各层墙面统统拆改为格子门，斜撑拆除后十余年，塔身即发生扭动）。塔内楼梯的安排也考虑塔身结构的需要，采取逐层移位的布置，避免楼梯垂直重置带来结构的不利环节；七是尽量少用大料，多用小料。9层塔柱均为叉柱造，除第一层外，其他8层的16种内外槽柱，有14种柱高都在1.35~2.86米之间。短柱小料有效减轻了塔身的自重；八是加固底层的最不利环节，将荷重最大、柱身又最高的底层内外槽柱，用厚2.86米和2.60米的砖土墙包砌，起到了稳定底层柱网的作用。在二、三、四层内外槽柱和五层外槽柱的内侧，也增添了附加的抱柱，以辅助柱网的稳定。

应县木塔是供奉佛像的佛塔，内外槽的形式妥帖地满足了内槽空间供佛，外槽迴廊供信徒环行礼佛的需要。平坐的设置不仅是结构所需，也提供了环塔观景的眺望台。一层塔心室高大，供奉一尊高约11米的释迦坐像，因光线昏暗，佛像相应采取粗犷、简洁的造型。正门入口处向前延伸两道门斗墙，将版门外移

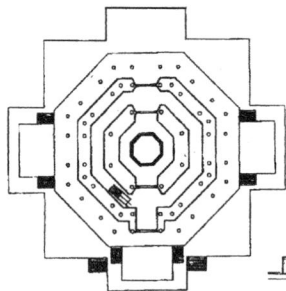

6.5.1 应县木塔平面　　6.5.2 应县木塔立面

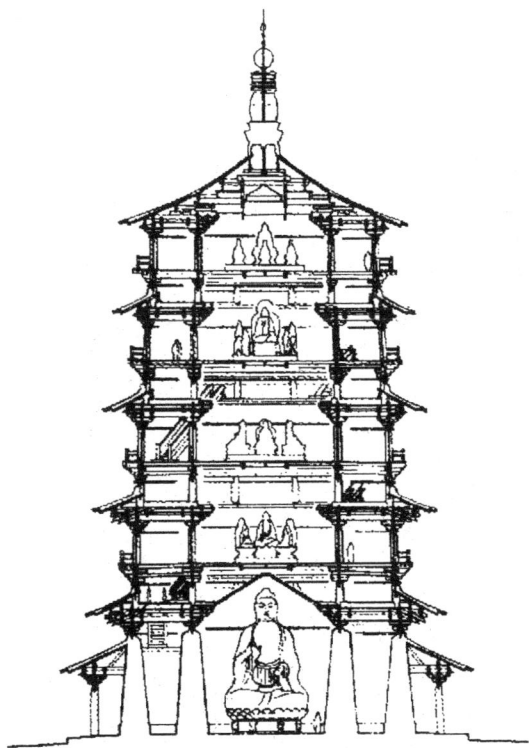

6.5.3　应县木塔剖面

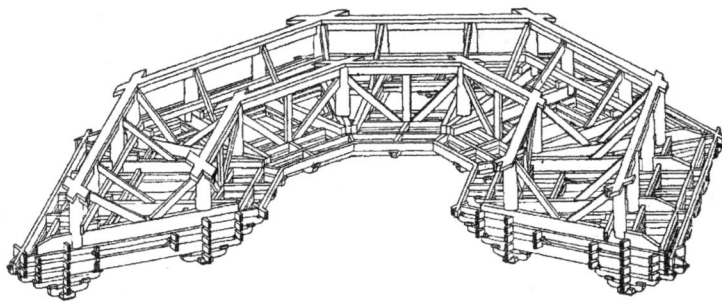

6.5.4　应县木塔暗层结构示意

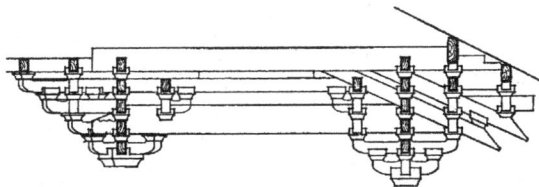

6.5.5　应县木塔斗栱

于副阶柱，巧妙地突出了入口，并扩大了入口空间。二、三、四、五层层高较矮，内外槽之间仅以栅栏虚隔，塔内光线较亮，逐层分别供奉一佛四菩萨，四方佛，一佛两菩萨二弟子和一佛八菩萨。据宿白考证，这些佛像是把大日如来的坛城分解为上下五层排布的。这种采用小体量佛像组合的布置，既减轻了塔身荷重，又避免了集中荷载，也是有利结构的措施。这些佛像高度的确定，还细腻地照顾到外槽观佛合宜的视角。塔内二、三、四层内外槽和五层外槽，均无平棊、藻井。一层安有外槽平棊和内槽藻井，五层安有内槽平棊藻井，其藻井不对中而略偏北，也是很细腻的处理。

　　木塔外观雄壮而又华美。高耸的塔身由6层屋檐、4层平坐、2层台基形成突出的横分割；硕壮、敦厚的体量显现巍峨、端庄的气度；层层向内递收的塔身取得总体轮廓的恰当收分；腰檐、平坐有节奏地重复产生了强烈的韵律感；不同出跳的斗栱使斗栱逐层减小，强化了全塔的透视效果；檐下斗栱与平坐栏杆相呼应，丰富了塔身的华美装饰。由砖质仰莲刹座与铁质覆钵、相轮、圆光、宝珠组成的塔刹，更增添了直插苍穹的神韵。塔的设计存在着值得注意的尺度关系。塔的总高（地面至刹顶）恰等于中间层（第三层）外槽柱内接圆的周长。塔的台基面至刹顶的高度恰等于第三层面阔的7倍。这些都显现出塔立面构图的严谨。

　　应县木塔是我国现存惟一的全木构的木塔，它是中国现存的、也是世界现存的最高的古代木构建筑。它以缜密的设计、精湛的工艺，展现中国高层木构所达到的技术、艺术水平，是世界建筑史上的瑰宝。

6.5.6 苏州报恩寺塔

位于苏州旧城北部，俗称北寺塔。始建于南朝萧梁时期，南宋绍兴年间（1131～1162年）重建。塔平面为八角形，高9层，总高76米。楼阁式砖塔有三种类型，第一种类型是砖木混合结构——塔身砖造，外围采用木构，报恩寺塔正是这种结构。其塔身为砖砌的"双套筒"，各层外壁施木构平坐、腰檐，底层出宽大的副阶回廊。每层外壁均隐出砖砌柱额，每面由砖砌八角柱分为3间，当心间辟券门、壶门。塔内设木梯，内廊、塔心室壁面也隐出仿木的柱、额、斗栱。平坐带有木栏杆、斗栱。现塔身六层以下砖构部分仍是南宋遗物，7、8、9三层可能为明代加构，木构、副阶、外檐、平坐为清末重修。此塔底层副阶宽大、舒展，塔身、腰檐逐层内收，形成优美的曲线形外轮廓。巨大的刹柱贯穿8、9两层塔心柱，安装牢固。金属的塔刹冲天直上，蔚为壮观。疏朗的平坐勾阑和翼角高翘的飞檐，表现出江南建筑的轻巧、飘逸，显现出整个塔体的高大、秀美。

6.5.7 泉州开元寺仁寿塔

泉州开元寺有东西双塔，东塔名镇国塔，西塔名仁寿塔，是全国石塔中最高的一对。仁寿塔建于南宋绍定元年（1228年），历时10年建成。此塔全部由花岗岩砌造，外形完全模仿楼阁式木塔，属楼阁式砖石塔的第二种类型。塔体八角五层，高44米。塔内设巨大的塔心石柱。塔下部出八角形须弥座台座，台上绕以石栏。二至五层均带石刻腰檐和平坐栏杆。底层塔径约14米，塔身每面一间，八角各置圆形倚柱，柱间隐出阑额、地栿、槏柱。1、3、5层四个正面辟门，四个斜面设龛，门、龛两侧雕刻天王、护法神、普贤、文殊等像。2、4层改为正面设龛、斜面辟门。门龛上下交错可避免墙体因门洞集中而易于劈裂，也有利于立面构图的变化。石塔做工精细，雕刻精湛。但拘泥于仿木，刻意模仿木构柱额、斗栱、椽子以至屋顶细部，给人做作、矫饰的感觉。受用石局限，塔檐伸出很短，檐口很单薄，而檐下斗栱却过于硕大，檐部比例欠佳。

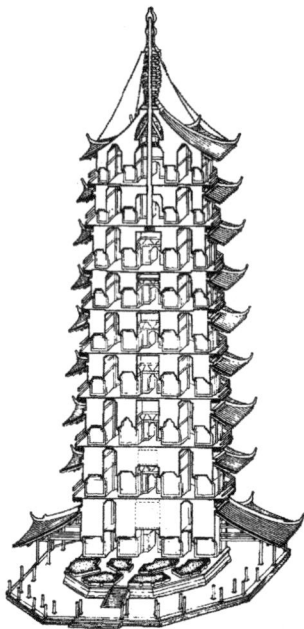

6.5.6 苏州报恩寺塔剖视

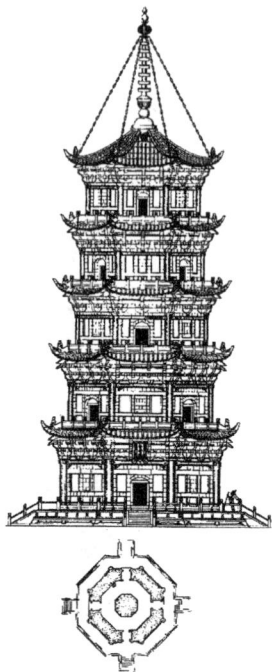

6.5.7 泉州开元寺仁寿塔

6.5.8 定县开元寺塔

位于河北定县南门内，建于北宋咸平四年（1001年），历时55年建成。当时定县处在宋辽毗邻地带，此塔可用于瞭望敌情，俗称料敌塔。塔为八角十一层楼阁式砖塔，外观仿木楼阁式塔形式，但加以简化，属楼阁式砖塔的第三种类型。塔高84米，是我国现存最高的古塔。塔内砌粗大的砖塔心柱，内辟穿心式登塔阶梯。塔底层较高，上施砖砌腰檐、平坐。二层以上仅砌腰檐。各层腰檐不作斗栱，均以砖叠涩挑出，断面呈凹曲线。塔身逐层递减层高，递收塔径，整塔外轮廓呈柔和弧线。塔外壁白色，通体简洁无华。四个正面辟门，四个斜面除少数真窗外，均为浮雕假窗。全塔比例匀称，挺拔秀丽。1884年塔东北向外壁下塌，由于有硕大的塔心砖柱起结构主干作用，塔外壁虽塌毁1/4，仍屹立不倒。

6.5.9 北京天宁寺塔

在北京广安门外，建于辽天祚帝天庆九年至十年（1119～1120年）原名天王寺舍利塔，是辽南京城遗存的惟一辽代地面建筑，也是北京市区现存年代最早、尺度最高的古建筑。辽代在辽宁、内蒙古、河

6.5.8　定县开元寺塔　　　　　6.5.9　北京天宁寺塔　　　　　　6.5.10　北京妙应寺白塔

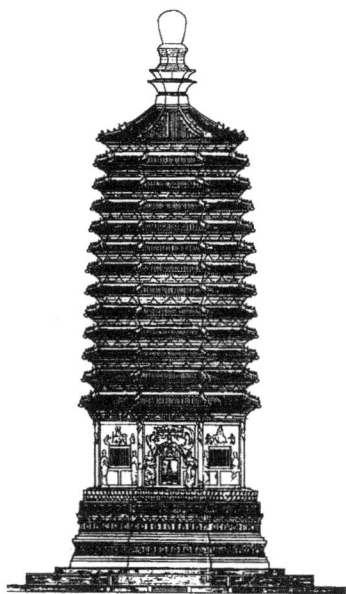

北、山西、吉林等地建造了一批实心密檐砖塔，遗存至今的约有百余座。天宁寺塔是其中年代较早、体量较大、最具代表性的一座。塔立于下层方形上层八角形的台基上，塔体实心，全部砖砌，平面八角形，总高55.38米。全塔分为塔座、塔身、塔檐与塔刹四个部分。塔座由三段叠成，下段是雕有壶门的须弥座，上段是三层莲瓣组成的莲台，中段由须弥座、平坐斗栱和栏杆组成，雕饰十分华丽。塔身高一层，完全仿木结构，每面一间，用8根圆形角柱；四个正面出券门，四个斜面雕直棂窗，壁面上有力士、菩萨半圆雕和大量装饰浮雕。塔檐紧密相叠，共13层，檐间满布斗栱；塔檐逐层内收，使塔的轮廓略呈抛物线形；塔刹原来应为铁质，重修时改为砖砌。天宁寺塔的这种格式，是辽代才出现的，被称为"天宁式"。此塔整体造型柔和优美，构图富有韵律，装饰偏于华丽、繁缛。塔身、塔檐的阑额、普拍枋、立颊、地栿、腰串以及斗栱、门窗等都与木结构比例一致，刻意仿木已达到无以复加的程度。

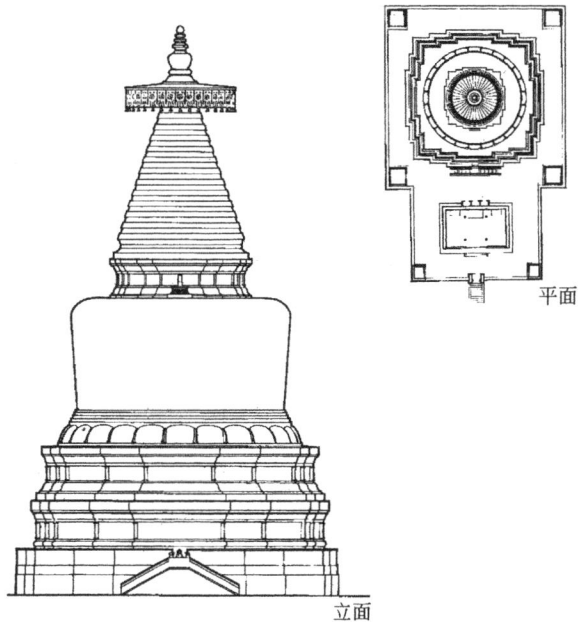

6.5.10　北京妙应寺白塔

　　在北京阜成门内。妙应寺俗称白塔寺，原名大圣寿万安寺，是元大都城内的巨刹之一。白塔建于元至元八年（1271年），是我国中原地区现存最大、最早的喇嘛塔。塔高50.86米，由塔基、塔身和塔刹三部分组成。塔基分三层，下层为平台，上两层为重叠的须弥座，平面均为亚字形。折角的平面丰富了台基挺拔的轮廓，也给光洁的基座增添了光影的变化。台基上设硕大的覆莲座及金刚圈，承托高大的塔身。塔身为圆形白色覆钵体，上肩略宽，外形硕壮、光洁，无佛像、昭光门等装饰，造型稳重、浑厚。塔身上方为亚字形平面的"塔颈"和圆形平面的相轮。相轮由砖砌的逐层收缩的圆环叠成，俗称"十三天"。相轮顶部冠以铜制的华盖和宝顶。华盖直径达9.7米，周圈悬挂着铜制流苏和铃铎，在清风吹拂下发出阵阵清脆铃声。宝顶做成铜质鎏金的小喇嘛塔，高近5米，重达4吨，闪闪发光。妙应寺白塔巨大的塔体，洁白的塔身，与金色的华盖、宝顶，在蓝天下交相辉映，既巍峨壮观，又雄浑壮丽。白塔的设计者是供职于元朝廷的尼泊尔人阿尼哥，可以说白塔不仅是北京历史文化名城的早期标志，不仅是中国喇嘛寺塔的艺术典范，也是中外建筑文化交流的历史见证。

103

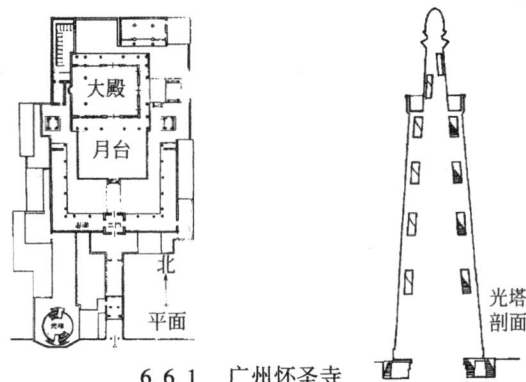

6.6.1 广州怀圣寺

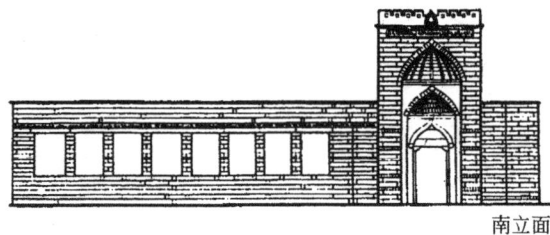

南立面

6.6 宋元清真寺

6.6.1 广州怀圣寺光塔

怀圣寺是中国伊斯兰教四大古寺之一，最晚在北宋末年，光塔已屹立寺的西南角。光塔又称邦克楼、唤醒楼、宣礼塔，是供阿訇登塔召唤信徒礼拜之用。塔呈圆筒形，直径 8.85 米，高 38 米（含陷入地下部分），是我国现存最高的宣礼塔。塔身分下大上小两段，均有收分，通体刷白。塔辟南北二门，各有螺旋形磴道对旋而上。塔上燃灯，兼有导航作用。此塔形制源自中亚，外观仿阿拉伯伊斯兰建筑形式，是研究中国伊斯兰建筑及其对当时中国砖塔影响的珍贵实物。

6.6.2 泉州清净寺

原名圣友寺，始建于北宋大中祥符初年，重修于元至大三年（1310 年），是中国伊斯兰教四大古寺之一。现存门殿一座和礼拜殿遗址一处。门殿朝南，宽 6.5 米，深 12.5 米，由前部两重半穹隆顶券龛和后部一间穹隆顶方室组成。四重门券均为石砌尖拱券。门殿上部砌成带雉堞的平台，台上原有邦克楼已毁。礼拜殿遗址坐西朝东，后部凸出一间带神龛的小室，信徒面对此龛向麦加朝拜。门殿是耶路撒冷人阿哈玛特所建，带有阿拉伯伊斯兰建筑风格。

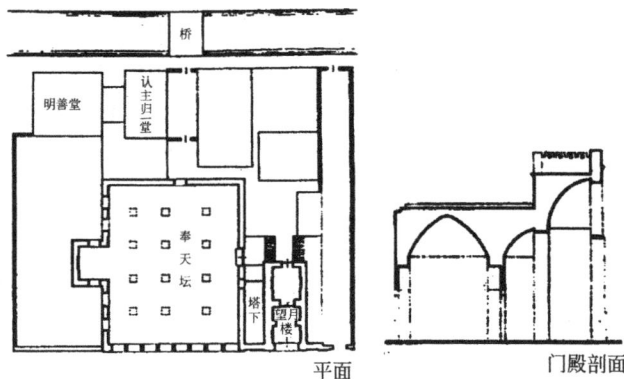

6.6.2 泉州清净寺

6.6.3 杭州真教寺

又名凤凰寺，在杭州市中山中路，也是中国伊斯兰四大古寺之一。寺重建于元代，现存的后窑殿是一座三间并列的砖殿。每间平面均为方形，上覆圆穹隆顶。正中圆顶径长 8.3 米，距地高 14 米。各方室与圆顶之间以平砖和菱角芽子交替出挑的三角形穹隅过渡，这种做法曾盛行于 11 世纪前后的波斯和中亚的伊斯兰建筑。屋顶外貌为中部八角重檐攒尖顶与两侧六角单檐攒尖顶的组合，反映出中国传统建筑与中亚伊斯兰建筑的相互融合。

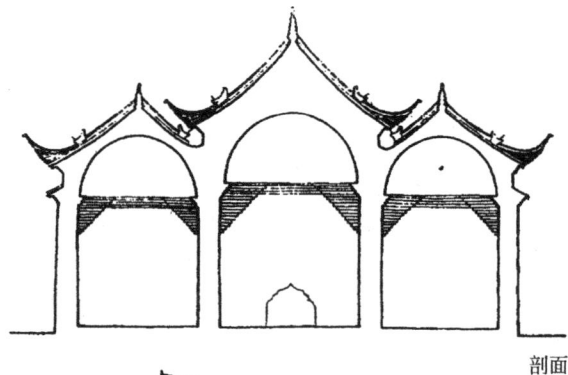

剖面

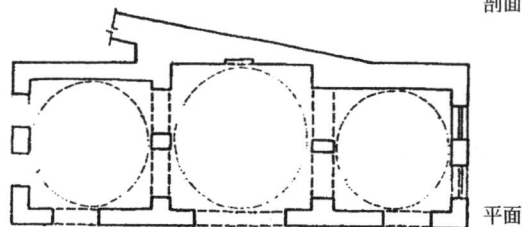

平面

6.6.3 杭州真教寺

6.7 宋陵

6.7.1 巩县宋陵

  北宋有 8 座皇陵聚集在河南省巩县洛河南岸台地上，这是中国出现集中陵区的肇始。陵区南北约 15 公里，东西约 10 公里。东南为嵩山，西北濒洛水，各陵地势均东南高而西北低。这是因为北宋盛行"五音姓利"的风水说法，以皇帝姓赵，属角音，必须"东南地穿，西北地垂"。8 座皇陵布局基本一致，每陵皆有兆域、上宫、下宫。兆域内除帝陵外，还有附葬的皇后陵和宗室、重臣的陪葬墓。宋陵规模远小于唐陵，因宋朝的帝后生前不营建陵墓，按葬礼死后 7 个月内即须下葬，卡于时间短促而限制了规模。各陵具体布局格式，可以永昭陵为代表。

6.7.2 北宋永昭陵

  是宋仁宗赵祯的陵墓。帝陵由上宫、下宫组成，上宫西北附有后陵。上宫中心为覆斗形夯土陵台，称"方上"。底方 56 米，高 13 米。四面围神墙，每面长 242 米，正中开门，上建门楼，四角有角楼。各门外列石狮一对。正门南出为神道，设鹊台、乳台、望柱及石象生。下宫是供奉帝后遗容、遗物和守陵祭祀之处，后陵以北的建筑遗址当是下宫的所在。永昭陵的石象生雕刻没有唐陵雕刻的雄伟遒劲气势，但不失为浑厚谨严之作。

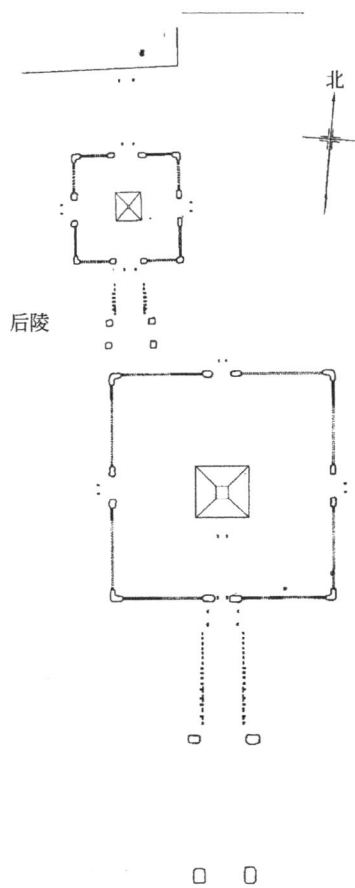

6.7.2   宋永昭陵平面

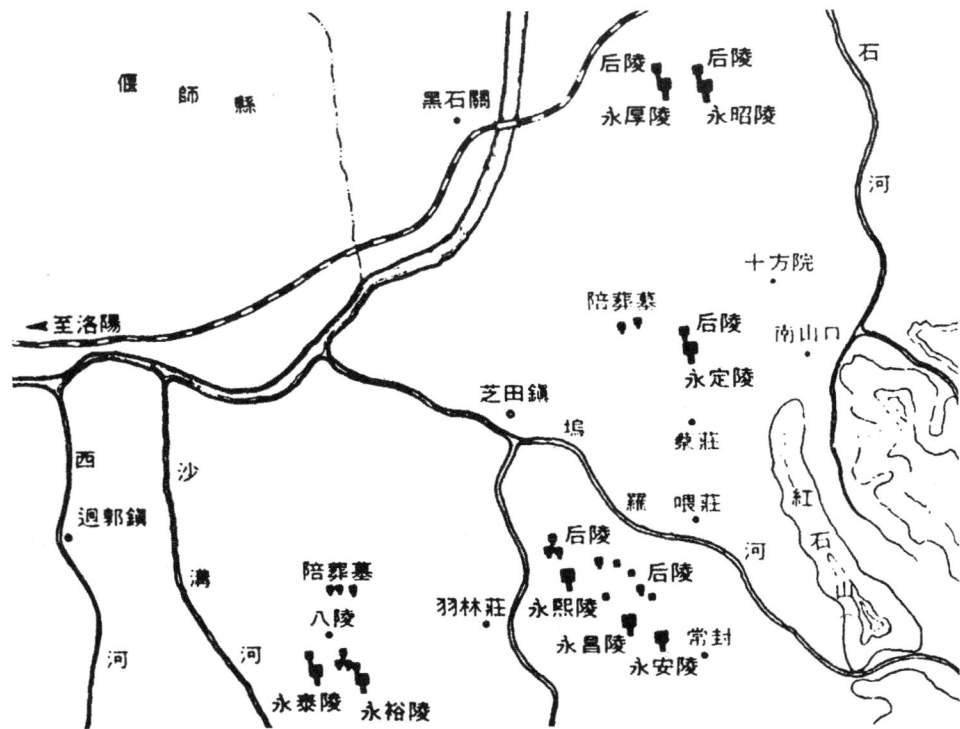

6.7.1   巩县宋陵分布示意图

6.8.1 《千里江山图》中的小宅院

6.8.2 《千里江山图》中的中型村舍

6.8.3 《千里江山图》中的大型村舍

6.8.4 《清明上河图》中的郊外农舍

6.8 宋元住宅

6.8.1~3 《千里江山图》中的北宋村舍

《千里江山图》是北宋画家王希孟18岁（政和三年，1113年）时所画。画中生动地展现了江南村落景色。画面上有大、中、小型村舍数十幢。它们虽然不是当时现实宅舍的写生，但肯定是当时常见的、通行的宅舍的概括写照，从中可以了解北宋村落、宅舍的一般景象。6.8.1显示由一字形茅屋与曲尺形瓦屋组成的小宅院，有带衡门的竹篱围合。6.8.2显示以工字屋作为大中型住宅的主体。工字屋前座两侧带有茅顶挟屋。宅院由编竹篱围合，大门内立有影壁。整体有规整轴线，又不完全对称。6.8.3是一组不规则的大型村舍。有一字形、丁字形、曲字形等多种平面形式。有悬山、歇山、攒尖等多种屋顶形式。可以看到瓦顶与

茅顶并用以及宅畔建亭、竹篱曲迤等现象。整体宅舍与地形、生态密切融合，生气盎然。

6.8.4 《清明上河图》中的郊外农舍

《清明上河图》长卷是宋徽宗宫廷画家张择端所画，画的内容是北宋晚期政和、宣和年间（1111～1125年）汴京的繁华景象。画中逼真地表现了汴京街市和郊外的建筑形象。此图是位于郊外邻近河边小桥的农舍，由一栋瓦屋、两栋茅屋散列组成。瓦屋前伸出茅顶凉棚，茅屋的歇山端部空间敞露。这组建筑可能是农家住房兼营小摊。不拘一格的房舍与地段、树木结合得很融合。

6.8.5 《文姬归汉图》中的府邸

宋画《文姬归汉图》绘有一所规模颇大的贵族府邸。宅内分左、中、右三路。中路应为多进院，画面上仅展露前两院。前院大门为三间五架屋宇门，当心

6.8.5 宋画《文姬归汉图》中的住宅

6.8.6 后英房元代建筑复原图(傅熹年复原)

间用"断砌造"以便车马出入。二门为三间七架屋宇门。前院左右廊上辟有偏门通往左、右二路。偏门也是三开间，柱上带有斗栱。各座门屋均为悬山顶。此画所示的大门、二门、偏门、照壁、台基、院墙、屋顶以及悬山的脊兽、悬鱼等装饰，都已与明清宅第差别不大。

6.8.6 后英房居住遗址

北京后英房元代居住遗址，压在明清城基下。从傅熹年所作的复原图可以看出，遗址是一处大型住宅，分为东、中、西三路。中路主院正房宽三间，前出轩廊，两侧出挟屋，有东西厢房。东路正房为工字屋，前后屋均宽三间，由穿廊连接。东西各有三间厢房，东厢房另加厢耳房。中路与东路之间有夹道间隔。前出轩、立挟屋、用工字屋是宋、辽、金建筑的常见做法，遗址生动地表现出从宋、辽、金向明清过渡的住宅形式。

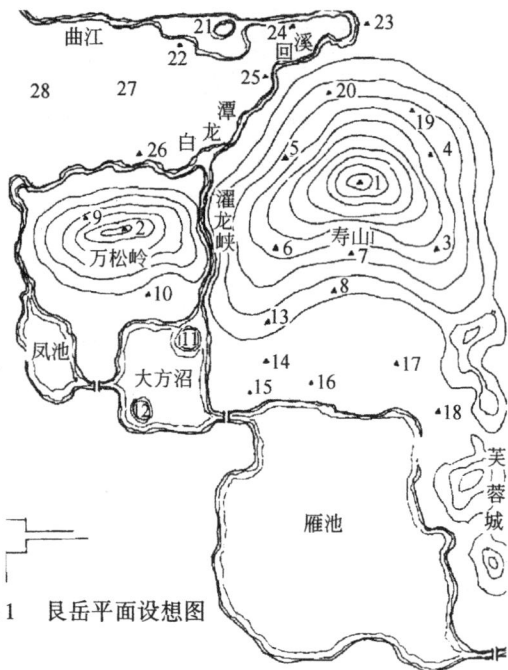

6.9.1 艮岳平面设想图

6.9 宋元园林、景观建筑

6.9.1 艮岳

宋代著名宫苑，宋政和七年（1117年）兴工，宣和四年（1122年）完工。因其位于东京城（今河南开封）的东北，取名"艮岳"。全园面积约750亩，园内有人工堆的大型土石山寿山和万松岭、芙蓉城等山峦环列；有雁池、大方沼、凤池、濯龙峡等水体，形成完整的水系和山环水抱的态势；有来自江、浙、荆、楚、湘、粤等地的70余种名花异木；还通过"花石纲"大量搜运江浙一带的名贵太湖石。园内除亭台楼阁等常规园林建筑外，还有道观、庵庙、书馆、水村、野居等等，集中的建筑群组不下40余处。可以说，艮岳突破了秦汉以来宫苑"一池三山"的范式，把诗情画意移入园林，以典型概括的、人工堆凿的山水创作为主题，在中国园林史上是一大转折。这座宫苑是"竭府库之积聚，萃天下之伎艺，凡六载而始成"。园建成后十年，因金人进犯，特许市民入园伐木取柴，建筑尽拆，艮岳悉毁。

6.9.2 金明池

北宋东京有4座行宫御苑——琼林苑、玉津园、宜春苑、含芳园，金明池是琼林苑的一个附园。始建于五代，原供演习水军之用。宋徽宗于池内建殿宇作为皇家春游和观水戏的地方。池方形，四周有围墙，周长九里三十步。池岸建有临水殿阁、船坞、码头等。正对宝津楼设仙桥通池中心岛，岛上建有圆形回廊和殿阁。每年定期开放，允许百姓进入游览。宋画《金明池夺标图》描述了当时赛船夺标的情景。金明池风光明媚，建筑瑰丽，到明代还是"开封八景之一"，称"金池过雨"。此园因主要用于观看赛船水戏，采取中国园林罕见的方整布局，与传统自然风景园有很大差别。

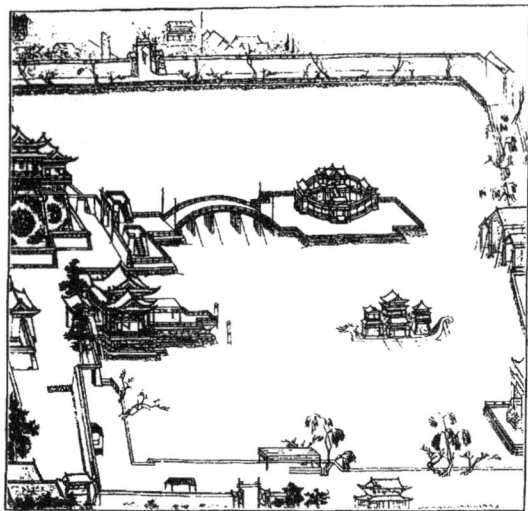

6.9.2 宋画《金明池夺标图》

6.9.3 元大都太液池

太液池是元大都御苑的主要水体，位置大体相当于现北京的北海、中海。沿袭皇家园林"一池三山"传统模式，水中设万岁山、圆坻、犀山台三岛。万岁山体量最大，原是金中都的琼华岛（现北海琼岛），山石堆叠仍是金代故物，其中有拆自艮岳的太湖石。山顶建广寒殿，山坡环列仁智、延和、介福等殿亭。《辍耕录》描述说："（山）皆叠玲珑石为之，峰峦隐映，松桧隆郁，秀若天成。……至一殿一亭，各擅一景之妙"。山上建筑布局偏于对称，似过于严谨，但与大内宫殿的环境氛围较为合拍。圆坻为圆形小岛

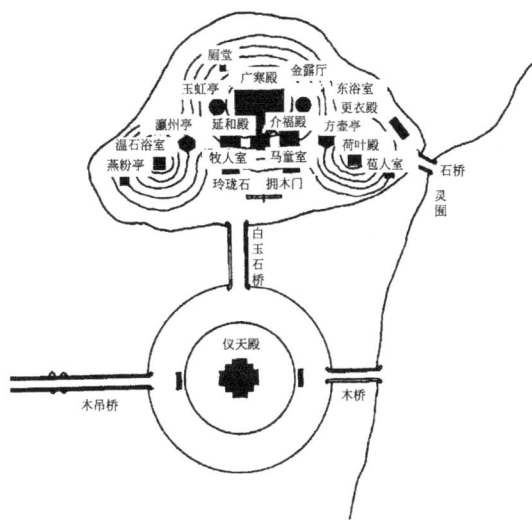

6.9.3 元大都万岁山及圆坻平面图

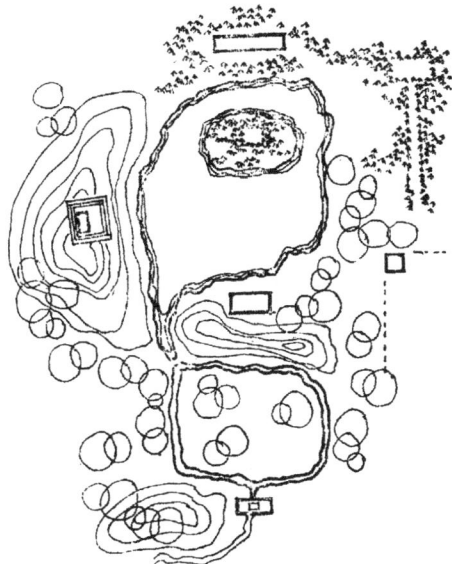

6.9.4 独乐园平面示意图

（现北海团城），上建圆形的仪天殿，东有木桥通大内夹垣，西有木吊桥通兴圣宫夹垣。犀山台体量最小，其上遍植木芍药。太液池的规划设计，明显地追求仙山琼阁的境界。万岁山主殿命名广寒殿，意在表征月宫琼楼。岛四周皆水，宜于赏月，园景创作恰如其分地达到所追求的境界。

6.9.4　独乐园

北宋司马光在洛阳的私园，建于熙宁六年（1073 年）。园占地约20 亩，以水为主景，池中有岛。园内建有读书堂、钓鱼庵、见山台、弄水轩、种竹斋、绕花亭等，植有羌竹、芍药、牡丹、杂花。园卑小，格调简素，建筑尺度甚小，亭堂题名均寄意哲人、名士，颇能引发联想，深化意境，表现园主人清高、超然的意趣。

6.9.5~6　滕王阁和黄鹤楼

滕王阁、黄鹤楼、岳阳楼合称江南三大名楼。它们都属于游观性的景观建筑，选址于城市临江、临湖地段。滕王阁位于南昌赣江江干，黄鹤楼位于武昌长江南岸，它们都几经重建。此两图反映的是宋画中的滕王阁、黄鹤楼形象。它们都坐落在高高的城台上，以较低的配体簇拥中央高耸的主体，组成庞大、复杂的殿阁形象。平面布局自由灵活，中央部分分别采用 T 字形重檐歇山和十字脊歇山重楼，四周与抱厦、腰檐、平坐、栏杆、回廊相联结。建筑巍峨、壮观、丰美。既是点景建筑，也是观景建筑，多有历史文人、名士的咏颂、题对，蕴涵的人文积淀十分丰富。

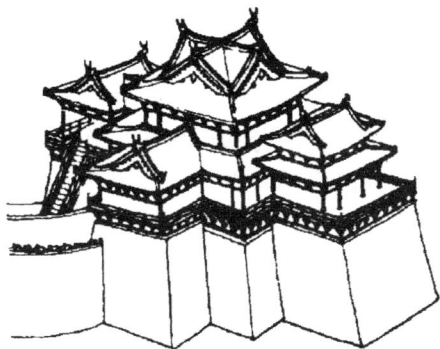

6.9.5 宋画《滕王阁图》中的滕王阁

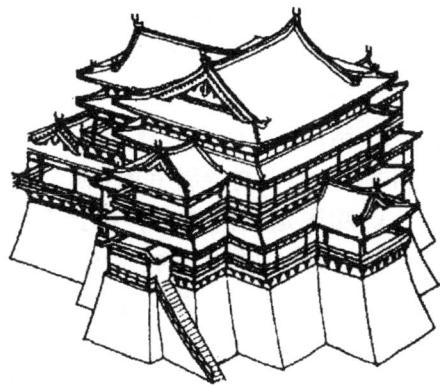

6.9.6 宋画《黄鹤楼图》中的黄鹤楼

6.10 宋代建筑体系的制度化、精致化

6.10.1 宋《营造法式》

宋代官修的一部建筑典籍。北宋绍圣四年（1097年），将作监李诫（字明仲，生年不详，卒于1100年）奉旨编修，元符三年（1100年）成书，崇宁二年（1103年）刊印颁行。编书的目的主要是制订一套建筑工程的制度、规范，作为朝廷指令性的法典，用以“关防工料”，防止工程管理人员的贪污和物料的浪费。全书包含释名、诸作制度、功限、料例和图样五大部分，共36卷。其中正文34卷，正文前另有“看详”、目录各1卷。“看详”近似于“编审说明”，阐述若干规定和数据；卷一、卷二为“总释”，主要考证、注释建筑术语，订出“总例”；卷三至卷十五为诸作制度，包括壕寨（土作）、石作、大木作、小木作、雕作、旋作、锯作、竹作、瓦作、泥作、彩画作、砖作、窑作等13个工种，详述各工种的做法、规范和标准数据；卷十六至卷二十五为诸作“功限”，详列各工种的劳动定额和计算方法；卷二十六至卷二十八为诸作“料例”，规定各工种的用料定额和工艺等第；卷二十九至卷三十四为图样，包括总例、壕寨、石作、大木作、小木作、雕木作和彩画作所涉及的工具图、平面图、剖面图、构件详图及各种雕饰与彩画图案。

此书反映出以下几个特点：

1. 重在工程管理，疏于工程设计。着力于制订严密的制度、规范、功限、料例，以便于核算工料，照章关防。全书用了13卷的篇幅来规定用工、用料的定额。

2. 制定严密的模数制。确立“以材为祖”的设计原则，把一整套材分制用文字确定下来。

3. 功限定额的制定，达到十分细密的程度。如“功分三等”（按工艺技术的难易和劳动量的大小，将构件加工分为上、中、下三等），“役辨四时”，（按四季白天的长短，分为中工、长工、短工）；“木议刚柔”（木材的劳动定额考虑材质的软硬），“土评远迩”（土方工程区别运土距离的远近），按

營造法式卷第八
通直郎管修蓋皇弟外第專一提舉修蓋班直諸軍營房等臣李誡奉
聖旨編修
小木作制度三
平棊　鬬八藻井
小鬬八藻井　拒馬叉子
叉子　鉤闌 重臺鉤闌 單鉤闌
棵籠子　井亭子
牌
平棊 其名有三一曰平機二曰平橑三曰平棊俗謂之平起其以方椽施素版者謂之平闇
造殿內平棊之制於背版之上四邊用桯桯內用貼貼內
法式八　一

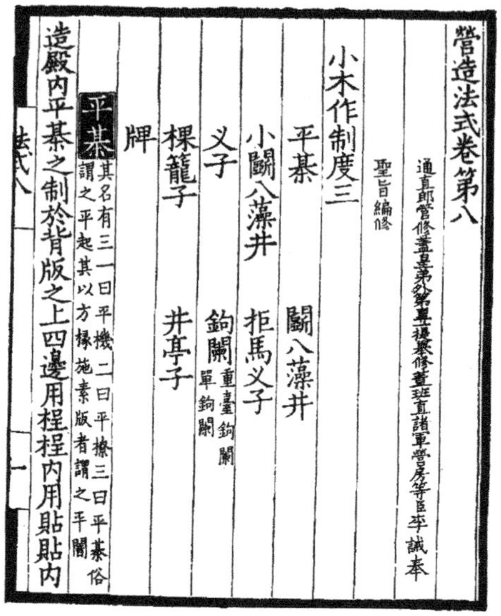

6.10.1 宋《营造法式》陶本(仿崇宁本)

这些不同情况规定不同的工值。

4. 注重设计的灵活性。各作制度均有明确细致的规定，但没有硬性限定建筑组群布局和建筑单体的平面尺度；许多做法、规定都贯穿“变造”的原则，允许“随宜加减”，对彩画用色也可以“随其所写，或深或淡，千变万化，任其自然”。

5. 广泛吸收工匠经验。全书36卷，257篇，3555条。其中除49篇、283条从经史群书检寻考究外，有308篇、3272条都是来自工匠相传，并是经久可以行用之法，充分显示了对工匠实践经验的重视。

6. 图文并茂。全书图样占了6卷篇幅，共绘图541幅。这些图样提供了文字难以准确表达的清晰的、具体的、形象的做法、样式，也留存下珍贵的、实物上已难见到的建筑纹样、图案，显示出宋代所达到的建筑制图水平。

《营造法式》是中国现存时代最早的，中国古籍中最完善的一部建筑技术专书。它为我们保存了宋代建筑设计、建筑做法、建筑施工的系统知识，全书纲

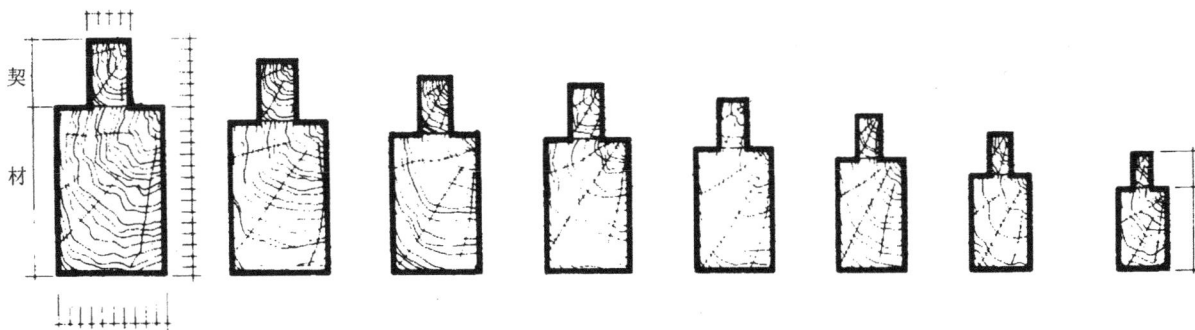

6.10.2　材栔断面图

等级	一等材	二等材	三等材	四等材	五等材	六等材	七等材	八等材
尺寸	9寸×6寸	8.25寸×5.5寸	7.5寸×5寸	7.2寸×4.8寸	6.6寸×4.4寸	6寸×4寸	5.25寸×3.5寸	4.5寸×3寸
使用范围	殿身九间至十一间则用之	殿身五间至七间则用之	殿身三间至殿五间或堂七间则用之	殿三间厅堂五间则用之	殿小三间厅堂大三间则用之	亭榭或小厅堂皆用之	小殿及亭榭等用之	殿内藻井或小亭榭施铺作多则用之

6.10.3　材栔的尺寸和使用范围

举目张，条理井然，其科学性是古籍中罕见的。梁思成说它在中国文化遗产中无疑占着重要位置，是我们研究中国古代建筑的一部最重要的古代术书。

6.10.2～3　《营造法式》的材分制度

《营造法式》建立的模数制称为"材分制"。它以斗栱中栱的截面——"材"作为模数的基本单位。"材"进一步细分为"分"（读音份），"分"是材高的1/15，材宽的1/10。从材、分再派生出"栔"（音zhì）和"足材"，"栔"高6分、宽4分，1材加1栔，共高21分，称为"足材"。栔高6分，取的是上下两层栱或枋之间的斗的"平"加"欹"的高度，也就是栱与栱的上下间距。因此，斗栱每铺一层，就是1材加1栔，即1足材的高度。建筑的间广、进深、层高和木构架中的一系列构件的尺度，根据不同的等第、大小，都规定为若干材、栔、分。如柱的直径，殿阁用2材2栔至3材，厅堂用2材1栔，余屋用1材1栔至2材；栱的长度，华栱、令栱用72分，泥道栱、瓜子栱用62分，慢栱用92分；梁栿的截面高度，四椽栿、五椽栿用2材2栔至3材，六椽栿用3材，均以梁高2/3为梁宽。

《法式》规定"材有八等，度屋之大小因而用之"。一等材高9寸、宽6寸，八等材高4.5寸、宽3寸。各等之间不完全是等量递减。殿阁、厅堂、亭榭等不同等次的建筑，按其不同的间数，相应采用不同的材等（见表6.10.3）。这样，设计房屋只要选定建筑的等次及其开间数，就选定了用那等材，就可确定整幢建筑的长、宽、高和全部大木构件的具体尺寸。这在古代建筑中，是一种达到很高的标准化程度的模数制。材分制所制定的单材截面3∶2的高宽比和各受力构件的截面取值，以现代力学方法核算，证明其取值是合理的，具有较高的科学性。这套材分制对于统一建筑标准，建立设计规范，把握比例尺度，简化设计工作，方便工料预算，便于构件预制，加快施工进度，都起到重要的作用。这种材分制最晚在初唐时已经应用，在《营造法式》书中以文字形式制定成规范的制度。

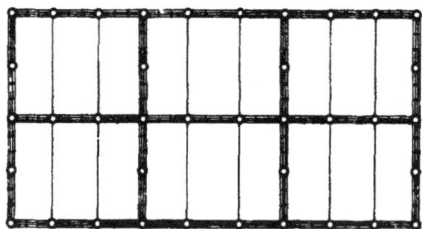

分心槽

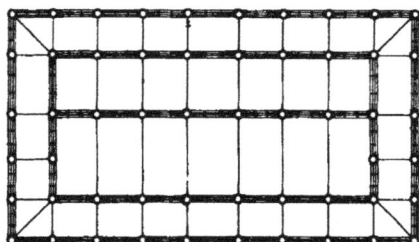

单槽

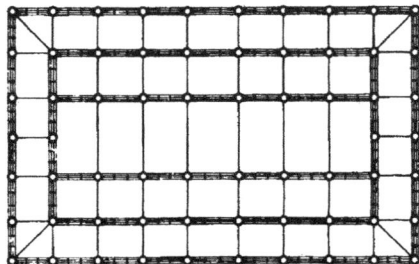

双槽

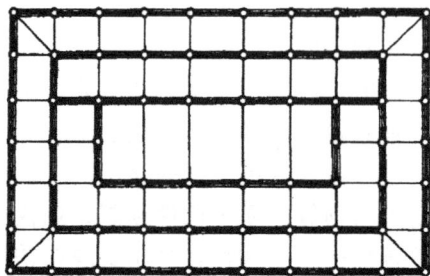

金箱斗底槽

6.10.4　殿堂地盘分槽图

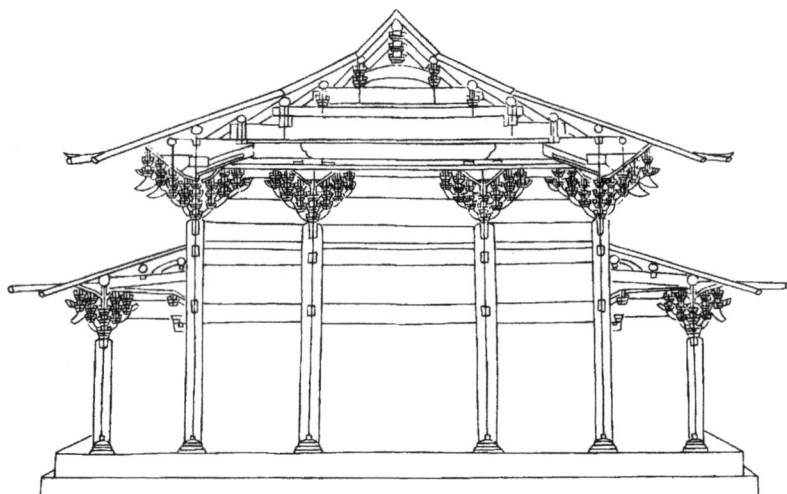

6.10.5　殿堂型构架剖面

6.10.4～6　殿堂型、殿阁型构架

《营造法式》图样明确显示出两种结构形式——殿堂型构架和厅堂型构架。殿堂型构架多用于大型的殿屋，其主要特点是：1. 全部构架按水平方向分为柱网层、铺作层、屋架层，自下而上，逐层叠垒而成；2. 柱网层由外檐柱和屋内柱组成，外檐柱与屋内柱同高，各柱柱头之间以阑额联结，柱脚之间以地栿联结；3. 铺作层由搁置在外檐柱和屋内柱柱网之上的铺作组成，铺作之间由柱头方、明乳栿等拉结，形成强固的水平网架，它起到保持构架整体稳定和均匀传递荷载的作用，斗栱的结构机能在这里发挥得最为充分；4. 屋架层由层层草栿、矮柱、蜀柱架立，各个槫缝与柱网层的柱缝，可以对准，也允许错位；5. 殿堂型构架的平面均为整齐的长方形，定型为4种分槽形式：分心槽、单槽、双槽、金箱斗底槽。图6.10.4中后三种平面添加了副阶周匝；6. 殿堂型构架只须叠加柱网层和铺作层，即成为殿阁型构架。在金箱斗底槽平面中，内槽可省略梁栿，方便地做成带空筒的楼层空间。唐佛光寺大殿已是典型的殿堂型构架，辽独乐寺观音阁和应县木塔也是典型的殿阁型构架，表明殿堂型、殿阁型构架在唐、辽已是成熟的做法。这种构架有良好的稳定性，但做法复杂，宋、元以后趋于淘汰。图6.10.5是《营造法式》所示带副阶周匝的、双槽平面的殿堂型构架的剖面图。图6.10.6是其剖视图。

1. 飞子；　　　　2. 檐椽；　　　　3. 撩檐方；　　　4. 斗　；　　　　5. 栱；　　　　　6. 华栱；

7. 下昂；　　　　8. 栌斗；　　　　9. 罗汉方；　　　10. 柱头方；　　11. 遮椽板；　　12. 栱眼壁；

13. 阑额；　　　14. 由额；　　　15. 檐柱；　　　16. 内柱；　　　17. 柱櫍；　　　18. 柱础；

19. 牛脊槫；　　20. 压槽方；　　21. 平槫；　　　22. 脊槫；　　　23. 替木；　　　24. 襻间；

25. 驼峰；　　　26. 蜀柱；　　　27. 平梁；　　　28. 四椽栿；　　29. 六椽栿；　　30. 八椽栿；

31. 十椽栿；　　32. 托脚；　　　33. 乳栿（明栿月梁）；　　　　34. 四椽明栿（月梁）；

35. 平棊方；　　36. 平棊；　　　37. 殿阁照壁版；　38. 障日版（牙头护缝造）；　　39. 门额；

40. 四斜毬文格子门；　41. 地栿；　　42. 副阶檐柱；　43. 副阶乳栿（明栿月梁）；

44. 副阶乳栿（草栿斜栿）；　　45. 峻脚椽；　　46. 望板；　　47. 须弥座；　　48. 叉手

6.10.6　殿堂型构架构件示意图

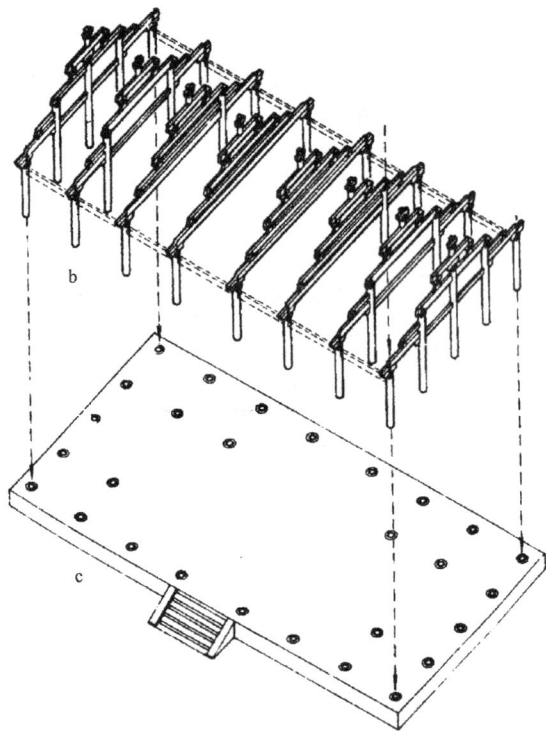

6.10.7 厅堂型构架示意

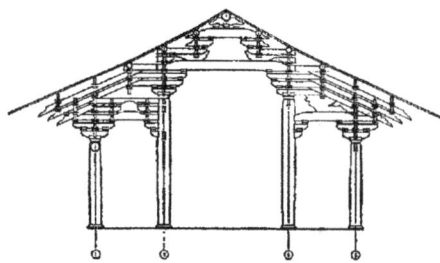

6.10.8 华林寺大殿构架

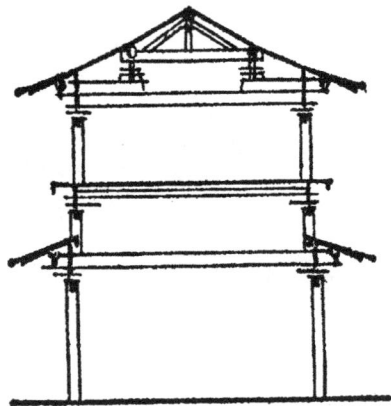

6.10.9 善化寺普贤阁构架

6.10.7~10 厅堂型、堂阁型构架

厅堂型构架完全不同于殿堂型构架，其主要区别是：1. 殿堂型是水平分层做法，而厅堂型是梁架分缝做法。它由长短不等的梁柱组成梁架，相邻两缝梁架用槫、襻间连接成"间"，每座房屋的开间数不受限制，只要相应地增加梁架的缝数即可；2. 殿堂型的内外柱同高，而厅堂型的内柱上升。在每一缝梁架中，外柱（檐柱）比内柱短，内柱随梁架举势而增高；3. 殿堂型定型为4种规则的分槽平面，而厅堂型不必规定定型的平面。各缝梁架只要椽长、椽数、步架相等，内柱的位置、数量和梁栿的长短可以不同，可适应减柱、移柱等灵活的柱网布置；4. 殿堂型的斗栱形成整体铺作层，充分发挥斗栱的结构机能，而厅堂型的斗栱则分散于外檐和柱梁的节点，斗栱结构机能趋于衰退；5. 殿堂型构架做法复杂，而厅堂型构架做法大为简化，显现出勃勃的生命力。终于由厅堂型取代殿堂型而导致殿堂型的淘汰。明清的抬梁式构架就是在厅堂型的基础上进一步简化而发展的。

现存唐、宋、辽、金木构建筑，如南禅寺大殿、镇国寺大殿、佛光寺文殊殿、善化寺三圣殿、崇福寺弥陀殿等，都属于厅堂型构架。但现存的华林寺大殿、保国寺大殿、奉国寺大殿等古建筑，其梁柱布置和内柱上升与厅堂型相似，同时又兼有殿堂型的分槽做法，形成内外两圈铺作网架，而内圈网架位置高于外圈，又不同于殿堂型的内外圈同高的铺作层。这种介乎殿堂与厅堂之间的构架做法，有的学者称之为"厅堂二型"构架。

厅堂型构架用于楼房，就是堂阁型构架。它不同于殿阁型构架由柱网层和铺作层重复叠垒而成，也可避免出现殿阁型所带来的暗层。堂阁型的外檐柱用叉柱造或缠柱造，屋内柱可与上屋通联用长柱，或是立于下屋大梁之上。堂阁型构架较殿阁型简便得多，但内柱加长有一定限度，只适宜建造二、三层的楼阁。现存古建中的善化寺普贤阁和隆兴寺转轮藏、慈氏阁，都属于堂阁型构架。

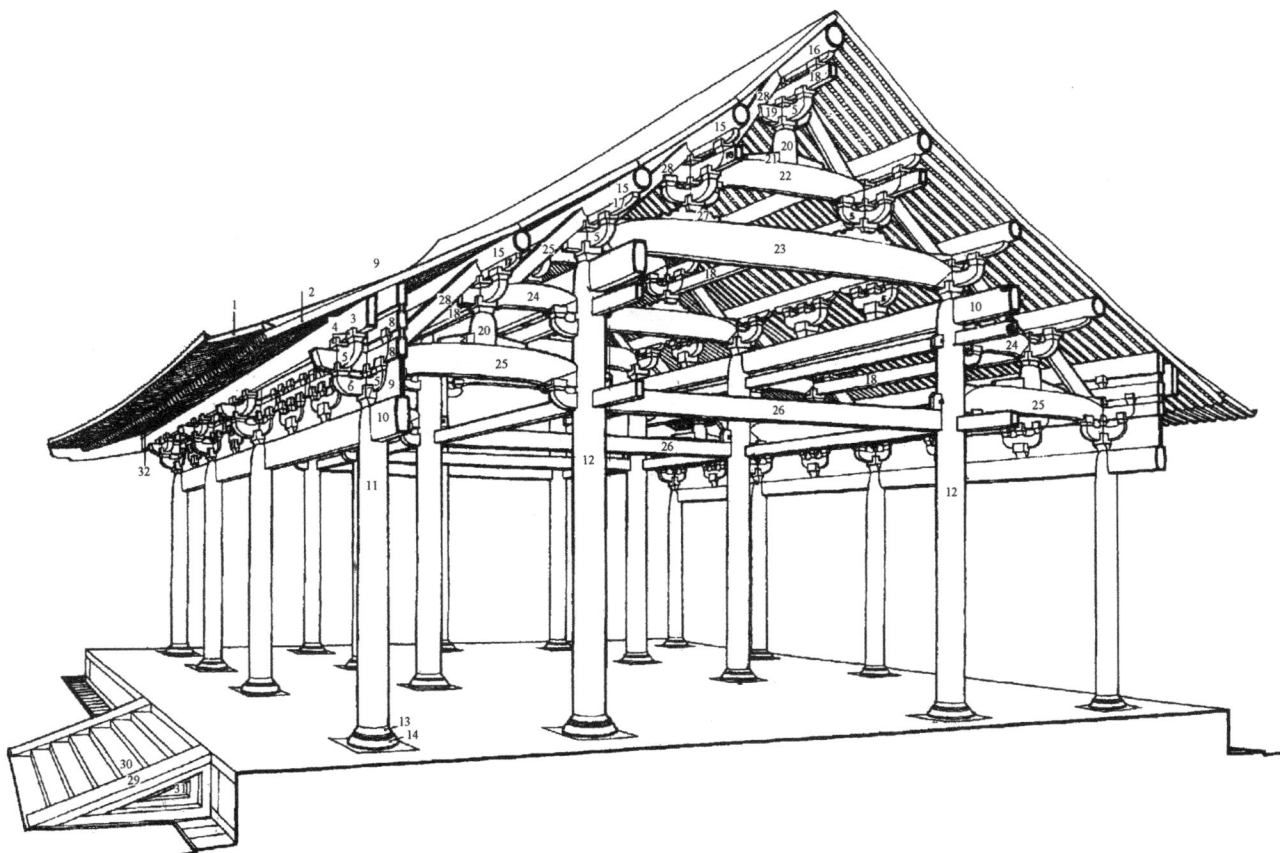

1. 飞子；　　2. 檐椽；　　3. 撩檐方；　　4. 斗；　　5. 栱；　　6. 华栱；　　7. 栌斗；

8. 柱头方；　9. 栱眼壁板；　10. 阑额；　11. 檐柱；　12. 内柱；　13. 柱櫍；　14. 柱础；

15. 平榑；　16. 脊榑；　17. 替木；　18. 襻间；　19. 丁华抹颏栱；　20. 蜀柱；　21. 合楷；

22. 平梁；　23. 四椽栿；　24. 劄牵；　25. 乳栿；　26. 顺栿串；　27. 驼峰；　28. 叉手、托脚；

29. 副子；　30. 踏；　31. 象眼；　32. 生头木

6.10.10　厅堂型构架构件示意图

图中标注：转角铺作　补间铺作　柱头铺作　生头木位置　橑檐枋　子角梁　大角梁　由昂　角昂

6.10.11　宋式铺作类别

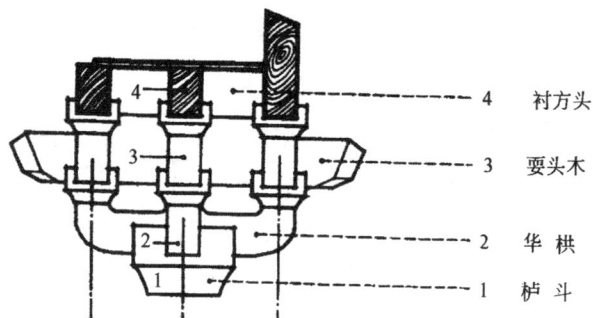

宋代称斗栱为"铺作"。外檐斗栱根据其所在位置的不同，分为3种铺作：在柱上的称"柱头铺作（清称"柱头科"）；在角柱上的称"转角铺作"（清称"角科"）；在两柱之间阑额上的称"补间铺作"（清称"平身科"）。补间铺作的数量，通常当心间用2朵，其他次、梢各间用1朵。各补间铺作的分布尽量使之间隔大体匀称。

6.10.12～13　宋式铺作出跳

把斗栱称为"铺作"，表明斗栱是一层层铺上去的。宋式斗栱每挑出一层（华栱或下昂）为一跳，每增高一层为一铺，斗栱的大小等级就是用出跳数和铺数的多少来标定。《营造法式》"总铺作次序"规定："出一跳谓之四铺作"，就是指出一跳自身为一铺，另外栌斗、耍头木、衬方头各一铺，故为四铺作。如此类推，出二、三、四、五跳，自身为二、三、四、五铺，加上栌斗、耍头木、衬头木各一铺，相应为五、六、七、八铺作。应该注意的是，檐下斗栱外跳的出挑和里跳的出跳不同，因而外跳的铺作数和里转铺作数是不相等的。图6.10.13的斗栱，向外出五跳，向内出三跳，因此全称是"八铺作里转六铺作"的斗栱。

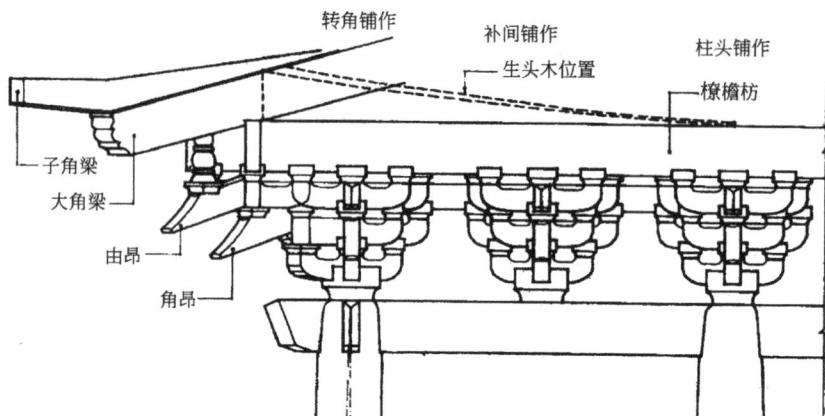

6.10.11　宋式铺作类别

图中标注：4　衬方头　3　耍头木　2　华栱　1　栌斗

6.10.12　宋式四铺作斗栱

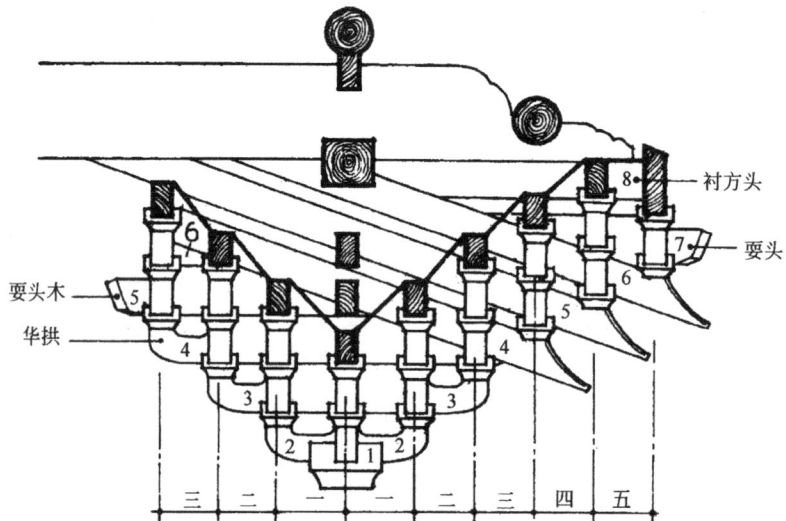

图中标注：8　衬方头　7　耍头　6　耍头木　华栱　三　二　一　二　三　四　五

6.10.13　宋式八铺作斗栱

1. 栌斗;
2. 泥道栱;
3. 单材华栱;
4. 慢栱;
5. 瓜子栱;
6. 华头子里转第二跳华栱;
7. 瓜子栱;
8. 慢栱;
9. 令栱;
10. 要头;
11. 下昂;
12. 慢栱;
13. 令栱;
14. 要头;
15. 衬方头;
16. 昂栓;
17. 交互斗;
18. 齐心斗;
19. 散斗。

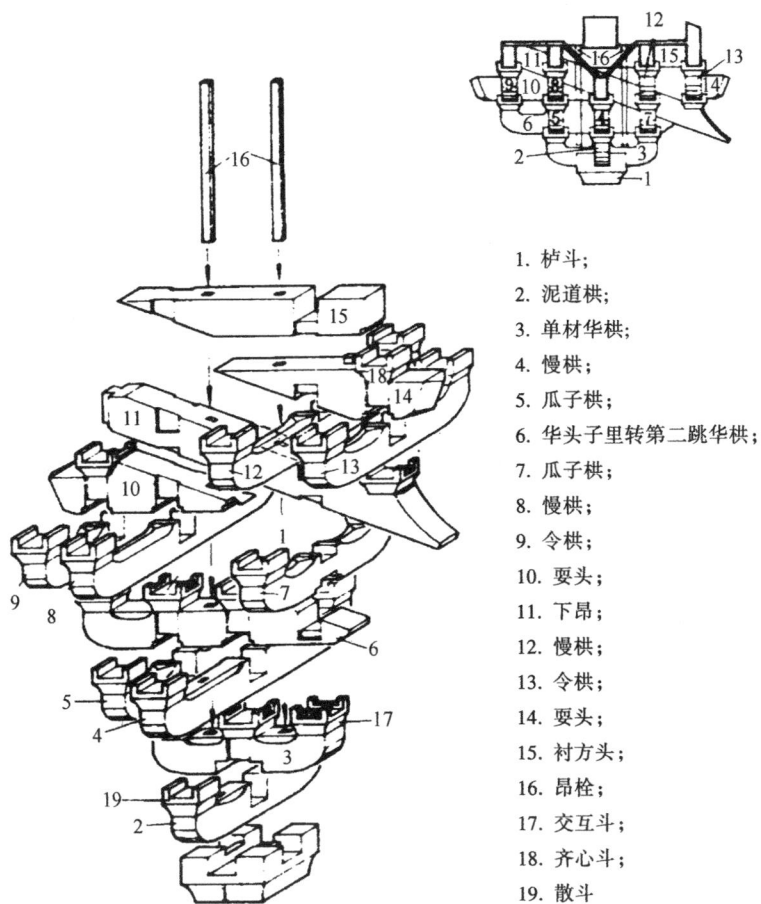

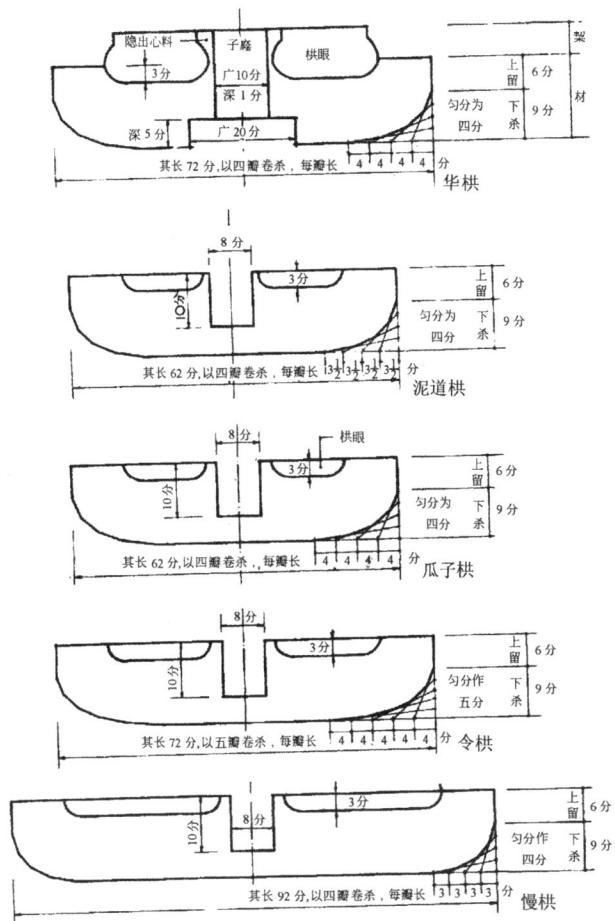

6.10.14　宋式铺作分件

6.10.15　宋式铺作造栱之制

6.10.14~15　宋式铺作分件

斗栱是由许多分件组装而成的。宋式铺作的分件分为斗、栱、昂、枋4类。斗是斗形的木垫块,细分为栌斗、交互斗、齐心斗、散斗;栱是弓形的短木,分为前后向的华栱和左右向的横栱,横栱又按所处位置细分为泥道栱、瓜子栱、慢栱、令栱;昂是斜木,分为下昂、上昂。下昂与华栱一样出跳,但比华栱少增加斗栱高度;上昂的作用则相反,在增加斗栱高度的同时,可比华栱减少出跳的长度,实际上很少用;枋是斗栱之间横向联系的枋木,细分为柱头枋、橑檐枋、平棊枋、罗汉枋。此外,铺作中还有衬方

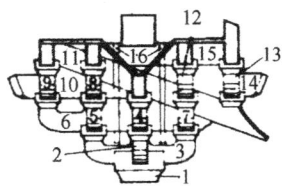

头、要头木等,它们共同组构成一朵斗栱。

宋式铺作在做法上还区分为"重栱"与"单栱","计心"与"偷心"。在泥道栱和瓜子栱上重叠有慢栱的,称为"重栱",没有重叠慢栱的,称为"单栱"。在跳头上有横栱的,称此跳为"计心",跳头上没有横栱的,称此跳为"偷心"。

铺作的各个分件都有定型的尺度。除华栱断面用单材或足材外,其他各栱断面均为单材。栱的长度,泥道栱、瓜子栱为62分,华栱、令栱为72分,慢栱最长,为92分。这个慢栱的长度,加上其两端挑出的斗欹,就是整朵重栱铺作的总宽度。

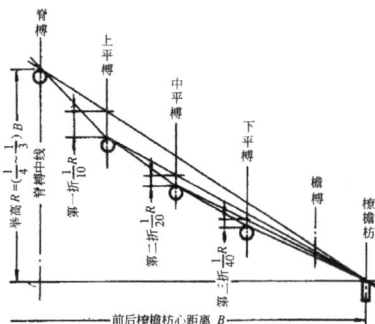

6.10.16 举折之制

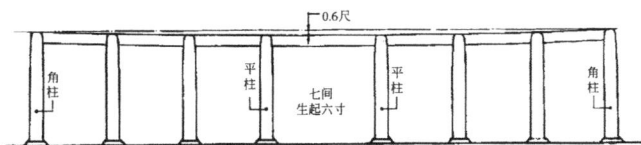

6.10.17 角柱生起之制

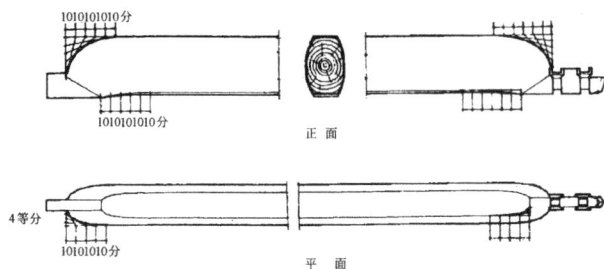

6.10.18 造月梁之制

6.10.19 柱侧脚之制　　　　6.10.20 杀梭柱之制

6.10.16 举折之制

为取得凹曲屋面，需要相应地确定步架的高度。这种方法，宋《营造法式》中称为"举折"，清《工程做法》中称为"举架"，记述江南建筑做法的《营造法原》中称为"提栈"。举折的做法是：以前后橑檐枋水平距离为总进深（B）；以（1/3~1/4）B 为橑檐枋背至脊槫背的举高（R）；自橑檐枋背至脊槫背连一直线，与上平槫中线相交，自此点下折 1/10R，定上平槫位置；以此类推，如图逐折定出中平槫、下平槫和檐槫的位置。

6.10.17 角柱生起之制

柱的高度由当心间的平柱，向两端的角柱逐间增高，称为"角柱生起"。《营造法式》规定，相邻两柱的升起高差约为 2 寸，可依间宽大小随宜加减。明

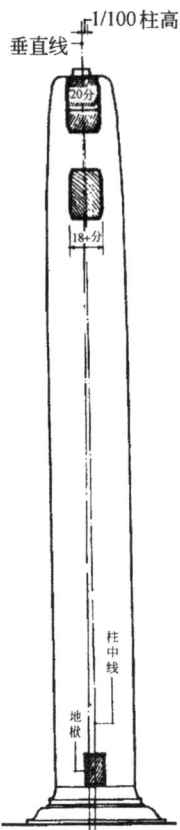

初以后，多不再"生起"。

6.10.18 造月梁之制

唐宋建筑平棊之下的明栿均做成月梁。其特点是梁端下弯，梁面弧起，梁下起凹，形如月牙。梁首、梁尾上下、两侧的曲线都用分瓣卷杀而成。梁首上下为六瓣卷杀，梁尾上下为五瓣卷杀，梁首尾两侧均为四瓣卷杀。经卷杀的月梁，外观较直梁显得精致、清秀。

6.10.19 柱侧脚之制

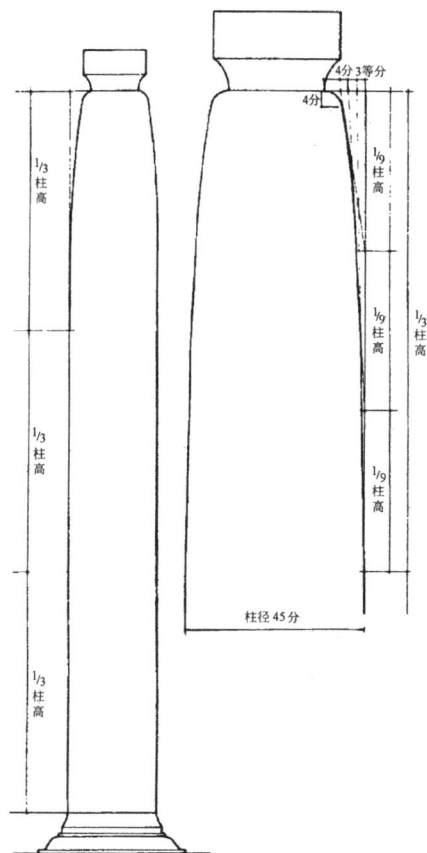

古建筑的檐柱并非都是垂直的，多是柱脚处微出向外，称为"侧脚"。《营造法式》规定：正面柱侧脚为柱高的 1%，侧面柱侧脚为柱高的 0.8%。侧脚的运用可防止梁柱节点的开卯拔榫。唐至元的实例侧脚多超过 1%，明清建筑有的侧脚很小，有的不侧脚。

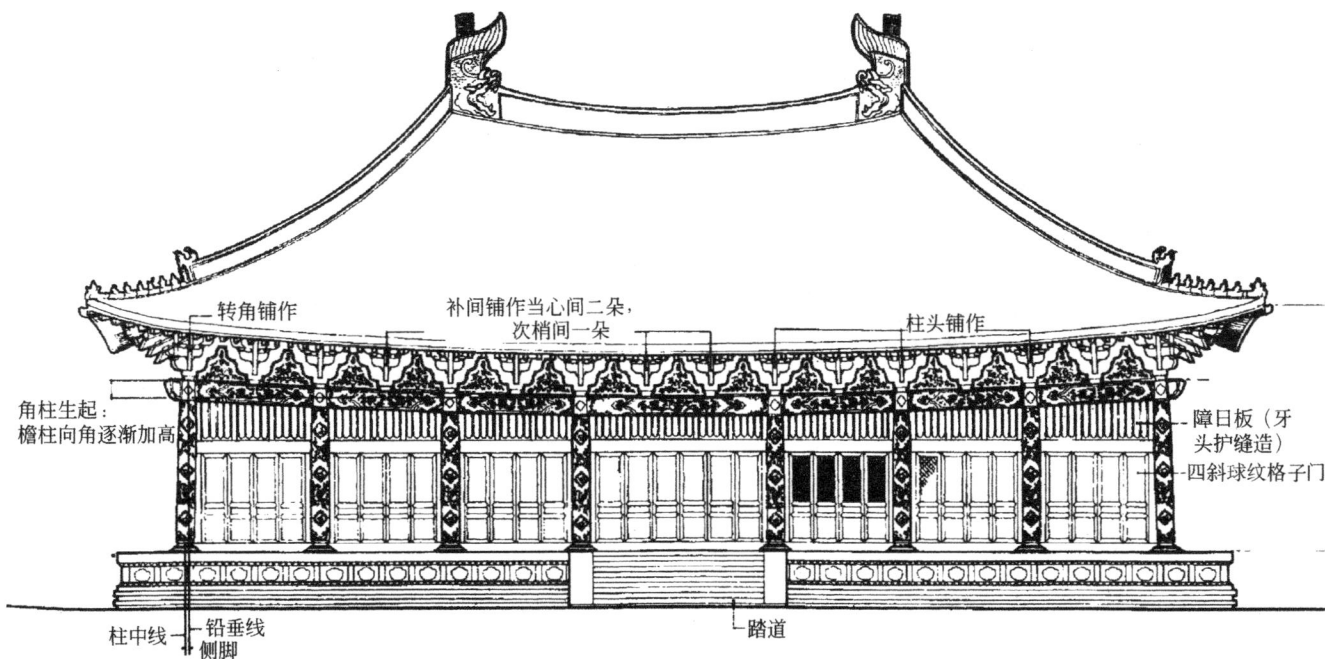

图中标注文字：

转角铺作
补间铺作当心间二朵,
次梢间一朵
柱头铺作
角柱生起：
檐柱向角逐渐加高
障日板（牙头护缝造）
四斜球纹格子门
柱中线——铅垂线
侧脚
踏道

6.10.21 宋式建筑立面示意图

6.10.20 杀梭柱之制

柱子上段卷杀，称上梭柱；上下段均卷杀，称为上下梭。《营造法式》规定：柱分三段，以上段做三瓣卷杀，至上径比栌斗底周边大出4分时，作覆盘形收束。明清官式建筑已罕见梭柱。

6.10.21 宋式建筑外观

从《营造法式》所述的制度、做法和遗存的宋代建筑实物，可以勾画出北宋建筑的外观概貌：

1. 房屋面阔从当心间起向左右两侧逐间递减，形成主次分明的开间；柱身比例加长，除当心间外，各开间多呈竖长方形；

2. 普遍采用梭柱，角柱生起显著,侧脚现象明显；

3. 较之唐代，斗栱尺度相对减小，补间铺作加多，当心间达2~3朵；

4. 屋顶坡度较唐代趋陡，正脊呈微凹曲线，脊端多用鸱吻；檐角翘起明显，檐口也做成微凹线；

5. 屋面有的全部满铺琉璃瓦，有的在青瓦屋面上以琉璃瓦镶边，形成"剪边"做法；

6. 高等级殿堂采用石作、砖作须弥座台基，雕刻丰富、精细，柱础形式多样，雕工精到；

7. 大量使用可开启的、以棂条组合的门窗，与唐、辽建筑的板门、直棂窗相比较，不仅改变了殿屋外貌，也改善了室内的通风和采光；

8. 彩画区分为五彩遍装、碾玉装、青绿叠晕棱间装、解绿刷饰屋舍、丹粉刷饰屋舍和隔间装六种做法，用色追求"华色鲜丽"，盛行退晕手法。

北宋建筑的总格调是从唐代的雄大、豪放向柔和、精细的方向发展。建筑体量缩小，建筑构件避免生硬的直线，建筑造型避免僵滞的形象，普遍通过卷杀的方法取得构件和建筑柔和的曲线轮廓。门窗棂条的丰富组合，须弥座、勾阑、柱础的精细石雕、五彩遍装、碾玉装等宋式彩画的华美装饰，增添了北宋建筑柔美、精致、隽秀的格调。它标志着中国木构架建筑，在唐代达到成熟体系的基础上，到宋代进入了体系精致化的发展阶段。南宋建筑的格调则进一步走向小巧、细腻、绚丽、繁缛。

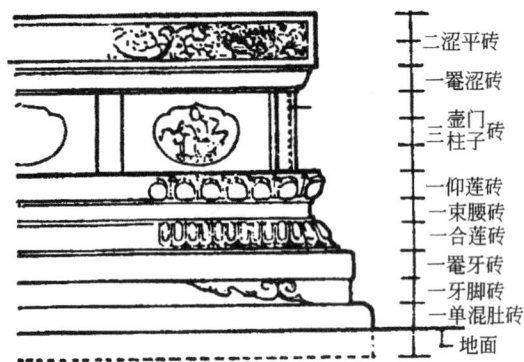

二涩平砖
一罨涩砖
三柱子砖
一仰莲砖
一束腰砖
一合莲砖
一罨牙砖
一牙脚砖
一单混肚砖
地面

6.10.22　宋式砖砌须弥座

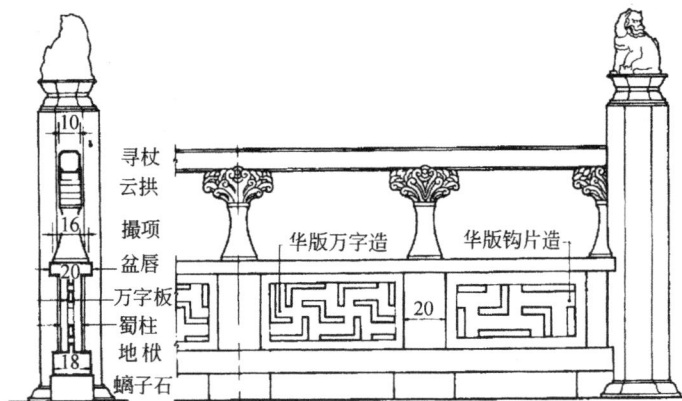

6.10.23　宋式单勾阑

寻杖
云拱
撮项
盆唇
万字板
蜀柱
地栿
螭子石

华版万字造　华版钩片造

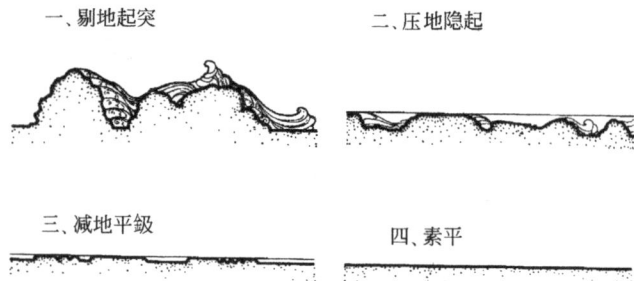

一、剔地起突　二、压地隐起

三、减地平钑　四、素平

6.10.24　石作雕镌四种

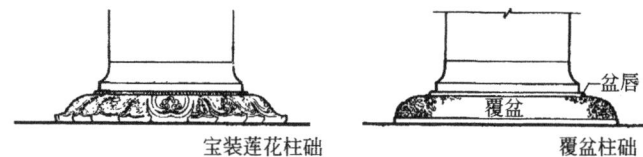

宝装莲花柱础　覆盆柱础

盆唇
覆盆

6.10.25　宋式柱础

6.10.22　宋式须弥座

宋代须弥座有砖作和石作两类。砖须弥座由13层砖叠砌而成。宋式须弥座的特点是分层多，除涩平层和壸门、柱子层外，各层都很薄，整体造型挺拔、秀气，雕饰纤细、精致，个别线脚易于积水冻裂。须弥座是从佛像的木须弥座演化为建筑台基，宋式须弥座尚保持着木须弥座分层细密、雕饰细腻的特点。

6.10.23　宋式单勾阑

石勾阑是从木勾阑演化而来，宋式石勾阑尚保持着木勾阑的基本构成，也分为重台勾阑和单勾阑。其构成特点是由许多分件组装而成。较为简洁的单勾阑，分件也达到9种之多。其寻杖细长，撮项瘦高，空当疏朗，华版镂空，整体造型苗条、轻快、秀美。

6.10.24　石作雕镌四种

《营造法式》定出四种雕镌形式：一是"剔地起突"，即高浮雕、半圆雕，母题凸出石面较高，起伏大，层次多；二是"压地隐起"，即浅浮雕，地下凹，在一平面。母题凸起，高出石面不多，其最高凸点均在一平面上。雕刻部位有起伏，有深度感；三是"减地平钑（音色）"，是一种平板式的浮雕，地下凹在一平面上，母题凸起的表面也是一个平面；四是"素平"，即在光素的石面作"线刻"。

6.10.25　宋式柱础

宋式柱础形式多样，有覆盆柱础、莲瓣柱础、仰覆莲花柱础等。覆盆柱础最为常见，有素覆盆，也有带素平、减地平钑、压地隐起的覆盆，刻饰花纹有水浪、蕙草、牡丹花、莲荷花、宝相花等等。莲瓣柱础的花瓣上也可以施加装饰线纹，称为"宝装莲花柱础"。柱础尺度如础方、础厚、覆盆高、盆唇高等均已有定制。

6.10.26　宋式格子门

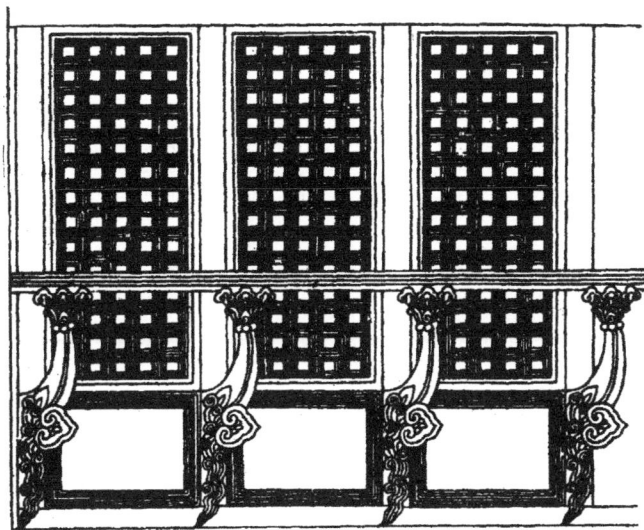

6.10.27　宋式阑槛钩窗

盘球

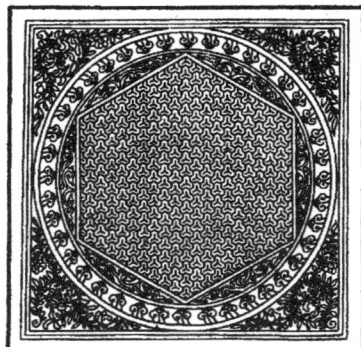

琐子

6.10.28　宋式平棊图案

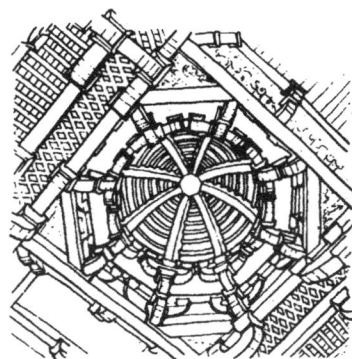

6.10.29　宁波保国寺大殿藻井

6.10.26　宋式格子门

格子门出现于五代，到宋代已广为流行。其特点是门的上部嵌透空的格子，既有利于采光，也丰富建筑立面的装饰性，是宋代建筑走向精巧、秀丽的重要因素。其格子形式，《营造法式》提到"四斜球纹格眼"、"四斜球纹上出条桱重格眼"和"四直方格眼"等数种，见于宋代建筑实物则有斜方格眼、龟背纹、十字纹、拐子纹等不下数十种。

6.10.27　宋式阑槛钩窗

是一种钩窗与钩阑的结合物。它主要用于亭榭，打开窗扇就显露带鹅项、槛面板的钩阑，可以凭栏坐憩休息。

6.10.28～29　平棊与藻井

宋代天花板有两种格式：用枋木相交构成正方形、长方形或多边形的大格子，上面盖木板的，称为平棊；用小木枋构成正方形小格眼，上面盖木板的，称为平闇。平棊的做法比平闇讲究。平闇的铺板没有装饰花纹，平棊的铺板上则用"贴络华文"装饰。《营造法式》列举了平棊饰纹的"十三品"图样，图6.10.28的"盘球"、"琐子"就是其中的两式。藻井是平棊向上凹入的部分，通常位于天花板的核心位置。常见的是八角形的"斗八藻井"，也有像图6.10.29所示的圆藻井。藻井的设置起到了烘托空间和强化空间重点的作用。

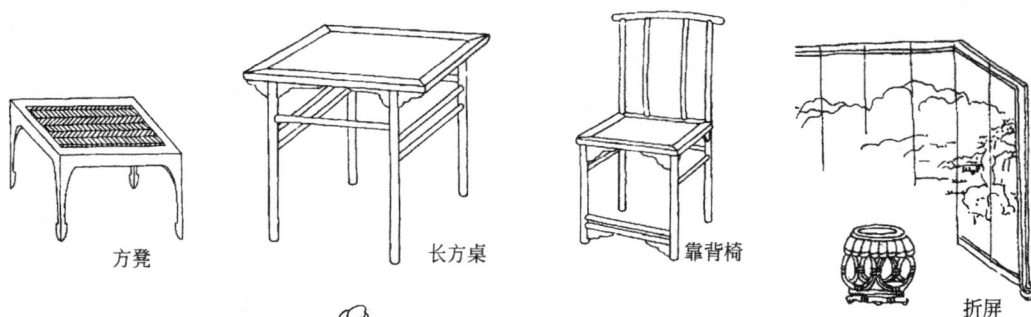

方凳　　　　　　长方桌　　　　　　靠背椅　　　　折屏

长桌、交椅

6.10.30～32　宋代家具

宋代是中国家具发展的重要阶段，从东汉末开始酝酿的垂足坐方式，历时近千年，到两宋时已全面普及，完成了低型家具向高型家具的转型，形成了品类丰富的高型家具系列。在桌案类中，有方桌、条桌、圆桌，有书案、画案、香案；在椅凳类中，有方凳、圆凳、方墩、圆墩，有靠背椅、扶手椅、灯挂椅和折叠式的交椅；屏风的发展也趋于完备，有直立板屏、多扇曲屏等等。见于宋画《五学士图》和《清明上河图》，可以看出高型家具在上层文士书斋和下层市民饮食店中广为普及的景象。家具的结构和构造出现了重要变化，梁柱式的框架结构取代了箱形壸门结构。桌椅构造并存着无束腰和有束腰两种做法。起坐方式的改变和家具尺度的增高，推动了室内高度的增加。室内家具布置形成对称与不对称两种方式。装饰性线脚和桌混曲线的应用，丰富了家具的造型。宋代家具注重实用，没有像宋代建筑那样趋向华美，而是走向简约、挺秀、洗练，为明式家具艺术发展高峰吹响了前奏。

桌、椅

6.10.30　宋代家具数例

6.10.31　宋画《五学士图》中的书案、条案、香几、鼓凳、书柜

6.10.32　宋画《清明上河图》中饮食店内的方桌、长桌、长凳

7 明、清建筑

(公元 1368 年 ~ 1911 年)

明 （公元 1368 年 ~ 1644 年）

清 （公元 1616 年 ~ 1911 年）

明清两代是分别由汉族、满族建立的全国统一政权，也是中国历史上最后两个封建王朝。中国古代建筑在明代和清中叶之前，经历了最后一次发展高峰。清中叶以后，随着清朝国势的衰落和王朝的覆灭，清官式建筑同步走向衰颓，最后终结了帝王宫殿、坛庙、陵寝、苑囿的建筑史。

在城市建设上，明初定都南京，成祖迁都北京，两地均进行大规模的城垣、宫殿建设，人口均达到百万以上。清入关后承继明代都城的基本规制，明清北京城的完整规划和恢宏气势，被史家誉为"都市计划的无比杰作"。明中期以后商品经济的发展，引起封建社会内部资本主义的萌芽，商业城镇遍布各地，江南的工商业城镇尤为发达。各地府、州、县城都有明显发展。为防止倭寇侵犯，在沿海地带陆续建造大小海防城堡。为防御北方边患，明代修建了分属九镇的万里长城。这些都推进了城市建设和城防工程的发展。

现存的中国古代建筑，绝大多数都是明清两代的遗存，建筑实物遗产非常丰富。在帝王宫殿、坛庙、陵墓等大型官式建筑中，北京紫禁城、北京天坛、昌平明十三陵等，都是组群布局的典范性杰作。它们与曲阜孔庙等一起，标志着明清时期大型建筑组群达到了前所未有的规划设计水平。在清代皇家园林的活动中，北京西郊的"三山五园"和承德避暑山庄，把中国苑囿推上最后的发展高峰。南北方的私家园林、寺庙园林和邑郊、山川风景点也蔚为大观，反映出造园理景在明清时期的突出发展。各类宗祠、先贤祠、书院、会馆、戏院、旅店、钟鼓楼、过街楼以及各类牌坊等组成了明清时期颇为齐全的社会性、公共性建筑类型。各地区的乡土建筑特色愈益鲜明，它们都显现出切合地域实际的勃勃生气。少数民族建筑也有长足的发展，藏地佛教、汉地藏传佛教都有重大的建筑活动，并产生了像承德外八庙那样融合汉藏建筑于一炉的创新性突破。

中国木构架建筑体系在经历了两宋的精致化之后，到明清达到了高度成熟阶段。大木构架加强了整体性，简化了梁柱结合方式，斗栱结构机能衰退，蜕化为垫托性、装饰性构件。1733 年颁布的清《工程做法则例》，进一步强化了建筑标准化。从明代开始，砖产量大幅度增加，砖墙使用普及，硬山屋顶出现。"无梁殿"在寺院藏经楼和皇家档案库中用作防火建筑。各地的城墙和许多地段的长城也更新为砖墙。琉璃砖瓦硬度提高，色彩、纹样更加丰富细致。木雕、砖雕、石雕普遍运用于大、中型住宅，丰富了建筑装饰。明代海上交通发达，东南亚一带质坚色美的花梨、紫檀、红木源源输入中国，家具的发展到明代达到了最高峰，中国建筑的内外檐装修和室内陈设也有同步进展。在设计和施工方面，清宫廷设有主持设计和编制预算的"样房"、"算房"，形成严密的设计制度。民间则有产生于明代的木工用书《鲁班经》，传授当时民间匠师必备的业务知识。在造园领域出现了一部总结造园经验的著作——《园冶》。从清中叶开始，官式建筑由成熟的定型化转向僵滞的过度程式化，构架趋向板滞，园林、家具、装饰、彩画等也由于过分追求精细而导致堆砌、繁缛，建筑风格转向拘谨而欠缺生气，这些都透露出官式建筑在清代中、后期的停滞、衰颓。

7.1 都城与府、县城

7.1.1～5 明清北京城

北京是明清两代的都城，是在元大都的基础上改建、扩建而成的。

演变 明代北京城经历三次演变：第一次是明初定都南京，大都改称北平。洪武元年(1368年)，明军攻下大都后，为便于防守，就收缩北城，向南退入约5里，另筑一道新的北城墙。并为消灭元朝"王气"，将元旧宫全部拆毁。洪武三年，明太祖封其第四子朱棣为燕王，以北平为燕王驻地，在元隆福宫、兴圣宫遗址上建燕王府。永乐元年，朱棣登极，以北平为"行在"，改称北京，北京城名由此肇始。第二次是永乐十四年(1416年)决定迁都北京，至永乐十八年，北京新宫建成，正式迁都。新建宫城"规制悉如南京，而高敞壮丽过之"。其位置仍坐落在元大都宫城轴线上，但稍向前移。由于宫城、皇城的南移，都城南城墙也向南移，永乐十七年由原来在今长安街一线南移到今前三门一线。第三次是嘉靖三十二年(1553年)，为强固京师防卫，计划在京城四周扩筑一重外城。限于财力，后仅将内城前三门外的地区，包括天坛、山川坛和居民稠密的市肆围筑于外城之内，由此奠定了北京城凸字形的格局。清代沿用明代北京建置，城郭格局没有大的变动。

城池 凸字形的北京城，外城在南，内城在北。内城东西6672米，南北5350米；共辟9门，南面3门，东、西、北三面各2门。外城东西7950米，南北3100米，南面3门，东西各1门，北面除内城前三门外，另辟2个通向城外的东西便门。北京的城墙，元大都时尚是土筑，洪武元年新筑北城墙时，新旧城墙的外侧都用砖包砌。明英宗正统元年至十年(1436～1445年)，城墙内侧也全部用砖包砌，并建造九门城楼、瓮城和四隅角楼。其中正阳门瓮城在东、西、南三面各开一门，其他八门瓮城只偏开一门，使攻城者不能直冲入城。考虑到各城门之间的相互支援，相邻两门的瓮城开门都是遥相对开。东直门瓮城就是为了与朝阳门瓮城对开而设门于南墙。北京内外城均有护城河环绕，河宽约30米，深约5米，距城墙约50米。两岸用砖石驳岸，河上架石桥。城墙、瓮城、城门、城楼、箭楼、闸楼和护城河一起，构成北京城坚固的城防体系。

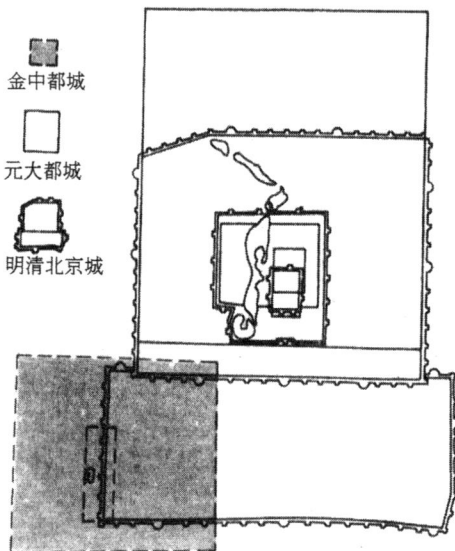

金中都城

元大都城

明清北京城

7.1.1 北京城址变迁图

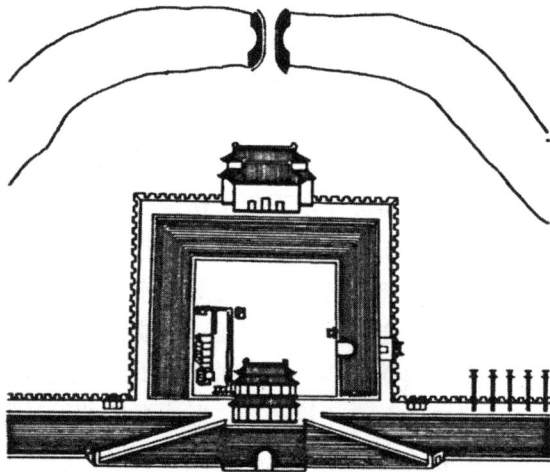

7.1.2 北京东直门瓮城

皇城、宫城 皇城居内城中心偏南，东西 2500 米，南北 2750 米，呈不规则的方形。四向开门，正门明称承天门，清称天安门。皇城内除宫城外，还包括宫城北面的万岁山（景山），宫城南面的太庙、社稷坛，宫城西侧的西苑三海，以及分布于皇城内的各种监、局、库、房、作坊等内府机构。皇城中的宫城坐落在内城中轴线的核心位置，南北长 961 米，东西宽 753 米，四面有高大的城门，四角建有形制华美的角楼。宫城内以传统的"前朝后寝"制度，布置着皇帝听政、皇族居住的宫室和御花园。皇城正门前由千步廊围合的丁字形宫廷广场，规制上也列入皇城范围。宫廷广场两侧集中分布着五府六部等中央官署。明代时，东侧为宗人府和吏、户、礼、兵、工五部及其他院监，西侧为五军都督府和太常寺、锦衣卫等。到清代，东侧仍沿袭明代建置；而西侧由于清代兵制不同，不设军都督府，其前排用地改为居民胡同，后排仍为太常寺、都察院、刑部、大理寺等司法机构。

街市、胡同 明清北京内城沿袭元大都棋盘式的

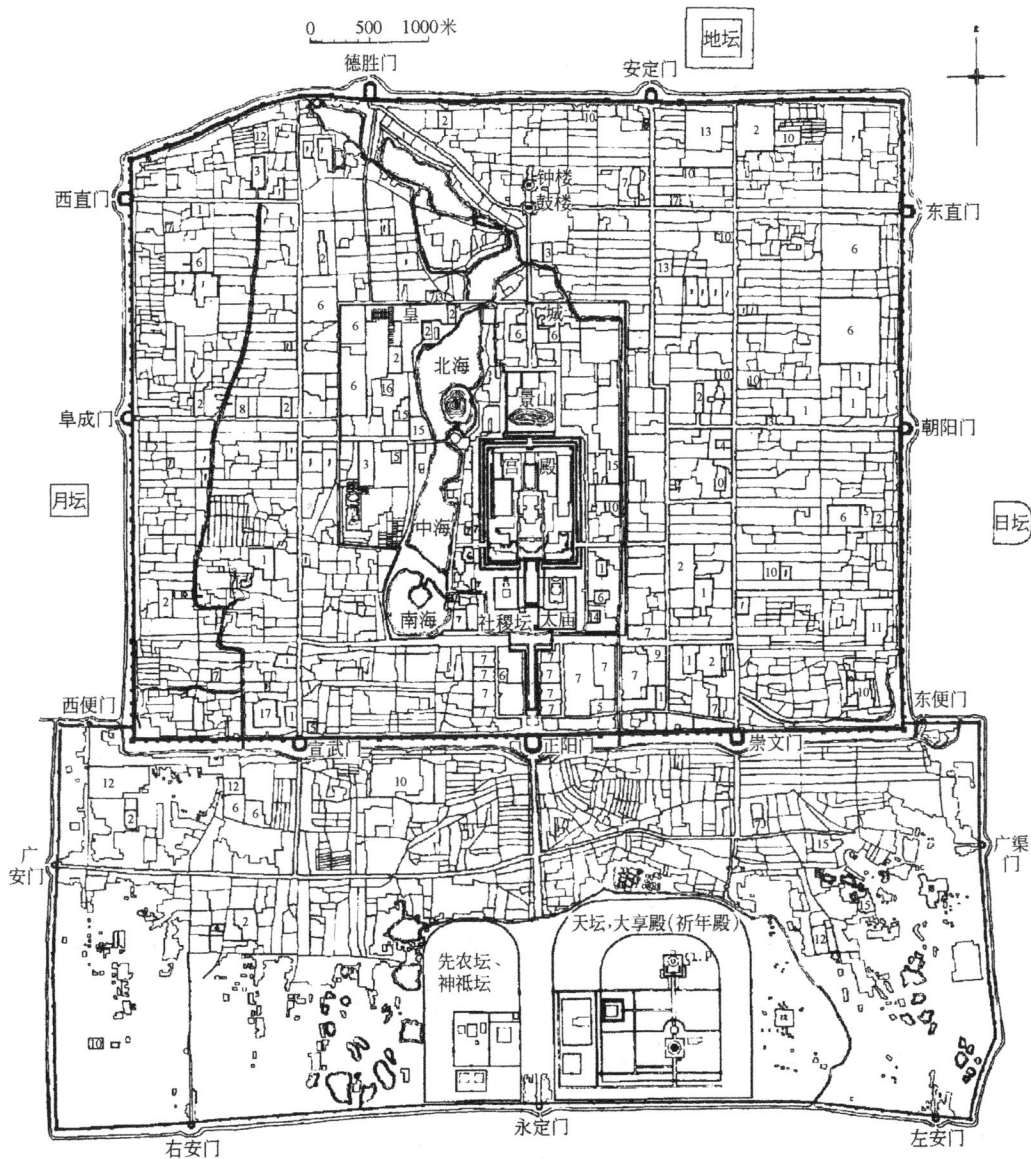

7.1.3 清代北京城平面图（乾隆时期）

道路网，街道走向多为正南北、正东西。由于皇城居中，东西向交通颇受阻挠，内城分别以通向崇文门和宣武门的南北向大道为东、西城的主干道。外城街道除个别地段有整齐规划外，大部分沿用旧路或利用废弃的沟渠，除延伸内城前三门的 3 条南北干道外，主

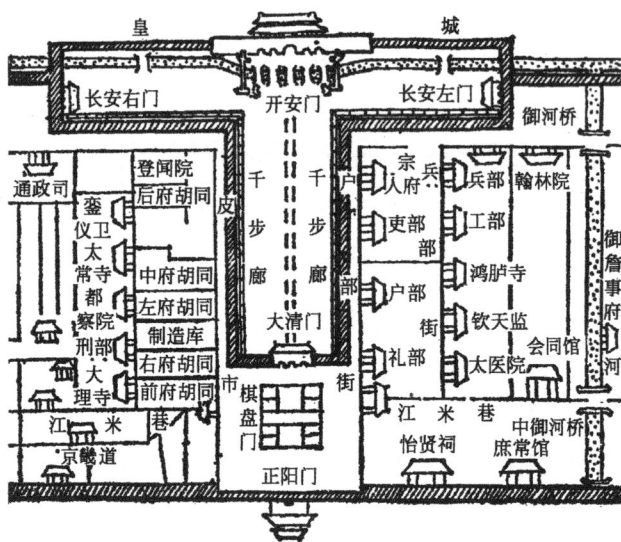

7.1.4 清代天安门、大清门

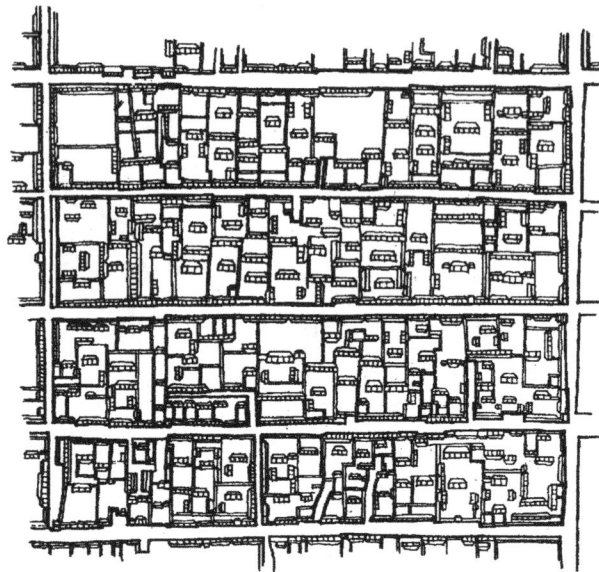

7.1.5 《乾隆京师全图》上的北京胡同

要以连通广渠门与广安门的横街作为东西干线。明清北京的商业，以内城的东、西四牌楼和外城的正阳门外大栅栏一带最为繁荣。同行业者相对集中，铺户达132行。现在北京地名中的米市、菜市、柴市、煤市、花市、珠（猪）市、骡马市、珠宝市等，还留下这个印迹。另有庙会形式的集市，清代定期的庙会有花市集、土地庙、护国寺、隆福寺等，号称五大庙会。

明清北京的居住区，名义上分为若干"坊"，实际上不具备里坊制的性质，而是以胡同划分为长条形的住宅地段。胡同以东西走向为主，胡同南北两侧分列四合院住宅，形成颇为宁静的居住环境。

园林 明代主要的宫苑是位于宫城西侧的西苑，它是利用金、元时期的太液池、琼华岛扩建而成，明初南移南城墙时，添增了南海水面。清代继续扩建北海、中海、南海，并在西北部兴建大批宫苑，其中包括号称"三山五园"的万寿山—清漪园、香山—静宜园、玉泉山—静明园和圆明园、畅春园。明清两代内城也建有不少私家园林，著名的明代宅园有50多处，著名的清代宅园有100多处。分布在城内外的皇家坛庙，特别是天坛、社稷坛等，也有大片绿地。这些构成了北京城环境优美的风景地带。

城市轴线 北京城的布局，形成了一条突出的、长达7公里多的中轴线。轴线第一段从南端永定门起，向北到正阳门，以"路"的形态出现，路两侧有天坛和先农坛两个组群陪衬；轴线第二段从正阳门，经大清门到天安门，以"广场"的形态出现，T字形的宫廷广场以狭长的千步廊夹峙的纵深空间，衬托出天安门前的分外开阔、壮丽；轴线第三段进天安门，经端门、午门，到达宫城。它以大型建筑群的形态出现，宫城轴线与城市轴线重合，构成城市轴线的主体、重心，把城市轴线推向高潮；轴线第四段来到宫城北面的景山，以"山"的形态把轴线引到城市的制高点；轴线第五段从地安门到达北端的鼓楼、钟楼，沿线三座门楼式建筑对轴线作了有力的结束。这条超长度的、重点突出、主次分明、严谨端庄、气势磅礴的轴线，在世界城市史上是罕见的。

明清北京城是中国古代最后一座都城，它集中国古代城市规划、城市设计和建筑设计之大成，不仅在城市布局、建筑艺术等方面，而且在城市引水、排水等工程建设方面，都有突出的成就。梁思成先生赞美它是"都市计划的无比杰作"。英国城市学家培根也盛赞说："也许在地球表面上人类最伟大的单项作品就是北京了"。

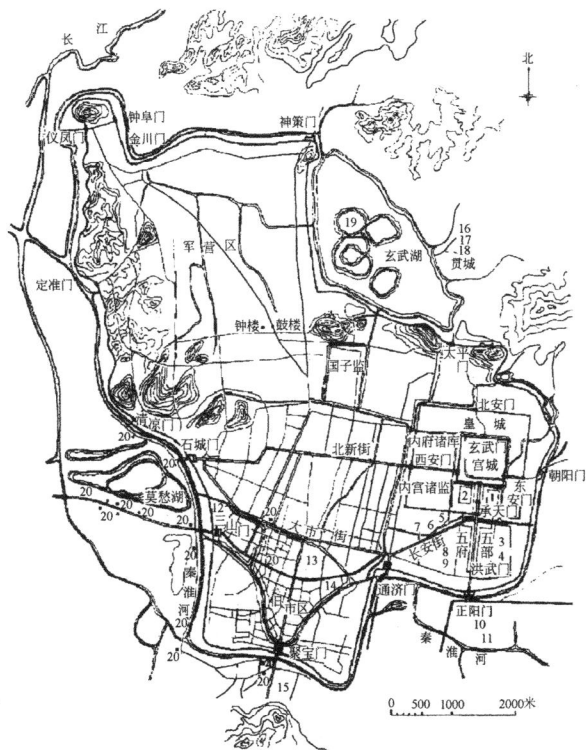

7.1.6　明南京城复原图

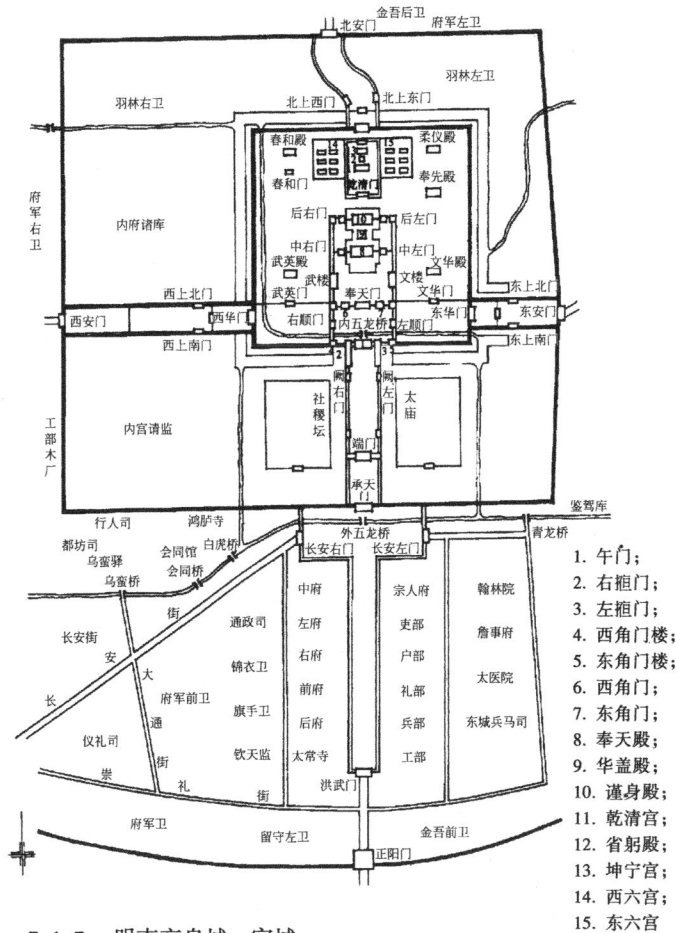

1. 午门；
2. 右掖门；
3. 左掖门；
4. 西角门楼；
5. 东角门楼；
6. 西角门；
7. 东角门；
8. 奉天殿；
9. 华盖殿；
10. 谨身殿；
11. 乾清宫；
12. 省躬殿；
13. 坤宁宫；
14. 西六宫；
15. 东六宫

7.1.7　明南京皇城、宫城

7.1.6～7　明南京城

　　南京历史上曾是三国吴国、东晋、南朝宋、齐、梁、陈和五代南唐的都城，明初又定都于此。明南京的规划突破隋唐以来方整对称的都城形制，结合地形和城防需要，保留旧城，增辟新区，形成不规则的格局。全城分为三区：即中部市区、西北部军营区和东部宫城区。明南京城墙就是这三区外缘的围合，把历史上的建康城、石头城、江宁城旧址和富贵山、覆舟山、鸡笼山、狮子山、清凉山等都包在城内。全城周长33.68公里。城墙以条石作基础，砖砌内外壁，内夯砖块、砾石、黄土，有的区段全部用城砖实砌。共设城门13座，重要城门设瓮城1～3重，每重瓮城均有闸门，以强化防卫。这座砖石城墙的外围，还有一道土筑的外郭城，长50余公里。

　　宫城区是明初南京建设的重点，它选址于旧城东侧的钟山之阳，以钟山的"龙头"富贵山作为大内镇山，通过填湖取得了皇城、宫城和中央官署的用地。宫城位于皇城中部偏东，宫城午门前方，左右分列着太庙、社稷坛；皇城承天门前方御路，由千步廊围成T字形的宫廷广场。御路两侧，左边分布宗人府、吏、户、礼、兵、工各部和翰林院、太医院等；右边分布五军都督府和通政司、锦衣卫、钦天监等。宫城布局贯穿了朱元璋强化礼制的意图，大内按传统规制分前朝、后寝两大部分。前朝设奉天、华盖、谨身三殿，后寝设乾清、坤宁二宫和东西六宫，并以洪武门、承天门、端门、午门、奉天门表征"天子五门"。明南京宫殿的这种布局规制以及宫后的镇山等等，后来都成了北京宫殿布局的蓝本。

7.1.8 明清西安城

西安地处"八百里秦川"腹地，五代、宋、元时期城垣已缩小到原隋唐长安皇城的范围。明初，朱元璋封其次子朱爽为秦王，驻地改名西安，在城内建造规模颇大的秦王府，并扩展东、北城垣。扩展后西安城周长11.9公里，四面各辟一门，建有城楼4座、角楼4座、敌台98座。城墙高12米，城外建护城河，整座城池"百雉巍峨，形势厚重"。城内以通往南北、东西城门的十字街为主干道，四门形成繁华的"关厢"，这都是明清州府城的常规格局。十字街交叉口矗立着兼有报时警夜和战时指挥作用的钟楼。钟楼、城楼丰富了城市的立体轮廓。清代在城东北部建专供满族居住，用作军事据点的"满城"，占去全城1/3用地，是城市发展的一种倒退。

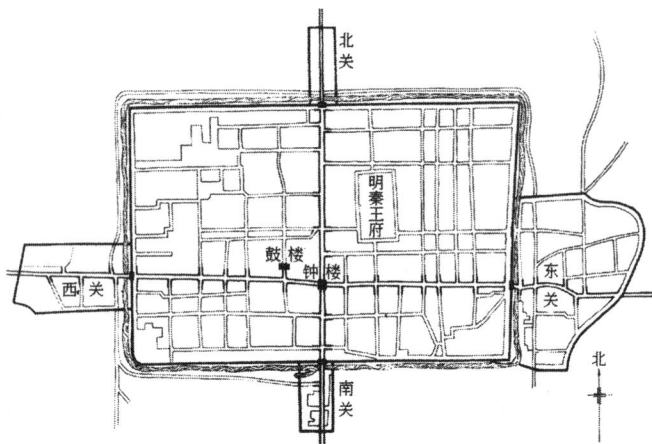

7.1.8 明代西安城

7.1.9 明平遥城

位于山西中部，原为西周古城，明洪武三年(1370年)在此置县筑城，1562年用砖包砌。平面略呈斜方形，南垣随中都河形成屈曲。城周长6公里余，城高6～10米，有马面72座，设6座城门，均带瓮城，下东门关厢处加筑东关城。城内以通向城门的东、西、南、北四条大街为干道，但南大街略偏东，与北大街不对直。在南大街近东大街处建市楼，这一带是全城商市集中处。平遥地少人多，以善于经商和转输货财闻名，清中叶的中国第一家票号日升昌就出在这里，是全国驰名的票号业中心。平遥城墙和商号、民居保存完好，是现存最完整的明清古城之一。

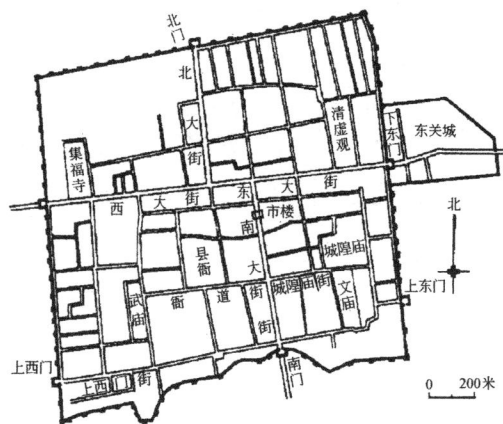

7.1.9 明平遥城

7.1.10 蓬莱水城

为防备倭寇侵犯，明洪武九年(1376年)在山东半岛最北端筑蓬莱水城。它位于登州北侧，面临渤海，利用天然港湾开凿出城内小海，用以停泊船舰和操演水师。水城地势险要，布局因势利导，将城头架于丹崖山脊，北临悬崖，西跨丹山，只有东、南两面落于平地。全城呈窄长的不规则形。位处水城中心的窄长形小海，占水城面积的1/3。它把水城分为东西两部。城内除水师营地和市井外，在丹崖山一带还建有蓬莱阁、三清殿、海神庙、龙王宫等。水城设水陆城门各一座，敞口式的水门是小海通往大海的惟一通道，其东北、西北分列炮台，呈犄角之势护卫水门。水门外两侧另筑平浪台和防波堤，以减少海浪的冲击和阻挡泥沙的进入港内。蓬莱水城是一座与周围环境密切结合的、据险为塞的海防城堡，在城址选择、港湾开辟、港口设施和城防建设等方面，都体现出较高的设计水平。

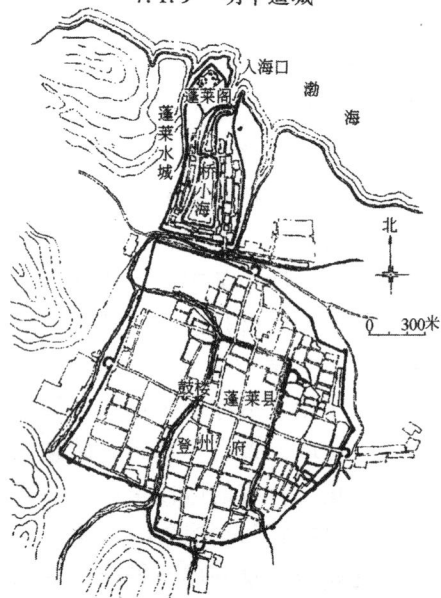

7.1.10 登州府城与蓬莱水城

7.2 北京宫殿和盛京宫殿

7.2.1~3 北京紫禁城

北京紫禁城是明清两朝的宫城，现通称北京故宫。明永乐十五年(1417年)始建，永乐十八年(1420年)建成。北京故宫是以明南京宫殿为蓝本，"规制悉如南京，而高敞壮丽过之"。现有建筑多经清代重建、增建，总体布局仍保持明代的基本格局。

紫禁城位处北京内城中心，南北长961米，东西宽753米，占地72万平方米；城墙高10米，四周环绕宽52米、深6米的护城河；每面辟一门，南面正门为午门，北面后门为神武门(明称玄武门)，东西两侧为东华门、西华门；城墙四角各有一座角楼。角楼采用曲尺形平面，上覆三重檐歇山十字脊折角组合屋顶，以丰美多姿的形象，与紫禁城墙的敦实壮观形成强烈的对比。紫禁城建筑大体分为外朝、内廷两大区。外朝在前部，是举行典礼、处理朝政、颁布政令、召见大臣、进讲经筵的场所，以居于主轴的太和、中和、保和三大殿为主体，东西两侧对称地布置文华殿、武英殿两组建筑，作为三大殿的左辅右弼。内廷在后部，是皇帝及其家族居住的"寝"，分中、东、西三路。中路沿主轴线布置正宫，依次建乾清宫、交泰殿、坤宁宫，通称"后三宫"，其后为御花园。东西两路对称地布置东六宫、西六宫作为嫔妃住所。东西六宫的后部，对称地安排乾东五所和乾西五所10组三进院，原规划用作皇子居所。东六宫前方建奉先殿(设在宫内的皇帝家庙)、斋宫(皇帝祭天祀地前的斋戒之所)。西六宫前方建养心殿。从雍正开始，养心殿成为皇帝的住寝和日常理政的场所。西路以西，建有慈宁宫、寿安宫、寿康宫和慈宁宫花园、建福宫花园、英华殿佛堂等，供太后、太妃起居、礼佛，这些建筑构成了内廷的外西路。东路以东，在乾隆年间扩建了一组宁寿宫，作为乾隆归政后的太上皇宫。这组建筑由宫墙围合成完整的独立组群，它的布局仿照前朝、内廷模式，分为前后两部。前部以皇极殿、宁寿宫为主体，前方有九龙壁、皇极门、宁寿门铺垫。后部也像内廷那样分为中、东、西三路：中路设养性殿、乐寿堂、颐和轩等供起居的殿屋；东路设畅观阁戏楼、庆寿堂四进院和景福宫；西路是宁寿宫花园，俗称乾隆花园。这组相对独立的"宫中宫"，构成了内廷的外东路。在它的南面还安排了3组并列的三进院，是供皇子居住的南三所。除这些主要殿屋外，紫禁城内还散布着一系列值房、朝房、库房、膳房等等辅助性建筑，共同组成这座规模庞大、功能齐备、布局井然的宫城。

在设计意匠上，紫禁城突出地创造了一条贯穿南北的纵深主

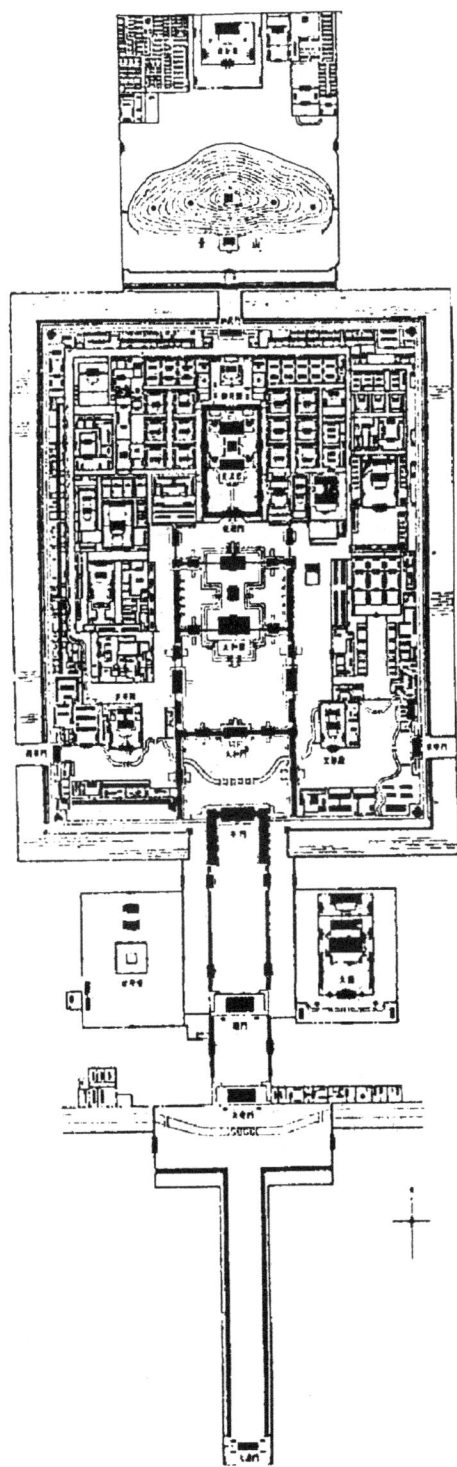

7.2.1　明清北京紫禁城总图

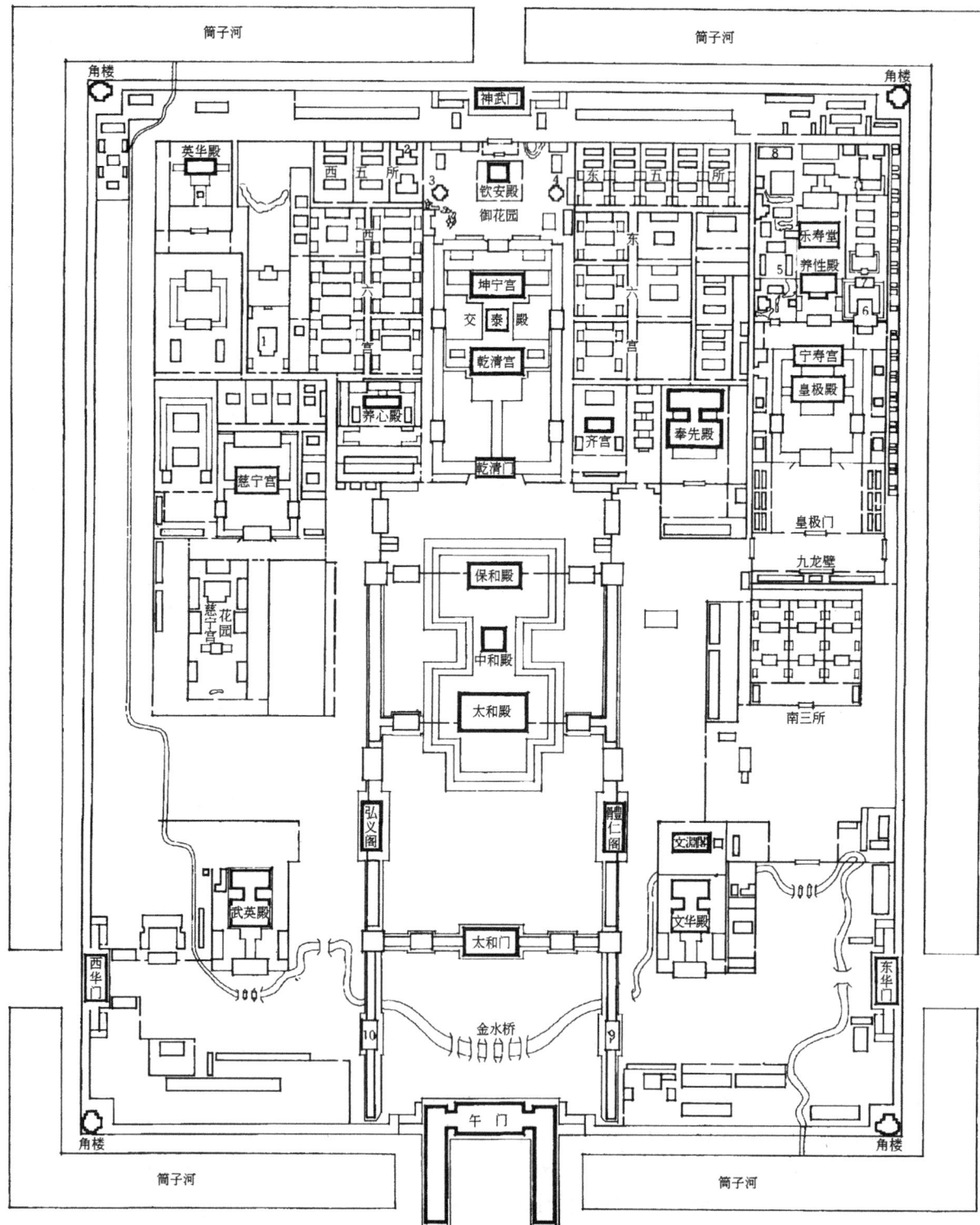

筒子河　　　　　　　　　　　　　　　筒子河

角楼　　　　　　　　　　　　　　　　　　　　　　　　角楼

神武门

英华殿　　　西五所　　钦安殿　　东五所　　8

御花园

乐寿堂

西六宫　　坤宁宫　　东六宫　　养性殿

交泰殿

养心殿　　乾清宫　　宁寿宫

皇极殿

慈宁宫　　齐宫　　奉先殿

乾清门

皇极门

九龙壁

保和殿

慈宁宫花园

中和殿

太和殿

南三所

弘义阁　　　　体仁阁

文渊阁

武英殿

文华殿

西华门

太和门

东华门

金水桥

角楼　　　　　　　　　　午门　　　　　　　　　　角楼

筒子河　　　　　　　　　　　　　　　筒子河

7.2.2　明清北京紫禁城总平面图

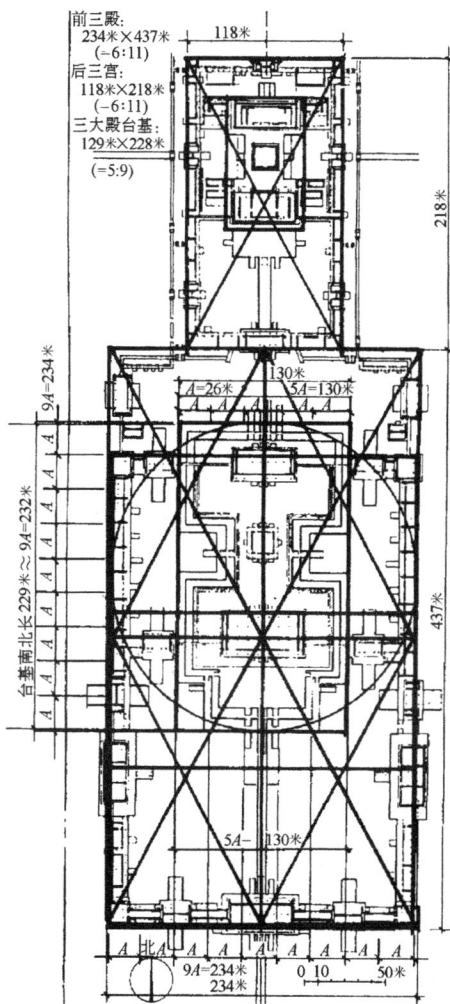

前三殿:
234米×437米
(=6:11)

后三宫:
118米×218米
(=6:11)

三大殿台基:
129米×228米
(=5:9)

118米

218米

9/4=234米

台基南北长229米≈9/4=232米

A=26米

5/4=130米

130米

437米

5/4=130米

北

9/4=234米
234米

0 10   50米

7.2.3　傅熹年所作前三殿宫院和后三宫
　　　　宫院的尺度分析

轴。这条主轴线与都城北京的主轴线重合在一起。宫城轴线大大强化了都城轴线的分量，并构成都城轴线的主体；都城轴线反过来也大大突出了宫城的显赫，成为宫城轴线的延伸和烘托。紫禁城的轴线前方起点可以往前推到大清门，后方终点可以向后延伸到景山。在这条主轴线上，紫禁城以午门门庭、太和门门庭、太和殿殿庭、乾清门门庭、乾清宫殿庭和太和、中和、保和三大殿建筑、乾清、交泰、坤宁后三宫建筑，组织了严谨的、庄重的、脉络清晰、主次分明、高低起伏、纵横交织的空间序列，把帝王宫殿的磅礴气势发挥到极致。

在贯穿封建礼制、伦理纲常上，紫禁城明确地体现了"择中立宫"的意识和"前朝后寝"的规制。对于历代宫殿遵循的"五门三朝"周礼古制，也有所体现。它以天安门、端门、午门、太和门、乾清门表征"五门"的皋门、库门、雉门、应门、路门；以太和、中和、保和三大殿表征"三朝"的外朝、常朝、燕朝。大体上以象征的方式延续了历史的文脉。紫禁城还通过建筑的数量、方位、命名和用色等，尽可能地附会阴阳五行的象征和风水堪舆的禁忌。如前朝位于南部属阳，主殿三大殿用奇数；后廷位于北部属阴，主殿原本只用两宫，属偶数。东西六宫之和为十二，也是偶数。作为皇子居所的乾东西五所，用了奇数五，寓意"五子登科"，合在一起为十，也符合偶数。阴阳象征还进一步划分为阳中之阳、阳中之阴、阴中之阳、阴中之阴。后廷主轴上后来增建了交泰殿，成了奇数，就可以把后三宫当作"阴中之阳"来解释。紫禁城在体现伦理五行上可以说是很执著、很关注的，但在具体用法上却是很灵活的，妥帖地取得象征语义与功能要求、艺术效果的合拍统一。

在组群空间布局方面，紫禁城也反映出严谨的平面模数关系。据傅熹年的研究，紫禁城的后两宫宫院（即后来的后三宫宫院）宽118米，长218米，这个尺寸在宫城规划中有明显的模数意义。前三殿宫院加上乾清门门院的占地面积恰好是后两宫宫院的4倍；东西六宫加上东西五所的占地面积，也与后两宫宫院尺度很接近。触目的前三殿工字形大台基，其宽度与长度的比例为5:9，显然隐喻着"王者居九五富贵之位"的意义。紫禁城中许多重要尺寸的选定，都存在着类似的缜密用心。

北京紫禁城是中国封建王朝最后一座宫城，它以高度程式化的定型建筑单体，通过匠心独运的规划布局，充分满足了皇家复杂的功能要求，森严的门禁戒卫，繁缛的礼制规范，严密的等级制度和一整套阴阳五行、风水八卦的需要，充分表现出帝王至尊、江山永固的主题思想，创造出巍峨壮观、富丽堂皇的组群空间和建筑形象，堪称中国古代大型组群布局的典范作品。

7.2.4～6　北京故宫三大殿

太和、中和、保和三大殿均建于明永乐十八年（1420年），后经重建、重修。太和殿是举行最隆重庆典的场所，皇帝登极、大婚、册立皇后、命将出征和元旦、冬至、万寿三大节，都在这里行礼庆贺。中和殿是庆典前的皇帝休憩处，保和殿在明代是庆典前的皇帝更衣处，清代改为皇帝的赐宴厅和殿试考场。三大殿共同坐落在一个大尺度的工字形三层大台基上，联结成有机的整体殿组。

作为整个宫城的建筑主体和核心空间，太和殿及其殿庭的规划是极具匠心的：

1. 太和殿采用了面阔11间、进深5间的高体制，建筑面积2377平方米。上覆黄琉璃瓦重檐庑殿顶，下承三层汉白玉须弥座台基。斗栱为上檐九踩，下檐七踩，仙人走兽达11件，彩画为金龙和玺。这些都是最高形制、最尊规格，保证了主体建筑自身的宏大威严和金碧辉煌的壮丽；

2. 采用了3万多平方米的、可容万人盛典的巨大殿庭。殿庭前有从大清门开始的5座门楼铺垫，后有内庭宫殿烘托，左右有文华、武英两殿簇拥，突出了核心空间的最优越地位；

3. 在殿与庭的处理上，太和殿殿身没有凸入殿庭，前檐几乎与殿庭北墙拉平，由此保持了殿庭的最大深度和规整形态。面对巨大的殿庭，太和殿殿身体量偏小，不够相称，三层带月台的须弥座台基在这里起到了重大作用。它不仅标志出太和殿的最尊等级，而且提升了殿的总高，壮大了主殿的整体体量，使主殿与殿庭取得尺度上的协调，并且通过触目的丹陛，把主体建筑有机地嵌入殿庭，主殿殿身单薄的二维立面转化为敦实的三维体量，既有助于强化主殿的壮观气势，也有助于避免殿庭的过于空荡；

4. 恰当安排了殿庭的辅助建筑和陈列小品。殿庭周边的掖门、崇楼和体仁、弘义两阁，都划分成较小的尺度，以衬托主殿的分外宏大。丹陛上不仅排列着标志至尊的18个鎏金的铜鼎，而且陈列着象征治理国家权力的日晷、嘉量，寓意龟龄鹤寿、江山永固的铜龟、铜鹤，用以渲染至高至尊的皇权神圣境界。

可以说，太和殿及其殿庭是综合了总体布局、环

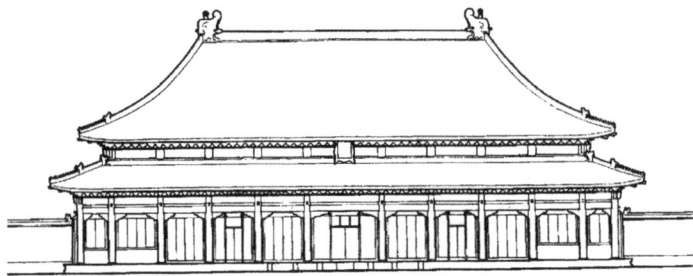

7.2.4　北京故宫太和殿立面

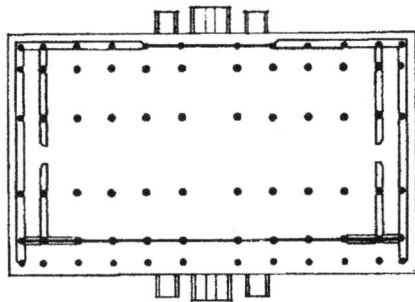

7.2.5　北京故宫太和殿平面

境烘托、空间层次、空间尺度、建筑规制、严谨构图、色彩装饰以至小品点缀所取得综合艺术效果。

7.2.7～8　北京故宫后三宫

后三宫是内庭的主体，由乾清、交泰、坤宁两宫一殿组成。在明代和清初，乾清宫是皇帝的寝宫，雍正以后清帝移居养心殿，乾清宫改作皇帝召见廷臣、处理日常政务的场所。坤宁宫在明代是皇后的寝宫，清初改为宫廷萨满教祭祀之所，兼做皇后正宫。交泰殿建造时间可能稍晚，是皇后举行生日庆典的地方。

后三宫整体呈一封闭的纵深宫院，两宫一殿共同坐落在一个工字形台基上，前后分为三进，周边环绕庑廊。正门为乾清门，门前排开大宅门常用的"一封书"撇山影壁，强烈地标示出"寝宫"的品格，清代的"御门听政"曾在此进行。后门是通往御花园的坤宁门，两侧有日精、月华等10座门分别通往东西六宫等处。后三宫三进院都不设东西厢，而在乾清宫、坤

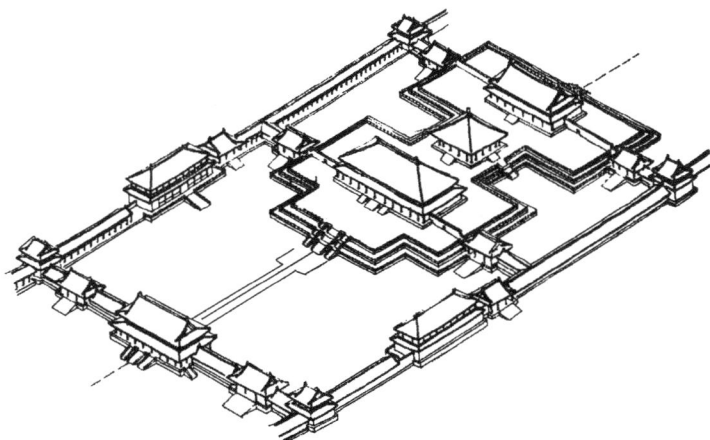

7.2.6　北京故宫—大殿鸟瞰

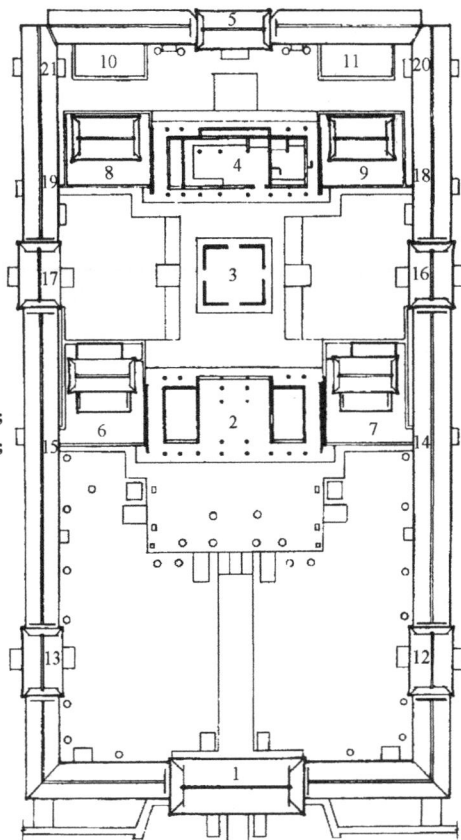

1. 乾清门；
2. 乾清宫；
3. 交泰殿；
4. 坤宁宫；
5. 坤宁门；
6. 弘德殿小院；
7. 昭仁殿小院；
8. 西华殿小院；
9. 东华殿小院；
10. 坤宁门西小院；
11. 坤宁门东小院；
12. 日精门；
13. 月华门；
14. 龙光门；
15. 凤彩门；
16. 景和门；
17. 隆福门；
18. 承祥门；
19. 增瑞门；
20. 基化门；
21. 端则门

7.2.7　北京故宫后三宫平面

宁宫两侧设朵殿(夹室)，这可能是为了符合"无东西厢有室曰寝"的古制。这4座被当作"室"的朵殿，前后均围以红墙，形成4个小院，这样后三宫就凑齐了三进院落和6个小院，形成大院套小院的九院格局。显然，后三宫是三大殿的重复，后三宫宫院也重复了三大殿宫院的布局基调，但尺度大为缩小，空间具体划分也有所差异。这种前后两组宫院布局基调的一致，反映出此类大型庭院布局存在着相同的组织规则；这样的基调重复，也有利于内庭对外朝的照应、衔接，如同乐曲中的主旋律的再现，有助于强化宫城建筑整体的和谐统一。

乾清宫面阔9间、进深5间，建筑面积1400平方米，自台基面至正脊高20余米，上覆黄琉璃重檐庑殿顶。殿内中部三间相通，明间前檐减去两根内金柱，以疏朗室内空间。后檐两根老檐柱间设屏，屏前设宝座。东西两尽间用作穿堂。由于空间过于高敞，内部划分出上下两层暖阁以适于居住。

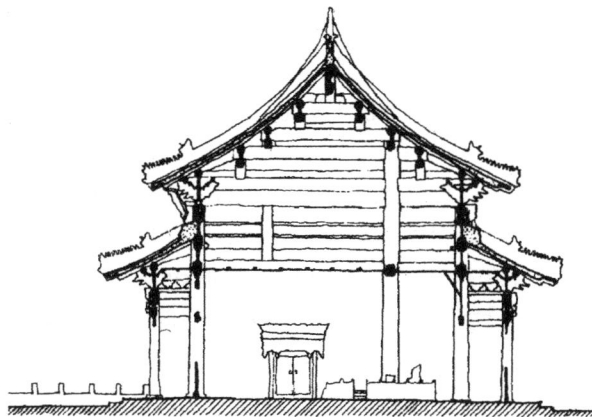

7.2.8　北京故宫乾清宫剖面

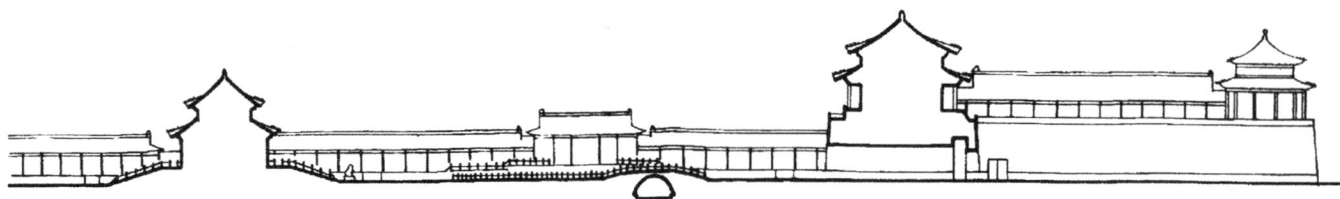

7.2.9　北京故宫太和门庭院剖面

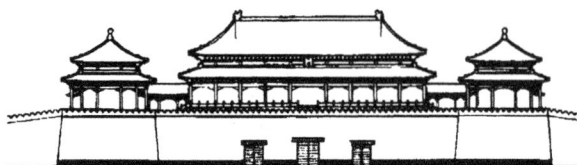

7.2.10　北京故宫午门正立面

7.2.9～11　北京故宫午门

　　午门是紫禁城的正门，平面呈倒凹字形，其形制是从隋唐以来的宫阙逐渐演变的。下部墩台高12米，正中开三门，两侧各开一掖门，俗称"明三暗五"。这五个门洞，中门为皇帝专用，此外只有大婚时皇后凤舆可从中门进宫，殿试传胪后状元、榜眼、探花可从中门出宫。东门供文武官员出入，西门供宗室王公出入，两掖门只在大型活动时开启。墩台上的正楼，用头等形制的九开间重檐庑殿顶，两翼伸出"雁翅楼"，翼端和转角部位各建重檐方亭一座，形成一殿四亭与廊庑组合的极为壮观的门楼整体形象。巨大的、三面环抱的午门形象，造成压倒一切的、极具威慑力的森严气概。美国建筑师墨菲在谈到午门时，曾经惊叹说："其效果是一种压倒性的壮丽和令人呼吸为之屏息的美"。

7.2.12　北京故宫太和门门院

　　太和门门院是进入紫禁城后的第一进院，也是太和殿殿庭的前院。它夹在午门和太和殿之间，前面有形象巍峨、体量高大的午门背立面逼压着，后面是整个宫城的最高潮，需要太和门门院恰如其分地起到铺垫、过渡的作用。它的设计颇具匠心：1. 门院采用与三大殿宫院同样的宽度，既有利于门院与宫院的有机联结，也适于容纳庞大的午门背立面；2. 门殿采用屋宇门的最高体制，面阔9间，进深4间，上覆重檐歇山顶，下承汉白玉须弥座台基，左右陪衬昭德、贞度两座掖门，显现出宫内第一门的宏大、端庄、凝重；3. 门院南北深度采用130米的恰当尺度，尽可能拉开了太和门与午门的距离，以免被高大的午门背立面逼压。这个尺度形成比正方形略扁的门院空间，也避免了与正方形的太和殿殿庭的雷同、重复；4. 引入内金水河，在门院中组成弯弓形，上跨5座内金水桥，使小院空间划分成南北两片，太和门前的场面大为开阔、舒放，而午门背面的场面顿显紧迫、收敛，进一步缓解了午门对太和门门殿的威逼。

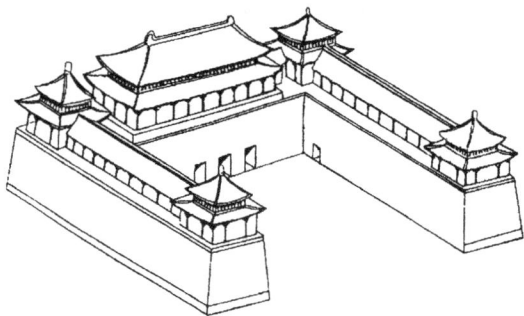

7.2.11　北京故宫午门鸟瞰

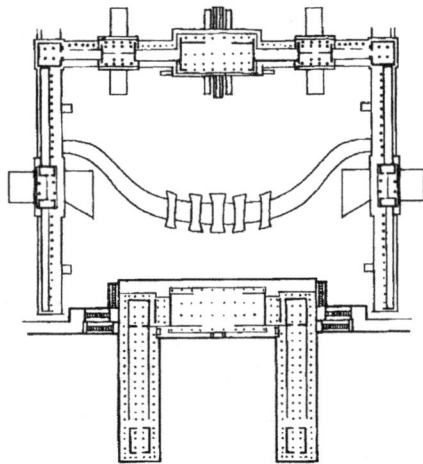

7.2.12　北京故宫太和门庭院平面

7.2.13~14 盛京宫殿

现称沈阳故宫，位于沈阳旧城中心，是清代努尔哈赤和皇太极两朝的宫殿。它始建于后金天命六年（1621年），至1636年基本建成，乾隆时期续有改建、扩建。占地约近6万平方米，整体布局分东、中、西三路。中路为宫殿主体，由三进院组成。中轴线上布置有大清门、崇政殿、凤凰楼和清宁宫。大清门为皇宫正门，门前东西街设文德、武功两座牌坊，街南由东西奏乐亭和朝房、司房围成广场。崇政殿是皇宫主殿，面阔5间，前后出廊，硬山屋顶。殿后的凤凰楼和清宁宫共同坐落在高3.8米的高台上。凤凰楼平面呈方形，高3层，歇山顶，为全宫制高点，是皇帝议事、宴饮的场所。高台上的清宁宫及其前方的4座配殿是皇后和妃嫔的住所。清宁宫为五开间前后廊硬山顶建筑，其平面布置很特殊，正门开于东次间，东边一间为暖阁，用作帝后寝室，置南北二炕，隔为南北二室，供冬夏分别住用。西四间连通，布置万字炕，并设锅台，作为宫内萨满祭神场所。中路左右两侧在乾隆时期增建了东宫、西宫两组跨院。东路为一狭长大院，北部居中建重檐八角攒尖顶的大政殿，殿前两侧呈梯形排列10座歇山顶小殿，称十王亭。最北两座为左右翼王亭，其余8座是按八旗方位排列的八旗亭。这组建筑建造最早，是努尔哈赤举行大典和商议军国大计的场所，其布局形式显然是脱胎于旷野军事会盟的八旗帐幄的排列形式。西路建造最晚，前部建嘉荫堂、戏台，后部有庋藏《四库全书》和《古今图书集成》的文溯阁和仰熙斋，这部分建筑均按北京官式做法修建。

盛京宫殿早期建筑带有浓厚的文化边缘特色，总体布局与建筑形制都偏离官式正统，主要建筑崇政殿、清宁宫、大清门用的都是屋顶中最低档的硬山顶；寝宫建于高台是女真部落的历史传统；清宁宫、凤凰楼各置4个配殿，反映的是满族民居"一正四厢"的格局，再加上建筑细部中融入藏传佛教的雕饰、彩画，这些都表明，盛京宫殿体现的是汉、满、蒙的文化交流和文化融合。

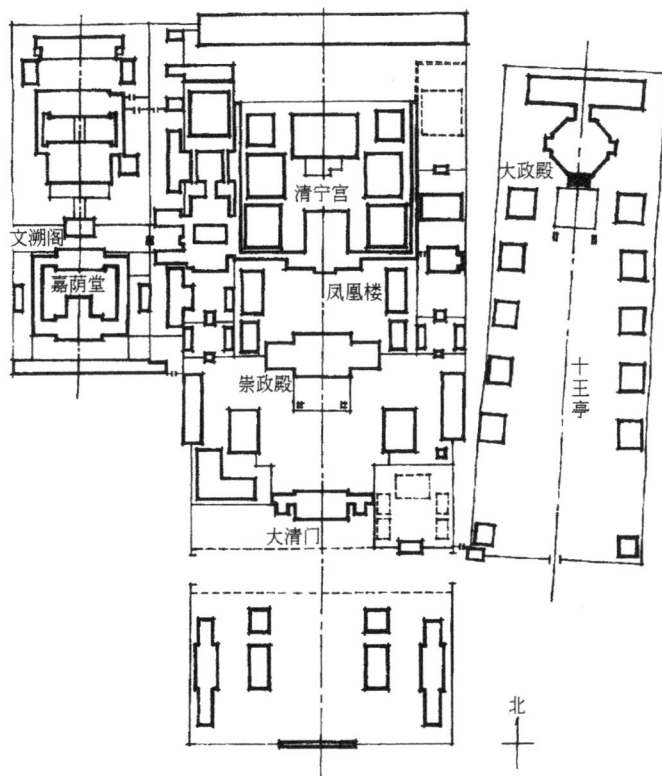

7.2.13 沈阳故宫总平面

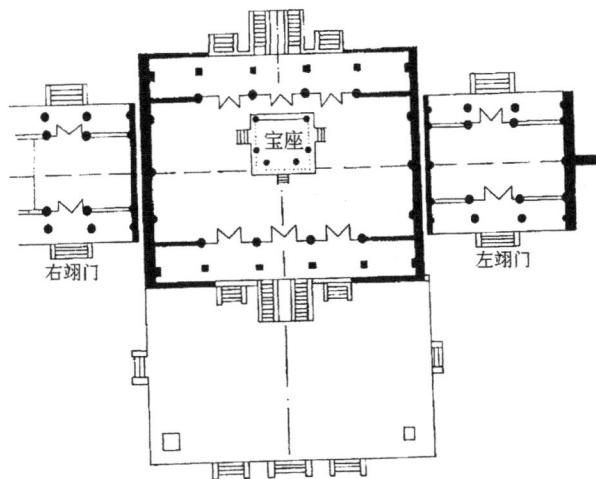

7.2.14 沈阳故宫崇政殿平面

7.3 明清坛庙

7.3.1~3 北京天坛

明清北京天坛位于北京外城永定门大街东侧，它有内外两重坛墙，都是东南、西南呈方角，东北、西北呈圆角。外坛墙东西相距1703米，南北相距1657米，实测周长6553米，占地面积达273公顷，相当于北京紫禁城的3.7倍。外坛墙的东、南、北三面原制无门，仅西面临街开西门及其南侧门。内坛墙东西相距1025米，南北相距1283米，实测周长4152米。内坛墙内偏东形成一条主轴线，轴线南段为祭天的圜丘坛组群，轴线北段为祈祷丰年的祈谷坛组群。圜丘坛的主体由3层圆台基构成，外围方圆两重壝墙，这里是举行祭天仪礼的场所。它的北面有一组圆形小院，主殿皇穹宇是一座单檐攒尖顶圆殿，内供"昊天上帝"神版，东西配殿内供从祀的日月星辰和云雨风雷诸神神牌。皇穹宇以及神库、神厨、宰牲亭等构成了圜丘的配套建筑。祈谷坛组群包括祈年门、祈谷坛、祈年殿、配殿、皇乾殿、具服台、神厨、宰牲亭等，其中的主要建筑由一圈壝墙围合成长方形大院。壝墙东、西、南三面各辟一座砖券洞门。大院内部有一重由祈年门和东西配殿组成的三合院，形成院内套院的格局。由三层圆台基组构的祈谷坛就处在大院后部中心，祈谷坛的正中矗立起三重圆攒尖顶的祈年殿，祈谷坛实质上成了祈年殿放大的台基，与祈年殿融成了一体。皇乾殿则隐藏在大院北墙外的小院内，殿内神龛供奉着"昊天上帝"神版，它与祈谷坛的关系类同于皇穹宇与圜丘坛的关系。

沿着这根轴线，有一条联结南北两坛的甬道——丹陛桥。这条甬道长361.3米，宽29.4米，由于天坛

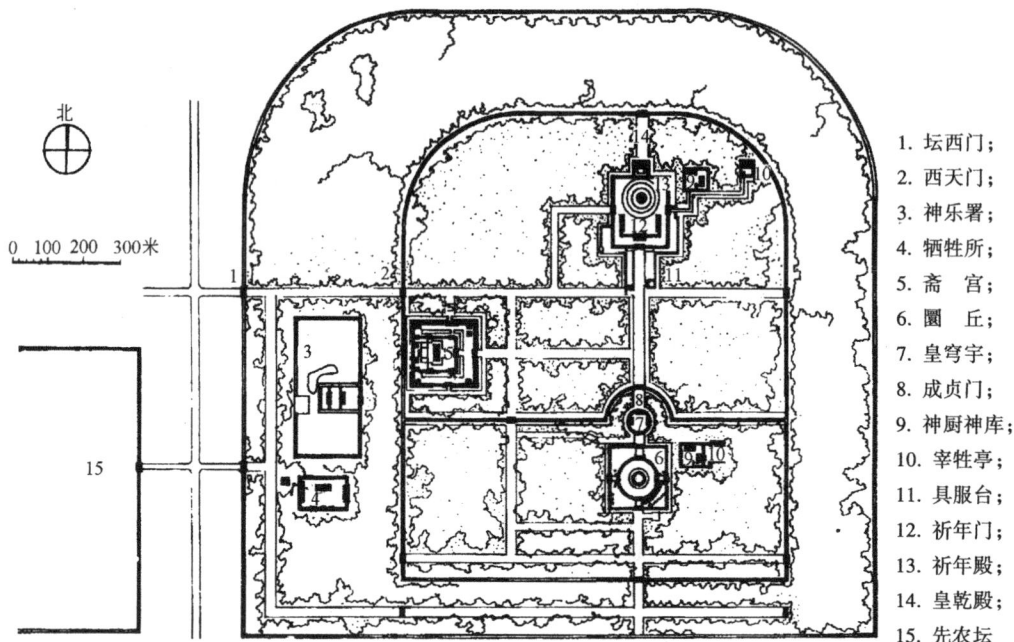

北

0 100 200 300米

1. 坛西门；
2. 西天门；
3. 神乐署；
4. 牺牲所；
5. 斋宫；
6. 圜丘；
7. 皇穹宇；
8. 成贞门；
9. 神厨神库；
10. 宰牲亭；
11. 具服台；
12. 祈年门；
13. 祈年殿；
14. 皇乾殿；
15. 先农坛

7.3.1 明清北京天坛总平面

地形南高北低，甬道南端仅高出地面少许，而北端已高出地面3.35米。高高凸起的丹陛桥成了强有力的纽带，把分布在南北两端的圜丘坛组群和祈谷坛组群联结成超长的整体，大大突出了天坛主轴线的分量。

在这条轴线的西侧，有一组供皇帝斋戒的建筑——斋宫。它坐西朝东，占地4万平方米，由两重宫墙、两道禁沟和163间回廊围成正方形的宫院，内有无梁殿的正殿、五开间的寝宫和钟楼、铜人亭、奏书亭等。皇帝斋戒期间要不饮酒、不茹荤、不问疾、不吊丧、不入内寝、不近女色、不理刑名、不事娱乐。斋宫作为皇帝在天坛斋宿的住所，以其森严的警卫戒备和浓厚的肃宁氛围，给人留下深刻的印象。

天坛建筑组群，除这三组建筑外，另外在外坛西墙内侧建演习礼乐的"神乐署"和饲养祭祀用牲畜的"牺牲所"两组附属性建筑。神乐署有五、六百名乐舞生在此演习、居住。这里平时允许市民游览，文人墨客常来赏花聚会，市井商贾也聚此开设茶坊、酒肆、药铺，俨然像个独立开放的庙会市场。

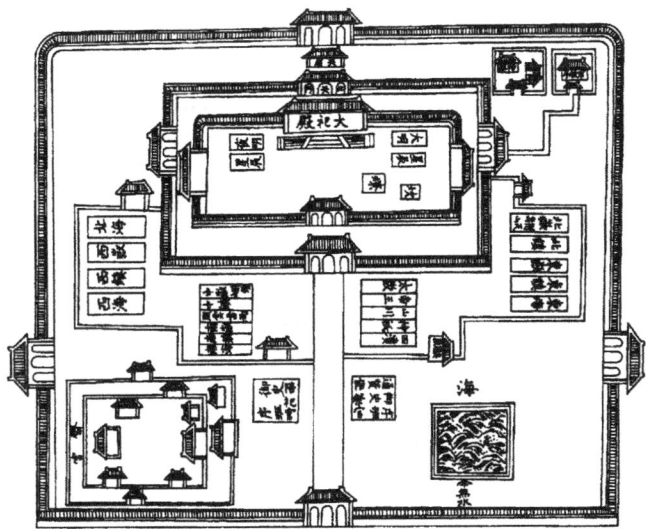

7.3.2 《大明会典》载永乐"郊坛总图"

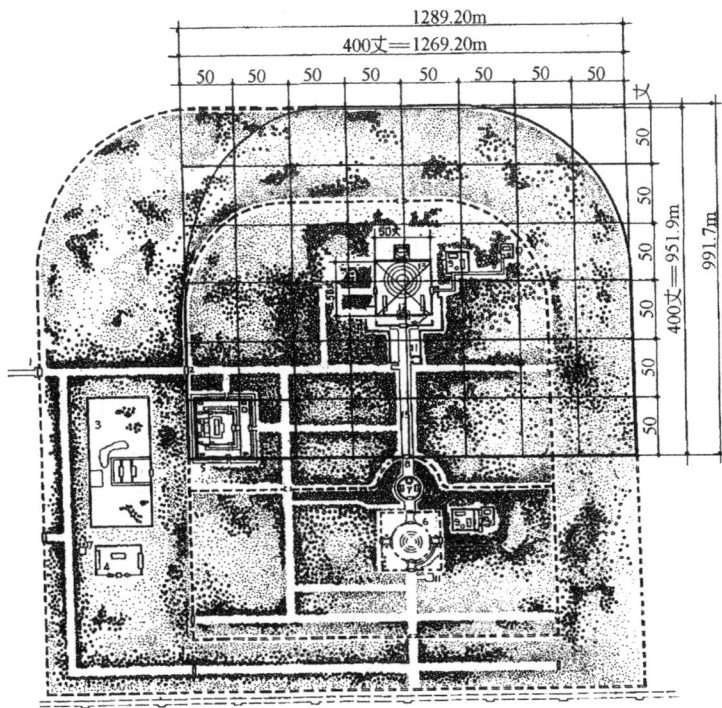

7.3.3 永乐天地坛的位置

北京天坛形成这样的布局，是经历多次扩建、改建的结果。最初是明永乐十八年(1420年)创建的天地坛，它位于现天坛东北部。那时是天地合祭，主体建筑是坐落在高台上，带有内外墙墙的太祀殿，它的外围是一圈南方北圆的矩形坛墙。据傅熹年考据，永乐天地坛的中轴线就落在现天坛主轴线的北段，太祀殿的位置就是现祈年殿的位置，当时的东坛墙、北坛墙、西坛墙分别处在现天坛的外坛东墙、外坛北墙、内坛西墙的位置，其南面的正门就是现在的成贞门，这是天坛的最初格局。到嘉靖九年(1530年)，因实行天地分祭，在天地坛的南面新建祭天用的、高三层、带方圆墙墙的圜丘坛。这时的东、西坛墙就由原天地坛东西墙向南延伸而成，南墙就是现在的内坛南墙。嘉靖二十四年(1545年)，在拆毁的太祀殿旧址上建成了祈谷坛和祈年殿。到嘉靖三十二年(1553年)，北京建南外城，原本处于都城南郊的天坛被包入外城中。此时将天坛向西、向南扩展，建造了外坛西墙和外坛南墙。而天坛东北两面无扩展余地，只好将已有的东墙、北墙作为外坛东墙、外坛北墙，另在坛内增建内坛东墙和内坛北墙，由此形成天坛有内外两重坛墙，主轴线在内外坛区都不居中的格局。

天坛的总体布局蕴涵着中国古代规划设计大型建筑组群的杰出意匠：它以超大规模的占地，突出天坛环境的恢宏壮阔；它以大片满铺的茂密翠柏，渲染天坛坛区的肃穆静宁；它以圜丘坛、祈谷坛两组有限的建筑体量，通过丹陛桥的连接，组成超长的主轴线，控制住超大的坛区空间；它以高高突起的圜丘坛、祈谷坛和丹陛桥，提升人的视点，拓展人的看天视野，显现出天穹的分外开阔，造就天的崇高、旷达、神圣的境界；它通过一系列的数的象征、方位的象征、色彩的象征和"天圆地方"之类的图形象征，充分显现崇天的意识；它还特意把皇帝居住的斋宫置于主轴线旁边的侧位，置于坐西朝东的偏方位，以皇帝低于昊天上帝的建筑规制，强调出"天子"与"天"的亲缘关系。可以说，经历明清两代扩建、改建的北京天坛，堪称中国古代典范性的建筑组群。

137

7.3.4　天坛圜丘

圜丘是冬至日祭天的场所，其主体为"坛而无屋"的三层露天圆台，周边环绕两重低矮的方圆墙墙。虚扩的墙墙大大拓展了圜丘坛的整体形象，可以说是以极简约的建筑手段，塑造了一组极具表现力的祭天建筑。嘉靖九年(1530年)初建时，坛的尺寸偏小，坛面、栏板均用蓝色琉璃。乾隆十四年(1749年)扩建，坛身尺寸加大，坛面、栏板全部改用石材，坛身取得洁白、高雅、端庄的效果。现坛体径长，上层23.5米，中层38.5米，下层54.5米，内墙墙径长104.1米，外墙墙边长167.6米。内外墙墙四面正中各设一组六柱三门的汉白玉棂星门。外墙墙内西南角竖立了3座望灯柱，东南角设置燔柴炉、瘗坎和多座燎炉。圜丘的设计极重象征，它以圆象天，以方象地，以阳数象征"天数"，以九象征"极阳数"。坛体层数用3，坛面三层直径分别为营造尺的9丈、15丈、21丈，全部符合阳数。坛面的环形铺石，除圆心用1块圆石外，每层均铺9环，每环用石从1×9、2×9依次递增至27×9，均为9的倍数。三层台沿的栏板数，各为36块、72块、108块，也全是9的倍数。阳数和极阳数的象征在这里达到十分缜密的程度。

7.3.5～6　天坛祈年殿

祈年殿的前身是明永乐天地坛的太祀殿，原是合祭天地的处所。嘉靖九年改天地分祭后，太祀殿拆毁，于嘉靖二十四年(1545年)在原址建成三重檐攒尖顶圆殿，称大享殿；乾隆十六年(1751年)改今名。

祈年殿是正月上辛日(上旬第8天)举行祈谷礼的场所。它属于"坛而屋

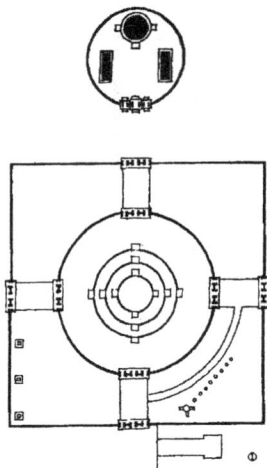

7.3.4　圜丘、皇穹宇组群平面

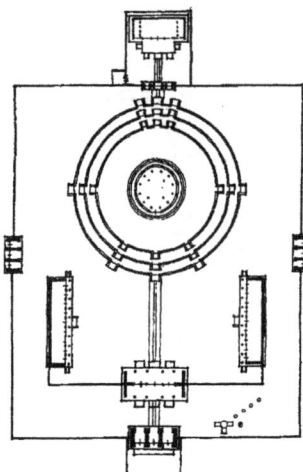

7.3.5　祈年殿组群平面

7.3.6　祈年殿立面

之"的做法，坐落在三重圆形台基组成的祈谷坛中，与祈谷坛融成一体，祈谷坛成了祈年殿放大的台基。高6米、底径长达91米的祈谷坛大大增高和拓展了祈年殿的形象，台基、屋檐的层层收缩、上举，造成祈年殿强烈的向上动感。但初建时，屋顶的三重瓦色是上青、中黄、下绿，用以象征天、地、万物(另一说是象征昊天、皇帝、庶民)，这种花花绿绿的色彩有悖庄重，乾隆十七年改为三重檐统一的蓝色，取得了整体建筑高崇、纯净、凝重、神圣的效果。

祈年殿的设计，除了以圆象天，以蓝瓦象征蓝天外，在"数"的象征上也做足了文章。它以殿内的4根龙井柱象征"四季"，以内圈12根金柱象征"十二月"，以外圈12根檐柱象征"十二时辰"，以内外两圈金柱、檐柱之和象征"二十四气"，加上龙井柱，以28根柱子象征"二十八星宿"，再加上上层的8根童柱，以36根柱子象征"三十六天罡"。可以说把一个祈祷丰年的建筑与制约农耕生产的时令节律的联系，发挥到淋漓尽致。

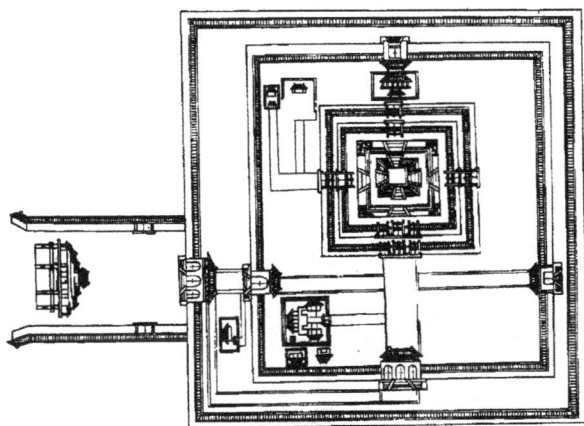

7.3.7 北京地坛平面

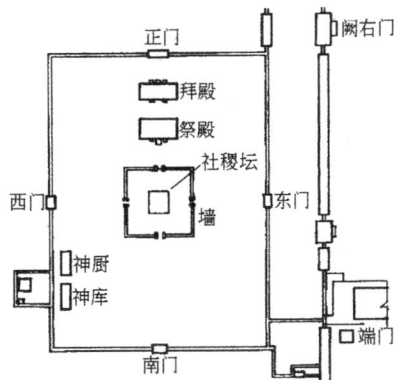

正门

阙右门

拜殿

祭殿

西门　　　社稷坛　　东门

墙

神厨

神库

南门　　　端门

7.3.8 北京社稷坛平面

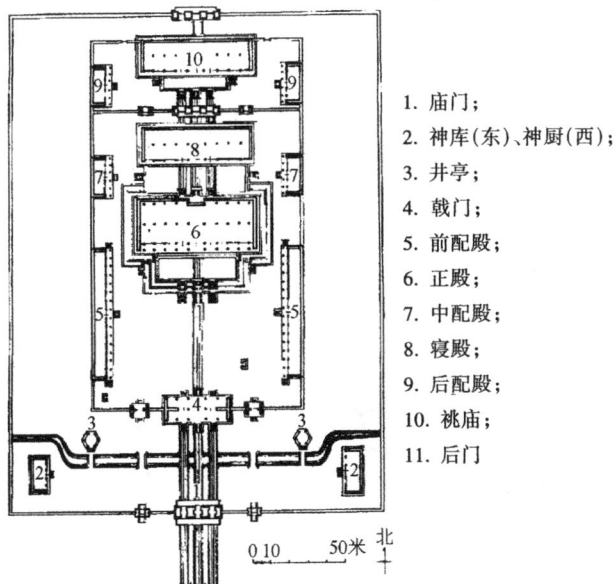

1. 庙门；
2. 神库(东)、神厨(西)；
3. 井亭；
4. 戟门；
5. 前配殿；
6. 正殿；
7. 中配殿；
8. 寝殿；
9. 后配殿；
10. 祧庙；
11. 后门

0 10　　　50米　　北

7.3.9 北京太庙平面

7.3.7 北京地坛

又名方泽坛，明嘉靖九年(1530年)建，是夏至日祭祀皇地祇的处所。地坛的设计贯穿了天南地北、天圆地方、天阳地阴等阴阳五行理念。它坐落在都城北郊，今安定门外大街路东。建筑坐南朝北，主体建筑由两层正方形的坛与其周边方形水渠构成"泽中方丘"的形态。坛上层方六丈，下层方十丈六尺，均高六尺，坛面墁石也取六与八的偶数组合。坛体外围方形壝墙、坛墙各两重。壝墙南门外为供奉皇地祇神牌的皇祇室，内坛西南角设神厨、神库、祭器库、乐器库等，西北角建斋宫。壝墙、内坛墙正门均开于北向，外坛墙单辟西门通街。北京地坛是惟一幸存并保持原格局的祭地之坛。

7.3.8 北京社稷坛

社是土地神，稷是五谷神，北京社稷坛是合祭社、稷的场所，建于明永乐十九年(1421年)。按照"左祖右社"的布局传统，它坐落在紫禁城前方御道的西侧。社属阴，建筑呈坐南朝北格局。主体建筑为三层方坛，上层坛面铺五色土，坛四周围以方形壝墙。五色土依五行方位铺成东青、西白、南赤、北黑、中黄，象征"普天之下莫非王土"。四向壝墙也对应采用四色琉璃砖瓦。坛墙北面正中设正门，坛区内有祭殿、拜殿(清代改为戟门)、神厨、神库等附属建筑。明初定制，各王国、郡邑均按其所辖土地立社致祭，现北京社稷坛是祭社建筑中仅存的一座，弥足珍贵。

7.3.9 北京太庙

是明清两代帝王祭祀祖先的宗庙，位于紫禁城前方御道东侧，与西侧的社稷坛形成"左祖右社"的对称格局。它始建于明永乐十八年(1420年)，嘉靖二十四年(1544年)重建，后经清代增修。有内外三重围墙，主体建筑由在第三重围墙内的正殿、寝殿、祧殿组成。正殿用作祭殿，原为9间，乾隆时改为11间。上覆黄琉璃瓦重檐庑殿顶，下承三重汉白玉须弥座台基，属最高等级形制。殿内主要柱枋包镶沉香木，内壁也以沉香木粉涂饰，芳香袭人；中部三间柱梁、斗栱、天花并以金箔贴饰。寝殿与祧殿均为面阔9间单檐庑殿顶。寝殿内供奉历代帝后神位，祧殿则供奉世代久远、从寝殿中迁出的帝后神位。为此将祧殿单独隔于后院，颇为得体。太庙的总体设计，以大体量的、最高规制的正殿为主体，以大面积的、满铺的柏林为环境烘托，在较短的距离内安排了多重门、亭、桥、河的铺垫，取得了祭祀建筑所需要的静宁、肃穆、庄重的氛围。

7.3.10~15　曲阜孔庙

　　曲阜孔庙是由孔子旧居发展而来的，它经历过历代重修、扩建，到明弘治年间达到鼎盛规模，清代仍有重建和少量增建。从公元前478年孔子旧宅立庙祭祀至今，已有二千四百余年，这组建筑是中国现有古建组群中历史延续最悠久的一处，现存建筑主要是明清所建。

　　孔庙占地144亩，总体呈纵深多进院布局，东西最宽处153米，南北最长处651米。前三进是孔庙的前导部分，依次为圣时门、弘道门、大中门三重门庭。这部分不设殿宇亭阁，以重重坊门和苍翠古柏渲染出宁静、幽深的环境气氛。从大中门起为孔庙主体部分，仿照宫禁形制，四周有院墙围合，四隅建角楼。它以大成殿廊院殿庭为核心，殿庭前方有同文门、奎文阁和大成门前庭铺垫，形成主殿前方纵深排列五门的隆重格局；殿庭东侧三进偏院设有供族人进斋的诗礼堂和供奉孔子五代祖先的崇圣祠（明代时称家庙）等建筑；殿庭西侧两进偏院设有演习乐舞的金丝堂和供奉孔子父母的启圣殿及其寝殿等建筑；殿庭后部建有展示孔子事迹的圣迹殿和后土祠院、瘞所燎所院、神庖院、神厨院等。

　　坐落在大成门前的奎文阁，是孔庙中的书楼，创建于宋初，弘治十七年（1504年）改建为面阔7间、进深5间的楼阁。此阁外观二层三檐，内部空间实为三层（上下层之间夹一暗层）。阁的上层藏书，下层既作为中路的一座殿门，也充当祀典的演习场所。此阁下层46根柱子都是同样高度，属于"殿堂"构架，而上层用的是"厅堂"构架，这种"上厅下殿"的特殊做法，很符合楼上藏书，楼下兼作殿堂、殿门的使用性质。

　　位处廊院殿庭中心的正殿——大成殿，不仅是核心庭院的主体建筑，也是整个孔庙的中心建筑。它创建于宋代，原是七间重檐九脊殿。现存正殿是雍正八年竣工的，面阔9间，进深5间，上覆黄琉璃瓦重檐歇山顶，下承两层台基。正殿前檐突出地采用10根高浮雕的蟠龙石柱，每柱雕升龙、降龙各一条，龙身周围匀布朵云，独特的石雕柱列大大增添了正殿的华美壮丽和浓郁个性。殿内设正位、偏位神龛，分别供奉孔子和孔门诸贤"四配""十二列"的塑像、神位。为配祭孔门其他贤儒，特地将殿庭两侧做成长达40间的东西两庑，内供一百多位历代先贤、先儒的神位。

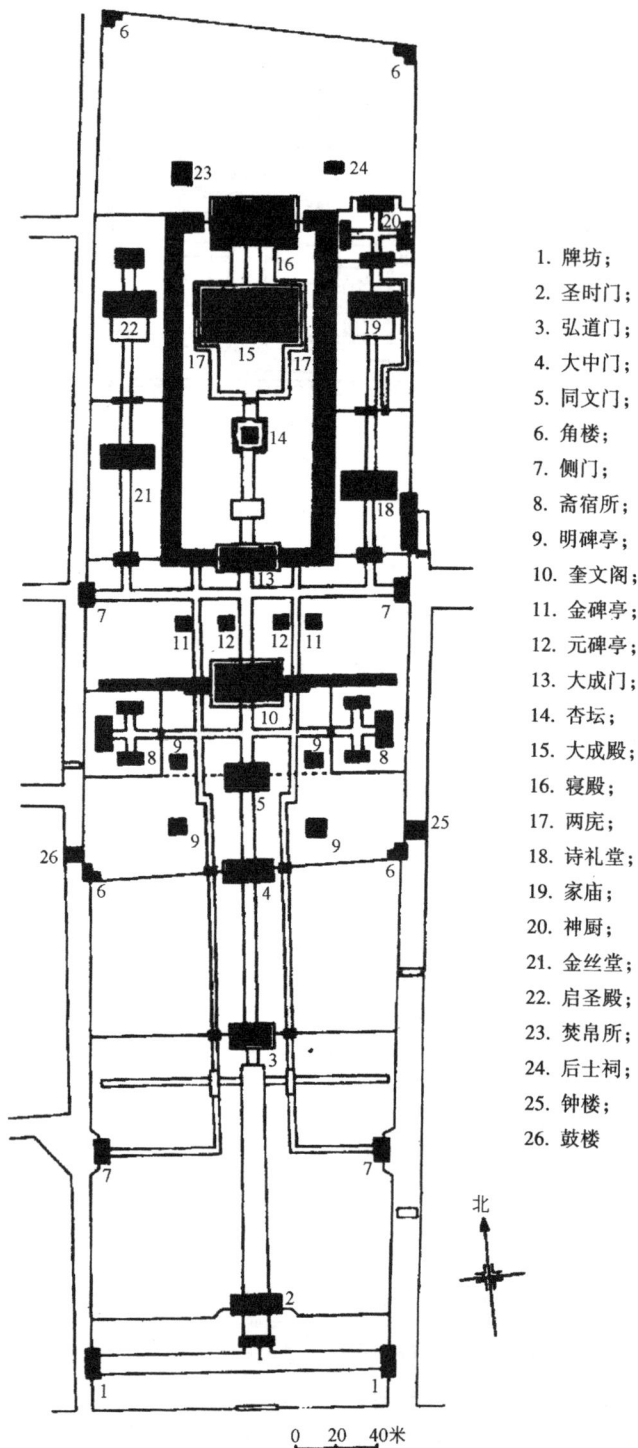

1. 牌坊；
2. 圣时门；
3. 弘道门；
4. 大中门；
5. 同文门；
6. 角楼；
7. 侧门；
8. 斋宿所；
9. 明碑亭；
10. 奎文阁；
11. 金碑亭；
12. 元碑亭；
13. 大成门；
14. 杏坛；
15. 大成殿；
16. 寝殿；
17. 两庑；
18. 诗礼堂；
19. 家庙；
20. 神厨；
21. 金丝堂；
22. 启圣殿；
23. 焚帛所；
24. 后土祠；
25. 钟楼；
26. 鼓楼

北

0　20　40米

7.3.10　曲阜孔庙总平面

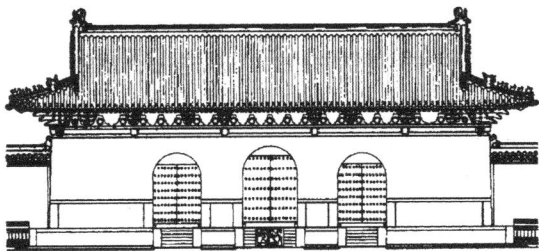

7.3.11　曲阜孔庙圣时门立面

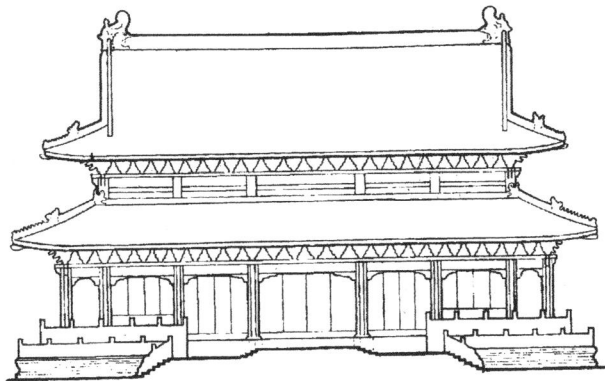

7.3.12　曲阜孔庙奎文阁立面

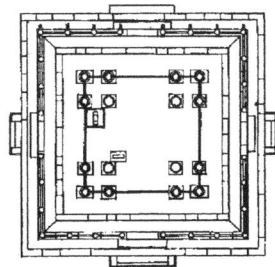

7.3.13　曲阜孔庙大成殿龙柱

7.3.14　曲阜孔庙大成寝殿立面

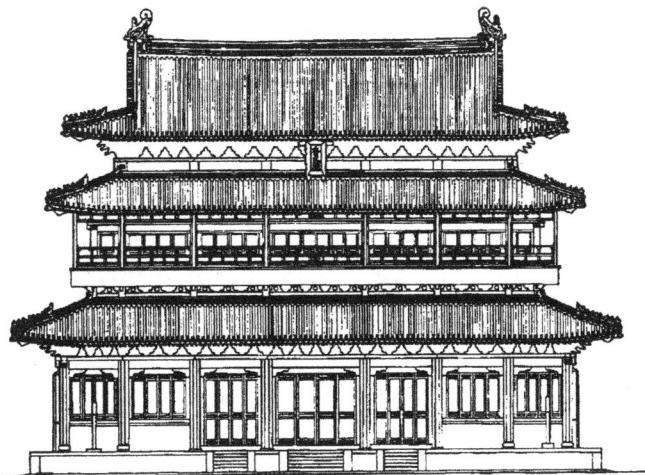

7.3.15　曲阜孔庙杏坛平面

与正殿相配套的是其后部用以供奉孔子夫人的大成寝殿。寝殿为面阔7间、进深4间、黄琉璃瓦重檐歇山殿。它的两层台基与正殿台基相连成工字形平面，强调出前殿后寝的主体殿组关系。

在正殿前方的殿庭中心，有一座特殊纪念意义的建筑，此处相传是孔子旧宅的讲学堂，宋代改筑为砖坛，周围环植杏树，称为杏坛。金以后在坛上建屋，现建筑是1569年改建的重檐十字脊方亭。

孔子有"大成至圣文宣王"的称号，曲阜孔庙的建筑规制实际上超过了"王"的规格。它有王者宗庙的因素，用了门戟之制、前殿后寝之制；也有帝王宫室的因素，用了王城角楼之制，天子五门之制。其建筑规制介于天子与王国宗庙之间。它还包含有孔子故宅、孔族家庙和庙中设书楼等特殊因素。这使得它成为多种因素作用下发展起来的复合体，既不同于一般太学和州县学的庙制，也不同于天子和王国的宗庙，更有异于佛寺道观等宗教建筑，在中国建筑形制中有它别具一格的独特性。

7.4 明陵、清陵

7.4.1 明十三陵

位于北京城北约45公里的天寿山南麓。明代迁都北京后，从永乐到崇祯共14代皇帝。除景泰帝葬于北京西郊金山外，13个皇帝都葬于此，通称明十三陵。

天寿山是燕山支脉，山势在北、西、东三面环抱成一个广阔的、占地近40平方公里的小盆地。这里林木葱郁，河流蜿蜒，南面山口处还有龙山、虎山如双阙犄角而立，是一处绝佳的风水胜地。明成祖选定这里作为"万年寿域"，于永乐七年（1409年）开始在天寿山主峰前坡建长陵。此后200余年间，依次建造了献陵、景陵、裕陵、茂陵、泰陵、康陵、永陵、昭陵、定陵、德陵、思陵。诸陵各踞山峦，顺依地势，以长陵为中心错落拱卫，形成了气势磅礴、恢宏壮阔的陵区总体。

长陵是十三陵的首陵，规模最大，地位最为显要。它的前方设置了一条长6.6公里的神道。神道以石牌坊为起点，沿线设大红门、碑亭、望柱、18对石象生和一组棂星门。这条神道是长陵建成后一百余年中陆续增补的。它不仅是长陵的神道，也是整个陵区共用的惟一神道，可以说是由建筑、建筑小品和大型石雕混合组编的建筑仪仗队。通过它，以少量的建筑控制住广阔的陵区空间，强化了陵区的整体性，把陵区的庄严肃穆氛围和皇权的显赫威严气势发挥到极致。十三陵的规划设计充分展现出陵墓建筑与自然环境的高度融合，充分体现出自然美与建筑美的交相辉映。

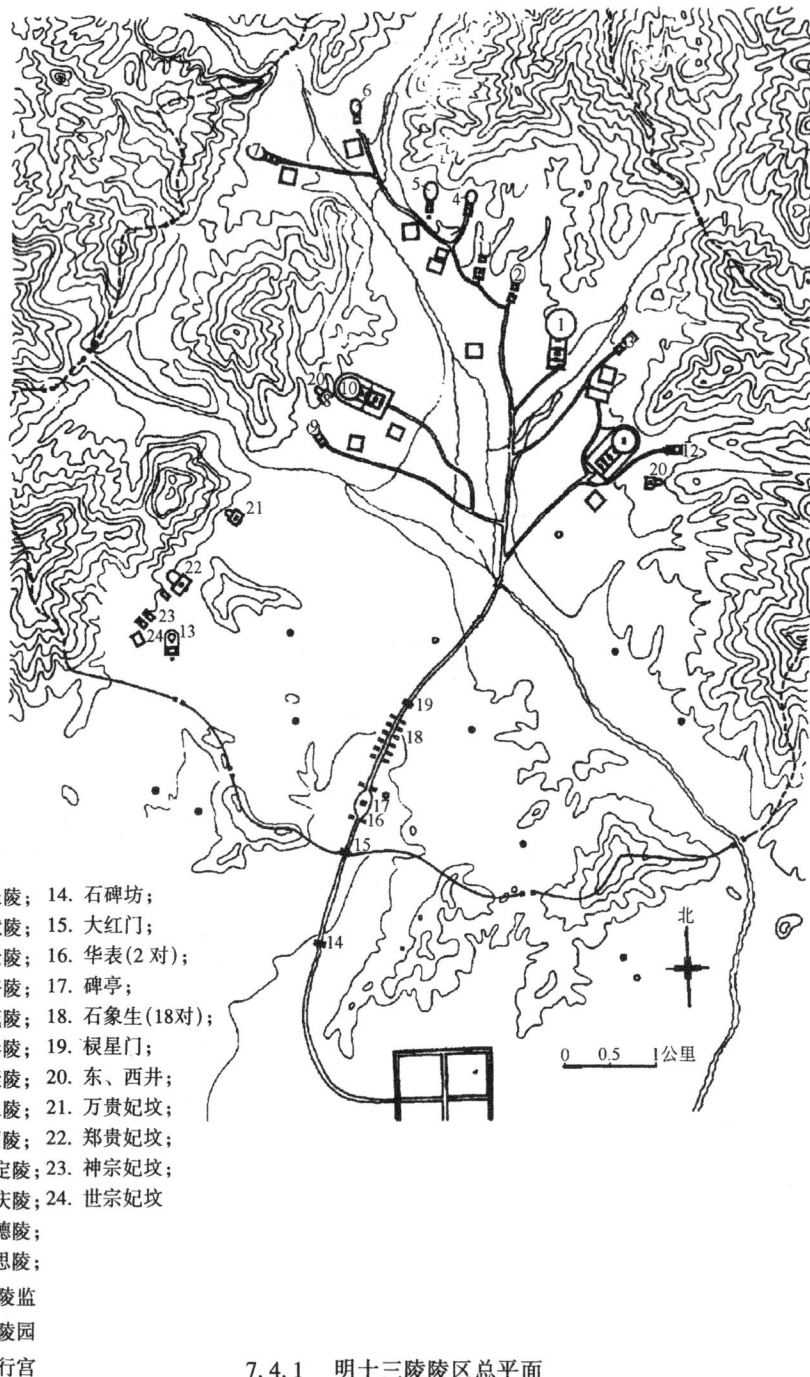

1. 长陵；
2. 献陵；
3. 景陵；
4. 裕陵；
5. 茂陵；
6. 泰陵；
7. 康陵；
8. 永陵；
9. 昭陵；
10. 定陵；
11. 庆陵；
12. 德陵；
13. 思陵；

14. 石碑坊；
15. 大红门；
16. 华表（2对）；
17. 碑亭；
18. 石象生（18对）；
19. 棂星门；
20. 东、西井；
21. 万贵妃坟；
22. 郑贵妃坟；
23. 神宗妃坟；
24. 世宗妃坟

□ 陵监
● 陵园
○ 行宫

7.4.1 明十三陵陵区总平面

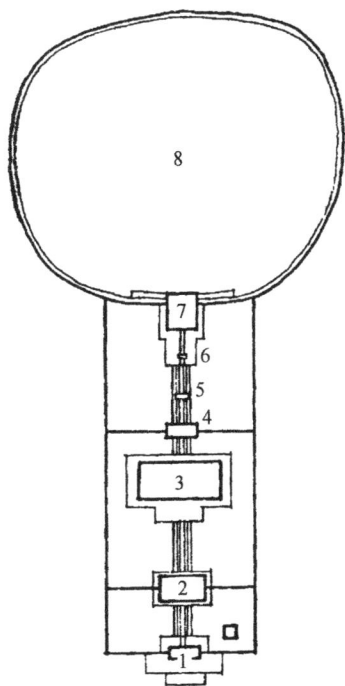

1. 陵门；2. 祾恩门；3. 祾恩殿；4. 内红门；
5. 二柱门；6. 石五供；7. 方城明楼；8. 宝顶

7.4.2　明长陵总平面

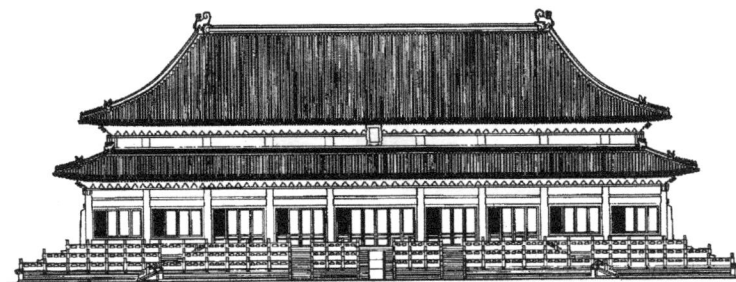

7.4.3　长陵祾恩殿立面

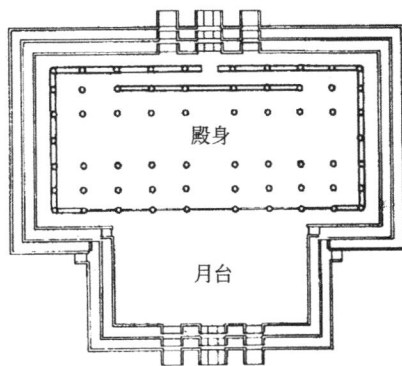

殿身

月台

7.4.4　长陵祾恩殿平面

7.4.2　明长陵

是明成祖的陵寝，十三陵的主陵。在十三陵中，建成时间最早，规模最大。它以天寿山主峰为背景，平面布局仿"前朝后寝"模式，由三进院落和其后的圆形宝城组成。入陵门为第一进院，院内设神厨、神库，东侧建碑亭一座，内立无字碑。入祾恩门为第二进院，长陵主体建筑祾恩殿矗立在院庭中央。主殿两侧原有东庑、西庑各15间，已毁。殿后通过内红门进入第三进院，院内设屏风式的二柱门和石五供。石五供以须弥座为石台，台上供一个香炉、两个花瓶、两个烛台，都以白石雕成，造型庄重、丰美，颇富装饰性。院北正中为方城明楼，明楼后部接宝城、宝顶。宝城周长1公里，宝顶封土松柏繁茂，遮蔽天日，安放帝后棺椁的地宫即在宝顶封土之下。

十三陵其他各陵的陵园布局与长陵大体近似，都由祾恩门、祾恩殿、方城明楼和宝城宝顶组成，只是规模大小差别很大。长陵陵门的前方，有一条长6.6公里的神道，作为长陵隆重的前导。其余十二陵都不再设神道，长陵神道实质上充当了整个陵区的共用神道。

7.4.3~4　长陵祾恩殿

祾恩殿是长陵的享殿，殿内供奉明成祖与其皇后的神位，年中"三大祭"、"四小祭"均在此殿行礼祭告。它面阔9间，66.64米；进深5间，29.30米。上覆重檐庑殿黄琉璃瓦顶，下承三层白石须弥座台基，其形制属于最高等级的建筑规制。其平面面积略小于北京故宫太和殿，而其面阔长度比太和殿还长几米，与太和殿并列为我国现存古建筑中两座最大的殿堂。祾恩殿尚是明永乐年间初建时的原构，殿内与外檐共62根木柱，全部用整根优质楠木制作，中间4根柱径达1.17米，双人不能合抱。上部梁枋、斗栱也全用楠木，其用材之名贵，在大型木构殿堂中堪称首屈一指。

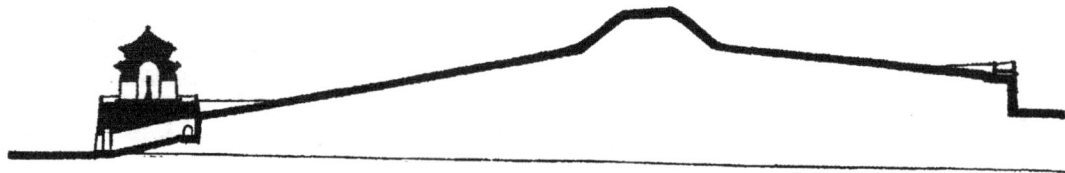

7.4.5 长陵宝顶剖面

7.4.5~7 长陵方城明楼

位于长陵宝城前方，其下部用砖石砌筑的方形墩台，称为"方城"，其上部用砖砌的重檐歇山顶碑楼，称为"明楼"。明楼内立"大明成祖文皇帝之陵"墓碑。方城正面辟洞券，设甬道斜升，到尽端分成左右扒道券，以磴道上达明楼。长陵的方城明楼与宝城宝顶直接相连，是一种不带"哑巴院"的做法。宝城呈不规则圆形，上有垛口，形似城堡，南北纵深 266 米，东西横宽 307.5 米，其内的封土坟丘称为宝顶，地宫即在封土之下。

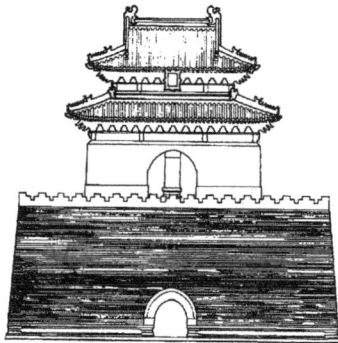

7.4.6 长陵方城明楼立面

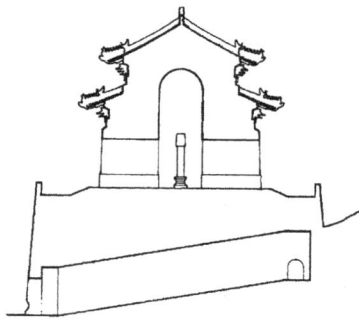

7.4.7 长陵方城明楼剖面

7.4.8~9 明定陵地宫

定陵是明神宗与其两个皇后的陵寝，始建于万历十二年(1584 年)。定陵地宫已于 1956~1958 年发掘。墓室为石砌拱券结构，由前、中、后三殿和左右配殿组成，总面积 1195 平方米。前殿空无一物。中殿按品字形设置三个汉白玉宝座，座前各有点长明灯的大油缸和琉璃制造的"五供"。后殿最为高大，在三个汉白玉的棺床上，陈列着三个帝后的棺椁。左右配殿也留有汉白玉棺床。前、中、后三殿各有一前室，它们沿轴线串联地布局，犹如地面建筑的三进院格局。地宫内有大量金银器等随葬品，出土器物 3000 多件。

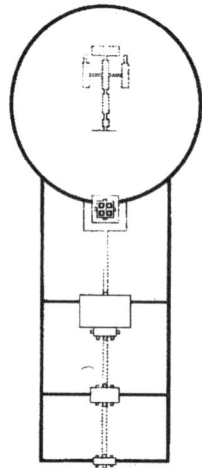

7.4.8 明定陵地宫位置

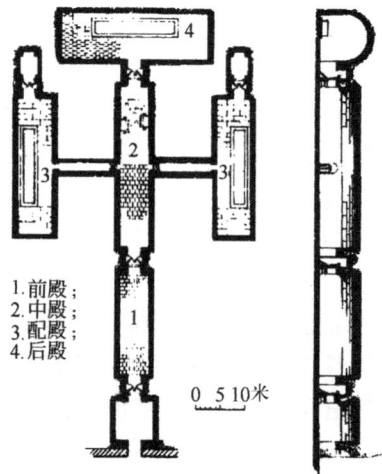

1.前殿；
2.中殿；
3.配殿；
4.后殿

0 5 10米

7.4.9 明定陵地宫平面、剖面

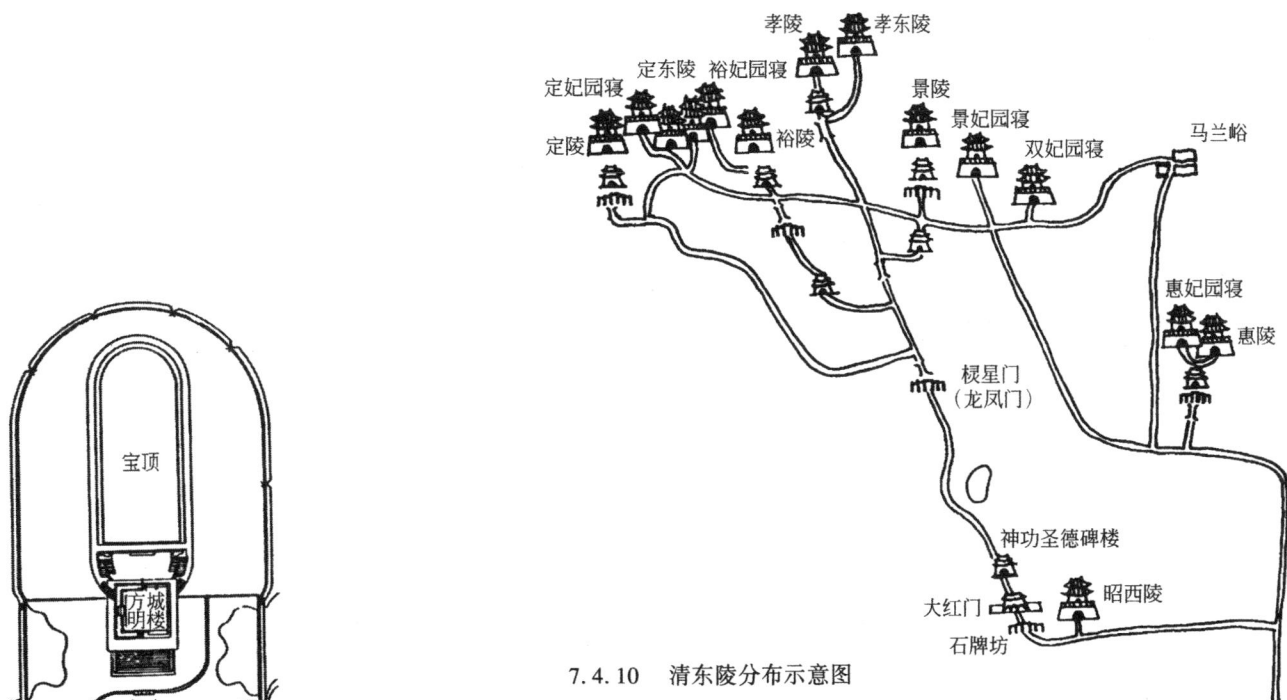

7.4.10 清东陵分布示意图

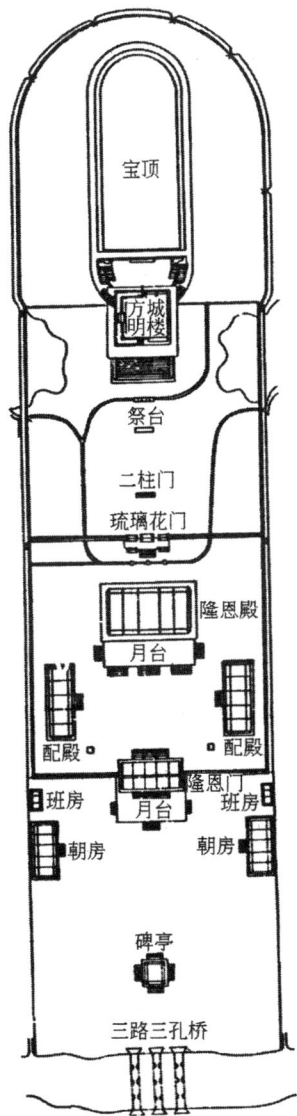

7.4.11 清东陵孝陵平面

7.4.10~11 清东陵

清入关之前，在辽宁新宾建永陵(清帝祖陵)，在沈阳建福陵(努尔哈赤陵)、昭陵(皇太极陵)，通称"关外三陵"。入关后，分别在河北遵化和易县建东陵和西陵两大陵区，从顺治开始的各代皇帝(除末代皇帝溥仪外)都分葬于东、西两陵。清制如皇后死于皇帝之前，可随皇帝入葬帝陵，否则另建后陵。清东陵有帝陵5座，即：孝陵(顺治)、景陵(康熙)、裕陵(乾隆)、定陵(咸丰)、惠陵(同治)，后陵4座，妃嫔园寝5座，埋葬着5个皇帝、15个皇后、136个妃嫔。

东陵坐落在遵化县境内的马兰峪，北靠燕山余脉昌瑞山，诸陵各依山势在秀美的昌瑞山南麓东西排开。主陵孝陵居中，处昌瑞山主峰脚下，其他各陵除昭西陵、惠陵、惠妃园寝外，均以孝陵为中心簇拥排列。因地形无环抱之势，各陵仅能平列左右，总体效果不如明十三陵。

东陵布局仿照明十三陵，也在孝陵前方设主神道，以石牌坊、大红门为起点，沿神道设具服殿、圣德神功碑楼、望柱、石象生、龙凤门、石桥、碑亭。孝陵陵园同样仿明陵陵园格局，但略有变化。它以隆恩门为正门，前院设隆恩殿主殿和配殿，进琉璃花门到后院，设二柱门、石五供和方城明楼，再后为椭圆形的宝城宝顶。自神道起点至宝顶，全长5.5公里。其他帝陵陵园与孝陵近似，地面建筑略有减少，神道石象生明显降等。诸陵中以裕陵地宫制作最为精致，其地宫四壁和拱顶刻满佛像、法器和经文咒语，阴刻梵(古印度文)、番(藏文)文字达三万余字。埋葬慈禧的定东陵隆恩殿、配殿的内部装修、装饰和栏杆、陛石雕刻也极为精致，它们都是清代建筑工艺和石雕艺术的精品。

145

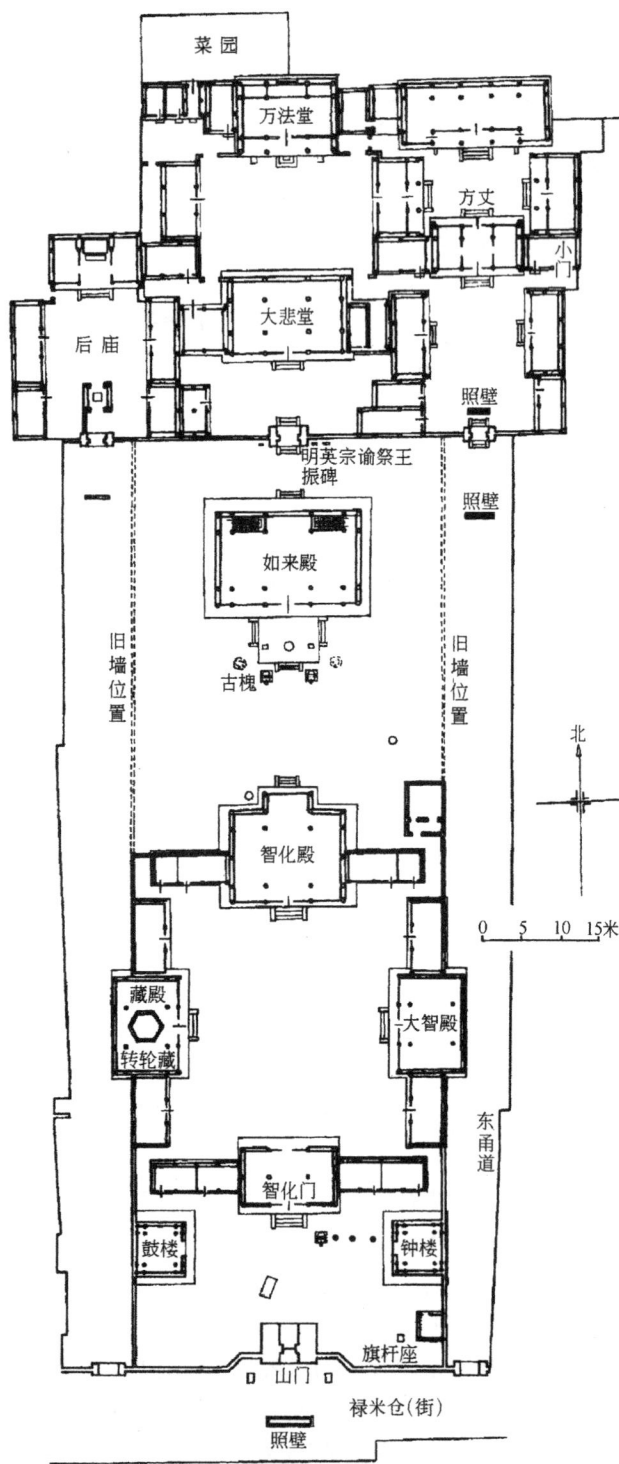

7.5.1　北京智化寺总平面

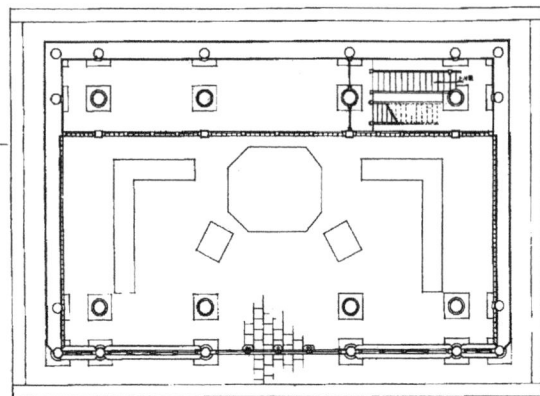

7.5.2　智化寺万佛阁一层平面

7.5 明清宗教建筑

7.5.1～5　北京智化寺

位于北京朝阳门内禄米仓口，是显赫于仁宗、宣宗、英宗三朝的太监王振所建。明正统九年（1444年）建成。初为家庙，后改为"敕赐报恩智化禅寺"，为当时北京的一座重要的敕建佛寺，属禅宗的临济宗。寺内建筑虽经明清多次修葺，主要殿阁仍保持原构，算得上是北京城内现存比较完整的一组明代寺院建筑。

寺为南北纵深布局，长约140米。全寺分南北两区。南区主体部分为三进院。由山门进入第一进门院，正座智化门面阔3间，进深2间，明间前置弥勒佛，后立韦陀，左右次间南部立金刚二驱，北部置四大天王。智化门实际上是天王殿，通常金刚应立在山门内，此寺山门为砖建单孔券门，无法立金刚，而将金刚挤入天王殿。门院内东西峙立钟楼、鼓楼。第二进院为智化殿院，正殿面阔3间，进深9架，单檐歇山顶，明间后部出抱厦，殿内奉释迦像及罗汉20尊；东侧配殿为大智殿，奉观音、文殊、普贤、地藏四像；西侧配殿为轮藏殿，内设转轮藏。第三进院两侧原有廊庑（或围墙）已毁，仅存正座如来殿。如来殿是两层楼阁，下层内奉如来本尊像；上下层墙壁及格扇遍布小

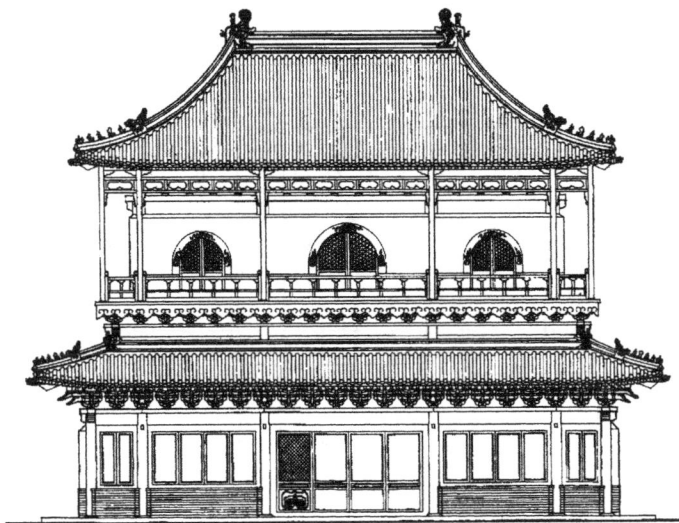

7.5.3 智化寺万佛阁正立面

7.5.4 智化寺万佛阁剖面

佛龛9000余座，故上层又称万佛阁。此阁为全寺主体建筑，下层面阔5间，四周无廊；上层面阔3间，带周围廊，上覆庑殿顶。据《乾隆京城全图》，南区主体部分的东西两侧，原来各有四重小院，现已不存，仅剩东、西甬道，通向北区。现北区尚存中、东、西三路。中路两进，建有大悲堂、万法堂；东路为两进方丈院，西路为一进小院，有小殿供大士像，俗称后庙。

智化寺布局在明代佛寺中颇具典型性。它的南区前两进院，有山门、钟楼、鼓楼、智化门、大智殿、轮藏殿、智化殿7座建筑，其格局完全符合"伽蓝七堂"的寺院模式。据傅熹年研究，将智化门至万佛阁组合为一组廊院，则智化殿恰好处在廊院的几何中心；将万佛阁至万法堂划为北区范围，则大悲堂恰好处在北区中路的几何中心，这生动地反映出明代寺院布局的规律性和严谨性。

智化寺的单体建筑，体量并不大，但号称"穷极土木"，其内部装修和装饰工艺颇负盛名。万佛阁明间顶上原有雕饰精美的斗八藻井，"云龙蟠绕，结构恢奇"，可惜于20世纪30年代流失，现存于美国纳尔逊美术馆。万佛阁内梁枋的明代彩画，轮藏殿内的须弥座的石刻精雕和经橱上缘的木刻浮雕等等，也都是明代建筑装饰的精品。

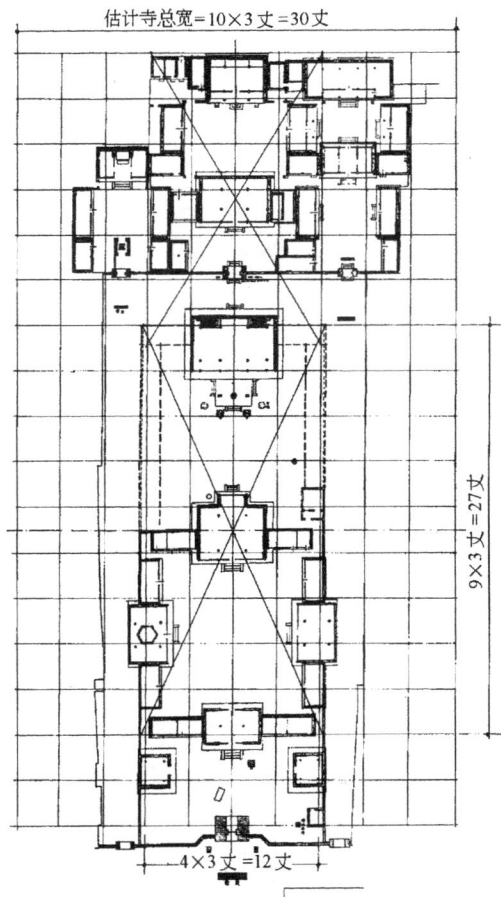

7.5.5 傅熹年所作智化寺总平面分析图

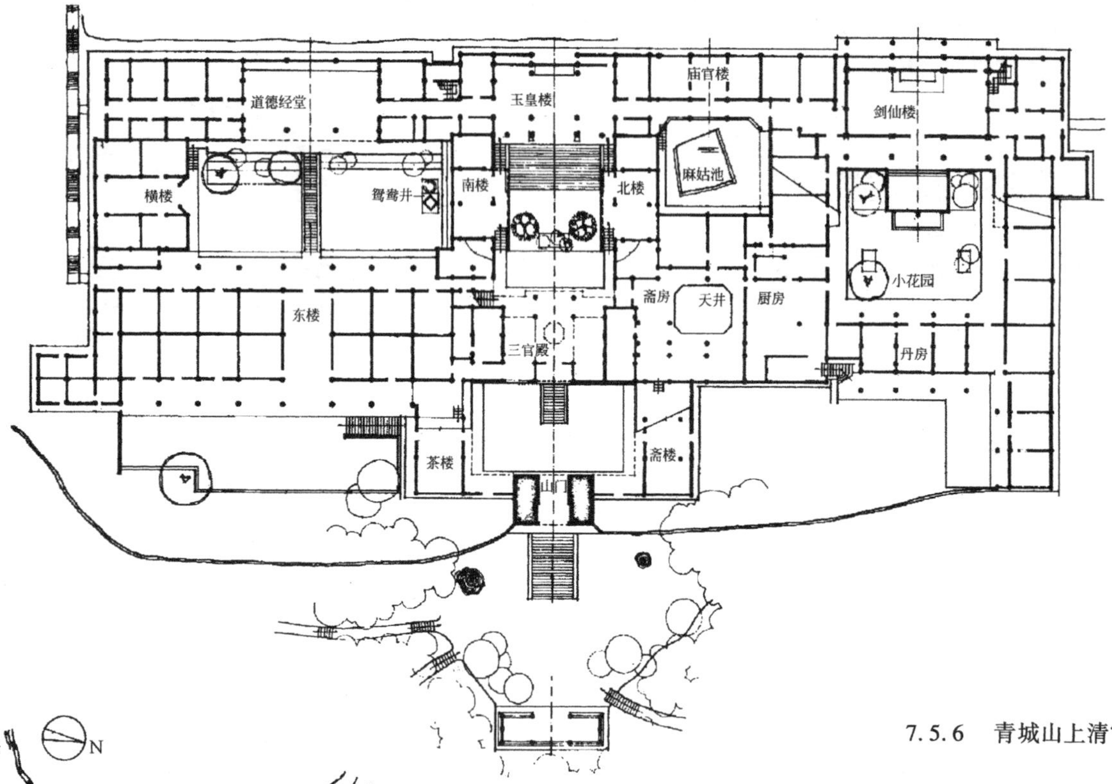
道德经堂
玉皇楼
庙官楼
剑仙楼
麻姑池
横楼
鸳鸯井
南楼
北楼
小花园
斋房
天井
厨房
东楼
三官殿
丹房
茶楼
斋楼
山门

7.5.6　青城山上清宫平面

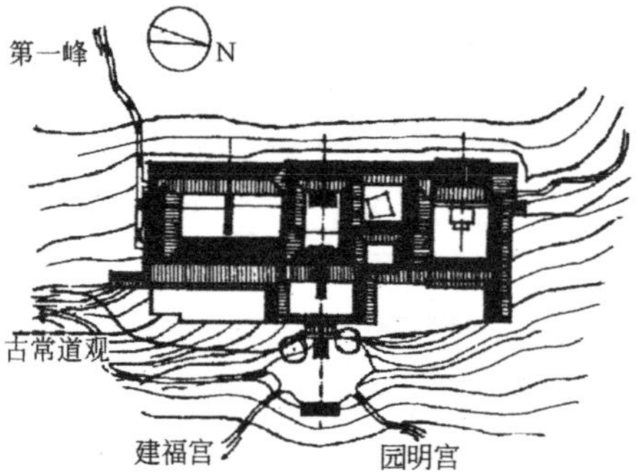
第一峰
N
古常道观
建福宫
园明宫

7.5.7　青城山上清宫总平面示意

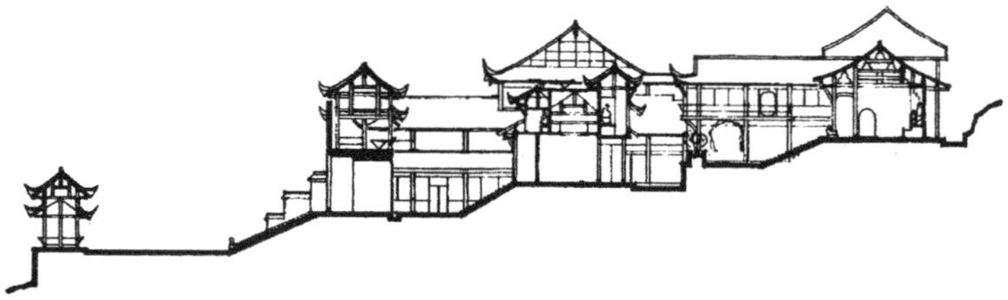

7.5.8　青城山上清宫剖面

7.5.6～8　青城山上清宫

青城山在四川灌县城西南，历来为蜀中名山，有“青城天下幽”的美誉。这里是道教发源地之一，晋唐以后山上道观林立，极盛时达一百余座。上清宫是青城山海拔最高的一座道观，紧靠青城第一峰，是观景和避暑胜地。此观开创于晋，重建于五代，现存主要殿屋建于同治八年(1869 年)。全观占地 5000 平方米，形成 6 个院落，建筑面积约 4200 平方米。主轴线上有山门、三官殿、玉皇楼，两侧错落地延伸出庙观楼、斋堂、剑山楼、道德经堂等大小院落。整个上清宫，用作供奉神像、神器等宗教活动的用房并不多，只占全观建筑的 16%，而用于道士和香客、游人的住宿用房、膳食用房、仓储用房等却占了 80%，可见这类名山胜景的宫观，包容着很大比重的食宿接待功能。上清宫整组建筑密切结合地形，顺等高线横向展开，依地势呈阶梯形跌落布置，不拘朝向，布局灵活自如。建筑密度虽达到 84%，建筑空间却开朗、亲切，无紧迫、压抑之感。由于殿屋、敞厅、叠搂、门廊层层穿插，屋顶组合变化丰富，加之善于就地取材，运用竹、木、石料，建筑形象朴实无华，整体造型优美活泼，建筑与自然生态、环境景观有机地融成一体，无宗教建筑的威严神秘，而带有浓郁的乡土气息。

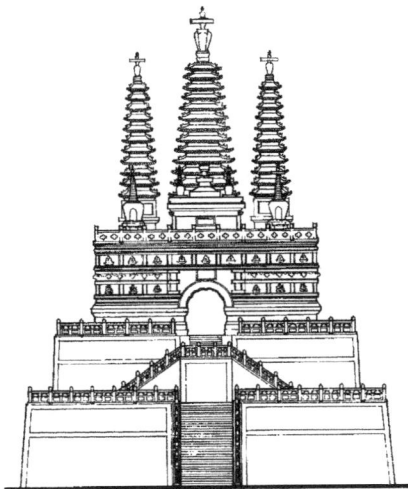

7.5.9　碧云寺金刚宝座塔正立面

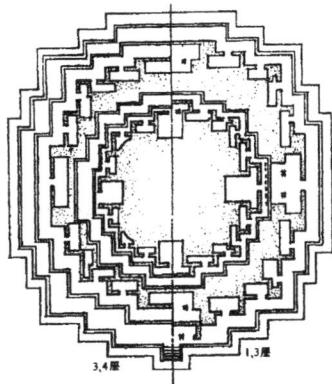

7.5.11　白居寺菩提塔平面

7.5.12　白居寺菩提塔剖面

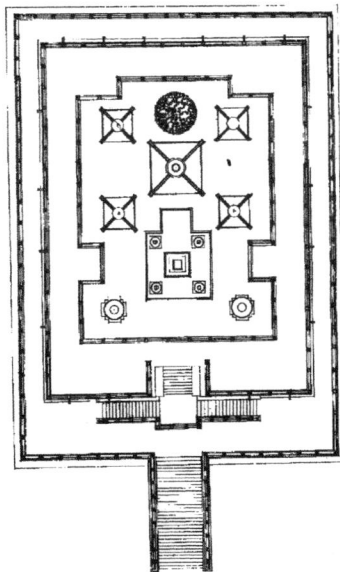

7.5.10　碧云寺金刚宝座塔平面

7.5.9~10　碧云寺金刚宝座塔

　　位于北京香山碧云寺后部，建于乾隆十三年(1748年)。金刚宝座塔以一个基台上立一大四小5座密檐小塔为基本特征。佛教经典中说须弥山有5座山峰，为诸神聚居处。金刚宝座塔就是须弥山的表征，它是从印度菩提迦耶塔演变而来的，凝结着中印建筑文化的交融。碧云寺金刚宝座塔全部为石砌，由下部两层台基、中部土字形基台和上部塔群组成，总高34.7米。基台通体满布喇嘛教题材雕饰，基台上方，台面后部置5座密檐方塔，中塔最高为13层密檐，四角小塔略矮为11层密檐；台面前部两侧各立一座小喇嘛塔；台面中部为登台罩亭，罩亭的顶面又设置了一组小金刚宝座塔。全塔体量高大，拔地而起，雄浑壮观，颇有气势。

7.5.11~12　江孜白居寺菩提塔

　　白居寺是集萨迦、噶当、格鲁三派于一寺的藏传佛教寺院。寺内的菩提塔建于1390年(另一说建于1414年)。全塔由基座、塔身和塔顶组成。基座平面为折角十字，出20个折角。底层占地达2200平方米，以土坯砌成4层的实心阶台，周边每层辟16间龛室，一、三两层的四个正面，各辟一间通高两层的佛殿。底层外围一圈外墙，基座外观判若5层。塔身呈圆柱形，也是土坯砌的实心体，内辟佛殿4间，佛殿门上带有印度火焰券门饰。塔身上覆圆檐，檐下施汉式斗栱。塔顶由折角十字刹座、十三层圆锥形相轮和铜质鎏金宝盖、宝顶组成。刹座四面正中都绘有一对佛眼，与尼泊尔萨拉多拉窣堵波式佛塔刹座所绘相同。全塔总高32.5米，以白色的塔体基调配衬金色塔刹。全塔塑、绘佛像据说达数万尊，又称"十万佛塔"。此塔反映了印度、尼泊尔、汉式和藏式的文化融合，弥足珍贵。

149

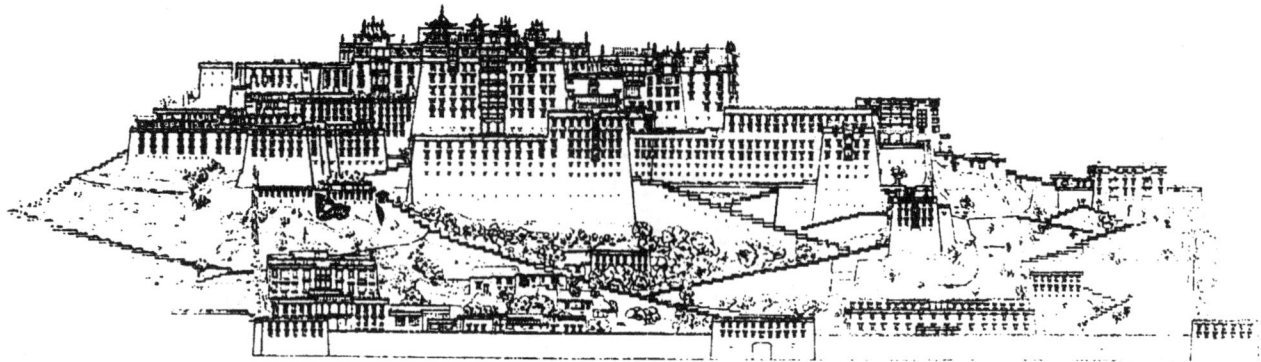

7.5.13　拉萨布达拉宫正立面

7.5.13~14　拉萨布达拉宫

在拉萨普陀山上，始建于七世纪的松赞干布时期，后毁于战火。顺治二年(1645年)五世达赖喇嘛重建，工程历时50年，是历代达赖喇嘛和摄政住居、理政、礼佛的地方。它是政教合一的反映，具有寺庙与宫殿的双重性质。布达拉宫总体包括山上的宫堡群，山前安置行政建筑和僧俗官员住所的方城，山后挖池辟建的龙王潭花园三个部分，共占地40余公顷。

宫堡依山而建，从山腰起筑，以中部偏西的红宫为主体。红宫因外墙涂红而得名，平面近方形，外观显9层，下面4层以地龙结构层与内部岩体取平，上部5层分布着20余个佛殿、供养殿和五世达赖后的几代灵塔殿。第5层中央的西大殿，是达赖喇嘛举行坐床(继位)及其他重大庆典的场所。红宫藏式平顶上耸立着7座汉式屋顶，顶上铺熠熠闪光的镏金铜板瓦。红宫以东的东白宫，为达赖理政和居住的寝宫。红宫以西的西白宫，是僧人住所。白宫、红宫前分别建有

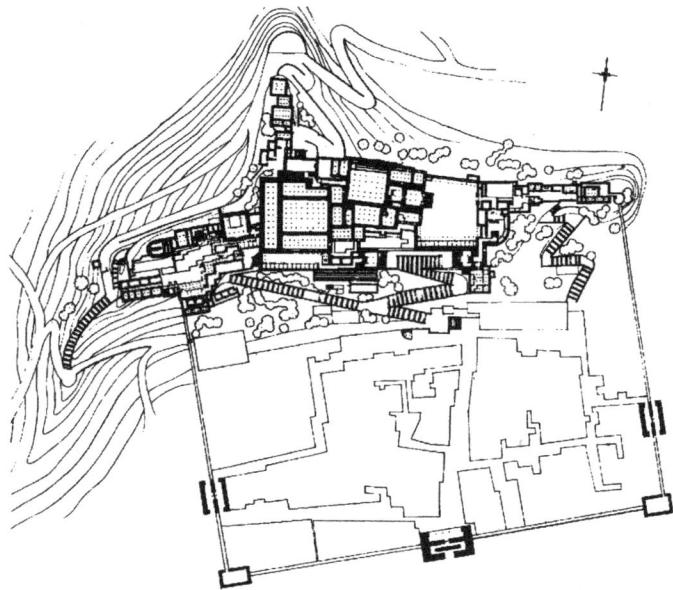

7.5.14　拉萨布达拉宫总平面

东、西欢乐广场。西欢乐广场下面依山建造高9层的晒佛台，上面4层开窗，与红宫9层立面组合在一起，形成布达拉宫总体高13层的巍峨形象。建筑随山就势布置，自下而上错落进退。外墙全部用石砌造，大片红白石墙上，镶点着成行成列的梯形窗套，突出浓厚的藏式韵味。墙体收分显著，石材与自然山石机理相近，墙脚与山坡自然衔接，石墙犹如扎根山岩之中，与山丘浑然一体，整座宫堡似乎是从山石中自然生长出来，人工与自然取得高度和谐。曲折回转的磴道，形成错落有致的白色斜形磴台，拉长了登山路径的长度，烘托出整体建筑的分外高耸。白宫平顶女儿墙和磴道挡墙墙头上，都带有红褐色的"便玛"墙带，与红宫取得色彩上的呼应；红宫的"便玛"带下也有一条通长的白墙带，与白宫的墙面相呼应。可以说，整组建筑雄伟、壮丽、粗犷、神圣，有极强的艺术震撼力，足以跻入世界建筑艺术珍品之列。

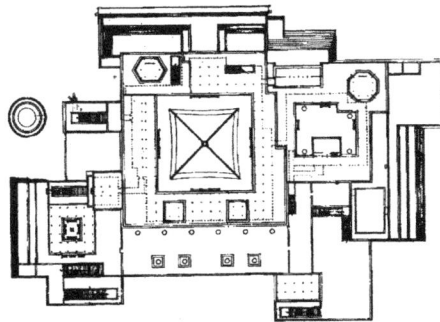

7.5.16 普陀宗乘庙大红台立面

7.5.17 普陀宗乘庙大红台平面

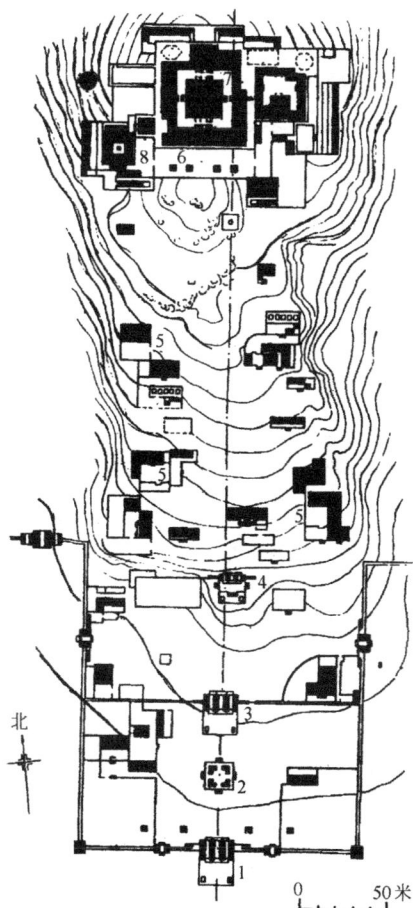

1. 山门；2. 碑亭；3. 五塔门；
4. 琉璃牌楼；5. 白台；6. 大红台；
7. 万法归一殿；8. 千佛阁

7.5.15 承德普陀宗乘庙总平面

7.5.15~17　承德普陀宗乘庙

在承德避暑山庄外东、北两面的丘陵起伏地段，康熙、乾隆年间先后建造了12座大型喇嘛教寺院，其中9座由理藩院设8个管理机构分管，泛称"外八庙"。普陀宗乘庙是外八庙中规模最大的一处，它建成于乾隆三十六年（1771年），是为庆贺乾隆帝六十大寿和皇太后八十万寿，笼络蒙古、青海王公和西藏上层人士而建的。建筑仿拉萨布达拉宫，庙名"普陀宗乘"即藏语"布达拉"的意译。庙占地21.6公顷，地势南低北高，分前、中、后三部。前部为院墙围合的两重大院，中轴线上设山门、碑亭、五塔门和琉璃牌楼，轴线两侧不规则地散布数座白台。中部沿缓坡散点布置形态不一、功能各异的白台和喇嘛塔台。后部高坡上建大红台，为全寺主体建筑。它也模仿布达拉宫的红、白宫做法，由中部红台和东西两侧白台联结成庞大的整体，下部以统一的、高17米、设三层盲窗的白台为基座。红台高25米，上宽58米，台上设主殿"万法归一"殿及其群楼，红台正面显7层窗，下4层为实台盲窗；上3层为群楼真窗，台上另建有四方亭、六方亭等建筑。西侧白台上有千佛阁小院，东侧白台上有洛伽胜境殿、戏台群楼、权衡三界等建筑。它们构组了气势宏大、错落有致的大红台组群的整体形象。普陀宗乘庙从总体布局、单体建筑到细部装饰都反映出藏式、汉式建筑的融合，大量使用了高台、平顶、厚墙、梯形窗套、镏金铜瓦等藏式建筑要素，虽然在整合中存在着一些牵强、不足之处，但不失为一次大规模的、重要的成功尝试。

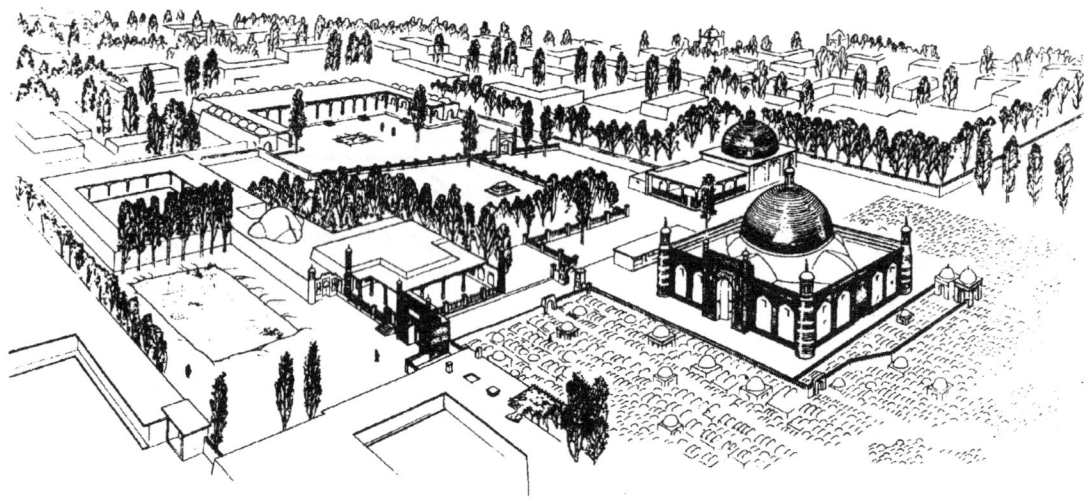

7.5.18　喀什阿巴伙加玛札鸟瞰

7.5.18～20　喀什阿巴伙加玛札

位于喀什市东郊，是新疆伊斯兰教白山派首领阿巴伙加家族的陵园。始建于17世纪后期，后经改建、扩建，形成现有的规模，占地40余亩。整组建筑包括一座主墓室、四座礼拜堂、一所教经堂以及阿訇住宅、浴室等其他用房。它是新疆现存的伊斯兰建筑中规模最大的综合建筑群。总体布局灵活自由，大体上分为东部墓园区和西部礼拜寺区两大部分。主墓室为整个陵园的主体建筑，它坐北朝南，东、南、北三面分布着体量、形式不同的教徒墓群。墓室平面接近方形，中心突起直径16米的大穹隆顶，穹顶由4个尖拱支撑，尖拱由四周厚墙支托，厚墙由四角塔楼加固。内部空间全部刷白，气氛严肃、静穆。整体外形比例庄重，立面分间砌出浅浅的尖拱龛，穹顶、塔楼和龛外墙面均镶贴绿色琉璃砖，间以紫色花砖。墓室内部埋葬阿巴伙加家族五代人，共72座坟墓。传说墓内埋有乾隆香妃，不确。4座礼拜寺都由外殿、内殿组成，外殿均为长方形，平屋顶；后殿分别用大穹隆顶、成排小穹隆顶和平顶。礼拜殿方位都是坐西朝东。这组陵园和礼拜堂的综合建筑，有高耸的穹顶、簇拥的塔楼、低矮的平房，开敞的柱廊和尖拱形的壁龛，配上琉璃砖饰、木柱雕饰，砖花、石膏花饰和木棂格窗饰，充分展现出伊斯兰建筑的浓郁特色。

7.5.19　阿巴伙加玛札总平面

7.5.20　阿巴伙加玛札主墓剖面

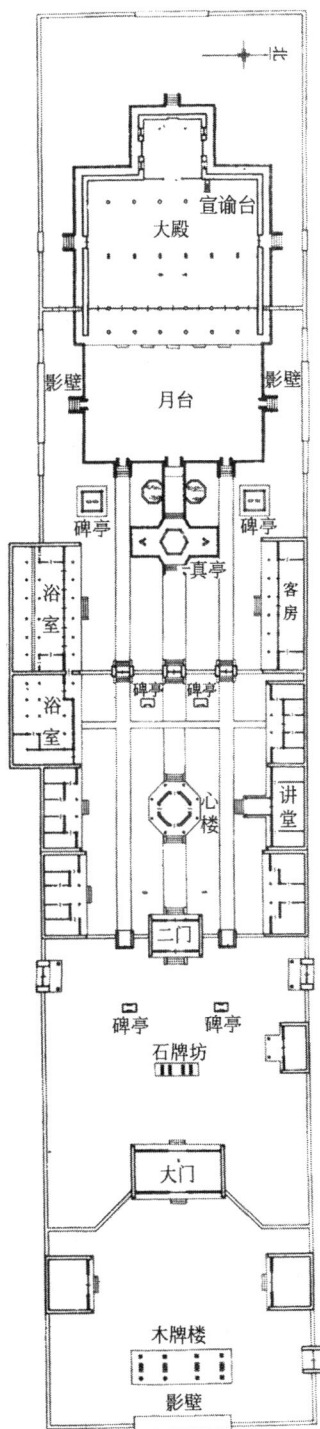

7.5.21　西安化觉巷清真寺总平面

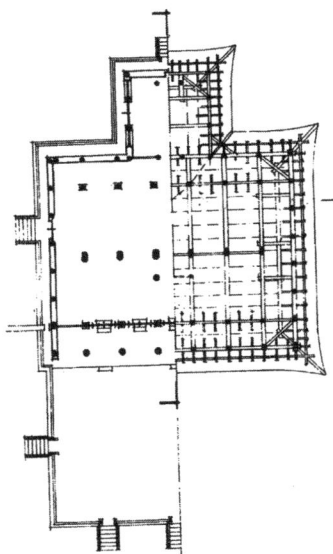

7.5.22　化觉巷清真寺礼拜
殿平面图、梁架仰视图

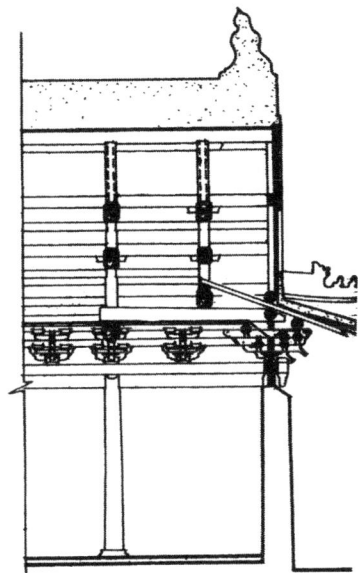

7.5.23　化觉巷清真寺礼拜殿剖面图

7.5.21～23　化觉巷清真寺

位于西安市北院门化觉巷，始建于明洪武二十五年(1392年)，明嘉靖、万历和清乾隆年间几经重修。全寺坐西朝东，呈多进院布局，南北宽仅47.6米，东西长达245.7米，占地面积11700平方米，是中国现存传统形式的清真寺中规模最大、保存最为完整的一座。

从侧门进入，是大门前的门庭空间。大门两旁出撇山影壁，对面东墙设砖雕影壁，正中靠前立三间四柱三楼的木牌坊一座，额书"敕赐礼拜寺"。进入大门，为第一进院。正座是带左右掖门的、单檐歇山顶的二门，称"敕修殿"，院内立石牌坊一座、碑亭两座，北厢为讲经堂，南厢所在位置原为墓地，已迁出。进入二门，为第二进院。西墙上并列3座随墙门，院中心立省心楼，平面八角，两层三檐，琉璃攒尖顶。这就是清真寺不可缺少的、用以呼唤教民礼拜的邦克楼。院南北厢为浴室、讲堂。穿过随墙门进入第三进院，是全寺主院。院中心有一真亭，由六角攒尖顶的主亭与两侧夹亭组成，俗称"凤凰亭"。亭后辟水池，架石桥。院南北侧为浴室、客房。院西正座就是全寺的主体建筑大礼拜殿。殿前伸出宽大的月台，殿身分前殿、后殿。前殿面阔7间，进深15架，上覆勾连搭歇山顶。后殿也称窑殿，是面阔、进深各3间的抱厦。前后殿坐西面东的布局，满足了回教徒礼拜时须面向麦加圣地的需要。前殿为汉式装饰，用天花、斗栱、彩画；后殿以暗红、棕、金色的植物纹、几何纹和阿拉伯文字组成繁密的图案，极富伊斯兰教特色。化觉巷清真寺从总体布局、单体建筑、建筑小品到建筑装饰的汉化程度，充分反映出中国清真寺建筑的本土化深度。

153

7.6 明清王府

7.6.1~5 曲阜孔府

孔子嫡系后裔——衍圣公的府邸，也称衍圣公府。位于曲阜阙里孔庙东侧，重建于明弘治十六年(1503年)。当时占地达240亩，后逐渐缩小，现占地68亩，有厅、堂、楼、房300余间。弘治后几百年间屡有修建，但总的布局没有大的变动。它是我国现存规模最大的王府之一，也是保存最完整的一组大型府第建筑。

孔府布局分中、东、西三路。中路是全宅主体，以内宅门为界分为前后两部分。前部设三堂六厅。大堂用于开读诏旨、接见官员和举行重要仪式，为5间9架悬山建筑，前设大月台，明次间洞开，内部减去明间两根前金柱，形成颇宽敞的公堂空间。大堂前有东西庑各10余间，对应明代的六科，东庑设知印、典籍、管勾三厅，西庑设掌书、司乐、百户三厅。大堂院庭内立有仪门，是一座三间四柱三楼的垂花门，四面临空，式样古朴，可能是弘治重建时的原物，为已知的惟一明代垂花门。二堂是衍圣公宣示典章、处理政务的用房。大堂与二堂之间以穿堂连接，形成工字形平面。二堂为5间7架悬山建筑，前檐明次间都设格扇门，与穿堂关系格格不入，推测穿堂可能是后代添加的。三堂也是5间7架悬山建筑，是孔府处理内务的地方，其东厢用作存放地亩册契，西厢用作存藏文书档案。这组三堂六厅建筑的布局形式，是明清两代衙署的典型格局。中路内宅门以北为孔府内宅，有前上房、前堂楼、后堂楼3个封闭式庭院。前上房是接待至亲和近支族人的客厅，也是举行家宴和婚丧仪式的场所，为7间7架悬山建筑，有东西厢房各5间。前、后堂楼都是7开间的两层楼房，各有东西楼3间，为孔府主人和内眷居室。东路又称东学，前部原有兰堂、念典堂、九如堂等一组读书励志的用房，已毁无存。现有祭祀七十

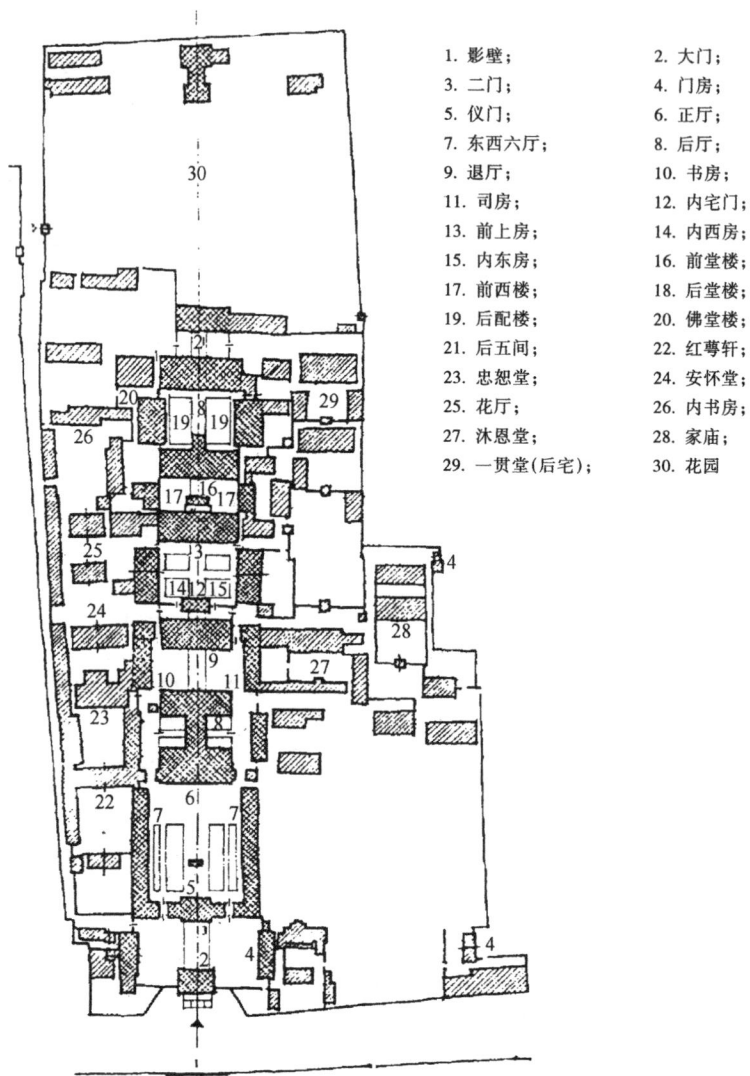

7.6.1 曲阜孔府总平面

1. 影壁；　　　　2. 大门；
3. 二门；　　　　4. 门房；
5. 仪门；　　　　6. 正厅；
7. 东西六厅；　　8. 后厅；
9. 退厅；　　　　10. 书房；
11. 司房；　　　　12. 内宅门；
13. 前上房；　　　14. 内西房；
15. 内东房；　　　16. 前堂楼；
17. 前西楼；　　　18. 后堂楼；
19. 后配楼；　　　20. 佛堂楼；
21. 后五间；　　　22. 红萼轩；
23. 忠恕堂；　　　24. 安怀堂；
25. 花厅；　　　　26. 内书房；
27. 沐恩堂；　　　28. 家庙；
29. 一贯堂(后宅)；　30. 花园

一代衍圣公夫人的沐恩堂专祠，供衍圣公次子居住的一贯堂及其后宅和由报本堂、桃庙组成的家庙建筑。西路也称西学，前部为家族亲友饮宴会客、读书学礼的用房，有红萼轩、忠恕堂、安怀堂三进院；后部有接待一般宾客的南、北花厅和衍圣公幼年读书的内书房等建筑。中、东、西三路的后部，辟为花园，园内有大块铁矿石点景，取名铁山园。

孔府组群集政务、内务、起居、祭祀、读书、宴客、游赏和生活供应等诸多功能于一宅，既要满足高度复杂的功能要

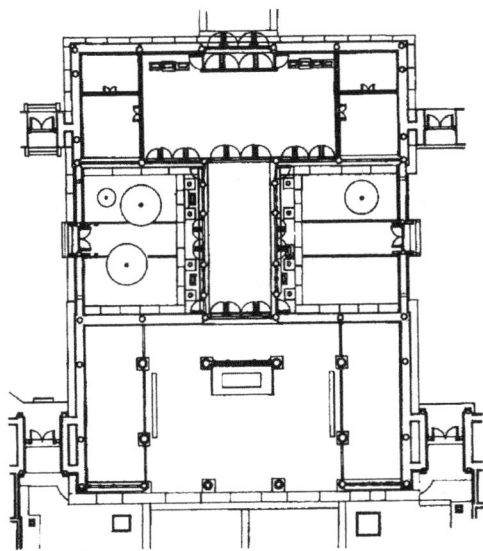

7.6.2 孔府大堂、二堂平面

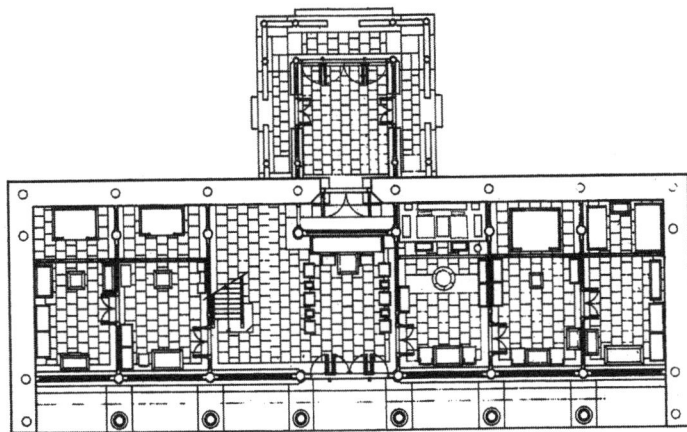

7.6.4 孔府前堂楼底层平面

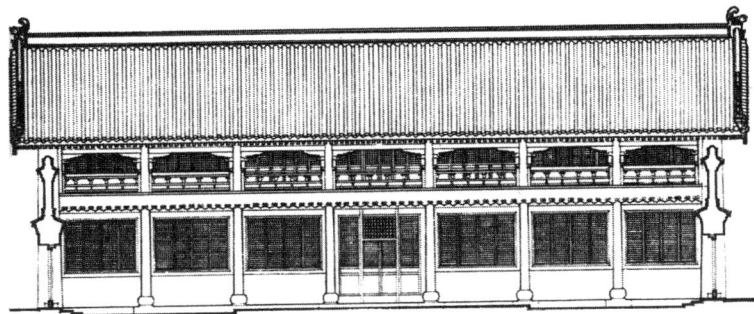

7.6.5 孔府前堂楼正立面

7.6.3 孔府仪门立面、平面

求，又要严格遵循儒家礼仪和宗法原则。全宅建筑分区明确，空间划分井然有序。在总体布局上，强调居中为尊，突出中轴主体，从大门到后堂楼，组构了"前堂后寝"的九进院落，既体现出衍圣公府的显赫身分，也表现出宗子在家族中的尊贵地位。如果与次子所居的一贯堂及其内宅相比较，不难看出宗子与非宗子的等级地位差别之大。在建筑制度上，孔府大堂用五间九架，内宅前后堂楼用七间楼房，一律不用歇山、重檐、重栱，都反映出对于宅第营造制度的严格遵循。在这种严密规范制约下，孔府在建筑艺术上处理得颇为得体，大堂主院的庄严凝重，内宅堂楼的精丽宁静，西路三院的幽静淡泊，院落空间境界都把握得恰如其分。

7.6.6 北京恭王府

清道光帝第六子恭亲王奕訢的府第，坐落在北京西城区前海西街。这组建筑原是乾隆时大学士和珅的第宅，和珅获罪后，其宅籍没，转为庆王府。咸丰二年(1852年)将庆王府收回，转赐恭亲王，始名恭亲王府。

恭王府分为府邸和花园两大部分。府邸部分占地46.5亩，建筑分中、东、西三路。中路是王府主体，现存三开间大门一座，前置石狮一对，左右各接三开间掖门，形成毗连9间的正门形象，气势壮然。入大门北进，有五开间的二门一座，左右各设一随墙阿斯门。二门内原有王府的主殿——银安殿，是亲王召见臣僚和举行大典的场所，现正殿及其东西配殿已毁。再北为五开间硬山顶前后出廊的后殿，额名嘉乐堂。按规划后殿是亲王的寝殿，实际上只是礼仪性的建筑。后殿两侧以转角庑与两厢周接。中路中轴线上的这组门、殿、堂、寝建筑，都按王府规制采用绿琉璃瓦顶。

东西两路均为三进院，为日常起居和读书、会客用房。东路现仅存中、后两进。中院正厅名"多福轩"，为五开间硬山顶建筑；后院正堂名"乐道堂"，为五开间硬山双卷棚勾连搭顶。西路前院已有缺损，中院正厅名"葆光室"，厅后隔着竹圃扁院，正对"天香庭院"垂花门。垂花门内的后院，种植海棠、翠竹，很是幽静。正堂名"锡晋斋"，原名"庆颐堂"，是和珅所建。平面呈"凸"字形，为七开间前出廊后出抱厦的大型厅堂。厅内东、西、北三面设阁楼，其格扇、栏杆均为雕饰精美

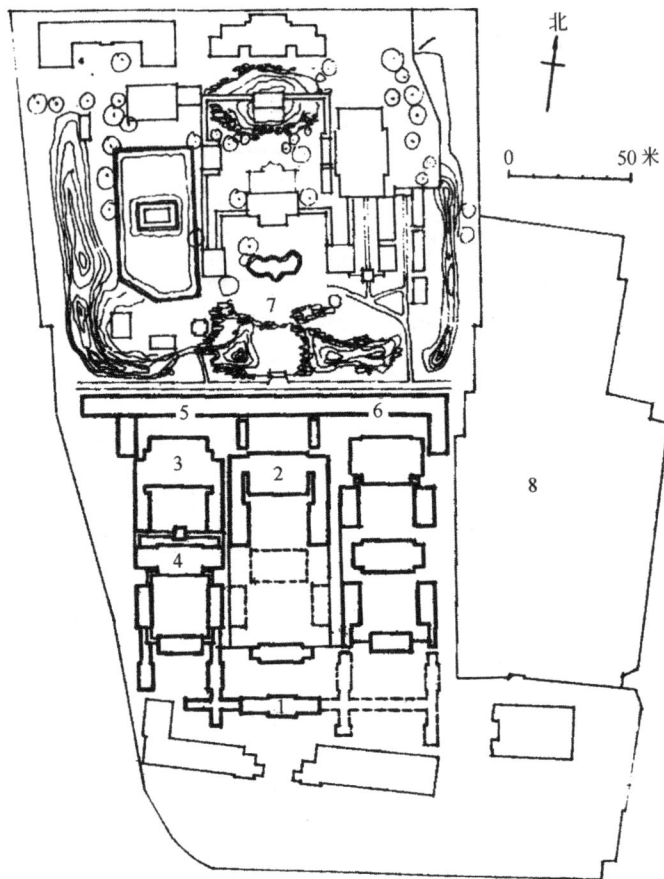

1. 大门；2. 嘉乐堂；3. 锡晋斋；4. 葆光室；
5. 宝约楼；6. 瞻霁楼；7. 花园；8. 罗王府

7.6.6　北京恭王府总平面

的楠木装修，是全府最华贵的建筑。当年和珅罪状第十三款中说的"……所盖楠木房屋，僭侈逾制，隔断式样，皆仿宁寿宫制度……"，可能指的就是这座建筑。中、东、西三路的后部，建了一座长达160米的二层后罩房，上下层房间有90余间，号称"九十九间半"。楼上东西各悬一匾，东曰"瞻霁楼"，西曰"宝约楼"，全楼气势雄浑，是官式建筑中罕见的超长楼房。

恭王府的后部花园名萃锦园，俗称恭王府花园，占地约39亩。园内建筑也呈左、中、右三路，有散列亭台、散置叠山和小型水面。园内地形起伏不大，缺乏曲折变化、移步换景的园林气息。

清代亲王府规制，大门应为五开间启门三间，银安殿应为七开间，恭王府建筑可能受原建筑格局限制，大门仅为三间，银安殿仅为五间，未达到亲王府的规格。

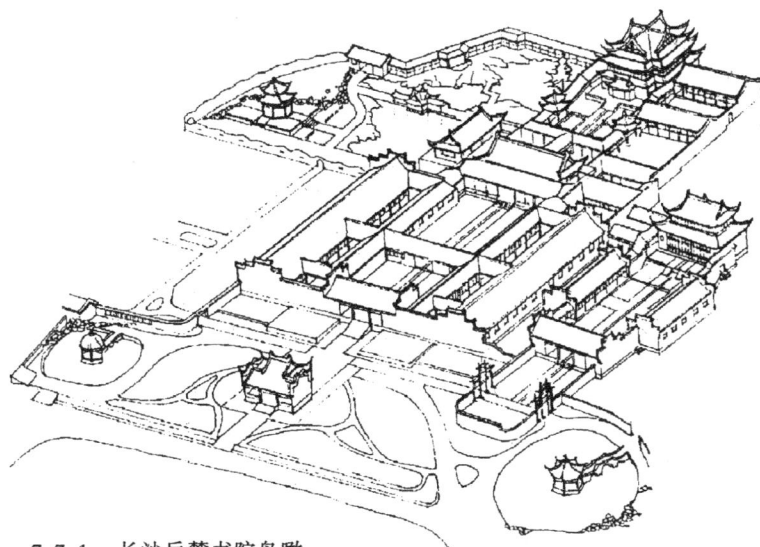

7.7.1 长沙岳麓书院鸟瞰

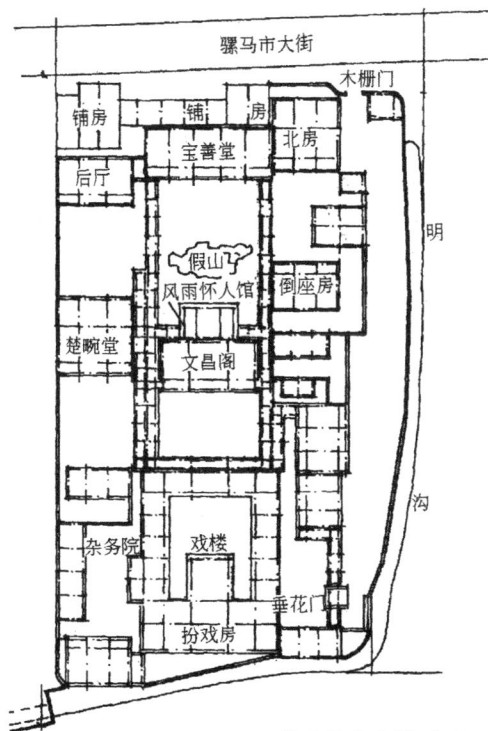

7.7.2 北京湖广会馆平面

7.7 明清书院、会馆

7.7.1 长沙岳麓书院

岳麓书院是中国四大书院之一，位于长沙岳麓山东麓，现湖南大学校园内。书院创建于北宋开宝九年（976年），南宋理学家朱熹曾到此讲学，元明清各代相沿办学，岳麓院名未改，是世界罕见的千年学府。建筑屡经兵毁重建，现有布局主要奠定于明代，现存建筑多为清代所建。

书院总体布局坐西朝东，占地约2公顷。中轴线前部依次排列大门、二门、讲堂；两侧设斋舍，各成廊院；大门前方设有赫曦台和风雩、吹香两亭。中轴线后部现有1982年重建的御书楼；其左侧有湘水校经堂和濂溪洞、六君子堂等先贤专祠；其右侧为书院山长居处和园林。另有独立的文庙建筑一组，坐落在主轴线的北侧。岳麓书院位处城郊山麓，不像文庙学宫多在城市，也不同于佛寺道观匿于深山，反映出既入世又脱俗的士文化选址特色。整组建筑敞阔疏朗，灰墙黑瓦，色调淡雅，颇具书香气氛。

7.7.2 北京湖广会馆

会馆是明清兴起的一种民间公共建筑，清末北京外城分布有近百座。其功能除接待同乡或同业旅居和办理相关事务外，还设有戏楼、大厅、乡贤祠等，供联谊、聚会、酬神、宴饮之用。湖广会馆为湖南、湖北、广东、广西的四省同乡会馆，位于北京骡马市大街与虎坊路交角处，原是乾隆时盐运使张惟寅所建府第，后三次更换房主，于嘉庆十二年（1807年）改为会馆，经道光、光绪两度大修，形成图上所示规模。会馆占地约4000平方米，北面临街，以朝北的木栅门为大门，经巷道到二门（垂花门）进入。建筑分中路主院和东、西偏院。中路有戏楼、文昌阁（先贤祠）、风雨怀人馆、宝善堂等建筑。戏楼建于道光十年，有面阔5间进深7间的池坐大厅及其上部楼座；舞台坐南向北，台后设扮戏房。整个戏楼为高两层的楼阁建筑，上部屋顶为二卷勾连搭重檐悬山顶。池坐上部的十架梁跨度达11.36米，在民间建筑中是罕见的。戏楼建筑的发展，显示出传统木构架难以适应大跨度结构的矛盾。

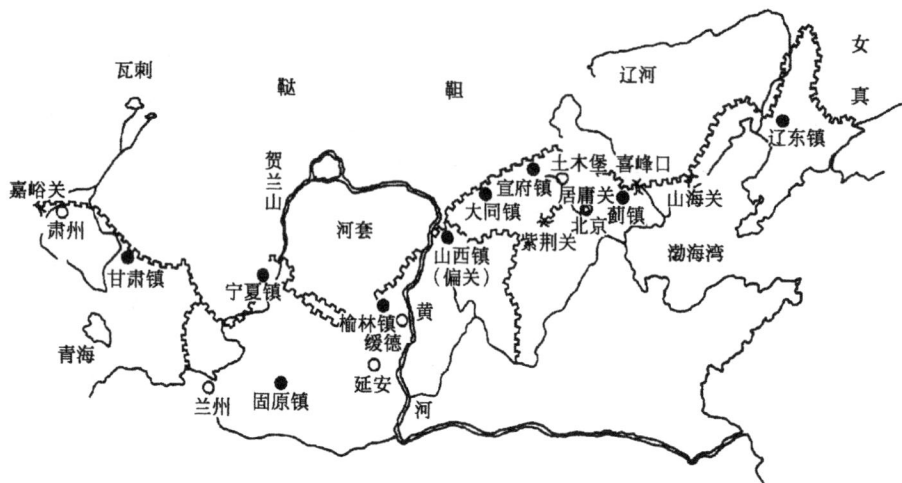

7.8.1　明长城示意图

7.8　明长城

7.8.1　明长城分布

    长城始建于春秋、战国时期，秦、汉、北魏、北齐、隋、金各朝都有修筑，遗留至今最完整、最雄伟、工程最大的是明长城。明筑长城主要为防御蒙古部族南侵，它东起鸭绿江边，西至甘肃嘉峪关，分属九镇管辖，累计长度达5660公里；长城常有多重，如计算复线，更不止此数，是名副其实的万里长城。长城的城墙选址在外陡内缓的高地、陡崖、山脊，尽量利用地势以增其险要。墙体用材和结构均因地制宜，用得最多的是夯土墙和砖石墙。城墙每隔30~100米，建实心或空心敌台。间隔约1.5公里，设独立的烽火台于山岭高地。在险要的交通孔道则设置严密的关隘，重要关隘多配置纵深营堡和多重城墙，著名的关城有山海关、嘉峪关、居庸关、雁门关等。长城以其工程量之浩大，持续时间之久远及其惊心动魄的壮美和气概，而列为世界建筑历史上的七大奇迹之一，并成为中华民族精神力量的象征。

7.8.2　八达岭长城

    八达岭位于居庸关北口，与南口遥对，为居庸关的北向门户。这里海拔1000多米，山势险峻，起伏跌宕。长城依山就势，蜿蜒曲折，如苍龙凌空飞舞，极为壮观。此段长城墙体高大坚固，下部用条石，上部用大型城砖砌筑，内填泥土、石块。城墙平均高7.8米，墙基宽6.5米，墙顶宽5.8米，齿形垛口高2米，垛口上有瞭望口，下有射口。敌台高二层，底层为拱券结构，设有瞭望口和炮窗；上层设瞭望室及雉堞，造型雄壮有力。

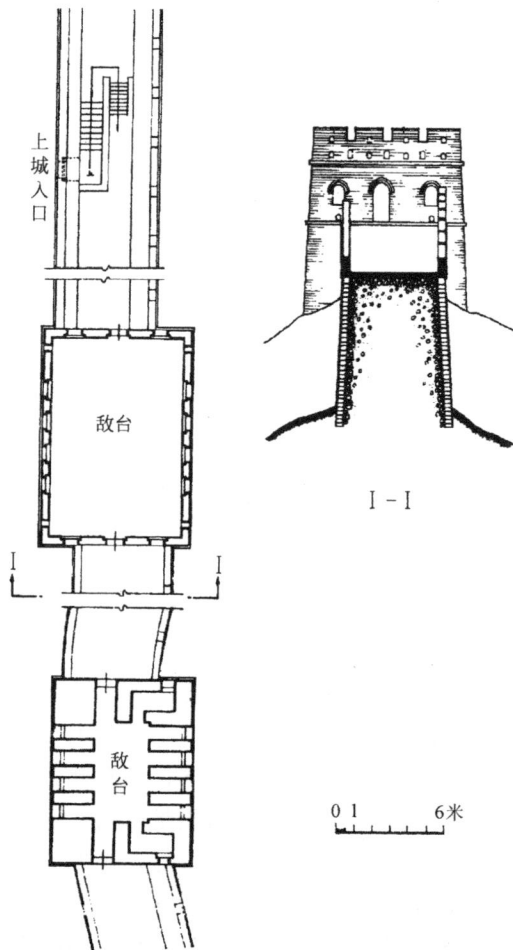

7.8.2　八达岭附近长城平面图

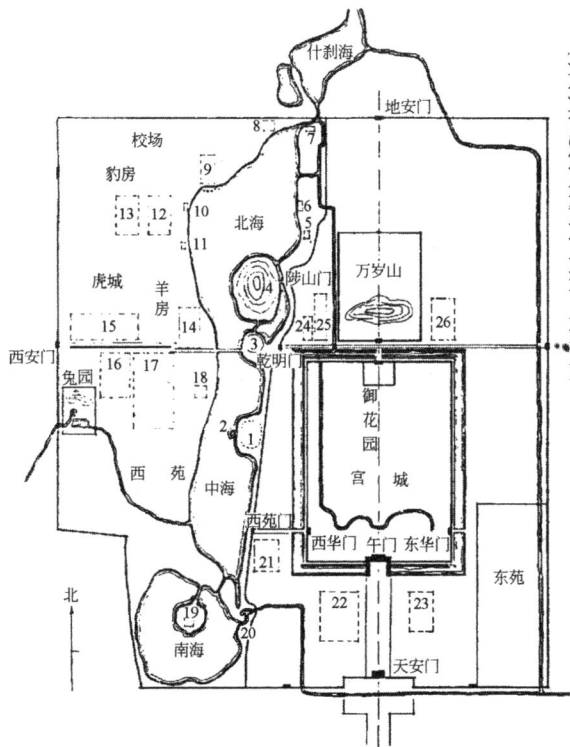

7.9.1　北京皇城御苑

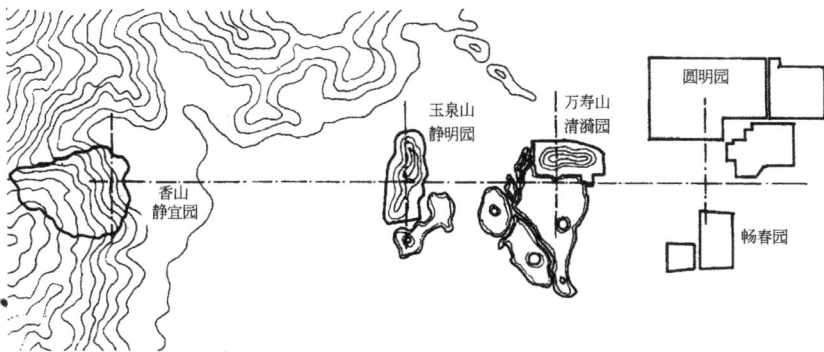

7.9.2　北京"三山五园"示意图

7.9 明清皇家园林和私家园林

7.9.1 北京皇城御苑

明代北京皇城内有6处御苑：位于紫禁城中轴北端的宫后苑（清代称御花园）；位于慈宁宫前方，供太后、太妃游赏的慈宁宫花园；位于皇城北部中轴线上的万岁山（清代称景山）；位于皇城西部的西苑；位于西苑之西的兔园和位于皇城东南部的东苑。到清代起了变化，一是紫禁城内增添了由乾隆做太子时住所改建的建福宫花园和为乾隆当太上皇而建的宁寿宫花园；二是拆毁明代的景山六亭，另建清代五亭；三是东苑和兔园大部分析为民宅、寺庙、厂库，作为园林已不复存在；四是西苑的琼华岛建起了大型喇嘛塔和佛寺，成了"白塔山"；南海的南台修建了四进院的殿阁，改名为"瀛台"；后期西苑也因民宅日增而范围缩小。这些皇城御苑中，景山、御花园、慈宁宫花园都采用严谨对称的布局，反映出皇家威仪对于御苑的制约，它们都体现出端庄严整中的力求变化。西苑的北海、中海、南海，有长阔的水面，有高龄的苍松古柏，有一组组的园中园，有极丰富的园内外借景。花草树木与假山池岸、殿阁楼台相辉映，既有仙山琼阁之境界，又富水乡田园之野趣，在都城城区能保留这样大片的自然生态环境，是非常珍贵的。

7.9.2 北京"三山五园"

在北京西北郊，到乾隆中期形成了庞大的皇家园林集群，其中规模最大的5处——圆明园、畅春园、香山静宜园是带有浓郁山林野趣的大型山地园；玉泉山静明园是以山景为主，兼有小型水景的天然山水园；畅春园是康熙首次南巡后，全面引进江南造园艺术的皇家大型人工山水园；圆明园包括圆明、长春、绮春（万春）三园，占地347公顷，是三山五园中规模最大的。它也属于大型人工山水园，人工开凿的水面占总面积一半以上，有大小建筑群120余处，并有一组"西洋楼"，号称"万园之园"。乾隆、嘉庆年间是其全盛时期，咸丰十年（1860年）被英法联军劫掠焚毁。清漪园是三山五园中最后建成的大型天然山水园，同样于1860年被英法联军焚毁，后经重建改名为颐和园。可以说三山五园会聚了中国风景式园林的全部形式，代表着后期中国皇家宫苑造园艺术的精华。

159

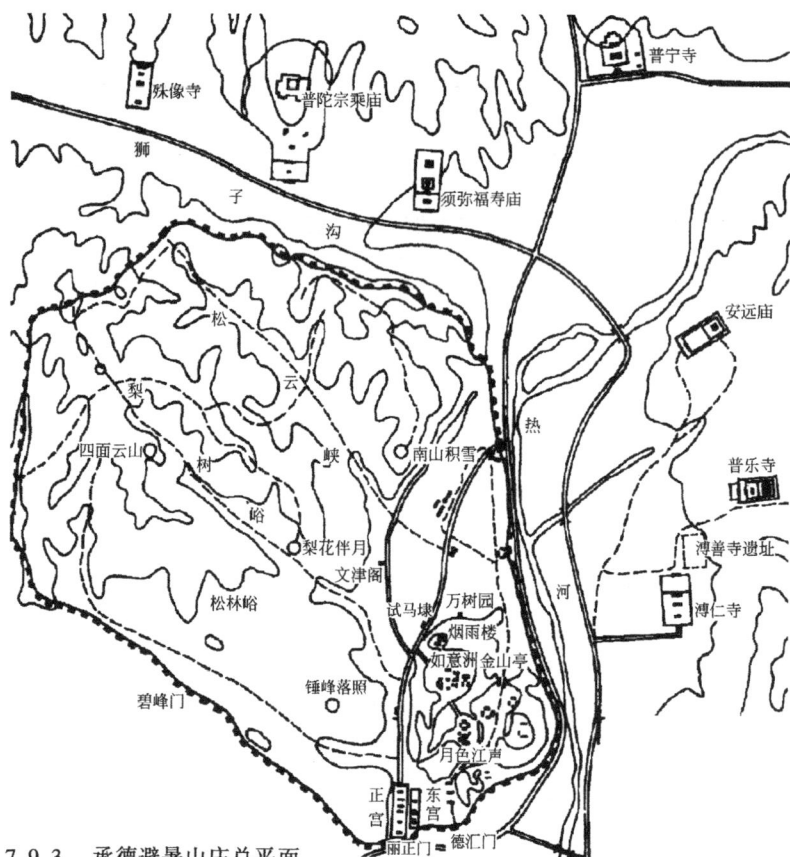

7.9.3　承德避暑山庄总平面

7.9.3～7　承德避暑山庄

位于承德市区北部，始建于康熙四十二年（1703 年），完成于乾隆五十五年（1790 年）。山庄的营建，有出于避暑、习武的需要，更主要的是笼络蒙古王公，随围避痘（关内易染天花，蒙古王公惧怕进京，凡未出痘者均先到木兰围场随围，然后到山庄觐见皇帝），巩固边防的政治需要。

山庄北临狮子沟，东傍武烈河；两河交汇，群山环抱；林木葱郁，境广草肥；并有冷泉、温泉，盛夏凉爽宜人，自然生态环境十分优越。山庄占地 564 公顷，是中国现存面积最大的皇家园林。全园分为宫殿区、湖泊区、平原区和山岳区。有康熙时期以四字命名的三十六景和乾隆时期以三字命名的三十六景。宫殿区在山庄南端，包括正宫、松鹤斋、东宫和万壑松风 4 组建筑。正宫前五进为前朝，以面阔 7 间、带周围廊、灰瓦卷棚歇山顶的澹泊敬诚殿为主殿，殿身构架、装修全以楠木建造，外观朴素，尺度亲切。殿前庭院散植古松，环境清幽。后四进为内寝，以烟波致爽殿为主殿，是康熙三十六景中的第一景。湖泊区占地 57 公顷，以洲、岛、桥、堤划分出大小不同水域，曾有九湖十岛，现

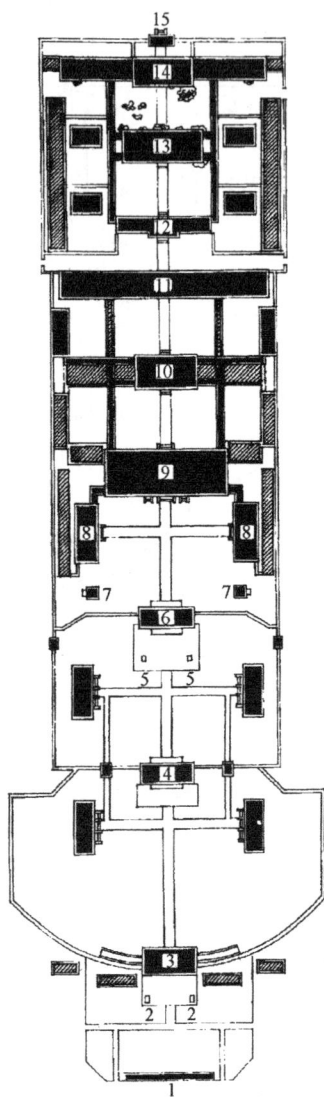

1. 照壁；　　　　　2. 石狮；
3. 丽正门；　　　　4. 午门；
5. 铜狮；　　　　　6. 宫门；
7. 乐亭；　　　　　8. 配殿；
9. 澹泊敬诚殿；　　10. 依清旷殿；
11. 十九间殿；　　　12. 门殿；
13. 烟波致爽殿；　　14. 云山胜地楼；
15. 岫云楼

7.9.4　避暑山庄正宫平面

7.9.5 避暑山庄烟雨楼立面

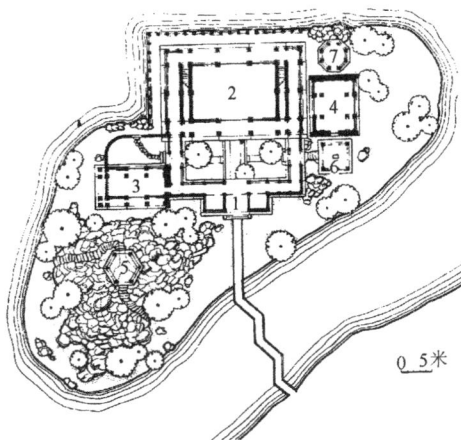

1. 门殿；
2. 烟雨楼；
3. 对山斋；
4. 青阳书屋；
5. 翼亭；
6. 四方亭；
7. 八角亭

0 5米

7.9.6 避暑山庄烟雨楼平面

7.9.7 避暑山庄"清枫绿屿"复原图

存七湖八岛。这里集中了全园一半以上的建筑物和七十二景中的三十一景，是避暑山庄的精华所在。水心榭、狮子林、金山、烟雨楼、月色江声等都分布于此。平原区占地53公顷，大片如茵碧草显现出塞外草原的粗犷风光。这里有可扬鞭策马的试马埭，有搭设大型围幄、大片蒙古包，可举行盛大游园、野宴和表演马伎、角力的万树园，并有文津阁、永佑寺等建筑。山岳区占全园面积的4/5，有松云峡、梨树峪等4条天然沟峪，依山就势布置珠源寺、水月庵等寺观和山近轩、梨花伴月、青枫绿屿等一批景点建筑，并以"锤峰落照"、"南山积雪"、"四面云山"三亭，成功地控制北、西北、西三面山区。

在中国皇家园林中，避暑山庄是富有特色的。它以"自然天成就地势，不待人力假虚设"为造园的基本原则，整体风格朴素淡雅，与苍莽的北方山水景物十分协调。在园景的模拟表征上，山庄表现得尤为突出。它以东南方的湖泊区、北面的平原区和西部的山岳区，表征国土的江南水乡、漠北草原和西南高原；它以金山仿镇江金山寺；以烟雨楼仿嘉兴烟雨楼；以文园狮子林仿苏州狮子林；以永佑寺舍利塔仿南京报恩寺塔等等；再加上山庄宫墙外模仿蒙藏喇嘛庙和五台殊像寺、海宁罗汉堂的外八庙，整个山庄及其周边环境就成了一幅统一的多民族国家的形象表征。这种仿写是"循其名而不袭其貌"，表现手法是高雅而非低俗的。

7.9.8~9　北京颐和园

颐和园的前身是清漪园。乾隆十五年（1750年），为了给皇太后祝寿，在瓮山圆静寺旧址建大报恩延寿寺，并结合水利工程整治西湖，历时15年建成了清漪园。1860年英法联军入侵，清漪园被毁。1886年慈禧挪用海军军费整修，1888年改名颐和园。1900年八国联军之役再次遭毁，1902年再度重修。

清漪园有瓮山（万寿山）、西湖（昆明湖）的天然山水，西接玉泉山静明园，东邻圆明、畅春诸园，造园条件良好。经过疏浚水体，拓展湖岸，堆筑堤岛，修理山形，弥补了天然湖山错位的缺陷，获得了极优越的山水格局和景观环境。清漪园原是行宫御苑，经光绪重建后的颐和园已成为帝后长期居住的离宫御苑。全园占地290公顷。大体分为3区：

1. 宫廷区　位于昆明湖的东北角岸，包括东宫门、"外朝"、"内廷"、德和园戏台和茶膳房等辅助建筑。外朝以仁寿殿为主殿，殿庭用巨型太湖石为屏，分行种植松柏，散置湖石，尽力点染庭园气氛。内廷以玉澜堂、宜芸馆为帝、后寝宫，以乐寿堂为太后寝宫。三组内廷院落中，乐寿堂最大，前临湖，背倚山，位置也最佳。这组离宫型的宫廷，外朝、内廷的九进院落，因地制宜地截成三段，轴线转折了两次，与湖山关系处理得十分妥帖。

2. 前山前湖景区　前山即万寿山南坡，前湖即昆明湖，共占地255公顷。清漪园时期，大报恩延寿寺雄踞前山中部，构成前山南北向主轴线；两侧簇拥着慈福楼与罗汉堂，转轮藏与宝云阁，写秋轩与云松巢等佛寺与点景建筑；颐和园时期，大报恩延寿寺南半部改建为朝宫排云殿，罗汉堂、慈福楼改建为寝宫清华轩、介寿堂，前山建筑成为包容朝宫、寝宫、佛寺的混合建筑群。前湖水面广阔，是清代皇家园林中最大的水面。仿照杭州西湖的规划手法，由西堤及其支堤将湖面划分为里瑚、外湖、西北水域3个部分，设置了南湖岛、治镜阁、藻鉴堂3个大岛和知春亭、凤凰墩、小西泠3个小岛，形成超大型的浩渺水景。

3. 后山后湖景区　后山即万寿山的北坡，后湖即后山与北宫墙之间曲折相连的后溪河。后山建筑不

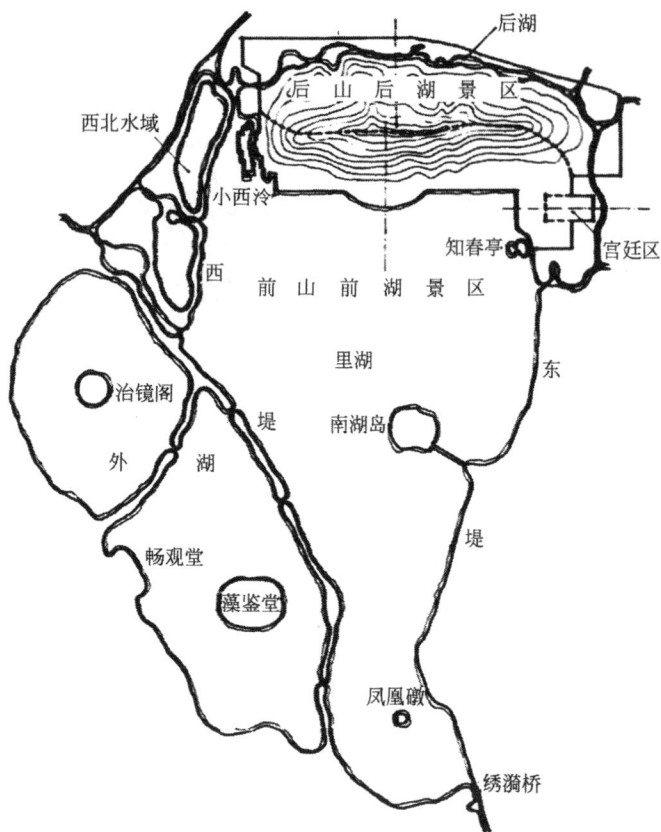

7.9.8　北京颐和园总平面示意

多，除中央部位建有仿藏式的大型佛寺须弥灵境外，均为小型景点建筑。清漪园毁后，大部分仅存遗址，未经修复。后山东部有谐趣园、霁清轩，一以水景取胜，一以石景为主，自成一局，是典型的园中园。

颐和园是中国皇家园林中最后建成的一座，集中体现了中国古代大型山水园的造园成就。它的水域采取了岛式布局与堤式布局相结合的做法；它的山体运用了"寺包山"和"山包寺"的两种处理方式。颐和园的景观既有像前山中部那样的"仙山琼阁"，也有像后山后湖那样的"世外桃源"；既有浓墨重彩的雍容华贵，也有清淡宁静的山林野趣；既有山峦重叠的远山借景，也有一望无际的碧波连天；既突出"海阔天空"的风景主题，也包容小桥流水的清幽境界；可以说把皇家园林所需要的宏大气度和精丽细致，与天然山水园所擅长塑造的壮阔气势和深邃静谧，融合得十分合拍。

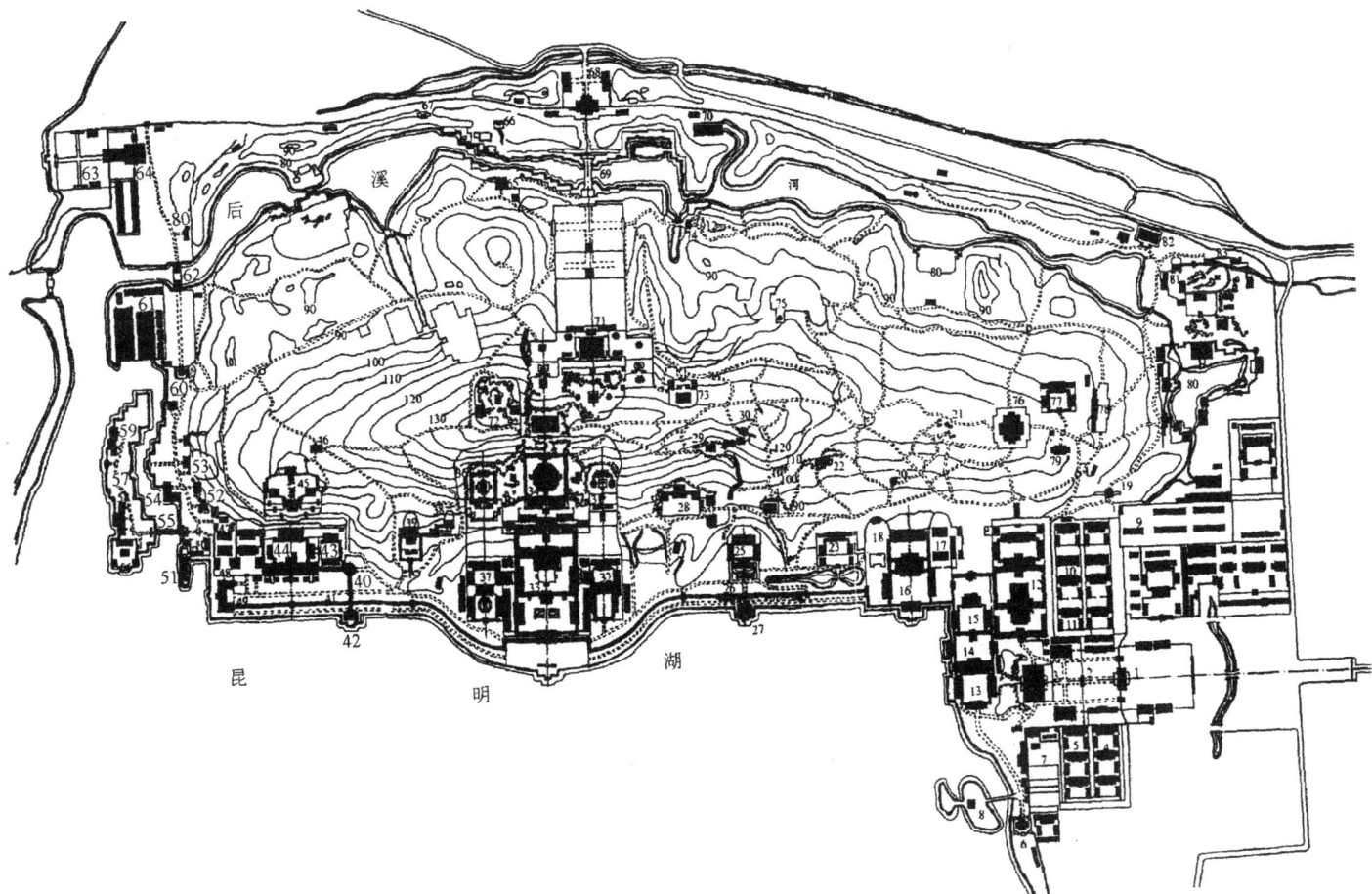

1. 东宫门；	2. 仁寿门；	3. 仁寿殿；	4. 奏事房；	5. 电灯公所；	6. 文昌阁；
7. 耶律楚材祠；	8. 知春亭；	9. 杂勤区；	10. 东八所；	11. 茶膳房；	12. 德和园；
13. 玉澜堂；	14. 夕佳楼；	15. 宜芸馆；	16. 乐寿堂；	17. 永寿斋；	18. 扬仁风；
19. 赤城霞起；	20. 含新亭；	21. 荟亭；	22. 福荫轩；	23. 养云轩；	24. 意迟云在；
25. 无尽意轩；	26. 长廊东段；	27. 对鸥舫；	28. 写秋轩；	29. 重翠亭；	30. 千峰彩翠；
31. 转轮藏；	32. 介寿堂；	33. 排云殿；	34. 佛香阁；	35. 智慧海；	36. 宝云阁；
37. 清华轩；	38. 邵窝；	39. 云松巢；	40. 山色湖光共一楼；	41. 长廊西段；	42. 鱼藻轩；
43. 贵寿无极；	44. 听鹂馆；	45. 画中游；	46. 湖山真意；	47. 西四所；	48. 承荫轩；
49. 石丈亭；	50. 寄澜堂；	51. 清晏舫；	52. 小有天；	53. 延清赏；	54. 临河殿；
55. 荇桥；	56. 五圣祠；	57. 小西泠（长岛）；	58. 迎旭楼；	59. 澄怀阁；	60. 宿云檐；
61. 北船坞；	62. 半壁桥；	63. 如意门；	64. 德兴殿；	65. 绘芳堂；	66. 妙觉寺；
67. 通云；	68. 北宫门；	69. 三孔桥；	70. 后溪河船坞；	71. 香岩宗印之阁；	72. 云会寺；
73. 善现寺；	74. 云辉；	75. 多宝塔；	76. 景福阁；	77. 益寿堂；	78. 乐农轩；
70. 自在庄；	80. 谐趣园；	81. 霁清轩；	82. 眺远斋；	83. 东北门；	84. 国花台

7.9.9　颐和园万寿山平面

7.9.10~11　颐和园前山景区

前山当阳，面对浩瀚的前湖，是整个颐和园最触目、最关键的核心地带，前山主轴理所当然地安排作为全园的景区主体和构图中心。在清漪园时期，是以"大报恩延寿寺"作为前山中央建筑群。它形成前、中、后三部分。主轴前部递升3个台地，依次坐落山门、大雄宝殿和多宝殿；主轴中部依山顺势构筑高台，台上原规划建一座9层的延寿塔，将近建成时，因塔身倾圮而拆除，改建为八角三层四檐的佛香阁；主轴后部，安排了"众香界"和"智慧海"一组琉璃牌楼和琉璃砖无梁殿。在颐和园时期，琉璃建筑的众香界、智慧海劫后幸存，佛香阁按原样修复，主轴前部旧址改建为朝堂性质的排云殿，原罗汉堂和慈福楼佛阁改建为四合院住宅型的寝宫——清华轩和介寿堂。中央建筑群的建筑性质从单纯的佛寺变为包容佛寺、朝堂和寝宫的混合体，但主轴建筑整体的基本布局变动不大。主体建筑佛香阁的处理十分成功：它自身高达41米，又耸立在高20米的方台上，体量巨大硕壮，造型敦厚稳重，整个体形与前山、前湖的壮阔场面十分相称；它在山体剖面上的定位也恰到好处，没有把台体抬到山顶，没有把巨阁耸立到山顶尖上，而是坐落在山肩部位，既便于在阁的后部设立屏卫，又可避免把巨阁形象暴露于后山视野。作为屏卫的众香界和智慧海，以其璀璨、华丽、坚实、稳重的琉璃建筑形象，作为主体楼阁的后卫和前山主轴的结束，建筑形态和材质色彩的选择都十分得当。这样，前山主轴以大体量、高密度的建筑分量，中轴对称的严谨布局，满铺殿堂台阁的"寺包山"形态，依山顺势、层叠起伏的殿阁形象和红柱、黄瓦、重彩的浓郁色彩，做足了渲染堂皇气派的文章。但由于前山东西展开面很长，仅靠主轴建筑还不能控制全局，前期清漪园和后期颐和园都在主轴东西两侧安置了若干组点景建筑，

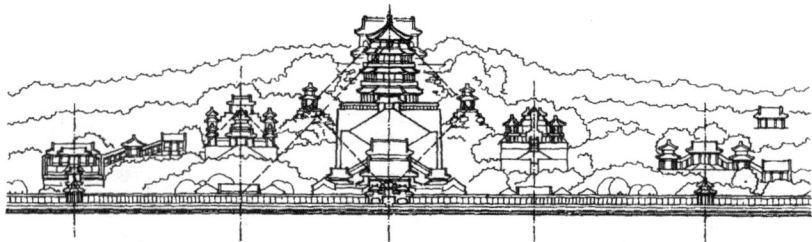

7.9.10　颐和园前山

7.9.11　佛香阁鸟瞰

细腻地组成大体对称、略有变化的4根次要轴线，通过一主四从的轴线组合，由近及远地逐渐减少建筑的密度和分量，形成前山从中心的"寺包山"向两端的"山包寺"的退晕，以散扩聚，以疏衬密，把建筑自然地、有机地融化入山体。既以突出的、丰富的建筑要素消除山体的单调呆板，又以山体的垫托、映衬，赋予前山主次建筑以金字塔式的整体构图和园林化的品格。并进一步在前山脚下，临湖岸边，设置了长达728米的长廊，为前山抹上一笔重彩的建筑底线，为湖山增添一个过渡层次，完成了湖山交接的隆重化。可以说，前山建筑的烘云托月布局和浓墨重彩渲染，成功地造就了梵天乐土的仙山琼阁境界，在充分展示礼佛祈寿的造园主题的同时，也重笔点染了皇家园林富丽堂皇的性格。

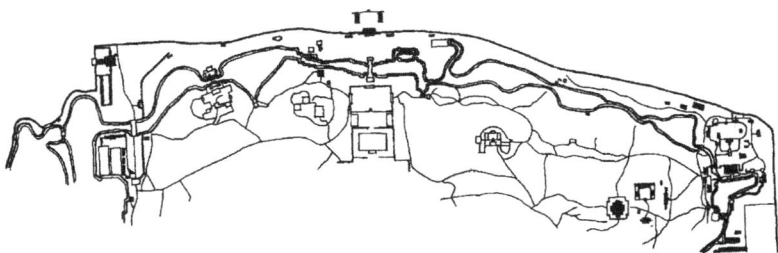

7.9.12 颐和园后糊的"两山夹水"格局

7.9.13 谐趣园鸟瞰图

1. 园门；
2. 澄爽斋；
3. 瞩新楼；
4. 涵远堂；
5. 湛清轩；
6. 兰亭；
7. 小有天；
8. 知春堂；
9. 知鱼桥；
10. 澹碧；
11. 饮绿；
12. 洗秋；
13. 引镜；
14. 知春亭

7.9.14 谐趣园平面图

7.9.12 颐和园后溪河

后溪河即后湖，是将后山北麓原有小水塘挖掘连通而成的，浚河土方堆成北岸山体，形成了"两山夹水"的河湖幽境。它西起半壁桥，东至谐趣园，全长约1000米。此河处理极佳：一是河道全程障隔成蜿蜒曲折的6段小湖面，取得化河为湖、开合多变的基本格局；二是水面的收放与两岸山势的高低凹凸紧密配合，以平缓的山势反衬水面的开阔，以水面的狭窄反衬山势的高峻，山水相得益彰；三是使堆叠的北岸土山与南岸真山协调成整体，使前者仿佛是后者的天然延伸；四是在后溪河中部开辟一段模仿江南水镇的买卖街，设置200余间店面，自然形的河岸在此转变为直角转折、层叠错落的人工河岸，增添了独特的河街景象，丰富了沿河的景点特色和景观对比。

7.9.13～14 颐和园谐趣园

谐趣园在万寿山东麓，乾隆十六年（1751年）初建时名惠山园，是仿无锡寄畅园，略师其意而建的。这里与寄畅园的地貌相似，地势低洼，富于山林野趣。由后湖引来的活水，加工成峡谷水瀑，颇似寄畅园的"八音涧"；借景于西面的万寿山，也类似寄畅园之借景锡山。园本身的设计也和寄畅园一样，以水面为中心。初建的惠山园，建筑疏朗，以山水林木取胜；光绪重建后的谐趣园，建筑比重增大，转变成为封闭的、人工气氛浓厚的建筑庭园。其建筑布局颇能因地制宜，以主轴涵远堂为主景，东西衬以知春堂、湛清轩和澄爽斋、曙新楼，以饮绿、洗秋为对景。廊回轩抱，布置灵活；建筑大小穿插，尺度得体。此园与其北面的霁清轩毗邻，一南一北，一以水景取胜，一以石景为主，在颐和园内自成一局，是一对典型的"园中之园"。

165

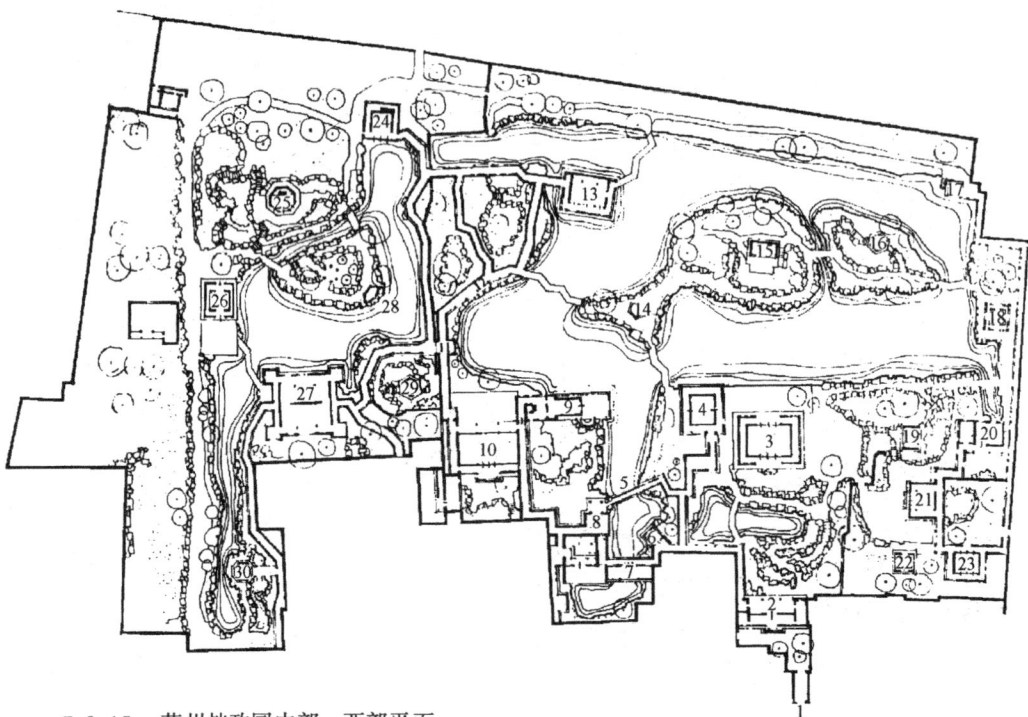

7.9.15　苏州拙政园中部、西部平面

7.9.15 ~ 18　苏州拙政园

位于苏州娄门内东北街，始建于明中叶（16 世纪初）。最初是明御史王献臣私园，后屡易园主。东部曾于明末划出另建"归田园居"，西部曾于光绪年间割为"补园"，仅中部延续拙政园格局。现三园回归为一园，分别成为拙政园的东、中、西三个部分，共占地 62 亩。

中部是全园精华所在，其设计意匠有几点值得注意：一是突出山水主体。水面约占中部的 1/3，布局以水池为中心，"凡诸亭、槛、台、榭，皆因水为面势"。水面有聚有分，既有远香堂前的辽阔水面和多处水口，也有小沧浪一带的曲折小河和腰门山后的小口水池。大水面中迭出两座主山，山间隔以小溪。两山结构以土为主，以石为辅，一大一小，一高一低。山脚向阳面作黄石池岸，背阴面则土坡苇丛，形成两山前后景色变化。满山遍植树木，浓荫蔽日，颇有江南山林气氛。另设绣绮亭土山和腰门假山作为主山余

脉。水池中央还有荷风四面亭小岛，通过两桥将水面分为三部分，但桥身空透、低矮，似分非分，保持了水面的广阔浩渺，山水整体布局十分周到。二是妥帖调度建筑。主体建筑远香堂设置在大池南岸，形成"主山，隔着主水面，遥对主建筑"的最佳构成模式。远香堂可以北望山水主景，南临小池假山，西接倚玉轩、小飞虹，东赏绣绮亭、枇杷园，以四面厅环视四面景观，十分得体。位于东侧的海棠春坞，灵活地采用一间半的小轩，配置大、中、小三个小院，点缀数本海棠，一丛翠竹，便取得极雅洁、生动的空间组合。其他如旱船香洲，花厅玉兰堂，水阁小沧浪，以及玲珑馆、听雨轩、柳阴路曲等，都安排得十分贴切。三是强化景观对比。园内由南北望，林木苍翠的山体，掩映于大片水池之中。水中两山各建一亭，两亭一大一小，一显一隐，完全是一派开阔疏朗的江南水乡的天然景致；而由北望南，则以堂阁轩廊构的建筑景观与北岸形成明显对比。南岸建筑数量并不

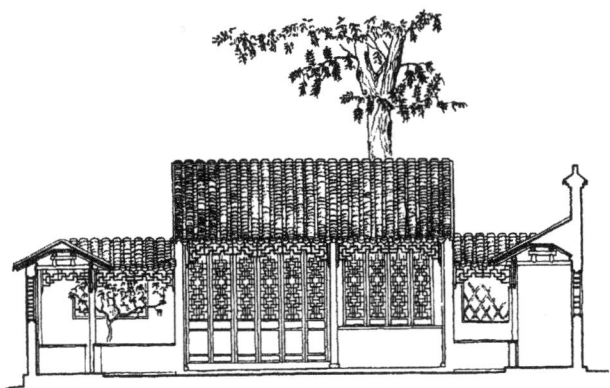

7.9.16　拙政园海棠春坞立面

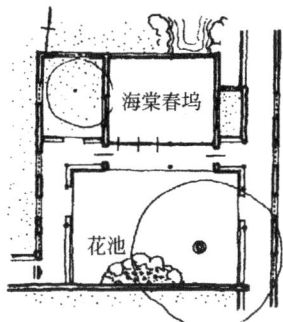

7.9.17　拙政园海棠春坞平面

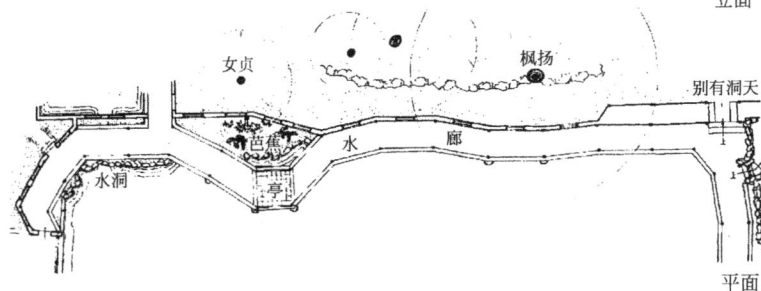

7.9.18　拙政园水廊

多，但形态多样，高低错落，显得十分丰富。只是北侧临巷围墙尺度很长，平直无变化，沿墙一带的水池驳岸几乎与围墙等距离平行，颇显单调、呆板，虽然已沿墙密植竹林以为补救，总是中部景域的美中不足。四是精心设计景点。透过晚翠洞门，位于枇杷园内的嘉实亭和西山顶部的雪香云蔚亭，相互之间构成绝妙的对景。隔着东西水面，处于最东端的梧竹幽居与位处最西端的别有洞天遥相对应，取得私家园林罕见的长距离对景。特别是从小沧浪水阁凭栏北望，透过小飞虹廊桥，穿过倚玉轩、香洲夹口，越过荷风四面亭，遥望见山楼，其空间层次之深远，堪称私家园林创造景深的范例。

拙政园西部也以水池为中心，环绕曲尺形水面布置了一厅（三十六鸳鸯馆）、三楼（倒影楼、浮翠阁、留听阁）、四亭（笠亭、宜两亭、塔影亭、与谁同坐轩）。从倒影楼至宜两亭，设置了一条水廊。此廊平面曲折有致，高低起伏，跨水而建，体态轻盈地仿佛飘荡在水上，是水廊中的精品。但鸳鸯厅四隅各出耳室一间，形象板滞；馆体尺度硕大，而基地狭窄，不得不伸入水中，致使水面被挤逼，失却辽阔之势。留听阁以南的水面，处理得过于狭长，状如盲肠，也是理水的败笔。

应该说，拙政园的东、中、西三部是相互隔离、自成格局的。东部"归田园居"旧址久已荒废，现在的布局是以平冈草地为主，现有的建筑多是近年新建的。西部的原"补园"布局基本上是清末光绪年间所形成的，造园手法瑕瑜互见。而其中部山水明秀，厅榭精美，空间闭敞开合，房屋疏密有致，山水景色自然，建筑格调高雅，色调丽而不艳，不愧为江南私家园林的代表作品。

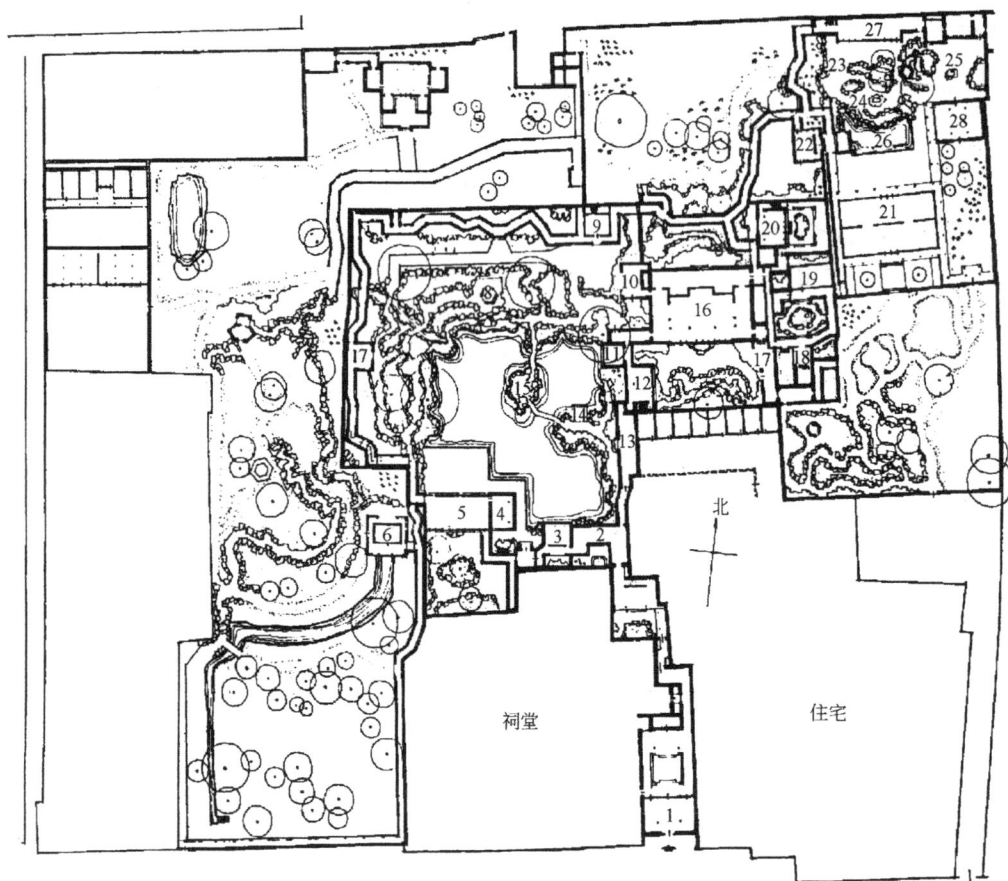

图中标注：
1. 大门；　　2. 古木交柯；
3. 绿荫；　　4. 明瑟楼；
5. 涵碧山房；　6. 活泼泼地
7. 闻木樨香轩　8. 可亭；
9. 远翠阁；　10. 汲古得绠处；
11. 清风池馆；　12. 西楼；
13. 曲溪楼；　14. 濠濮亭；
15. 小蓬莱；　16. 五峰仙馆；
17. 鹤所；　　18. 石林小屋；
19. 揖峰轩；　20. 还我读书处；
21. 林泉耆硕之馆；
22. 佳晴喜雨快雪之亭；
23. 岫云峰；　24. 冠云峰；
25. 瑞云峰；　26. 浣云池；
27. 冠云楼；　28. 伫云庵

7.9.19　苏州留园总平面

7.9.19～21　苏州留园

在苏州阊门外，原为明代"东园"故址，清嘉庆间改建为寒碧山庄；光绪初年易主后扩大范围，改名留园。全园面积约 30 亩，分东、西、北、中四部分。

中部基本保持寒碧山庄的原有格局，为全园精华所在。它分为东、西两区。西区以山池为主，采取西北叠山，中间辟池，东南部署建筑的布局方式，使山池主景处于受阳面，符合"南厅北山，隔水相望"的常规模式，与拙政园远香堂的隔水对山有异曲同工之妙。山体为土筑，用黄石堆叠池岸磴道，山石嶙峋，气势浑厚。但后来在黄石上又添加太湖石峰，显得琐碎而不协调。西山与北山之间设洞，仿佛池水从山涧流出；涧上横跨石板桥，以沟通山径。北山上建可亭，作为山景点缀；山上植有高大的银杏、柏、榉、古木参天。西山桂树丛生，有云墙起伏，墙外更有高阜枫林作为衬景，层次丰富。沿西墙作爬山廊，至山巅建闻木樨香轩，可居高俯览；游廊继续随墙北上，东折后沿北墙穿过远翠阁，接通佳晴喜雨快雪之亭近处的曲廊，形成贯穿全园的一条迂回曲折的外环游览路线。池东北隅由小蓬莱小岛和两架平桥划出一口小水面，与东侧的濠濮亭、清风池馆组成幽静的小景区，丰富了水面景域。但小蓬莱位置已逼近水池中心，主水面被割碎，欠缺弥漫开旷之感。池东曲溪楼、西楼、清风池馆一带，重楼迭出，凹凸进退，虚实相间；池南以涵碧山房为主体建筑，临池伸出宽敞月台，后辟小庭院，配以明瑟楼、绿荫、古木交柯，房屋高低错落，造型富于变化，并有小院灵活穿插，建筑虽沿界墙布置，而无板滞之感。东区以建筑为

168

7.9.20 留园石林小院剖视

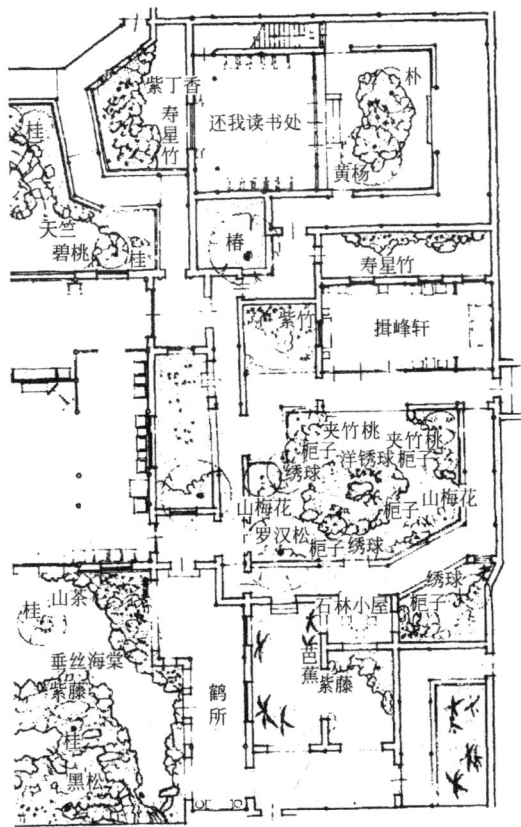

7.9.21 留园石林小院平面

主，以高大豪华的主厅五峰仙馆为中心，四周环绕布置书房还我读书处、揖峰轩和汲古得梗处、西楼、鹤所等点景建筑。五峰仙馆梁柱全用楠木，又名楠木厅。室内宏敞，装修极为精致。其前后均有庭院，前院特置太湖石五峰，是苏州诸园中最大的一处厅山。其东侧的揖峰轩书斋，不拘一格地采用两间半的小室，它与对面的竹林小屋，前方的鹤所和后方的还我读书处，组成了一组空间极富变化的小院群。这里只有一斋、一亭、一所、一房，通过回廊的环绕、转折，居然围合出大小不同、形状各异、分布灵活的十个小院。其中2个是庭院，8个是天井。庭院、天井内散点着湖石花竹。曲廊迤逦，空窗通透，庭院深深，框景重重，取得了"处处邻虚，方方侧境"的扑朔迷离的空间变化，既吻合书斋所需要的静谧幽雅的空间氛围，也与宏大的五峰仙馆构成鲜明的空间对比，堪称私家园林组织空间的杰作。

揖峰轩以东，是留园的东部。这里以突出冠云峰为主题。冠云峰据传是北宋花石纲遗物，为苏州诸园巨型峰石之冠。它与瑞云、岫云两峰石合成三峰鼎峙，配上浣云沼水池，组成壮观的峰石主景院。在其南面建鸳鸯厅——林泉耆硕之馆，作为主要观赏点；在其北面建冠云楼作为屏障。登冠云楼可远眺虎丘，是留园借景的最佳处。此区占地虽大，但景物密度较低，显得空阔而缺少层次。

留园的北部、西部，与东部一样是光绪年间所增扩。北部原有建筑已不存，现有大片桃林、杏林、竹林，颇有田园之意。西部南半部为平地，北半部为土阜。北部土阜是全园最高处，可远眺虎丘、天平、上方诸山景，也是一处良好的借景。

可以说，留园的各区景色各异，既有以山水为主、建筑为辅的景区，也有以建筑为主、点以峰石花木的景点；既有大片土阜林木的山野田园景致，也有大小不同、极富变化的庭园、庭院景观；这在私家园林中是很难得的。留园规模较大，建筑数量较多，园内厅堂在苏州诸园中也最为宏敞华丽。由于建筑密集而采取一系列极富变化的空间处理，创造出一处处精湛的建筑空间杰作。无论是前面提到的涵碧山房景组、五峰仙馆景组、揖峰轩景组，还是从临街园门进入，穿过曲廊、小院，到达古木交柯的空间序列；或是从住宅入园之门进入，经鹤所、五峰仙馆，过清风池馆、曲溪楼，到达中部山池的空间序列，都有极精彩的空间处理手法。

7.10 明清建筑著作

7.10.1~2 清《工程做法》

清代官修的一部建筑法典。原书中缝书名印为《工程做法》，而封面书名写作《工程做法则例》，两名通用。此书由清工部会同内务府主编，于雍正十二年（1734 年）刊行，是继宋《营造法式》之后的又一部官方颁布的、较为系统完整的古代营造术书。

清代到雍正时期，政治局面渐次稳定，经济逐步恢复，官工营造数量增多，亟需制定营造标准。此书编修目的就是确定官工建筑形制，统一房屋做法标准、用料标准、用工标准，加强工程管理制度，便于主管部门规范建筑等级，审查工程做法，验收核销工料经费。其应用范围主要针对"坛庙、宫殿、仓库、城垣、寺庙、王府"等宫廷"内工"和地方"外工"工程，实际上起到对官工建筑的规范作用和监督限制作用，当时营造行当称之为"工部律"。

全书 74 卷，分为"诸作做法"和"用料用工"两大部分。卷一至卷二十七列举 27 种单体房座的大木做法，其中 23 例为大式建筑，4 例为小式建筑。涉及的建筑类型有殿堂、楼房、川堂、正楼、角楼、箭楼、闸楼、仓房、方亭，圆亭、垂花门等；涉及的屋顶形式有庑殿、歇山、悬山、硬山、攒尖和单檐、重檐、卷棚、三滴水等；涉及的檩架有三檩至十一檩各等；涉及的出廊有无廊、前出廊、前后廊、周围廊等。这 27 例如同提供了不同形制、不同规格的 27 种标准设计实例，并附构架图样。卷二十八至卷四十，以 13 卷的篇幅专述斗栱；卷四十一至卷四十七，分别为装修、石作、瓦作、发券、土作做法；卷四十八至卷六十为各作用料；卷六十一至七十四为各作用工。

全书贯穿着严格的模数制，建立了以"斗口"为模数的清式建筑模数体系。规定大自地盘布局、间架组成，小至构件尺寸、榫卯大小，多以斗口表示。这套斗口模数制较之宋《营造法式》的材分制有明显的改进。书中也反映出清代建筑构架体系的演变，如梁架趋向简化，梁枋断面尺寸增大，屋面曲线以举架法取代举折法等等。

中国木构架建筑体系，到清代发展到高度成熟阶段，清《工程做法》完整地反映了官方建筑高度成熟期的状态，提供了一整套明清建筑的术语、制度和做法则例，是我们研究明清建筑最重要的历史文献。但此书的写作，只是开列 27 种建筑的构件组成、尺寸和各作的算料算工清单，没有归纳出真正的"做法"、"则例"。有鉴于此，梁思成以此书为依据，对清代建筑的营造方法及其则例进行了考察研究，"提滤"出《清式营造则例》一书，于 1934 年出版，该书一直是学习中国建筑史的一部重要的教科书。

7.10.1 雍正刻本清《工程做法》

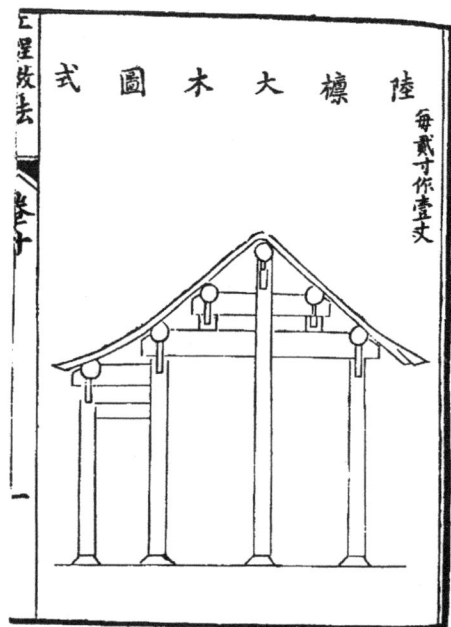

7.10.2 《工程做法》卷十图样

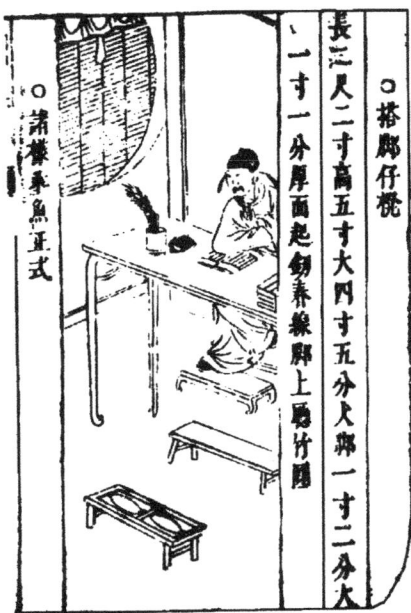

7.10.3 《鲁班经》版面

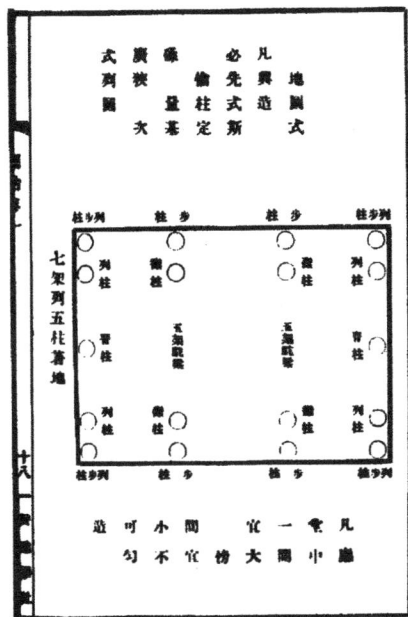

7.10.4 《园冶》版面

7.10.3 《鲁班经》

前身为成书于明中叶的《鲁班营造正式》，明万历间改名为《鲁班经匠家镜》，是一本流行于南方的民间木工行业用书。全书有图一卷，文三卷，标明"午荣汇编"。主要讲述木工行帮的规矩、制度，营造房舍的工序、步骤，常用建筑的构架形式、构件尺度、相关术语，民间家具、生产工具的形式、构造和施工工具的运用等等；也掺和着诸如选择开工吉日的方法和厌镇禳解的符咒、镇物等等属于民俗的或风水迷信的内容；而对于木工技术经验的具体细节很少涉及。中国建筑以木工为主要工种，木工实际上担当民间房舍工程主持人的角色，此书对普及南方民间建筑起过广泛作用，是研究民间建筑营造传统和民间木工技术发展的珍贵资料。

7.10.4 《园冶》

明代的一部造园专著。作者计成，字无否，江苏吴江人。成书于明崇祯四年（1631年）。全书3卷，论述兴造论、园说、相地、立基、屋宇、装折、栏杆、门窗、墙垣、铺地、掇山、选石、借景等13部分，是中国古代有关造园著作中，最完整、最具学科深度的一部。中国造园学的一系列理论、思想、方法，在《园冶》中都有精彩的表述：一是强调造园设计、构思创意的重要性，指出一般宅屋的营造是"三分匠，七分主人"，这里的"主人"指的是设计主持人。"第园筑之主，犹须什九，而用匠什一"，即造园的设计创意的作用应占到90%的比重。二是突出崇尚自然、顺乎自然的造园目标，对此做出"虽由人作，宛自天开"的高度概括，即园林虽是人为加工的，但应该做得仿佛像天然生成的。这是一语中的地点出中国式园林的真谛和特色。三是提出"得体合宜"、"随宜合用"的造园原则，造园既要遵循一定的章法、体式，又要灵活地因地制宜。十分强调造园设计应不拘定式，不袭定法；随曲合方、随宜合用；景到随机，得景随形；宜亭斯亭，宜榭斯榭；任意为持，听从排布。四是建立一整套"巧于因借"的造园借景方法。"夫借景，林园之最要者也"，把借景提到极重要的地位。强调凡能触情动人的景观、景物、景色、景致，都可以不拘一格地借，空间上可以全方位地"远借、邻借、仰借、俯借"，时间上可以全时令地一年四季应时而借，景象上可以尽情地既借自然景物，也借人文景致。

7.11 明清家具

7.11.1 明式家具

　　明代是中国古代家具发展的鼎盛期，北京、广州、苏州成为当时的家具制作中心。由于海上交通的发达，东南亚一带的木材如花梨、紫檀、红木等源源输入中国。这些珍贵的硬木，质地坚、强度高、色泽纹理美，可采用较小的构件断面，制作精密的榫卯，进行细致的雕刻和线脚加工。理想的材料，加上当时手工艺的进步，自然促进明式家具的创新、繁荣。

　　明式家具的特点是：1. 功能合理。家具品类齐全，承具的几、案、桌和坐具的凳、墩、椅都有多种多样的类别、样式。家具设计注重人体尺度。据实测，明式坐椅坐高平均值为 480 毫米，减去搭脚档高约 70 毫米，实际踏足至椅面高为 410 毫米，与现行的标准椅高完全吻合；明式方桌的高度在 800～840 毫米间，与其椅高的配合也是恰当的。2. 结构科学。大部分家具都模仿大木构架做法，采用木框架结构；构件之间不用金属钉子固定，全凭榫卯连接。明代已形成明榫、暗榫、闷榫、半榫、燕尾榫、格角榫、综角榫、托角榫、抱肩榫、插肩榫、飘肩榫、夹头榫、勾挂榫等等，家具的全套榫卯已臻至善。3. 工艺精良。明式家具主要运用红木、紫檀、花梨、铁梨、乌木等硬木，楠木、樟木、黄杨、榉木等中性木。优质的硬木纹理优美、色泽光润、质地纯净、手感细腻、坚固致密。家具的做工也力求严谨准确，一丝不苟。家具的油漆以轻妆淡抹为特色，尽量保持木材本身的明显纹理和天然色泽。家具的雕刻技法精湛，繁简相宜，有凸线、凹雕、浮雕、镂雕、圆雕等，工艺精确严谨。4. 装饰得体。明式家具装饰素雅精当，仅施局部雕刻以强化和衬托整体造型。雕饰多集中于辅助构件上，如牙子、券口、圈口、档板、

明·灯挂椅

明·长方凳

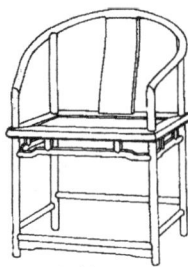
明·圈椅

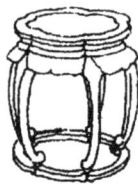
明·圆墩

明·交椅

明·方桌

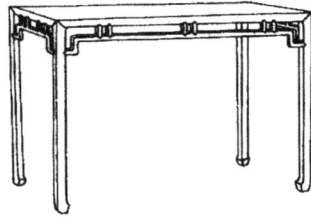
明·条案

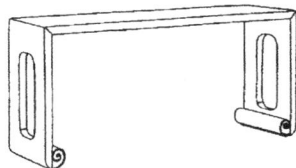
明·条几

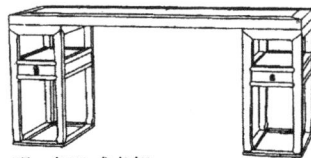
明·架几式书架

7.11.1　明代家具

卡子花、托泥、矮老、枨木等。善于将家具构件进行适当的艺术加工，如将家具腿部做成马蹄足、三弯脚、蜻蜓腿等多样形式。铜饰件面叶、包角、合页、吊牌、拍子等也做得十分精致，富有装饰性。5. 格调高雅。明式家具造型简洁、体态苗条、比例潇洒、线条洗练。王世襄曾将明式家具格调概括为"十六品"，曰："简练、淳朴、厚拙、凝重、雄伟、圆浑、沉穆、秾华、文绮、妍秀、劲挺、柔婉、空灵、玲珑、典雅、清新"，可见明式家具的高雅基调及其艺术品味的多样丰富。

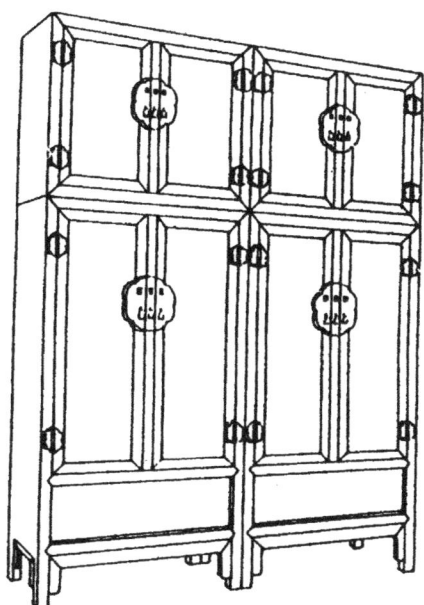

明·四件柜

清·灯挂椅

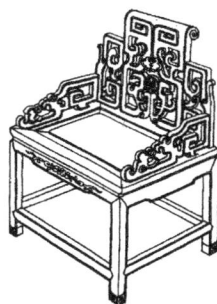

清·太师椅

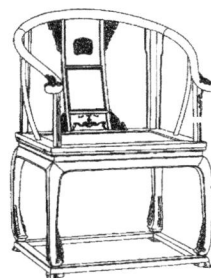

清·圈椅

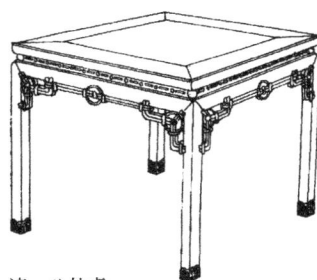

清·八仙桌

清·大香案

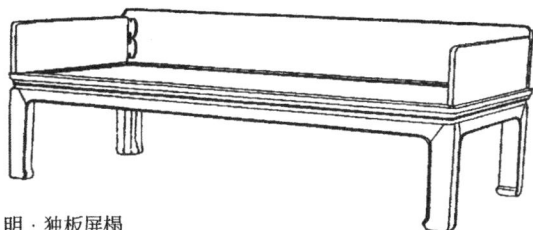

明·独板屏榻

清·架子床

7.11.2　清式家具

　　清代家具发展可分为3个阶段：从清初到康熙中期，基本上延续明式家具的简练高雅；从康熙中期至乾隆后期，转向追求雍容华贵的盛世风度；清中叶以后走向繁缛雕琢。清式家具的主要特点是：用材厚重，用料宽绰，体态凝重，体型宽大，装饰繁复。特别注重于细部的雕刻和表现纹样的吉祥内容。家具的装饰工艺发展到极致。盛行镶嵌，嵌木、嵌竹、嵌玉，以及螺钿、玳瑁、玛瑙、珐琅、象牙，几乎无所不镶。过度的雕饰、镶嵌损害了家具的整体形象、比例和色调的统一和谐，雕技虽佳而艺术品位却沦于低下。但民间家具多数还能保持质朴的基调。

7.11.2　清代家具

7.12 体系高度成熟期 的明清建筑形制

7.12.1 清代斗口制

清《工程做法》确定以"斗口"作为建筑的模数单位。斗口是斗上用以插放栱、翘、昂、枋的开口，不同部位的斗栱，不同类别的斗，同一个斗的迎面方向和侧面方向，开口尺寸是不同的。作为标准单位的"斗口"，指的是平身科斗栱中，大斗或十八斗迎面方向安装翘昂的那个斗口的宽度。斗口分 11 等，一等斗口宽为营造尺 6 寸，二等斗口宽为 5.5 寸，各等斗口宽依次递减 0.5 寸，至十一等斗口宽为 1 寸。由单向值的斗口派生出具有双向值断面的单材和足材。清制单材的宽高比为 1:1.4，足材的宽高比为 1:2，由此形成与 11 等斗口相对应的 11 等单材和足材。清代的斗口实际上就是宋代的材宽，以斗口制取代宋代的材分制，是对建筑模数制的重要改进。一是以单一的"斗口"取代"材、栔、分"的三级划分，斗口数值直接以尺寸表示，减少了换算程序；二是以斗口的 11 等取代材分的 8 等，材级划分更为细密，最小的斗口宽从 1 寸开始，而不同于宋代最小的材宽从 3 寸开始，便于选择合宜的用材等第；三是各等斗口均以 0.5 寸为级差，可避免出现过多的奇零尾数，便于设计估算，也便利施工。

有了标准的斗口单位，凡是带斗栱的建筑，所有地盘布局的面阔、进深尺寸，间架结构的定分尺寸，大木构件的断面尺寸，举架、出际的选用尺寸，斗栱分件的规格尺寸，全部都标定为若干斗口，或在斗口的基数上，辅以尺寸的增减作为调节。如檐柱径为 6 斗口，金柱径为 6 斗口 +2 寸；小额枋高为 4 斗口，宽为 4 斗口 -2 寸。由此建立了一整套的定型体系。只要选定斗口的等第，就能确定整套木构的尺寸，其标准

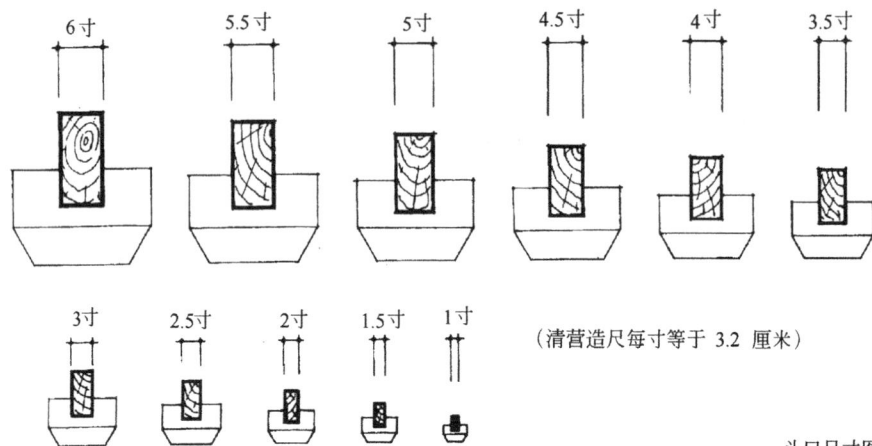

（清营造尺每寸等于 3.2 厘米）

斗口尺寸图

标准材规格表

标准材等级	斗口口分	足材宽、高尺寸	单材宽、高尺寸
一等材	6 寸	6×12 寸	6×8.4 寸
二等材	5.5 寸	5.5×11 寸	5.5×7.7 寸
三等材	5 寸	5×10 寸	5×7 寸
四等材	4.5 寸	4.5×9 寸	4.5×6.3 寸
五等材	4 寸	4×8 寸	4×5.6 寸
六等材	3.5 寸	3.5×7 寸	3.5×4.9 寸
七等材	3 寸	3×6 寸	3×4.2 寸
八等材	2.5 寸	2.5×5 寸	2.5×3.5 寸
九等材	2 寸	2×4 寸	2×2.8 寸
十等材	1.5 寸	1.5×3 寸	1.5×2.1 寸
十一等材	1 寸	1×2 寸	1×1.4 寸

7.12.1 《工程做法》的斗口和标准材的等第

化、定型化达到了十分缜密的程度。清制的 11 等斗口在实施中，一至三等材未见用过；城阙角楼建筑最大用到四、五等材；平地殿屋最大不过七、八等材；太和殿斗口宽 3 寸，就是七等材；一般房屋多为八、九等材；垂花门和亭类小建筑用十等材居多；十一等材在房座中少见。清制翘昂斗栱每攒实际通宽为 9.6 斗口，稍留空隙敷余，每攒宽度按 11 斗口计算。这 11 斗口就成了确定间架的扩大模数，廊步统一为 22 斗口，明间面阔通常为 77 或 55 斗口，次间面阔通常为 66 或 44 斗口。小木作一律不以斗口计量，而以檐柱径定分。不带斗栱的大式建筑和小式建筑也以檐柱径定分。

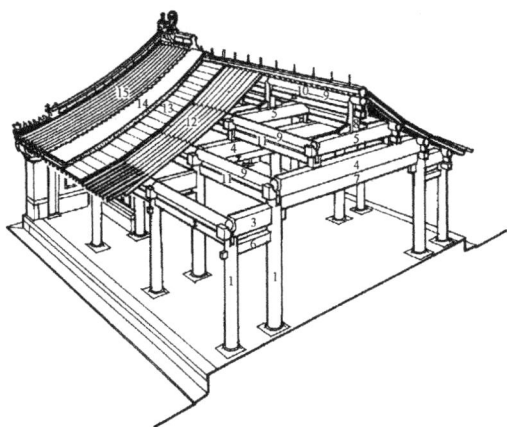

7.12.2 抬梁式构架

1. 柱;　　2. 额枋;

3. 抱头梁;　4. 五架梁;

5. 三架梁;　6. 穿插枋;

7. 随梁枋;　8. 脊瓜柱;

9. 檩;　　10. 垫板;

11. 枋;　　12. 椽;

13. 望板;　14. 苫背;

15. 瓦

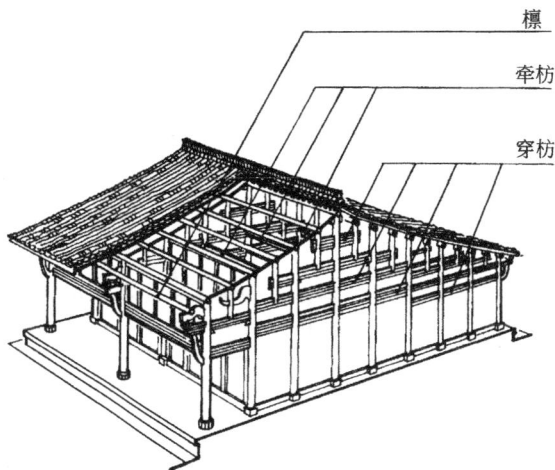

7.12.3 穿斗式构架

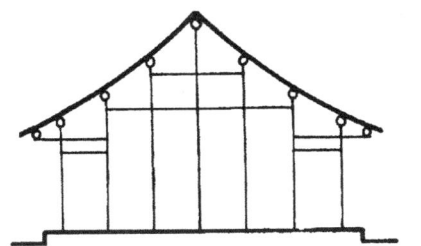

疏檩穿斗式

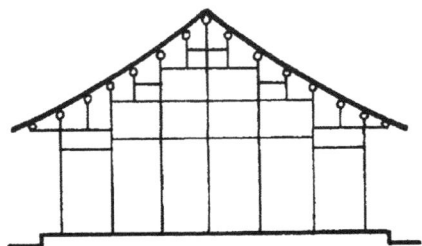

密檩穿斗式

7.12.4 疏檩穿斗式与密檩穿斗式

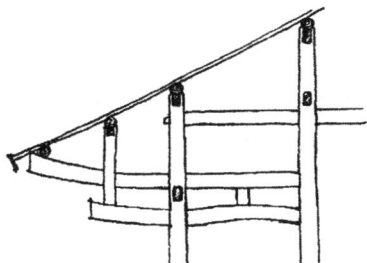

7.12.5 穿斗式的双挑出檐

7.12.2～5 抬梁式构架与穿斗式构架

明清时期，用于坡屋顶建筑的木构架，主要形成抬梁式构架和穿斗式构架两种基本形式。抬梁式使用最广，全部官式建筑都用抬梁式构架，华中、华北、东北、西北地区的民间木构建筑，基本上也是抬梁式。穿斗式主要用于华东、华南、西南地区的民间建筑，这些地区的大型寺观和重要建筑仍然用抬梁式。

这两种构架形式，传力方式和用木方式都有很大区别。抬梁式是梁柱支承体系，由层层叠起的梁和柱来传力。梁是受弯构件，长梁可以达到四步架或六步架的长度，可以取得较大的空间跨度，但要付出大断面梁柱的代价。穿斗式又称立帖式，是檩柱支承体系。它有疏檩和密檩两种做法。疏檩的每个柱子都直接搁在落地柱上，密檩是不完全的檩柱支承，有一部分穿枋承受瓜柱的荷载，但跨度很小，受力不大。因此，穿斗式明显地呈现出下列几个特点：一是尽量以竖向的木柱来取代横向的木梁，充分发挥木柱的竖向承压力而避免使用受弯的横梁；二是尽量以小材来取代大材，穿斗式檩距小，每根落地柱只承担一根疏檩或两三根密檩的荷载，可减小立柱用料并省略受弯的长梁，能以小材充大任；三是简化了屋面构造，由于檩距小，可省去椽条、望板而改用密排的小椽木直接挂瓦，从而节省屋面的用料；四是简化屋檐的悬挑构造。抬梁式出檐较大时，需用繁杂的斗栱，穿斗构架则可以用挑枋穿过檐柱来承托挑檐檩，可做成单挑、双挑、三挑，很轻便灵巧，经济合用；五是增加构架的灵活适应性。穿斗构架檩柱较密，柱枋穿插灵便，相应带来了构架伸缩、展延、重叠、迭落、悬挑、衔接、毗连等方面的灵活性，便于房屋适应不同的空间组合、不同的地形环境和不同的外观造型。由于这些优越性，穿斗式在南方民间建筑中广为流行。但它不能适应较大跨度的殿屋空间，因而没用在官式建筑。可以说它与抬梁构架构成了一种良好的互补机制。

175

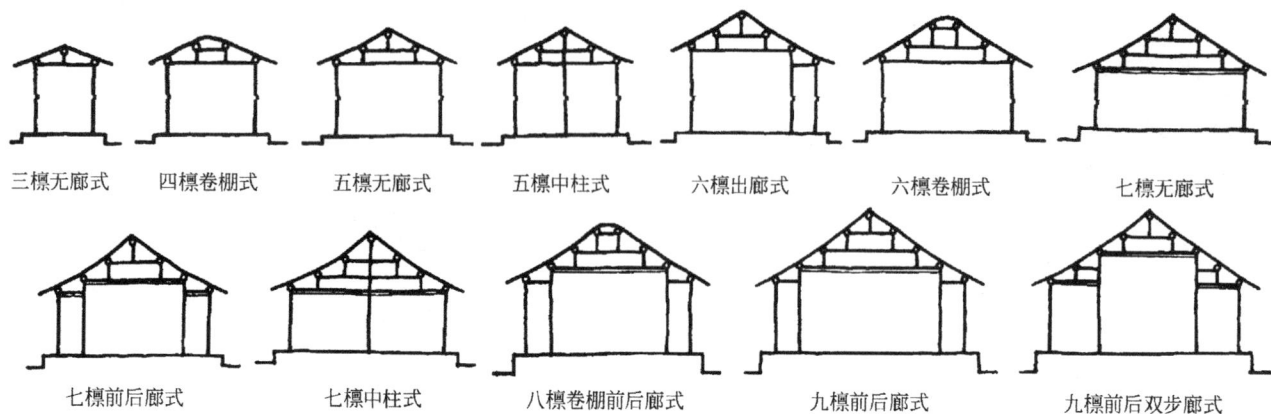

三檩无廊式　　四檩卷棚式　　五檩无廊式　　五檩中柱式　　六檩出廊式　　六檩卷棚式　　七檩无廊式

七檩前后廊式　　　七檩中柱式　　　八檩卷棚前后廊式　　　九檩前后廊式　　　九檩前后双步廊式

7.12.6　抬梁式构架的常见梁架形式

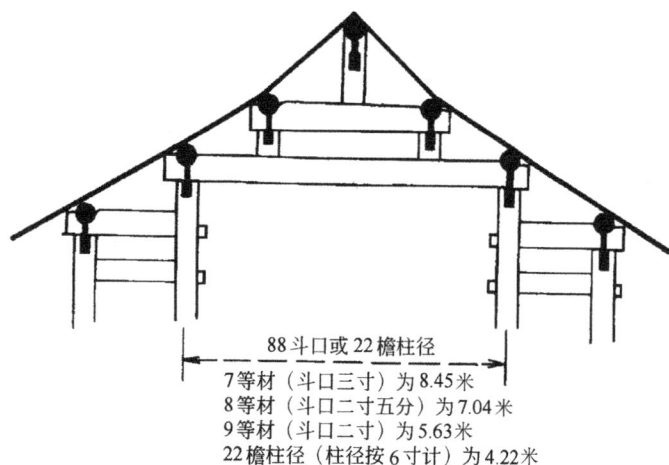

88斗口或22檐柱径

7等材（斗口三寸）为8.45米
8等材（斗口二寸五分）为7.04米
9等材（斗口二寸）为5.63米
22檐柱径（柱径按6寸计）为4.22米

7.12.7　五梁架的尺度

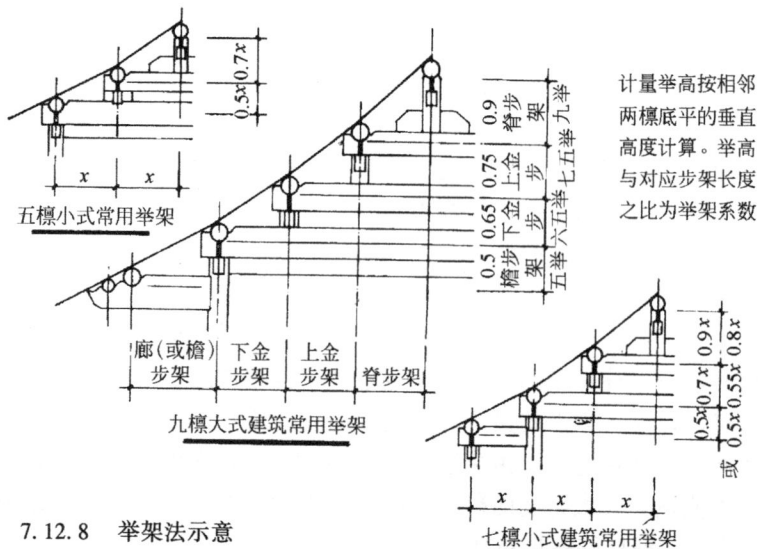

五檩小式常用举架

九檩大式建筑常用举架

七檩小式建筑常用举架

7.12.8　举架法示意

7.12.6～7　抬梁式构架的梁架形式

檩子数量的不同，出廊方式的不同，屋顶起脊的不同和中柱落地状况的不同，形成了不同的梁架形式。图7.12.6是抬梁式构架常见的梁架形式。其檩数从3檩到9檩；其出廊有无廊式、单出廊式、前后廊或周围廊式、单步廊与双步廊式；其屋顶有单数檩的起脊做法和双数檩的卷棚做法；其中柱有落地和不落地的。它们相应地采用三架梁、四架梁、五架梁、六架梁、七架梁、抱头梁、单步梁、双步梁、三步梁等不同长短的梁，组成殿屋所需的种种不同的横剖面。值得注意的是，五架梁的长度是88斗口或22檐柱径，实长在4米多至8米多之间，这个跨度既能满足大多数空间的需要，木料规格又不算太长，因此房屋中跨以五架梁最为常见。

7.12.8　清制举架法

清式建筑用举架法取代宋式建筑的举折法。相邻两檩的高差（举高）等于步架长乘以相应的举架系数。廊步或檐步的举架系数多固定为0.5，即五举，称为"五举拿头"，这样可以保证檐部排水所必要的坡度。脊步的举架系数一般不超过0.9，即九举，以防止坡度过陡。其他各步分配相应的举架系数。图示是九檩、七檩、五檩3种构架常用的举架尺度。

176

带斗栱的大式构架

不带斗栱的大式构架

小式构架

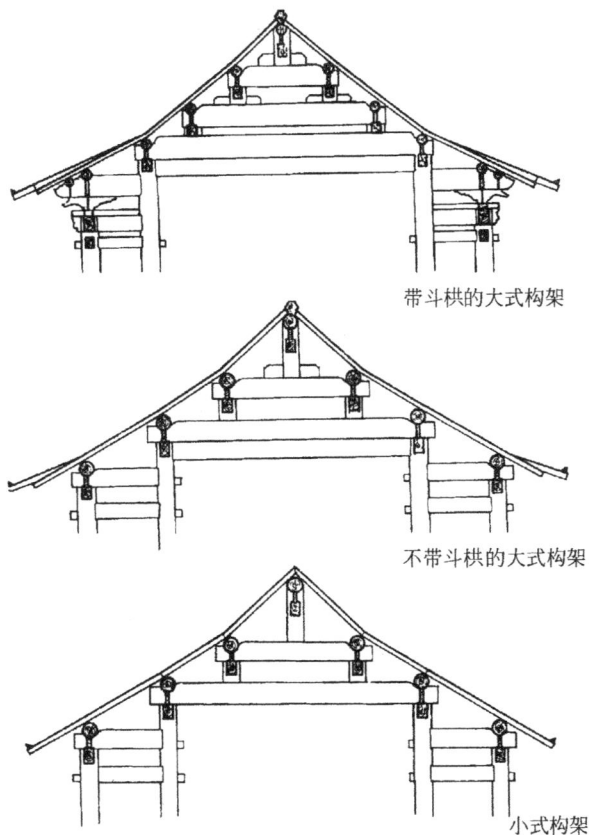

7.12.9 大式建筑和小式建筑

7.12.9~10 大式建筑与小式建筑

官式建筑在构筑形式上，区分为大式建筑和小式建筑。大式主要用于坛庙、宫殿、陵寝、城楼、府第和寺庙等组群的主要、次要殿屋，属于高等级建筑；小式建筑主要用于上述组群中的辅助用房和宅舍、店肆等一般建筑，属低等次建筑。大小式建筑在间架、构件、用材、做工、节点、彩绘等方面都有明确区别，是建筑等级制的一种鲜明体现。其主要区分标志是：1. 间架：大式可用 9 间 11 架，特例用到 11 间 13 架，小式不得超过 5 间 7 架；2. 出廊：大式可用各种出廊方式，小式不许用周围廊；3. 屋顶：大式可用各种屋顶形式和琉璃瓦件，小式只能用硬山、悬山及其卷棚做法，不许用庑殿、歇山，不许作重檐，不许用筒瓦和琉璃瓦件；4. 大木构件：大式分为带斗栱的大式和不带斗栱的大式两类；小式不许用斗栱；在梁架构件中，大式增添了飞椽、扶脊木、角背、随梁枋等构件，小式不许用。在节点做法上，大小式也有复杂构造和简易构造的区别。

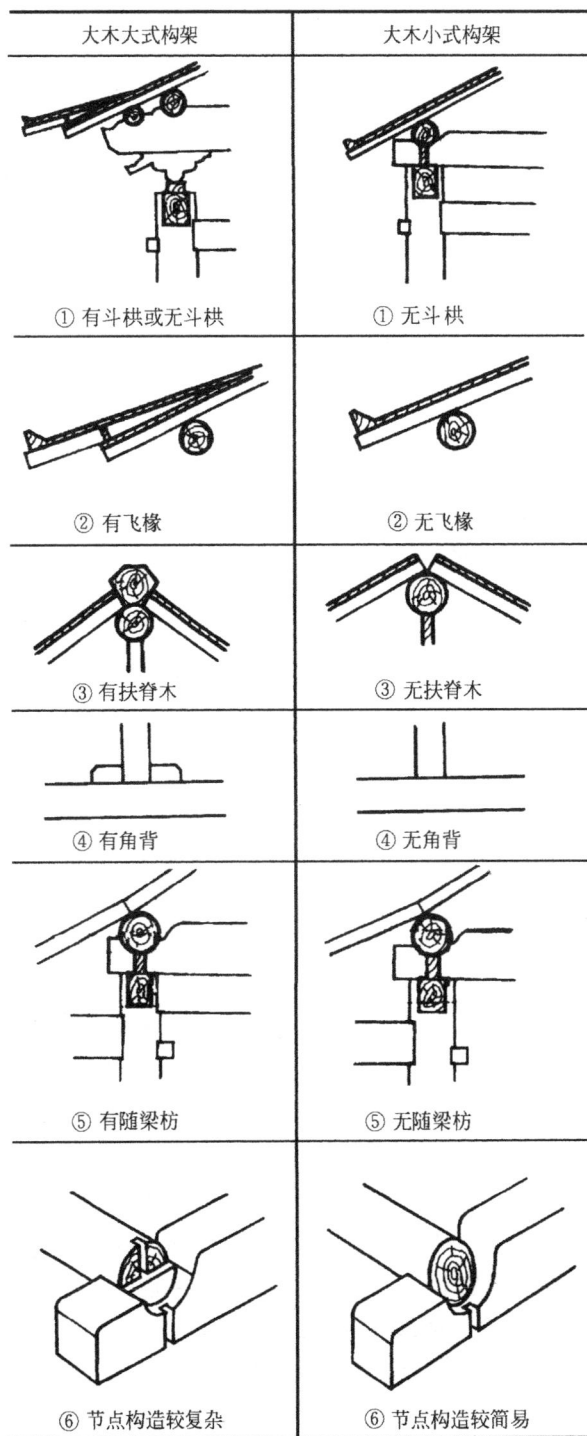

大木大式构架	大木小式构架
① 有斗栱或无斗栱	① 无斗栱
② 有飞椽	② 无飞椽
③ 有扶脊木	③ 无扶脊木
④ 有角背	④ 无角背
⑤ 有随梁枋	⑤ 无随梁枋
⑥ 节点构造较复杂	⑥ 节点构造较简易

7.12.10 大木大式和大木小式构架的若干区别

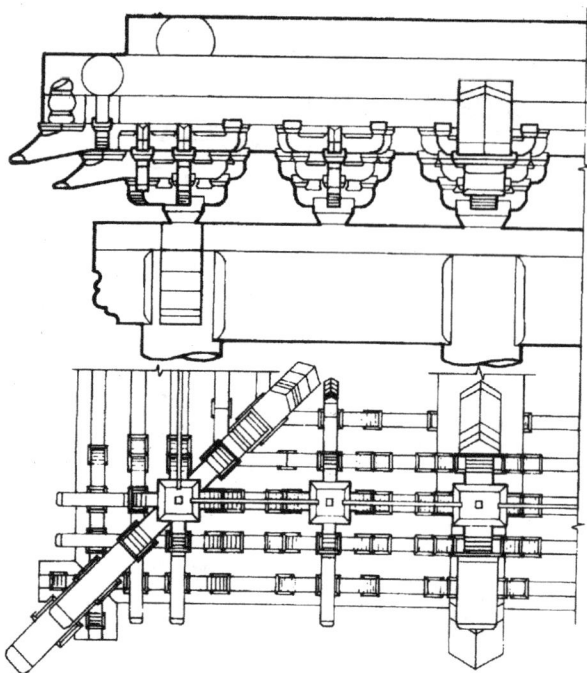

7.12.11　清式外檐斗栱类别

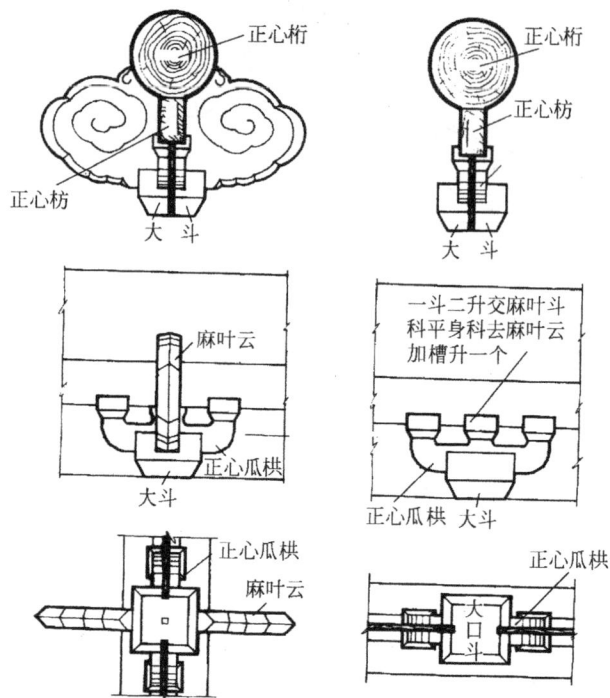

7.12.12　一斗二升交麻叶　　7.12.13　一斗三升

7.12.11　清式外檐斗栱类别

处于单檐或重檐檐下的斗栱，称为外檐斗栱。清式外檐斗栱按所处部位不同，分为3类：1. 平身科：位于檐部柱间的平板枋上，即宋式的补间铺作，起垫托檐桁的作用；2. 柱头科：位于四围檐柱上方，即宋式的柱头铺作，起承托挑尖梁（也称桃尖梁）并传递其荷载的作用。挑尖梁头伸入斗栱，构造较复杂；3. 角科：位于角柱上方，即宋式的转角铺作。其特点是正面和山面均为迎面，需承托斜置的老角梁、仔角梁并传递其荷载，构造最为复杂。一座标准的面阔5间、进深3间、带周围廊的殿屋，有角科4攒，柱头科20攒，而平身科可能多达78攒，平身科密集，数量剧增，是明清斗栱走向繁缛的一大表现。

7.12.12～19　清式斗栱制式

清式斗栱从做法上可分为5类：1. 一斗二升交麻叶与一斗三升斗栱，这种斗栱主要用于外檐和隔架，不挑出拽架，只在大斗上安瓜栱与正心枋两材，属两踩斗栱；2. 翘昂斗栱，是外檐斗栱中最常用的一种，分三踩"斗口单昂"（内外各出一拽架，形成三排横栱）；五踩"斗口重昂"、"单翘单昂"（内外各出二拽架，形成五排横栱）；七踩"单翘重昂"（内外各出三拽架，形成七排横栱）；九踩"重翘重昂"、"单翘三昂"（内外各出四拽架，形成九排横栱）等几种；3. 品字斗栱，里外出跳只用翘，不用昂，形如倒置品字。主要用于楼房和城楼平座之下，或天花藻井四围。其出踩有三踩单翘、五踩重翘、七踩三翘、九踩四翘等；4. 隔架科斗栱，主要用于殿屋门座室内大梁与跨空随梁枋空挡之间，起垫托隔架作用。常见的有两种形式：一种是单栱隔架科，在荷叶墩上贴大斗，安一层瓜栱，上托雀替；另一种是重栱隔架科，即在瓜栱上另加一层万栱；5. 镏金斗栱，与翘昂斗栱一样用作外檐斗栱，其正心构件以外，与各踩翘昂斗栱做法相同；其正心以内部分，将昂后尾、蚂蚱头后尾、撑头木后尾和桁椀后尾都折起秤杆。它分为落金做法（杆件后尾斜落在金枋或花台枋上，顶在金檩垫板之下，多用于宫殿建筑外檐）和挑金做法（杆件后尾挑在金檩垫板之下，多用于亭类建筑外檐）。镏金斗栱是等级最高的斗栱制式，其折杆用料是不合理的。

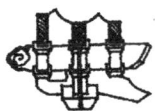

斗口单昂三踩斗栱

三踩单翘品字斗栱

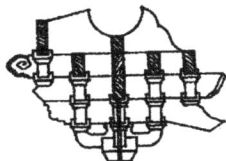

单翘单昂五踩斗栱

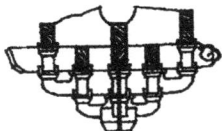

五踩重翘品字斗栱

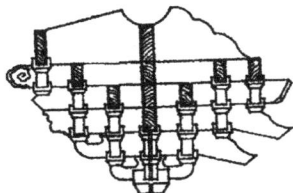

单翘重昂七踩斗栱

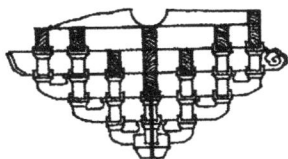

七踩三翘品字斗栱

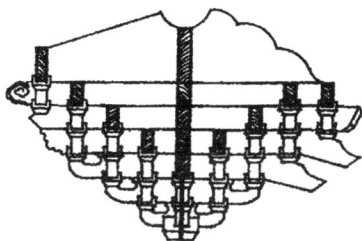

重翘重昂九踩斗栱

7.12.14　翘昂斗栱

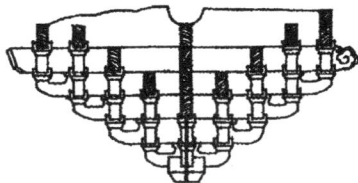

九踩四翘品字斗栱

7.12.15　品字斗栱

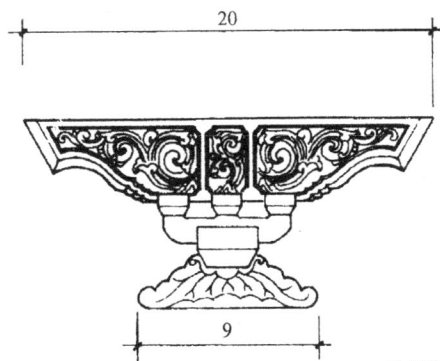

单栱隔架科

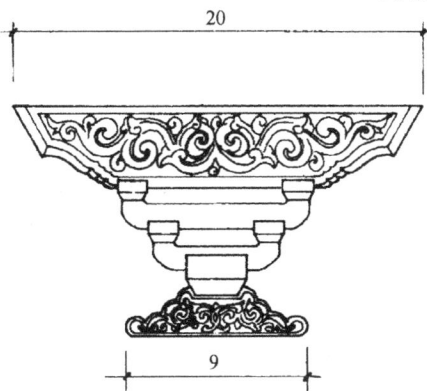

重栱隔架科

7.12.16　隔架科斗栱

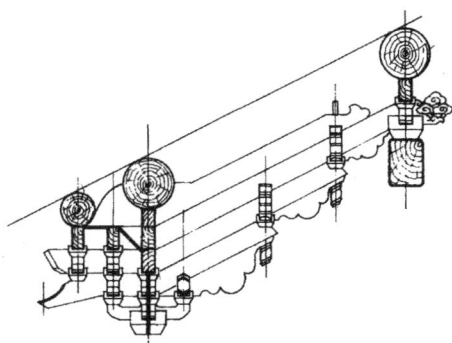

7.12.17　镏金斗栱落金做法

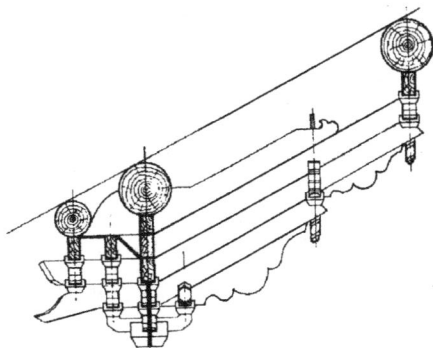

7.12.18　镏金斗栱挑金做法

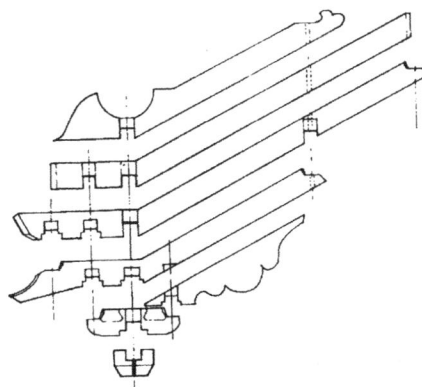

7.12.19　镏金斗栱分件

179

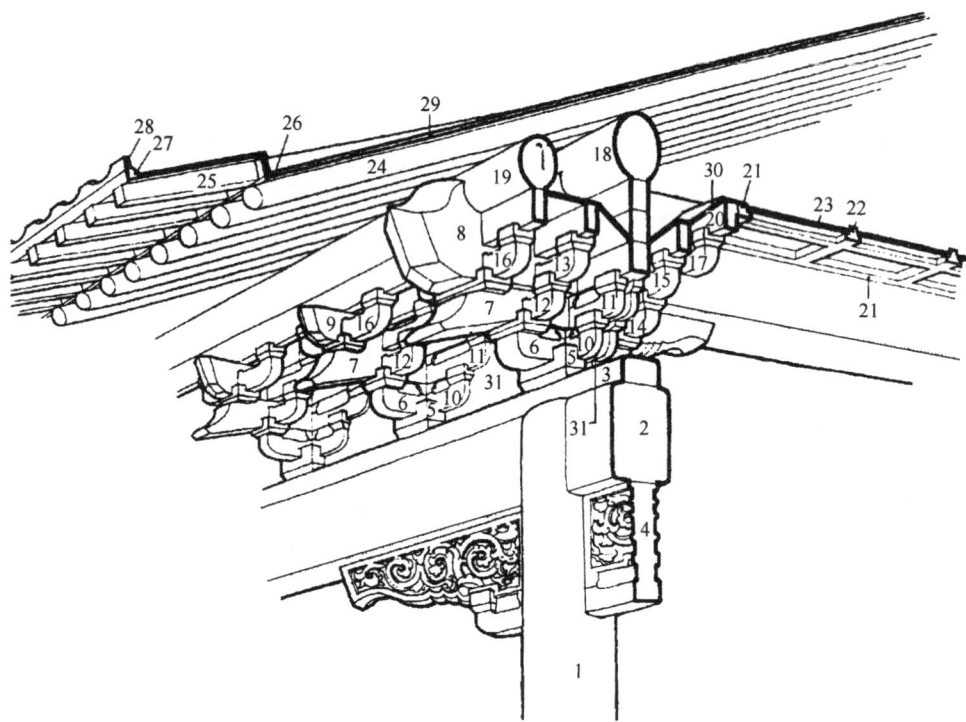

1. 檐柱; 　　　　2. 额枋;
3. 平板枋; 　　　4. 雀替;
5. 坐斗; 　　　　6. 翘;
7. 昂; 　　　　　8. 挑尖梁头;
9. 蚂蚱头; 　　　10. 正心瓜栱;
11. 正心万栱; 　　12. 外拽瓜栱;
13. 外拽万栱; 　　14. 里拽瓜栱;
15. 里拽厢栱; 　　16. 外拽厢栱;
17. 里拽厢栱; 　　18. 正心桁;
19. 挑檐桁; 　　　20. 井口枋;
21. 贴梁; 　　　　22. 支条;
23. 天花板; 　　　24. 檐椽;
25. 飞椽; 　　　　26. 里口木;
27. 连檐; 　　　　28. 瓦口;
29. 望板; 　　　　30. 盖斗板;
31. 栱垫板

7.12.20　　清式五踩斗栱分件名称

7.12.20～25　清式斗栱分件

　　清式斗栱与宋式铺作一样，也由斗、栱、昂、枋4类分件组成。斗是斗形的木垫块，细分为双向开口的坐斗（大斗）、十八斗和单向开口的槽升子、三才升。坐斗即宋的栌斗，十八斗即宋的交互斗。但槽升子、三才升并不对应于宋的齐心斗、散斗。因相当于齐心斗的位置，在清代已不用斗。槽升子指的是在正心瓜栱、正心万栱上开着槽口的升，三才升指的是在里外拽瓜栱、万栱和厢栱两端的升。栱是弓形的短木，分为垂直于迎面的翘（宋称华栱）和平行于迎面的横栱。翘分为头翘、二翘；横栱按其所在位置，细分为正心瓜栱（宋称泥道栱），正心万栱（宋称慢栱），里外拽瓜栱（宋称瓜子栱），里外拽万栱（宋统称慢栱），里外拽厢栱（宋称令栱）。昂是斜木，分为头昂、二昂、三昂。清代的昂已不是斜木真昂，而是将翘头改作昂形的假昂。枋是斗栱之间横向联系的枋木，细分为正心枋（宋称柱头枋）、拽枋（宋称罗汉枋）、挑檐枋（宋称橑檐枋）、井口枋（宋称平棊枋）。此外，斗栱中还有蚂蚱头木、衬头木等，共同组成一攒翘昂斗栱。

　　斗栱的各个分件均有定型尺寸。正心瓜栱、正心万栱和翘的断面用足材（宽1.0斗口，高2.0斗口），其他各栱均为单材断面（宽1.0斗口，高1.4斗口）。栱的长度，正心瓜栱、里外拽瓜栱均为6.2斗口，厢栱、翘均为7.2斗口，正心万栱、里外拽万栱均为9.2斗口。斗的尺寸，除大斗高2.0斗口、宽3.0斗口外，其他的斗、升均为高1.0斗口，而其正面、侧面宽度和开口尺寸有所不同。栱和翘的端部都做了卷杀，而且卷杀的曲线不同，对其形式的推敲可以说是很细腻的。长9.2斗口的万栱，加上两端三才升的挑出尺寸，通长为9.6斗口，这就是每攒翘昂斗栱的迎面总宽度。清代确定间架尺度，以11斗口为扩大模数，就是依此尺度稍加敷余而定的。

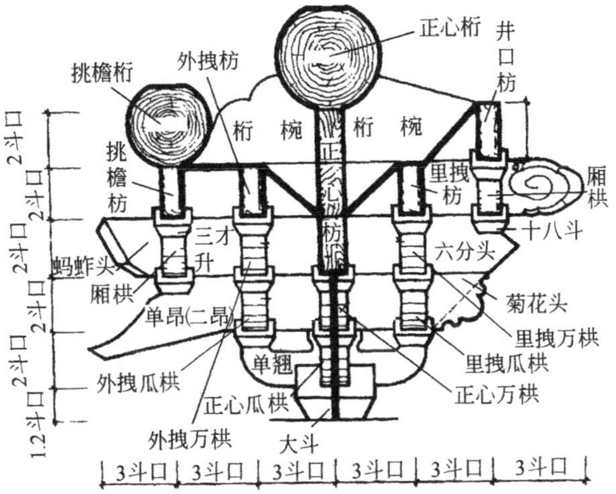

7.12.21 清式五踩平身科斗栱分件名称(侧面)

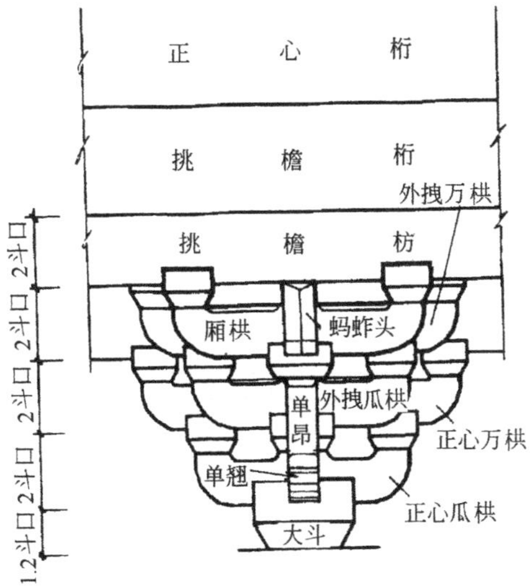

7.12.22 清式五踩平身科斗栱分件名称(正面)

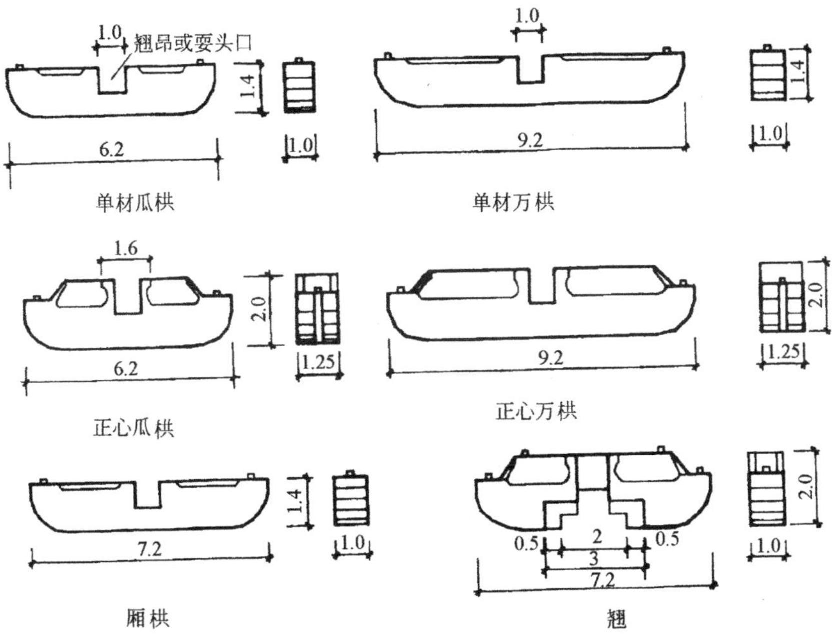

7.12.23 栱的分件尺寸

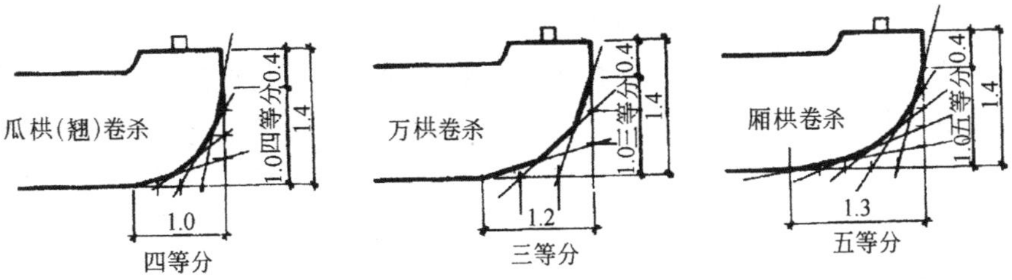

7.12.24 栱的卷杀

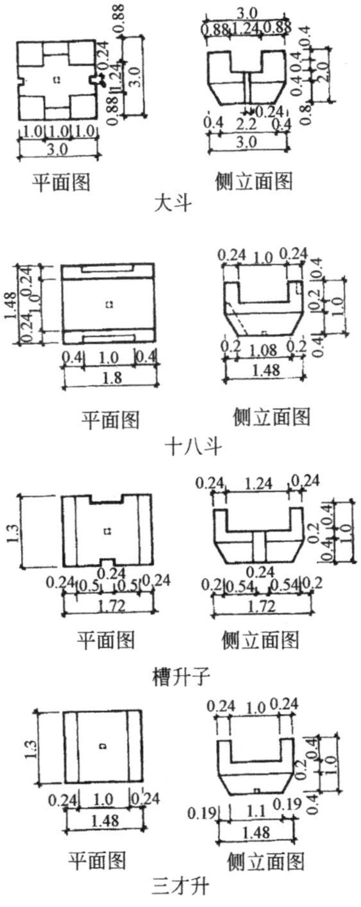

7.12.25 斗的分件尺寸

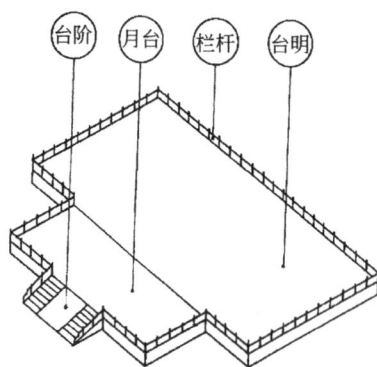

7.12.26 台基的基本构成

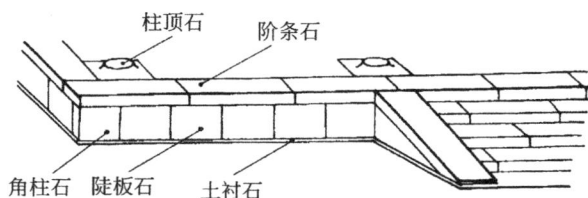

7.12.27 平台式台明石件名称

柱顶石　阶条石
角柱石　陡板石　土衬石

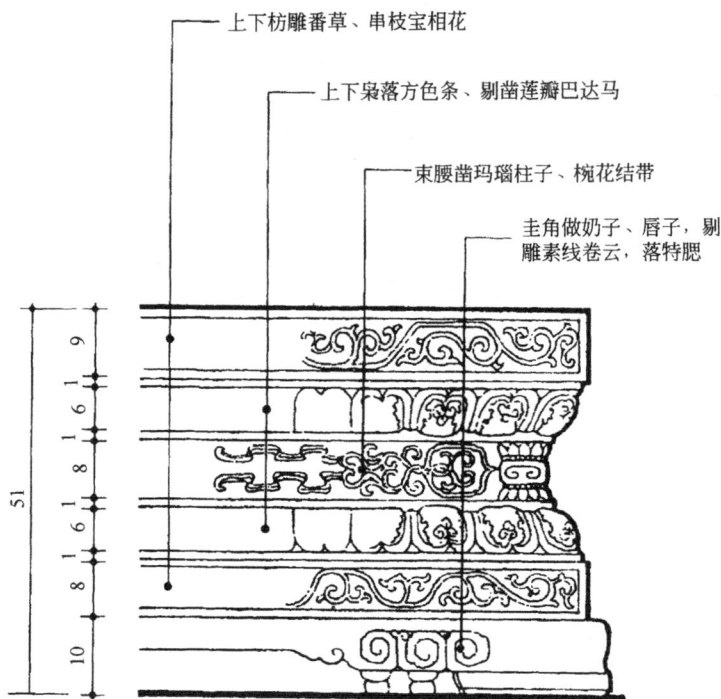

上下枋雕番草、串枝宝相花

上下枭落方色条、剔凿莲瓣巴达马

束腰凿玛瑙柱子、椀花结带

圭角做奶子、唇子，剔雕素线卷云，落特腮

7.12.28 清式须弥座的构成

7.12.26～34　清式台基形制

明清官式建筑台基已高度程式化，由台明、月台、台阶、栏杆 4 部分组成。台明是台基的主体，分平台式与须弥座两种制式。平台式又分两种做法：一种是台帮部分砌砖，镶边包角用石活或砖作，称为"砖砌台明"；另一种是整个台明全部包石，称为"满装石座"。前者为一般房屋通用，最为普及，属低等次台基；后者用于重要组群中的一般殿座，属中等次台基。而须弥座则用于重要组群的重要殿座，属高等次台基。清式须弥座定型为上枋、上枭、束腰、下枭、下枋、圭角 6 层，层数较宋式须弥座大为减少，各层厚度相应增高，上下枭雕饰的莲瓣八达马都很硕壮，格调上趋向石材质的敦实、粗壮、庄重。月台也称露台，是台明前方的延伸和扩展，只用于高体制的建筑。其做法与台明相同，高度较台明略低。台阶是上下台基的踏道，通常有垂带踏跺、如意踏跺和礓磜 3 种制式。垂带踏跺还可以带陛石（也称御路石），是最高等级的踏跺。台阶由于所处位置的不同，分为正面踏跺、垂手踏跺、抄手踏跺等。石栏杆也称勾阑，有防护安全、分隔空间、装饰台基、丰富剪影等作用。主要用于尺度较高、体制较尊的殿、门基座，其式样颇为多样。官式做法突出地以寻杖栏杆为通用形制。清式勾阑（寻杖栏杆）定型由栏板、望柱和地栿 3 种分件组成。它的形象延续着宋式勾阑的望柱、寻杖、云栱、撮项等的基本样式，却完善了石质的合理构造，充分显示厚实、庄重的石质权衡。它和清式须弥座一样，是在程式化演进中对于材质结构和材质权衡的悉心经营、精心推敲的出色成果，是台基形式美构图的成熟体现。与石栏杆配套的，是定型的抱鼓石，它采用"抱鼓"的形象，可灵活地适应不同的地栿坡度，是很有创意的设计。望柱头是栏杆中最富装饰性的部位，官式建筑形成了一整套程式化的柱头样式，有云龙、云凤、彩云、仰莲、俯莲、石榴、狮子、二十四气柱头等多种样式。

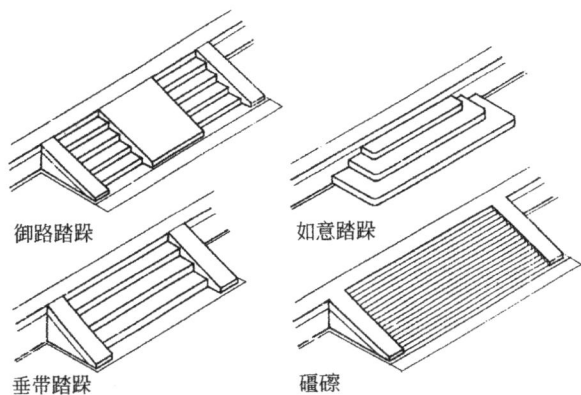

御路踏跺　　如意踏跺

垂带踏跺　　礓磙

7.12.29　台阶的几种形式

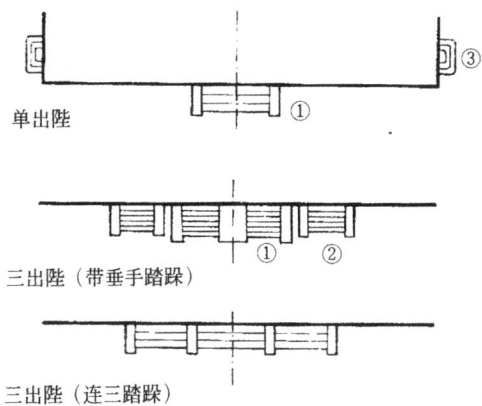

7.12.31　清式勾阑

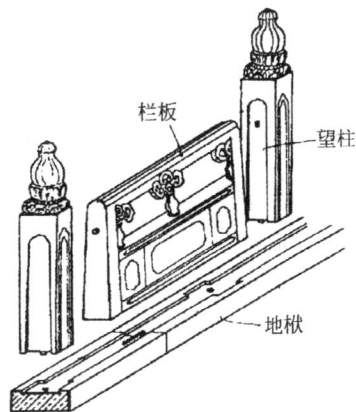

单出陛

三出陛（带垂手踏跺）

三出陛（连三踏跺）

7.12.30　台阶的分位和出陛

栏板　　望柱

地栿

7.12.32　清式勾阑分件

7.12.33　抱鼓石分件

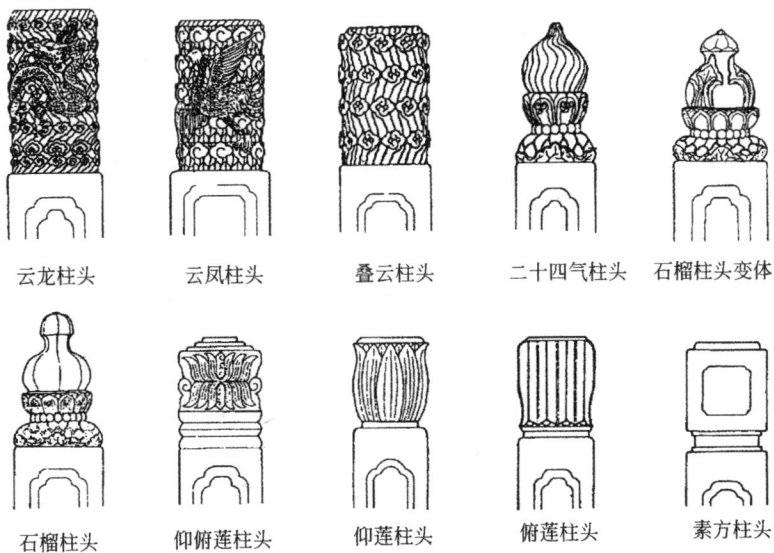

云龙柱头　　云凤柱头　　叠云柱头　　二十四气柱头　　石榴柱头变体

石榴柱头　　仰俯莲柱头　　仰莲柱头　　俯莲柱头　　素方柱头

7.12.34　清式栏杆望杆头

183

硬山顶

四角攒尖

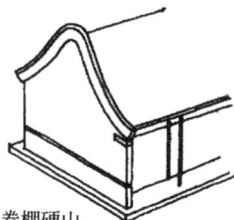
盝顶

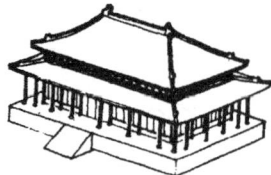
重檐庑殿

悬山顶

圆攒尖

十字脊

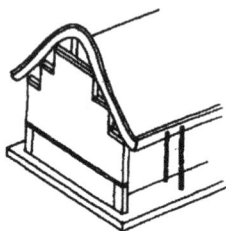
卷棚硬山

重檐歇山

歇山顶

盔顶

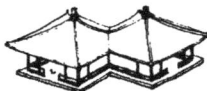
套方

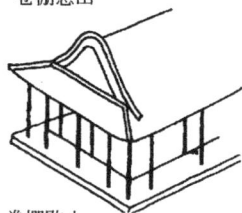
卷棚悬山

庑殿顶

扇面　　勾连搭

卷棚歇山　　重檐攒尖

7.12.35　正式屋顶：　　　7.12.36　杂式屋顶：　　　7.12.37　正式屋顶：　　　7.12.38　正式屋顶：
　　　　　四种基本型　　　　　　　　　　　　　　　　　　　卷棚做法　　　　　　　　　　重檐做法

7.12.35～38　正式屋顶与杂式屋顶

　　古建筑行业习惯上把官式建筑区分为正式与杂式。凡平面为长方形，屋顶为硬山、悬山、歇山、庑殿的木构架建筑，称为"正式建筑"，其他形式的建筑统称"杂式建筑"。因此，硬山、悬山、歇山、庑殿就是正式建筑屋顶的四种基本型。硬山、悬山都是两坡顶，它们的区别是：悬山顶的檩木悬挑"出梢"，屋顶悬出山墙之外，用以防护山墙免受雨淋。这对于夯土山墙或土坯山墙是很必要的。这种屋顶明代称"挑山"，宋代称"不厦两头"。硬山顶的檩木完全包砌在山墙内，屋顶不悬出山墙，垂脊就落在山墙之上。这是明代盛行砖砌山墙，山墙不怕雨淋而产生的新屋顶形式。歇山顶是两边带半截"撒头"的不完全四坡顶。宋代用于殿堂的歇山称"九脊顶"，用于厅堂的歇山称"厦两头"。庑殿顶是完全的四坡顶，宋代称为"四阿顶"。这四种屋顶性格各异，庑殿顶宏大、伟壮，歇山顶丰美、华丽，悬山顶舒放、

大方，硬山顶质朴、拘谨。它们形成屋顶的四个等次。大式建筑这四种屋顶都可用，小式建筑则只许用后两种屋顶。歇山、悬山、硬山屋顶还区分为带正脊的尖山做法和不带正脊的圆山（即卷棚）做法。凡卷棚的就比尖山的轻快一等，等级上下降半等。庑殿、歇山屋顶可以做成重檐庑殿、重檐歇山，凡重檐的就比单檐的隆重一等，等级上升高二等。由此，正式建筑屋顶形成了重檐庑殿、重檐歇山、单檐庑殿、单檐歇山、卷棚歇山、尖山式悬山、卷棚悬山、尖山式硬山、卷棚硬山9个依次降低的等级，构成正式屋顶严格的等级序列。杂式建筑屋顶则是多种多样，不拘一格。常见的有四角攒尖、六角攒尖、八角攒尖、圆攒尖以及套方、套圆、扇面、盝顶、十字脊、勾连搭屋顶等等。其中的各式攒尖顶也可以做成重檐、三重檐。可以看出，正式屋顶显现出规整、端庄、纯正的品格，杂式屋顶表现出灵活、自由、随宜的品格，它们形成了良好的互补机制。

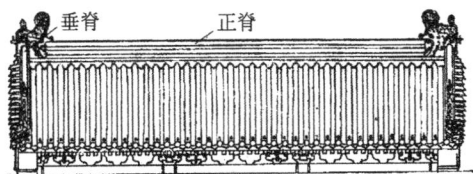

7.12.39　硬山顶(尖山式)

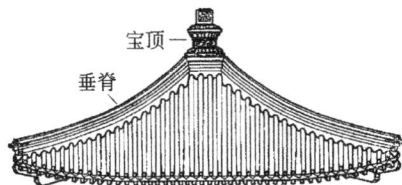

7.12.41　四角攒尖顶

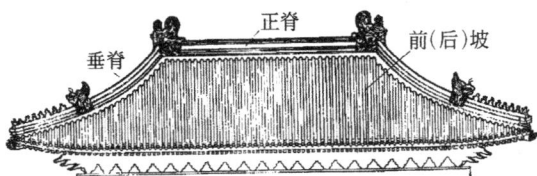

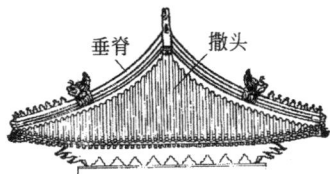

7.12.40　庑殿顶

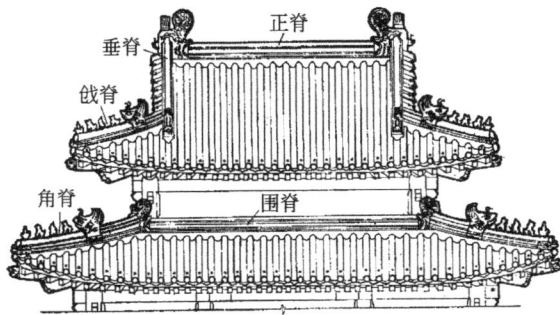

正立面

7.12.39~42　屋顶上的脊、兽

屋顶上有各种不同的脊和兽。硬山顶、悬山顶、庑殿顶各有一根正脊、4 根垂脊。歇山顶最复杂，有 1 根正脊、4 根垂脊和 4 根戗脊，因而宋代称之为"九脊顶"。实际上歇山两侧小红山处还各有 1 根博脊，共有 11 根屋脊。重檐庑殿或重檐歇山的下檐则有 4 根围脊和 4 根角脊。攒尖顶按其平面形式，分别有 4 根、6 根或 8 根垂脊，上端集于宝顶。圆攒尖屋面连续成伞形，无垂脊。正脊两端与垂脊相交的节点，做成正吻。垂脊、戗脊、角脊的中段分别设垂兽、戗兽、角兽，这三种兽是同一种瓦件。垂脊、戗脊、角脊的兽前段可设仙人走兽，走兽数量的多少也是屋顶等级高低的一种标志。

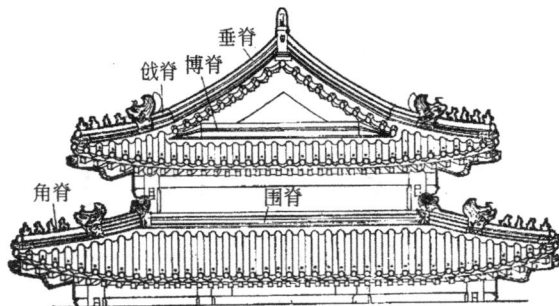

侧立面

7.12.42　重檐歇山顶

7.12.43　清式正吻

清式正吻呈龙吻形象，分龙嘴、仔龙、卷尾、剑把、背兽等几个部分。有 8 种定型规格。最大号的二样正吻，用 13 块吻件拼成，高 10.5 尺，重达 7300 斤。

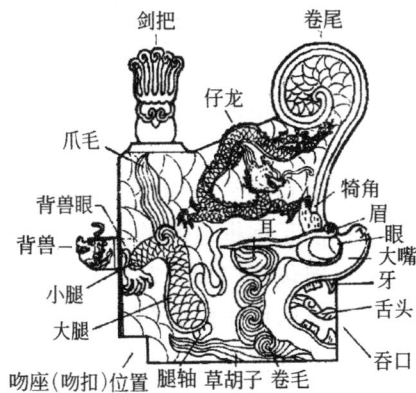

7.12.43　正吻细部名称

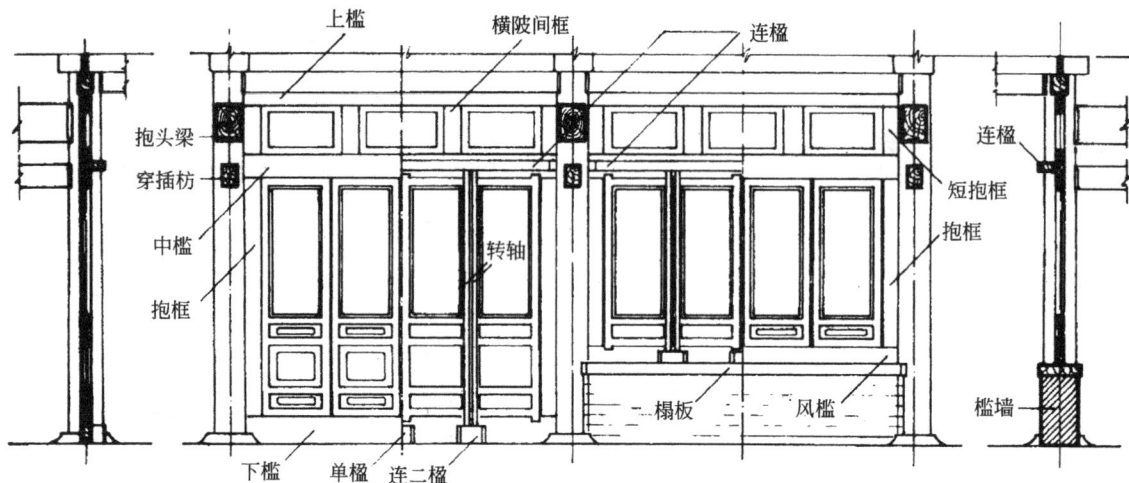

7.12.44　隔扇门与槛窗

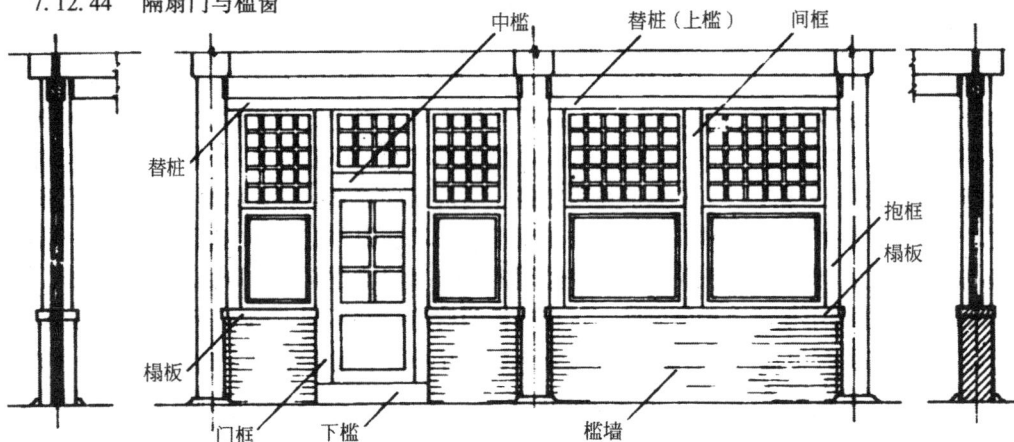

7.12.45　夹门窗与支摘窗

7.12.44~46　清式外檐装修

外檐装修包括大门、隔扇、槛窗、支摘窗、夹门窗、木栏杆、倒挂楣子等等。整樘门窗由"固定框槛"、"固定扇"和"开启扇"三部分组成。在固定框槛中，槛是水平的横向构件，分为上槛（替桩）、中槛（挂空槛）、下槛（在门中也称门槛，在槛窗中称风槛）。框是垂直的竖向构件，紧贴柱旁的边框称抱框、短抱框；位于抱框之间的称间框，在门边的间框称门框。开启扇包括门扇、窗扇，有板扇（用于大门）、隔扇（长隔扇用于隔扇门，短隔扇用于槛窗）和支摘扇（用于支摘窗）等。固定扇常见的有大门中门框与抱框之间的余塞板，上槛与中槛之间的走马板和门窗中槛上方的横陂等。外檐装修中还有一些辅助

性的零件，如帘架、连楹、门簪、门枕之类。图7.12.44是隔扇门与槛窗的组合，其形象端庄、华丽，主要用于宫殿、坛庙、陵寝、寺庙等高体制的、庄严型的殿座。图7.12.45是夹门窗与支摘窗的组合，其形象质朴、轻快，主要用于一般宅舍。

7.12.47~48　清式隔扇构成

清式隔扇由棂心、绦环板、裙板加上边挺、抹头组成。隔扇的高低由抹头和绦环板的数量来调节。有四抹头、五抹头、六抹头3种长隔扇用作隔扇门，另有三抹头和不带裙板的四抹头短隔扇用作槛窗。不同大小的开间，可安装4扇或6扇隔扇。隔扇中的棂心是最富变化的部分，可以做成码三箭、步步锦、灯笼框和菱花等多种形式。裙板和绦环板可饰以木雕。

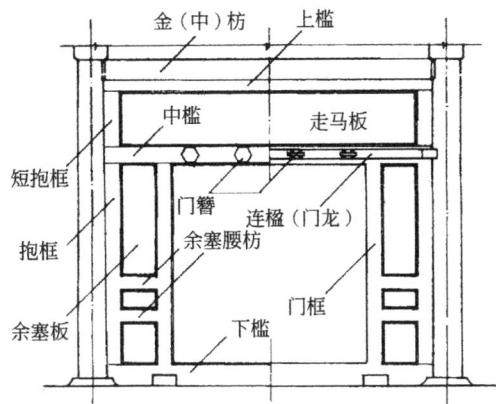

7.12.46　大门槛框

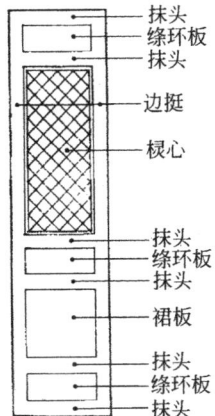

7.12.47　隔扇构成

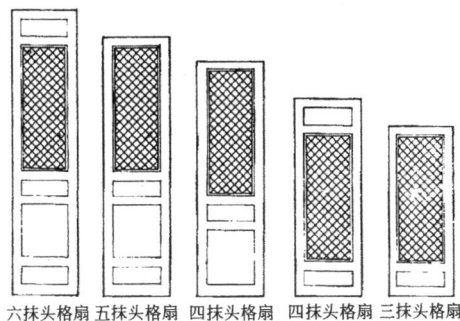

六抹头格扇　五抹头格扇　四抹头格扇　四抹头格扇　三抹头格扇

7.12.48　不同长短的隔扇

7.12.49　清式内檐装修

内檐装修包括用于室内的隔断、隔架、花罩、博古架、阁楼、仙楼、天花、藻井以及匾额、对联等等。图7.12.49是清式内檐装修中的花罩和隔架，它们都是用来分隔室内空间的。其中，太师壁主要用于分隔宅第堂屋的前后空间，壁的左右对称地开辟两个小门，中部屏壁前方多布置香案、供桌之类，在南方宅屋的主厅或祖堂以及中国传统戏台中都用得很普遍。其他各类花罩（除炕罩外），都沿间架分缝布置，以镂空花格使明、次、梢间既有分隔，又有联系，空间上隔而不阻，视线上隔而不断，起到了分隔空间、丰富层次和装饰美化的作用。值得注意的是，清式花罩、隔架形成了不同通透度的定型系列。通透度最大的是几腿罩，依次为落地花罩、落地罩、栏杆罩、圆光罩、八角罩，以多宝格和书格的通透度为最小。由此可根据空间通透度的需要，选择相应的花罩或隔架。这些内檐装修在标示室内功能性格、点染室内空间氛围、表征室内文化内蕴方面，是很起作用的。

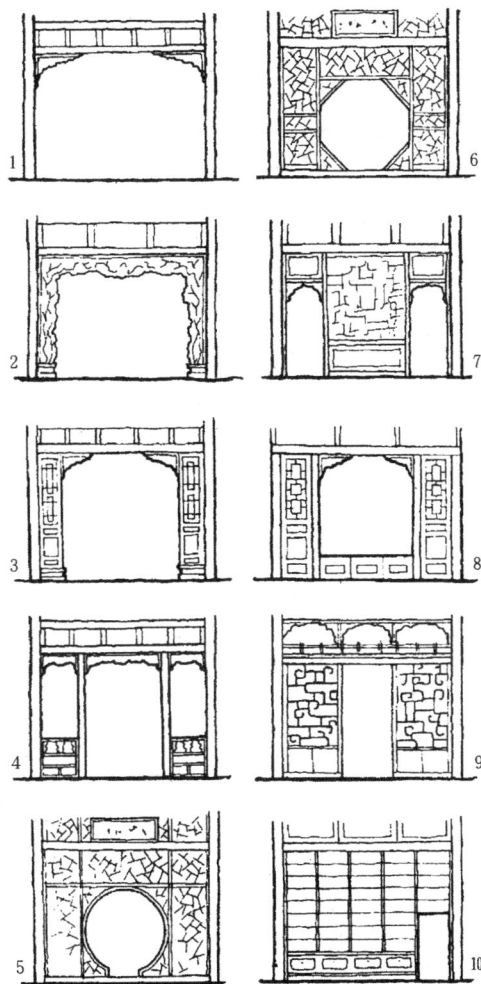

1. 几腿罩；　　　　6. 八角罩；
2. 落地花罩；　　　7. 太师壁；
3. 落地罩；　　　　8. 炕罩；
4. 栏杆罩；　　　　9. 多宝格；
5. 圆光罩；　　　　10. 书架

7.12.49　花罩与隔架

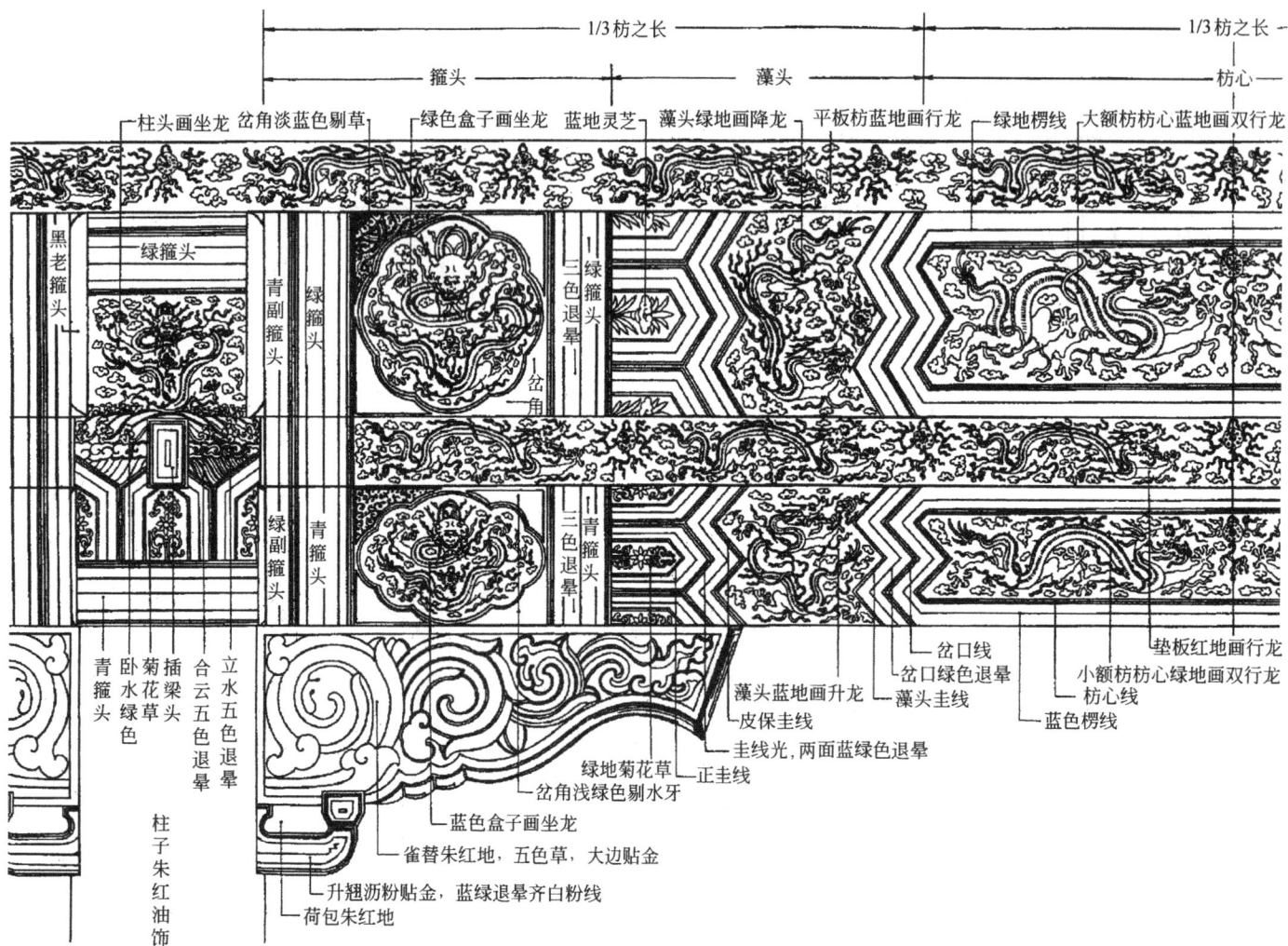

图中标注文字：

上部标注：
1/3枋之长　　1/3枋之长

箍头　　藻头　　枋心

柱头画坐龙　岔角淡蓝色剔草　绿色盒子画坐龙　蓝地灵芝　藻头绿地画降龙　平板枋蓝地画行龙　绿地楞线　大额枋枋心蓝地画双行龙

左侧标注：
黑老箍头　绿箍头　青副箍头　绿箍头　绿箍头三色退晕　绿箍头三色退晕　岔角

绿副箍头　青箍头　青箍头三色退晕

青箍头　卧水花绿色　菊花草头　插梁花　合云五色退晕　立水五色退晕

柱子朱红油饰

右侧标注：
岔口线　岔口绿色退晕　垫板红地画行龙
藻头蓝地画升龙　藻头圭线　小额枋枋心绿地画双行龙
皮保圭线　枋心线
圭线光，两面蓝绿色退晕　蓝色楞线
绿地菊花草
正圭线
岔角浅绿色剔水牙
蓝色盒子画坐龙
雀替朱红地，五色草，大边贴金
升翘沥粉贴金，蓝绿退晕齐白粉线
荷包朱红地

7.12.50　和玺彩画

7.12.50　清式和玺彩画

是清式彩画中等级最高的，主要用于宫殿、坛庙、陵寝的主体建筑。其彩画布局是将梁枋均分为3段：中段为枋心。左右两段的端头作箍头；箍头由"合子"和两侧的箍头线组成。箍头与枋心之间的部位称藻头（俗称找头）。藻头用"圭线"、"岔口线"与枋心相隔，用"圭线"、"圭线光"与箍头相隔。和玺彩画的重要特点是以龙为装饰母题，定型为行龙、坐龙、升龙（龙首在上）、降龙（龙首在下）4种图案。枋心部位用两条行龙组成双龙戏珠画面。箍头合子里画坐龙；藻头蓝地仗上画升龙，绿地仗上画降龙。平板枋和垫板均画成列的行龙。和玺彩画以蓝绿色为基调，

其用色原则是左右蓝绿相间，上下蓝绿对调。如明间大额枋枋心用蓝地，其两侧相邻的藻头即用绿地，其下面小额枋则对应地枋心用绿地，藻头用蓝地，如此形成蓝绿色块的上下左右交织。然后在蓝绿地仗上将所有纹样贴以金箔，取得金碧辉煌的色彩效果。清式和玺彩画可细分为金龙和玺、龙凤和玺、龙草和玺、金琢墨和玺等不同格式。值得注意的是：和玺彩画所用图案，都是程式化的、图案化的、变形的画题；严格运用平面图案，排除图案的立体感、透视感，力求保持构件载体的二维平面视感；图案的分布严格遵循平板枋、大额枋、垫板、小额枋之间的界限，绝不超越、交混，整个画面强调出规整、端庄、凝重的格调。

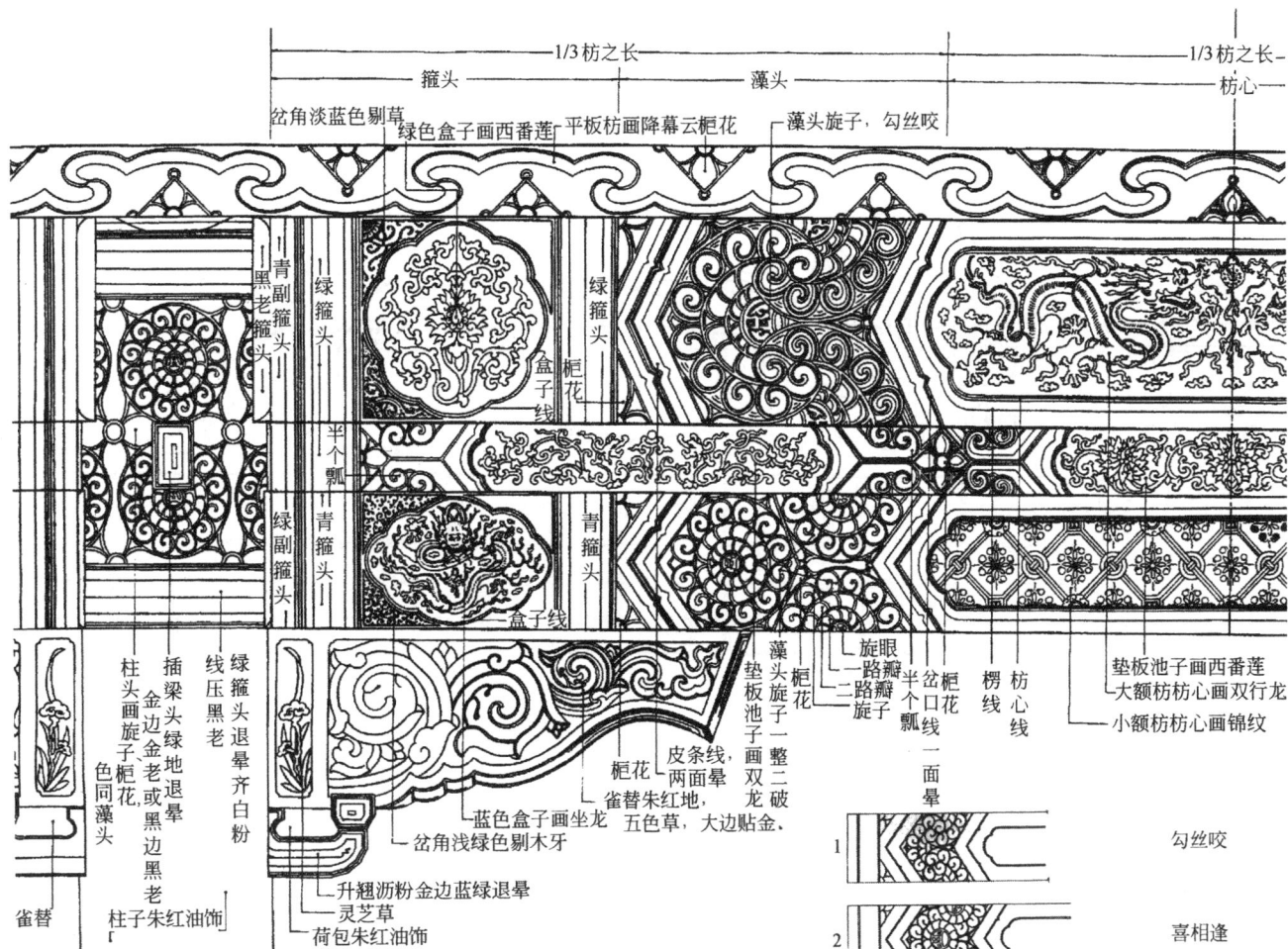

7.12.51　旋子彩画

上部标注（从左至右）：
1/3枋之长　　藻头　　1/3枋之长
箍头　　藻头　　枋心
岔角淡蓝色剔荢　绿色盒子画西番莲　平板枋画降幕云栀花　藻头旋子、勾丝咬

图中标注：
青副箍头　　绿箍头　　绿箍头　栀花线　盒子栀花　垫板池子画西番莲
黑老箍头　　半个瓢　　盒子线　　　　　大额枋枋心画双行龙
绿副箍头　　青箍头　　　　　　　　　　小额枋枋心画锦纹
藻头旋子　旋眼　一整二破旋子
路瓣　垫板池子画双龙
岔口线　栀花　楞线　枋心线
半个瓢　皮条线一面晕　两面晕

下部标注（从左至右）：
雀替　柱子朱红油饰　线压黑老　　栀花　皮条线、两面晕
柱头画旋子栀花，色同藻头　　　雀替朱红地，五色草，大边贴金
插梁头绿地退晕　金边金老，或黑边黑老　蓝色盒子画坐龙
绿箍头退晕齐白粉　岔角浅绿色剔木牙
升翘沥粉金边蓝绿退晕
灵芝草
荷包朱红油饰

7.12.51～52　清式旋子彩画

　　是一种等级次于和玺的彩画，多用于宫殿、坛庙、陵寝的次要建筑和寺庙等组群中的主次建筑。旋子彩画的布局与和玺彩画基本相同，只是藻头部位以岔口线、皮条线取代和玺的圭线、圭线光。它的主要特点是在藻头里画旋子图案，最标准的是画一个整旋子和两个半旋子，称为一整二破。但藻头的长宽比各不相同，最短的藻头只能画"勾丝咬"，最长的藻头可画一整二破加喜相逢，它们形成了藻头的8种定型格式。旋子彩画的枋心可以做成空枋心、一字枋心、锦枋心等。其用色原则与和玺彩画一样，根据其用金的多少和色彩是否叠晕，可细分为金线大点金、石碾玉、金琢墨石碾玉、墨线大点金、金线小点金、墨线小点金和雅伍墨7个档次。

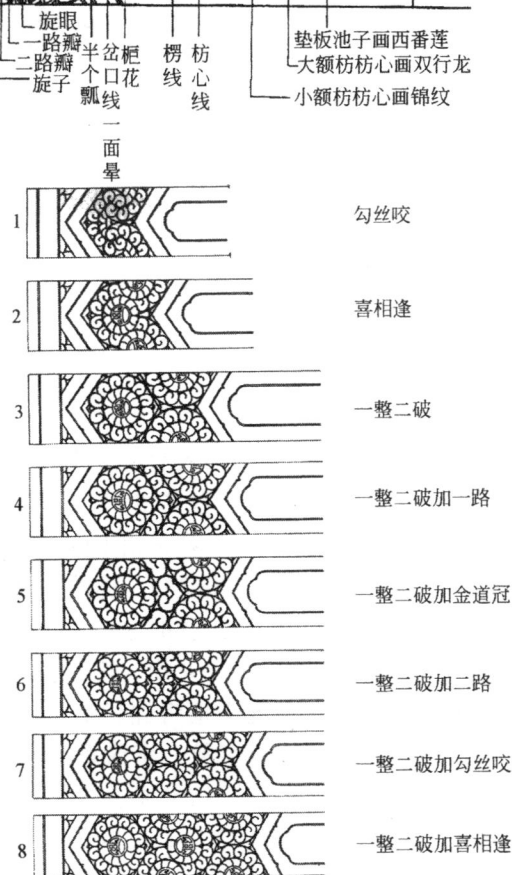

1	勾丝咬
2	喜相逢
3	一整二破
4	一整二破加一路
5	一整二破加金道冠
6	一整二破加二路
7	一整二破加勾丝咬
8	一整二破加喜相逢

7.12.52　旋子彩画藻头处理

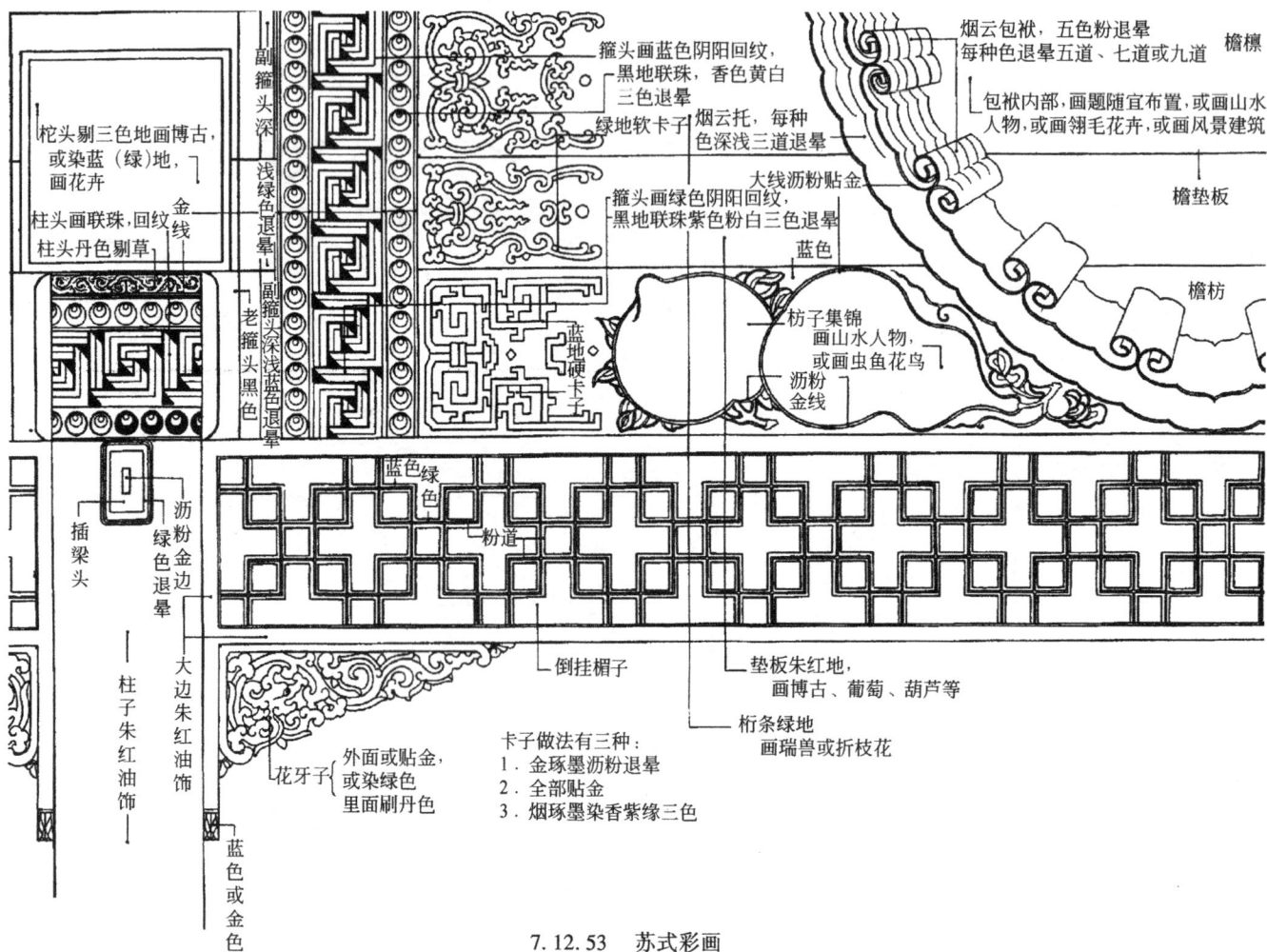

箍头画蓝色阴阳回纹，
黑地联珠，香色黄白
三色退晕

烟云包袱，五色粉退晕
每种色退晕五道、七道或九道

檐檩

副箍头深
浅绿色退晕

柁头剔三色地画博古，
或染蓝（绿）地，
画花卉

绿地软卡子

包袱内部，画题随宜布置，或画山水
人物，或画翎毛花卉，或画风景建筑

烟云托，每种
色深浅三道退晕

柱头画联珠，回纹
柱头丹色剔草

金线

檐垫板

大线沥粉贴金

箍头画绿色阴阳回纹，
黑地联珠紫色粉白三色退晕

蓝色

老箍头黑色

副箍头深浅蓝色退晕

檐枋

枋子集锦
画山水人物，
或画虫鱼花鸟

蓝色绿色

蓝地硬卡子

沥粉
金线

粉道

插梁头

沥粉
金线
绿色退晕

绿色边

倒挂楣子

垫板朱红地，
画博古、葡萄、葫芦等

柱子朱红油饰

大边朱红油饰

桁条绿地
画瑞兽或折枝花

花牙子

外面或贴金，
或染绿色
里面刷丹色

卡子做法有三种：
1. 金琢墨沥粉退晕
2. 全部贴金
3. 烟琢墨染香紫缘三色

蓝色或金色

7.12.53 苏式彩画

7.12.53 清式苏式彩画

苏式彩画起源于苏州，传入北京后演变为官式彩画的一种，主要用于园林、住宅的房堂、亭榭、门廊。它的枋心有两种形式：一种是用于内檐梁架的狭长枋心；另一种是把檐檩、檐垫板、檐枋联成一体的"包袱"枋心。包袱边缘用折叠的退晕曲线，称为烟云。包袱心内可随宜画山水、人物、翎毛、花卉、楼台、殿阁等画题。两端箍头也将檩、垫、枋联成一体，多用连续的回纹或万字纹，旁带联珠纹贯通上下。藻头部位仍将檩、垫、枋分画，各在端头画一"卡子"。垫板固定为红地仗，画软卡子；檩、枋则在蓝地仗上画硬卡子，绿地仗上画软卡子。卡子与包袱之间随宜画花卉和枋子集锦。苏式彩画凡线路沥粉

贴金者，称"金线苏画"；不沥粉贴金而用黄线者，称"黄线苏画"；只在梁枋两端画箍头，不画枋心、藻头者，称"海墁苏画"。梁思成把和玺彩画与旋子彩画合称殿式彩画，的确这两种彩画有很多共同点，而苏式彩画与殿式彩画则大异其趣，独树一帜。苏式彩画的包袱心和枋子集锦，画的都是写实的、非程式化的画题，只在箍头、卡子点缀少量程式化、图案化的画题；它不排除图案的立体感、透视感，并以退晕的烟云极力强化这种感觉；它也不遵循构件的界限，包袱和箍头都将檩、垫、枋联成一体，有意模糊其界限。这些恰恰都与殿式彩画截然相反。这是因为苏式彩画主要用于园林，需要呈现轻松、活泼、欢快的性格，有必要赋予它变通、风趣、丰美的格调。

8 传统的延续：近代乡土建筑

（公元 1840 年之后）

从 1840 年鸦片战争开始，中国进入近代发展时期，中国建筑步入近代化的进程。但是，1911 年清王朝的覆灭，只是终止了官工系统的宫殿、坛庙、陵墓、苑囿、衙署的建筑活动，并没有终止传统乡土建筑的活动。在广大的农村、集镇、中小城市以至某些大城市的旧城区，传统的乡土建筑实践仍然在持续着。遗存至今的大量乡土建筑，除了极少数建于明代和清中叶之前，绝大多数都是清末和民国时期建造的。为此，在这本《中国古代建筑历史图说》中，专列了"近代乡土建筑"一章，以便用近代实例来展述传统乡土建筑。

这批延续到近代的传统乡土建筑，有以下几点值得注意：

1. 大量性　乡土建筑是与广大农民、小市民、小手工业者、小商贩和乡野知识分子相关联的建筑，是最大多数人的建筑。在古代，在近代，它都是建造数量最多的。它以浩如烟海的民居为主体，也包括祠堂、义学、店铺、饭铺、客栈、茶馆、作坊、水碓、土地庙、文昌阁、风雨桥、凉亭等诸多民间建筑类型，在整个中国传统建筑体系中，占据着突出的数量优势（本书限于篇幅，只叙及民居）。

2. 地域性　乡土建筑扎根于特定的地域，完全适应特定的地质、地形，特定的气候、生态，特定的民族习俗和人文环境；充分利用地方性的建筑材料和乡土技艺，建造出最朴实、最真率、最生活化的建筑。乡土建筑不像官式建筑那样呈现全国大一统的模式化。它最具地域特色、民族特色，形成本地域的构筑体系、构筑模式，并善于结合所处依山傍水的地段进行灵活随宜的调节，创造出与地段环境、生态环境、人文环境高度合拍的建筑。

3. 多样性　中国国土的地域多样性，带来了传统乡土建筑的多样性。它鲜明地反映在两个层面：一是木构架建筑体系自身的地域性差异。同是木构架建筑，北方散屋与南方散屋呈现不同的形态；同是木构架体系的庭院式布局，北京四合院、东北大院、晋陕窄院、徽州天井院、江浙天井院、闽粤天井院、云南"一颗印"……，也大相径庭；二是超出木构架建筑体系，形成干阑、井干、窑洞、土楼、碉房、毡包等多种多样的非木构架的构筑体系。乡土建筑的多样性，极大地丰富了中国传统建筑的多样性。

4. 活化石　近代乡土建筑可以说是中国古老建筑体系的"活化石"。中国建筑体系的特色，特别是属于下位文化的民间建筑的一系列贵因顺势的特色，如因地制宜的环境意识，因材致用的构筑方式，因势利导的设计意匠，因物施巧的设计手法等等，都在近代乡土建筑中延承了下来。在吻合生态、适应环境、就地取材、运用低技术，擅长群体组合，擅长粗材细作，展现民风民俗，塑造质朴形象等等方面，都有精彩的表现。它们中的典型地段、群组，它们中有代表性的精品、佳作积淀着极丰富的历史的、文化的、民族的、地域的、科学的、情感的信息，不仅是中国的文化遗产，也是人类的文化遗产，是我们应予充分重视和妥加保护的。

8.1.1~8　北京四合院

北京四合院是庭院式住宅的最典型布局，是传统民居中最具代表性的正统形制。它由正房、厢房、厅房、耳房、厢耳房、倒座房、后罩房、大门、垂花门、抄手廊、影壁、院墙等单体建筑和建筑要素组成，其组合形式可分为单进院、二进院、三进院和超过三进的多进院。它们构成一路纵列，大宅可以旁带跨院，或是形成二路、三路、四路并列的大宅院。受等级制度限制，低品官和庶人的宅第，正房不得超过三间，因此北京四合院的正房、厅房、厢房绝大多数用的都是"一明两暗"的三开间基本型，其核心庭院均采取"一正两厢"再加上垂花门或过厅的四合格局。正房是全宅主体，其面阔、进深、架高和装修做法都居全宅首位。正房两侧设有毗连的耳房，正房加耳房的总宽度就决定宅院的宽度。通常多是"三正两耳"的"五间口"院落，大宅可以做成"三正四耳"的"七间口"大院。厅房常见的有过厅、客厅、花厅，厅房院多安置在第二、三进，与后面的正房院构成"前堂后寝"的格局。正房的后部多设后罩房，作为宅院的最后一进。四合院临街一面，布置前檐朝内、后檐背对胡同的倒座房。宅第的大门就在倒座房的东头。当正房坐北朝南时，大门就处在东南角上，按八卦方位，这是最理想的"坎宅巽门"。

大门是一宅的门第标志，礼的规制对大门的等级限定十分严格。低品官和庶人都只许用单开间的门面。在单开间门面中又依据门框槛安装位置的不同，分成几种定式：门框槛安装于中柱位置的，称"广亮大门"；安装于前金柱位置的，称"金柱大门"；安装于外檐柱位置的，称"蛮子门"；在檐柱位置用砖砌成窄小门口的，称"如意门"；另有墙垣式的"小门楼"。这几种门以广亮大门等级最高，其他依次降等。大门不是孤立的，有一套运用影壁组织门面空间的定型做法。位于宅院内部的垂花门，通常处在二门位置。它以前檐挑出两根垂莲柱为其形象特征，一般多为"一殿一卷式"，其屋顶由前部起脊顶与后部卷棚顶组合成勾连搭悬山顶。这是因为垂花门面阔仅一

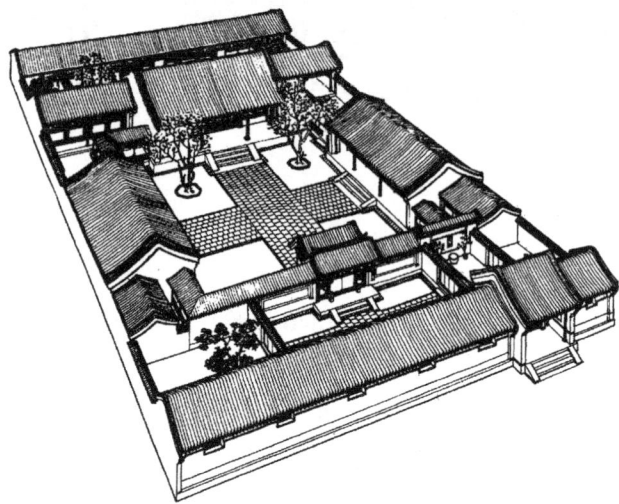

8.1.1　北京四合院(典型的三进院)

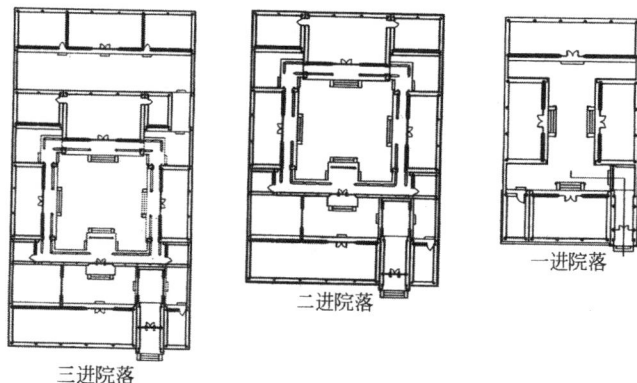

三进院落　　二进院落　　一进院落

8.1.2　北京四合院的格局

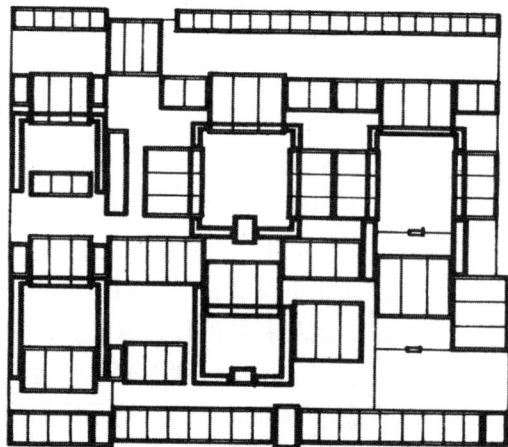

8.1.3　北京四合院的多进多路大宅——
　　　　北京沙井胡同某中堂府

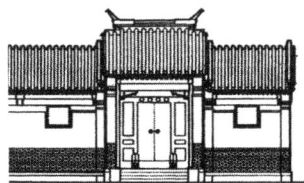

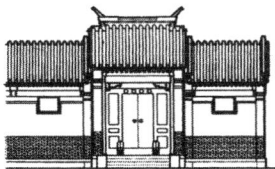

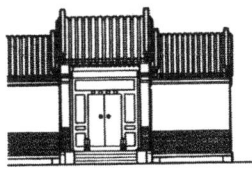

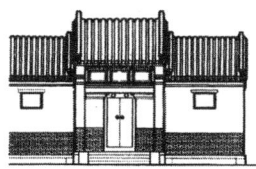

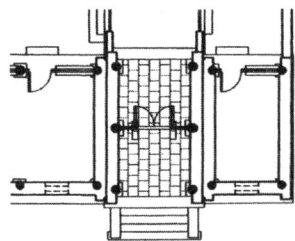

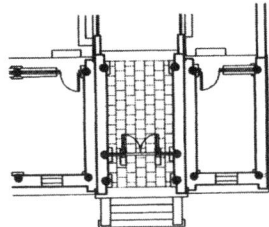

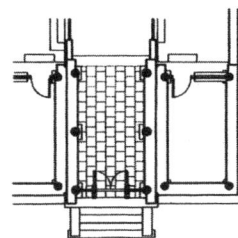

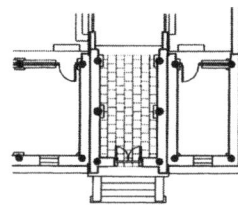

8.1.4　广亮大门　　　　　8.1.5　金柱大门　　　　　8.1.6　蛮子门　　　　　8.1.7　如意门

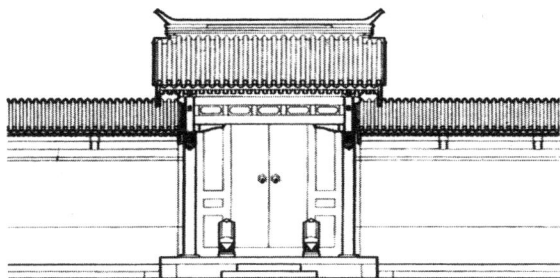

南立面

侧立面

剖面

8.1.8　垂花门

间，进深反大于面阔，为避免正立面上屋顶比例过高而采取勾连搭的做法。垂花门有一整套瓦饰、门饰、雕饰和彩绘，是整个宅院的装饰重点。

　　可以说，北京四合院是以木构架体系的技术手段，创造了充分适应封建家长制家庭的住居环境。它提供了一处对外封闭的小天地。正房住长辈，厢房住晚辈，倒座房用做客厅、书房或门房、仆役房，后罩房用作女仆房或杂物间。这里的房屋和庭院形成了明确的主从、正偏、内外关系。它以空间的等级区分了人群的等级，以建筑的秩序展示了伦理的秩序。整个四合院格局成了尊卑有序、贵贱有分、男女有别、长幼有序的礼的物化形式。值得注意的是，这种伦理教化功能与当时的安居适用功能在很大程度上是合拍的，这种礼的规范形制与木构架体系建筑的艺术表现规律也是相当吻合的。周边密闭的院落，既提供了界域明确的、世代共居的、以家长为主宰的独立小天地，也获得了"结庐在人间，而无车马喧"的高度宁静、安全的住居环境和满院绿荫、一庭芳香、生气盎然的宅内生态环境；内向的、一正两厢的核心庭院，既满足了礼教所追求的正偏、主从关系，也解决了大家庭的团聚和各个小家庭相对独立的私密性要求与相亲相助的亲密联系。纵深的、严整对称的组群布局，以居中的内院为主体，以长辈住居的正房为中心，既突出了父权的威势，也以端庄、凝重的氛围和强烈的向心力、内聚力强调出主体空间的主旋律。院落重重，庭院深深，纵深轴线在这里既是起居生活的行为主线，也是建筑时空的观赏动线，建筑的空间表现力得到了良好的展现。在这里，北京四合院这个特殊状态的乡土建筑，从京畿的地域性转化成为官式的正统性，展现出官式风范的中和之美，突出的是严整、端庄、凝重、和谐的品格，欠缺的是乡土建筑的率真、活泼，严整有余而洒脱不足。

8.2.1~4 晋陕窄院

晋陕窄院主要分布于山西的晋中南地区和陕西的关中地区，以窄长的庭院为主要特征。不同地区的窄院，长宽比不一。大体上晋中地区多为2:1，晋南地区接近1.5:1，关中地区常常超过2:1，有的还达到4:1。窄院的形成有多种原因：一是遮阳避暑，这些地区夏季炎热，窄院可使内庭处于阴影区内，东西厢和正房的日晒也可以得到适当遮挡，较为阴凉；二是防阻风沙，两厢靠拢，掩护正房，相互遮挡，可避免正厢房和庭院被风沙直接吹刮；三是紧缩占地，晋中南和关中地区，人口密集，地少人多，商品经济相对活跃，城镇宅院沿街布置，宅基划分在宽度上控制较紧，自然形成窄门面、大进深的院落。

晋陕窄院的平面布局同样以"一正两厢"为基本型，可配上倒座、大门、形成单进院平面；可加上垂花门、过厅、外厢，组成纵深串联的二进院、三进院；可并联侧院，组成主院与跨院的横向组合；也可以通过内外院的串联和院与院的并联，构成纵横交织的大宅。山西祁县乔家堡乔宅，就是窄院住宅的著名大型组群。它始建于乾隆二十年，在同治、光绪和民国年间进行两次扩建、一次增修。全宅有6个大院，北面分布3个大院、1个跨院，南面分布3个大院、3个跨院；共有房屋313间，占地面积8742平方米。

窄院以坐落在纵深轴线后部的正房为主体，多数为"一明两暗"的三开间，明间作堂屋，两暗为长辈和长子的居室。关中、晋南一带，正房多为砖木混合结构的、带阁楼的一层半或两层高的楼房，陕西韩城党家村某宅即是这种正房。晋中一带的正房则有的用砖木混构，有的用砖窑混构。山西平遥范家街2号院用的是单层的、带檐廊的五孔窑正房。这种窑洞正房也有做成"窑上房"或"窑上窑"的。

两侧的厢房主要用作居室，一般内厢住晚辈，外

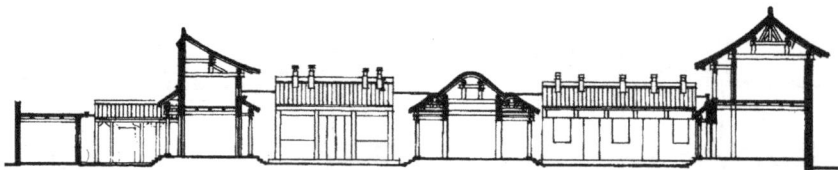

8.2.1 祁县乔家大院正院纵剖面

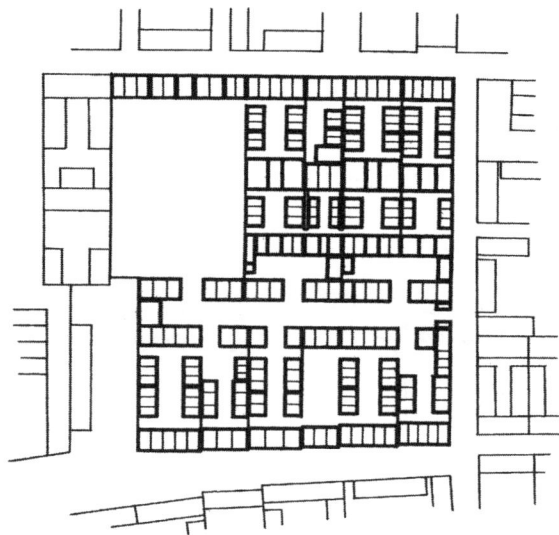

8.2.2 祁县乔家大院总平面

厢住仆人或用作厨房。窄院的厢房很有特色：一是间数较多，晋中地区有"外三内五"（外院厢房3间，内院厢房5间）、"外五内七"的做法，间数愈多，庭院比例就愈窄；二是出现"三破二"的特殊平面，图8.2.3、8.2.4的厢房都是如此。它是在明间正中设隔墙，将三间平分为两室，每室占一间半。这是因厢房进深过小而采取的变通措施；三是高度较大，常用一层半高，上半层作阁楼。也常见像党家村某宅那样，当地称为"上七（尺）下八（尺）"的楼房。这里的厢房二楼，连同正房、倒座、门屋的二楼，都用作阁楼，不住人，不设固定楼梯，只用于贮藏物品。四是采用单坡屋顶，其原因可能是出于防护的需要，因为内向的单坡顶，后檐显著升高，可取得周边高墙环卫。对于用水困难的地区，单坡屋顶可将雨水汇入

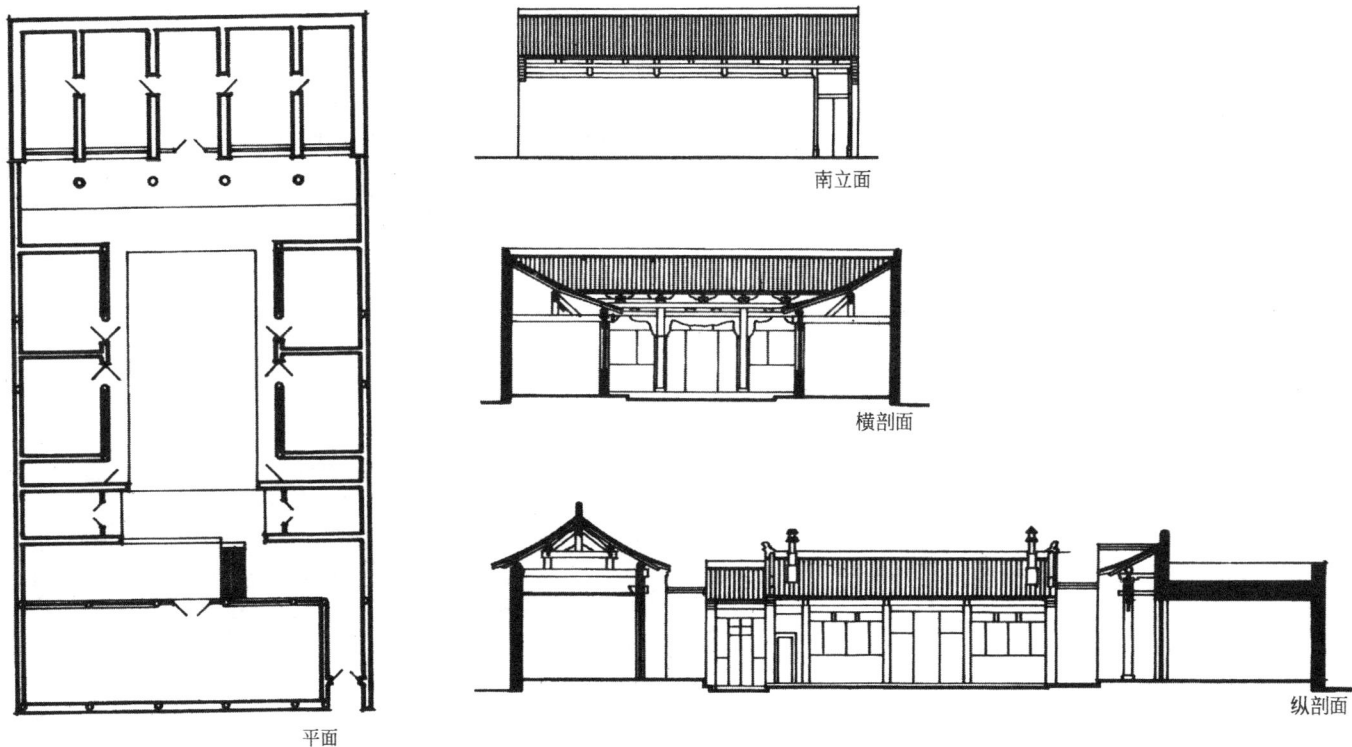

南立面

横剖面

纵剖面

平面

8.2.3　平遥范家街2号院

院中，俗称"四水归一"，还具有聚水的作用。五是采取软硬两种前檐。一种是不出檐廊的硬质前檐，厢房大片砖墙立面厚重、封闭，庭院空间显得生硬、闭塞，宅院氛围偏于冷漠、窒闷；另一种是带檐廊的软质前檐，庭院空间与厢房室内有亦内亦外的檐廊作为过渡，有通透的隔扇、花格窗形成相互渗透，庭院的狭窄感有所削弱，宅院氛围显得亲切、融洽。

晋陕窄院的大门是全宅的艺术表现重点，通常也随倒座做到一层半或两层高，门洞上部做精美的门楼，木、砖、石三雕俱全。有的宅门还在门额上立匾题名，如"进士第"、"太史第"、"和为贵"、"谦受益"等，显示门第的高贵和增添宅第的文化内蕴。一些商贾富户的大门，装饰往往过于堆砌，失之繁缛，雕工技艺虽精而美学品位却是低俗的。

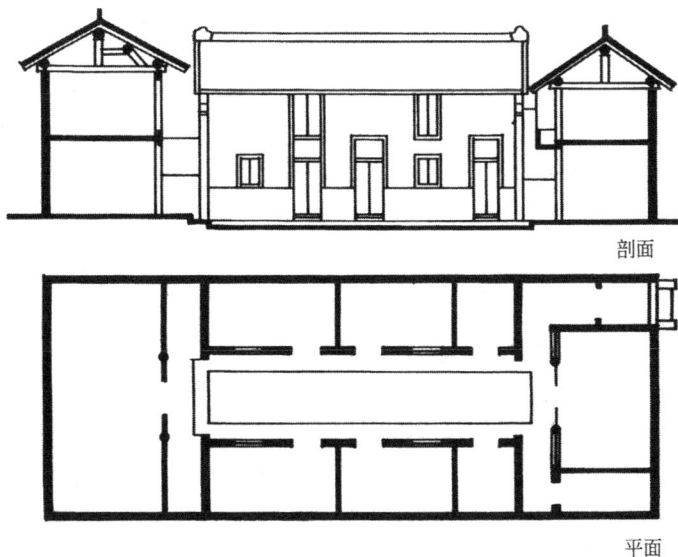

剖面

平面

8.2.4　韩城党家村某宅

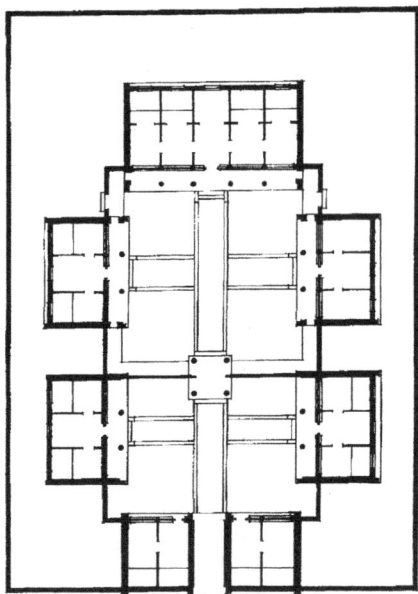

影壁

8.3.1 吉林市头道胡同张宅总平面

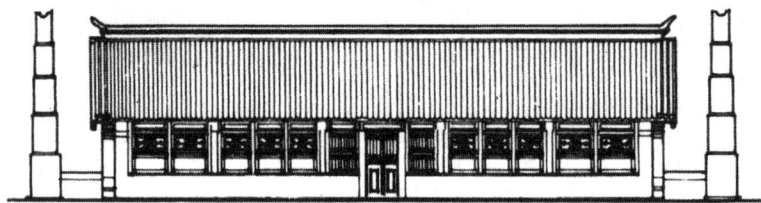

8.3.2 黑龙江省呼兰县萧红故居正房立面

8.3.3 东北大院中的垫门型大门

8.3.1~3 东北大院

东北大院以吉林市一带的大院布局最具代表性，这里的汉族大院和满族大院布局形式基本相同。它以"一正四厢"的两进院为基本形态。形成这种大院形式，有它特殊的制约因素：一是冬季严寒，需要强调防寒、保温、日照、采暖；二是土地辽阔，宅地相对宽松、平坦；三是运离封建统治中心，礼制约束有所削弱；四是满汉民族住居习俗相互渗透、影响。由此，吉林大院呈现出以下特点：1. 一正四厢，不设耳房，庭院宽大，日照充足。正厢房分离，以带配门的拐角墙连接。内外院之间隔以二门、腰墙，或立院心影壁作象征性的分隔；2. 以正房为主要住所，多为五开间，有的甚至达到七开间，腰间（次间）、里间（梢间）设单面炕或双面炕，大容量地住人。明间堂屋集中二口或四口煮饭和烧炕合用的大锅台，成为厨房兼隔挡寒风的过渡空间；3. 厢房均为"一明两暗"的三开间，城镇中厢房多作为晚辈住房，农村中厢房大多用作碾房、磨房、草房、马圈和贮藏室、伙计室；4. 构筑技术源于华北民间木构架体系，墙体用土坯墙、砖墙，或外侧用砖、内侧用坯的"内生外熟"墙，也有只在前檐用砖，两山及后檐仍用土坯，俗称"前浪后不浪"。单体建筑外观规整、厚重、质朴。起脊屋顶为防火，常采用"坐地烟囱"的做法，把烟囱置于正房两侧，对称地拔地而起，成了正房独特的陪衬物；5. 宅院周边围以扩大一圈的院墙，后部多留有空地作为后园。大门居中，以方便车马出入；6. 大门的形式，一种是简易的墙垣门，另一种是单间或三、五间的屋宇门。图8.3.3是五开间的屋宇门，以敞空的明间为门洞，以前檐向内的次、梢间为卧室。这种门两侧的房间，古代称为"塾"，是古老塾门的遗制。

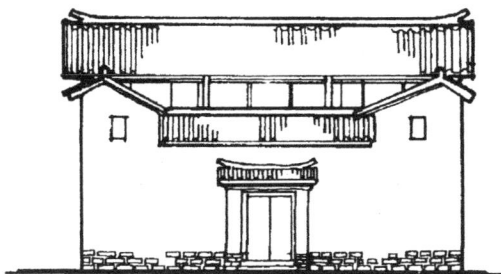

正立面

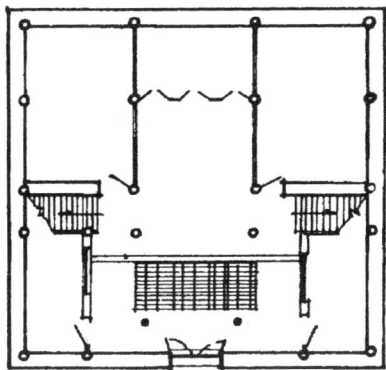

底层平面

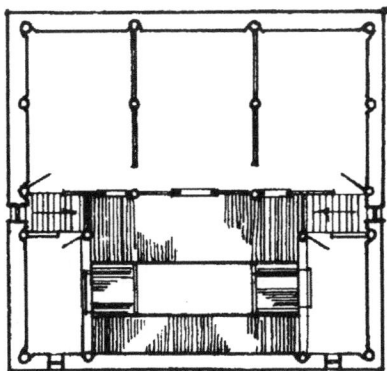

二层平面

8.4.1 云南阿拉乡海子村 2 号宅

8.4.2 "一颗印"住宅剖视

8.4.1~2 云南"一颗印"

是云南昆明地区汉族、彝族普遍采用的一种住屋形式。它由正房、耳房（厢房）和入口门墙围合成正方如印的外观，俗称"一颗印"。其主要特点是：1.正房、耳房毗连，正房多为三开间，两边的耳房，有左右各一间的，称"三间两耳"；有左右各两间的，称"三间四耳"。2.正房、耳房均高两层，占地很小，很适合当地人口稠密、用地紧张的需要。正房底层明间为堂屋、餐室，楼层明间为粮仓，上下层次间作居室；耳房底层作厨房、柴草房或畜廊，楼层作居室。正房与两侧耳房连接处各设一单跑楼梯，无平台，直接由楼梯依次登耳房、正房楼层，布置十分紧凑。3.大门居中，门内设倒座或门廊，倒座深八尺，"三间四耳倒八尺"是"一颗印"最典型的格局。4.天井狭小，正房、耳房面向天井均挑出腰檐，正房腰檐称"大厦"，耳房腰檐和门廊挑檐称"小厦"。大小厦连通，便于雨天穿行。房屋高，天井小，加上大小厦深挑，可挡住太阳大高度角的强光直射，十分适合低纬度高海拔的高原型气候特点。5.正房较高，用双坡屋顶，耳房与倒座均为内长外短的双坡顶。长坡向内，短坡向外，可提升外墙高度，有利于防风、防火、防盗，外观上壁墙高耸，宛如城堡。6.建筑为穿斗式构架，外包土墙或土坯墙。正房、耳房、门廊的屋檐和大小厦在标高上相互错开，互不交接，避免在屋面做斜沟，减少了漏雨的薄弱环节。7.整座"一颗印"，独门独户，高墙小窗，空间紧凑，体量不大，小巧灵便，无固定朝向，可随山坡走向形成无规则的散点布置。

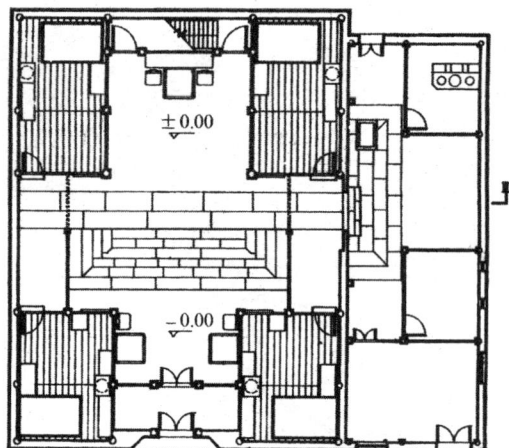

底层平面

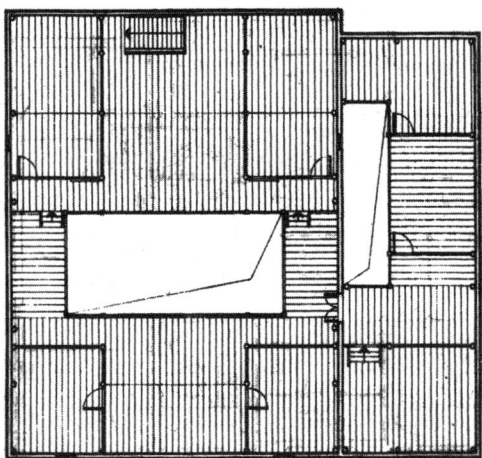

二层平面

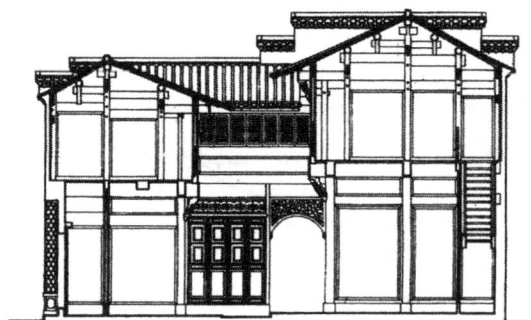

纵剖面

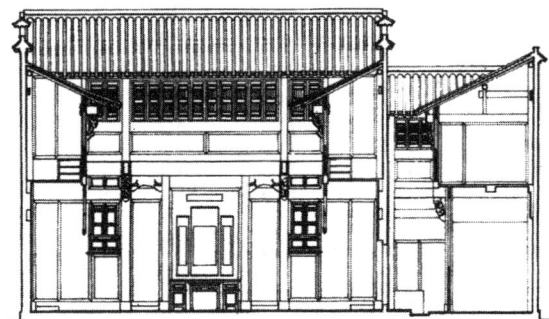

横剖面

8.5.1　瞻淇方金荣宅

8.5.1~2　徽州天井院

徽州地区黄山绵延，丘陵起伏，山地占十分之九。地狭土瘠，田少民稠，徽人不得不弃田经商，有"十室九商"之谚。徽商致富后多返乡大建住宅、祠堂、书院，促进了徽式天井院的发展。现安徽屯溪、歙县、黟县、祁门、休宁、绩溪和江西婺源一带，还保存着大量清末民初建造的徽式宅屋，一部分还是明代和清中叶前的原构。

徽州天井院的主要特点是：

1. 以毗连的、带楼层的正屋、两厢围合成三合天井院的基本单元。可以是独立的 Ⅱ 字形的三合单进院；可以添加门廊或门厅，形成口字形的四合单进院；可以串联两组三合院，组成日字形的两进院；也可以由两组三合院相背组合成 H 形的两进院。这种两进院有前后两个天井，中间两厅合脊，俗称"一脊翻

两堂"。这些典型形态的单进院、两进院都以天井为中心，内向封闭，左右对称，堂堂正正，是很规则的。但限于山区地段崎岖偏斜，实际上宅屋多随地形灵活布置，有的双院并列毗连，有的错位毗邻或纵横联结，有的附加偏斜的跨院、后院，组成不规则群体。图 8.5.1 是典型的"四水归堂"天井院旁加窄长形附院的布局；图 8.5.2 是两个三合院纵横组合，另加一小天井院和三个外院形成的不规则布局，显示出天井院布局便于灵活组合和有机扩展的特色。

2. 天井面积不大，但发挥很大效能。不仅解决封闭内向建筑对采光、通风、排水的需要，而且起到过渡空间、联系空间、组合空间的重要作用，大小天井的穿插给建筑空间的组合带来极大的灵活性。正屋多为三开间，明间作敞厅，次间作卧室。两厢有的辟为居室，多数都留作空廊。正、厢无例外地都建楼房，

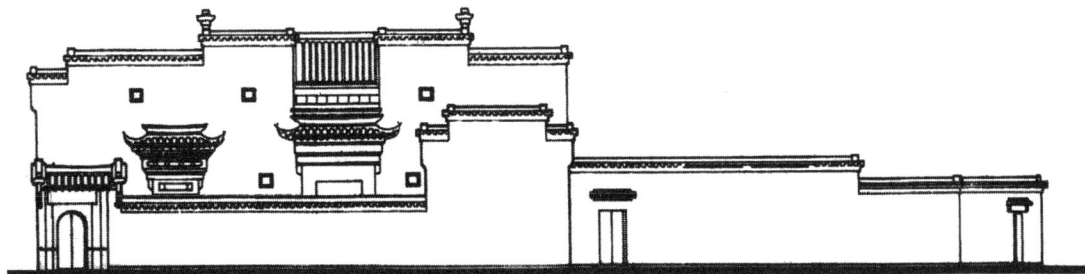

南立面

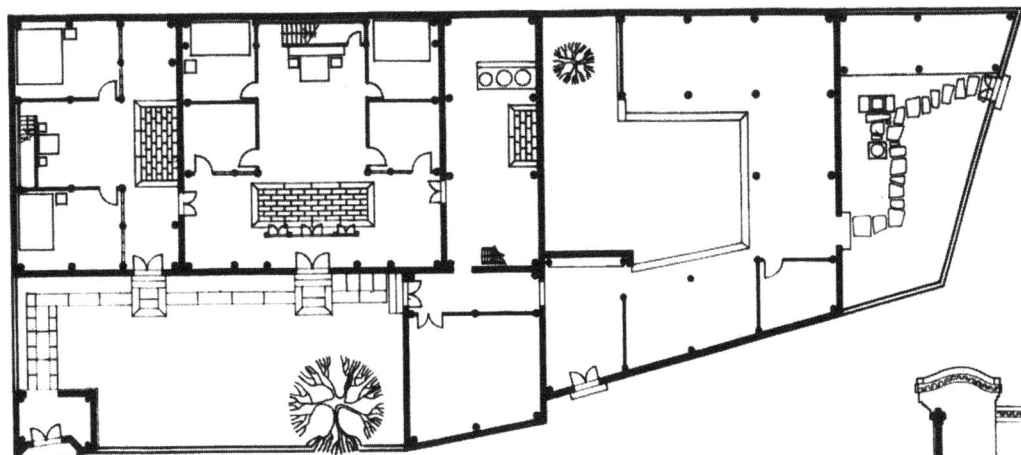

底层平面

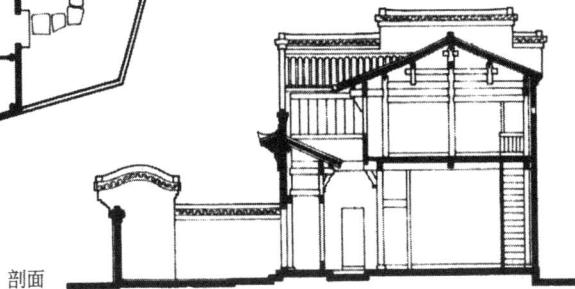

剖面

8.5.2　歙县呈村降村李宅

多为两层。明代宅屋以"楼上厅"为起居活动中心，楼房层高大于底层，楼梯多设于前院两厢的外显位置。清以后起居活动中心转到楼下，楼上明间用作供奉祖先牌位的祖堂，次间用作女眷闺房，两厢楼上多作成可绕行的环廊。底层反而高敞，楼梯相应地转移到厅堂太师壁之后的隐蔽位置。

　　3. 建筑为穿斗式构架，周边高墙围护。室内以板壁间隔，楼层用搁栅楼板。木梁多卷杀成带弧形的月梁。厅堂部位常出现穿斗构架与抬梁构架的交叉混用。屋顶均为硬山带封火山墙，加上外墙很少开窗，既有利于防火，也便于相邻宅屋的毗连连接。

　　4. 建筑外观尺度近人，比例和谐，清新秀逸。墙面全部白灰粉刷，墙头一概青瓦翘脊。特别是层层迭落的马头山墙，千变万化，高低起伏，极富飘逸的动感和韵律。入口大门上作各式门楼、门罩，精美的门楼、门罩砖雕与大面积的白粉墙形成恰当对比。天井院内，四面为木装修所围绕，有落地格扇、高槛格扇，有楼层出挑的栏杆、栏板，还有装于栏杆上方的可装卸的窗扇和装于底层窗前的"窗栏板"。这些木装修和梁架一样，都不施髹漆，保持木质纹理和天然色泽。在梁、枋、雀替、裙板、栏板、窗栏板等构件上，施加精工细镂的木雕。徽州宅院以砖、木、石三雕著称。大体上明代宅院的三雕较为粗犷、简练、雅拙，到清代后期走向细腻繁复。后期雕工技法虽精，但过多、过繁的雕刻密集于一宅，反而有碍建筑整体的高雅、静宁。

199

8.6.1~5　浙江天井院

　　浙江民居的平面类型很多，有不带天井的各类散屋，有带天井的各类天井院。不同地区的天井院也各有差别。大体上小型天井院有以下几类：一是三间两搭厢型，由正屋三间、两厢各一间组成三合天井院。这是最常见的，正屋、两厢多数都带楼层，底层正屋明间为敞厅，次间作卧室，楼上通常只用作贮藏，楼梯设于敞厅太师壁后方。有的把正屋楼层加高，做成三开间的"楼上厅"，用作会客、宴饮的场所。楼上厅前檐装格扇窗，十分明亮。楼梯移到近宅门的位置，便于来客登楼。二是对合型，由前座三间下房，后座三间上房，与两厢连接组合成四合天井院。多数对合院都带楼层，大门开于下房正中。有的大门如图8.6.1所示，开于侧面，以厢房为门厅。对合型的两厢大多不作装修，全部敞开与天井融成一体。有的对合型也设楼上厅，前檐装修颇为华丽。三是三间两搭厢的串联，由两组三合天井院前后串联，组成日字形的平面；或是两组三合天井院背靠背地组合，形成H形的高密度小宅。正屋前部二层，下层明间作前堂敞厅，次间作卧室，楼上三间均为卧室。正屋后部披屋为单层，明间作后堂，次间与后厢连通，用作厨房。前院两厢一作大门，一作小室，均为单层。其空间组织的紧凑和洗练，令人叹服。大型天井院则以"十三间头"最为常见。它由正屋三间、两厢三间，另加夹角处的洞屋各两间，组成十三间屋的大型三合天井院。东阳一带大院多是这个格局，临海、黄岩一带也是如此，当地称为"五凤楼"。它也有各种的变体和组合体。图8.6.4是以"十三间头"为单元，纵横组合成大型组群的示意。

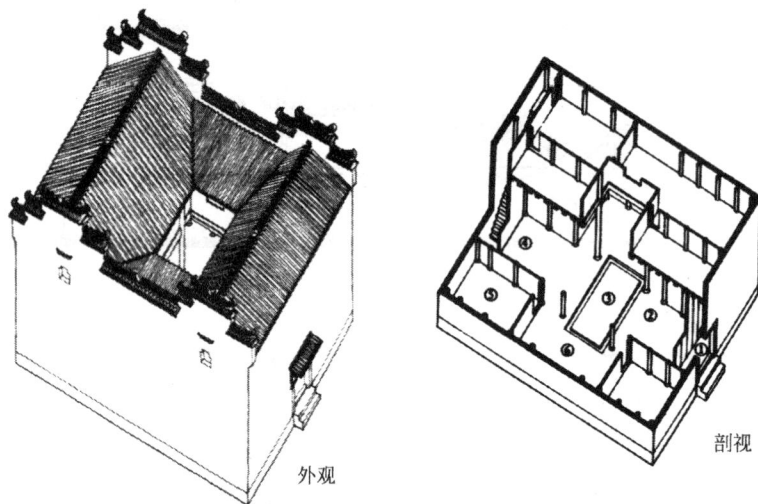

外观

剖视

8.6.1　"对合型"四合天井院

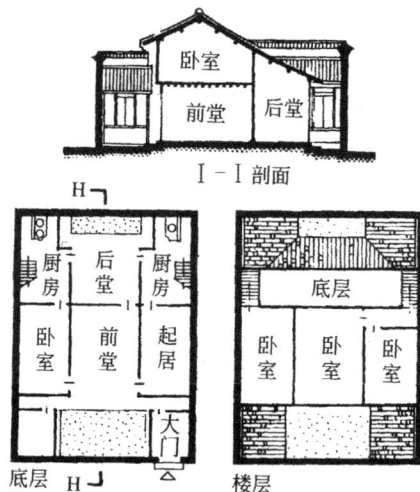

Ⅰ-Ⅰ剖面

卧室
前堂　后堂

底层　　　　　　　　　楼层

8.6.2　杭州金钗袋巷盛宅

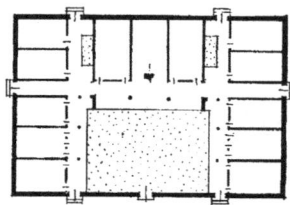

8.6.3　东阳"十三间头"

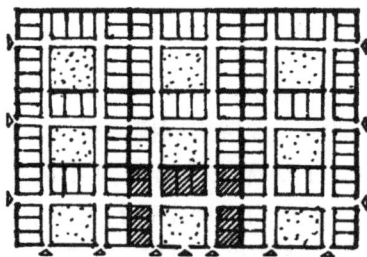

8.6.4　用"十三间头"拼联的组合体

东面透视

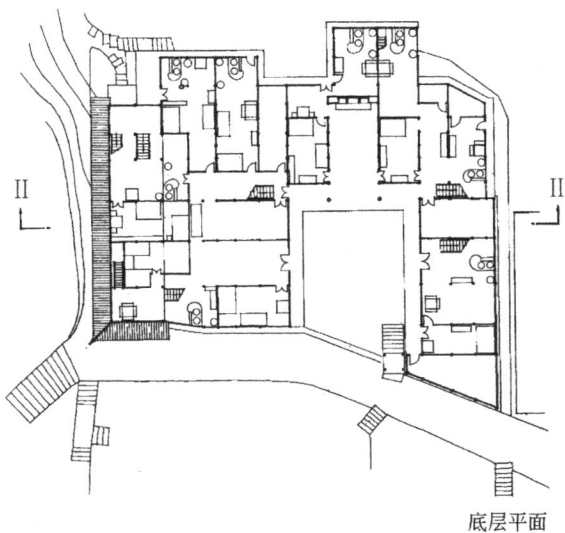

底层平面

Ⅱ-Ⅱ剖面

8.6.5　黄岩黄土岭虞宅

值得注意的是，在这些大型、小型天井院布局中，其正屋、两厢与天井组成的宅院核心部分，多是左右对称、堂堂正正，是很规则的；而其附属的厨房、柴房、畜舍、后院、跨院等，则常常依宅地而随宜布置。在依山傍水的地区，地段高下偏斜，天井院的核心部分必要时也会突破堂堂正正的格局而呈现种种活变。浙江黄岩黄土岭虞宅是这方面的一个生动实例。虞宅原是当地习见的"五凤楼"格局，其北侧厢房随地形延伸为五间，并带斜面山墙，形成主院自身的不对称。扩建时，结合地势特点，在正屋后部加建了两小间楼房，在南侧厢房、洞屋后部，加建了一栋

三层的楼房。楼房底层比南侧厢房低一层，用作厨房、畜圈，二、三层与南侧厢房同高，用作居室、贮藏。加建建筑与原建筑间夹着一个极小的天井。加建屋顶也与原建筑屋顶完全连成一气。整组建筑虽经多次扩建而完全展现出统一的整体。这里已完全突破"五凤楼"的规整格局，整个宅屋与地形结合得极为妥帖。厢房的延伸斜出，楼层的参差错落，歇山屋顶的穿插重叠，带来整组建筑的丰富变化。这组建筑充分显现出浙江民居适应地段环境的巨大潜能和灵活机制，也充分体现出浙江民居适应有机增长的旺盛活力和高超手法。

爬狮

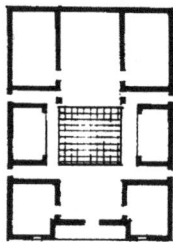

四点金

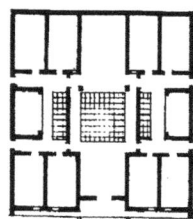

五间过

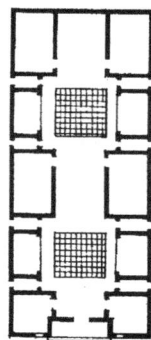

三座落

8.7.1　广东潮汕地区的
几种天井院

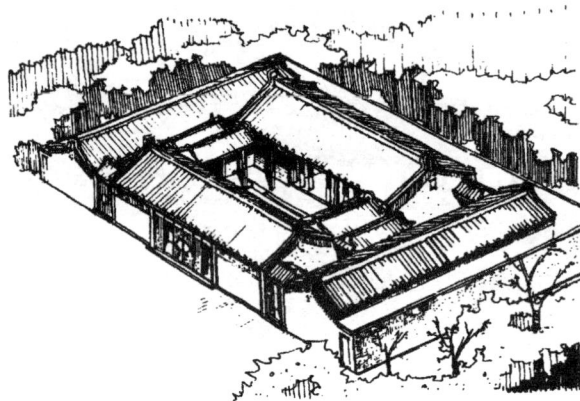

鸟瞰

8.7.2　广东潮州弘农旧家

1-1剖面图

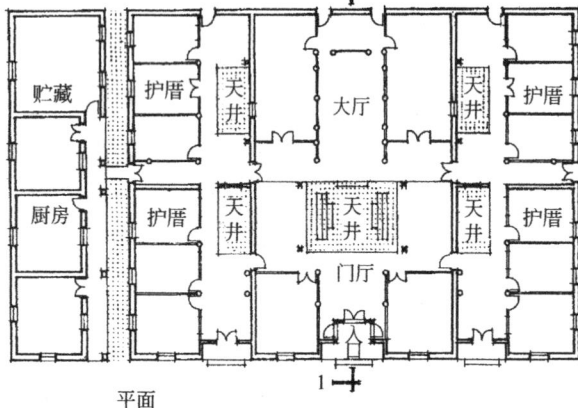

平面

8.7.3　福建泉州金鱼巷李宅

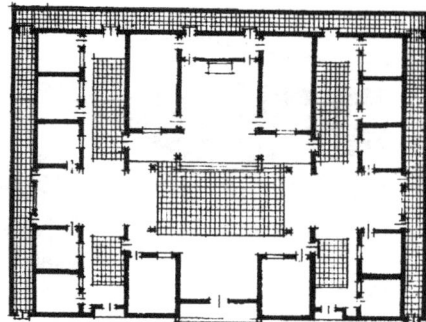

平面

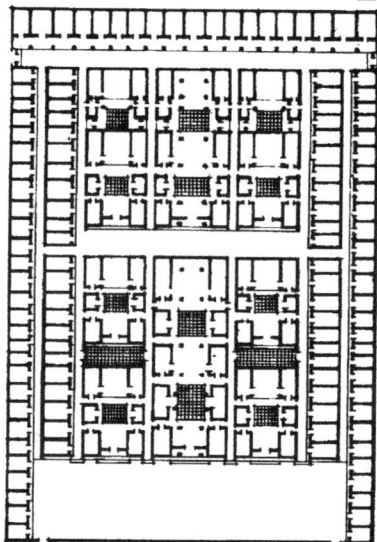

立面

平面

8.7.4　广东揭阳县港后乡某宅

8.7.1～6　闽粤天井院

福建、广东的天井院，在不同地区有不同的类别和名称。广东潮汕地区的天井院有两种基本型：一是"爬狮"，即由三开间正屋与两厢组成三合天井院；二是"四点金"，即由爬狮加上前座，组成四合天井院。由这两种基本型，可以派生出五开间的爬狮和五开间的四点金（称"五间过"）；也可以由四点金与爬狮串联而构成"三座落"。然后再由这几种常规格式，演化出各种变体和组合体。

值得注意的是，在福建莆仙、闽南和广东潮汕一带，天井院的组合布局中，广泛采用在主体院的两侧添加福建称为"护厝"、广东称为"从厝"的做法。潮州弘农旧家是在四点金主院两侧各添一列从厝的布局。平面规整划一，空间紧凑。从厝天井处于阴影区内，从厝厅与主院两厢连通，全宅周围又形成3条狭长巷道，整组宅院空间流畅，通风效果良好。泉州金鱼巷李宅是四点金主院增加东侧一列护厝、西侧两列护厝的布局。其中两列护厝用带漏窗的砖墙横隔，变两条窄长通道为四个天井小院，空间效果和通风效果都很好。这种护厝的运用还可以组成更大的组群，广

8.7.5 福州天井院"厅井"透视

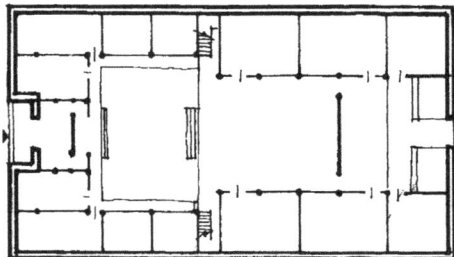

平面

8.7.6 福州埕宅

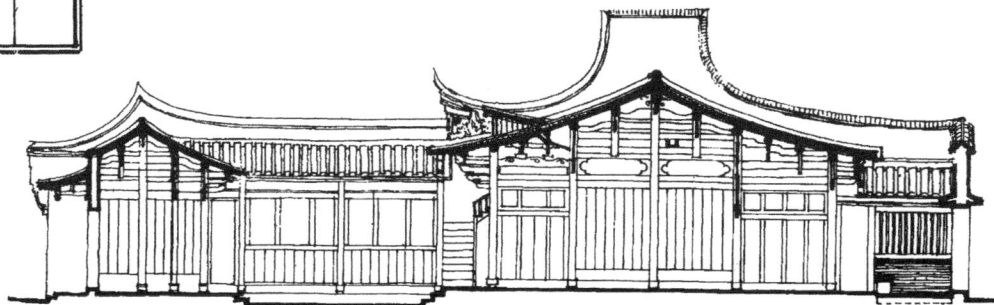

剖面

东揭阳县港后乡某村，就是由6组三座落及其变体组成主体院群，加上两侧各两列从厝，后面带一列"后包"的大型组群，当地称这种格局为"四马拖车"。其规模之大，布局之严整，都是很突出的。

闽粤气候湿热，其天井院构成中，呈现出触目的"厅井"空间。厅井是由敞开的主厅、敞开的檐廊及其所围合的天井组成。在闽粤天井院中，主厅开间宽，进深大，梁架高，是全宅面积最大的空间。它的前后檐完全敞开，实际上与前方天井、厅前檐廊、两厢檐廊完全联结成统一的大空间。在厅井中，天井的露天部分很小，约为厅井总面积的8%～25%，因此厅井基本上是室内空间，只是局部露天而已。它的前方，入口前厅设有插屏门，隔挡住门外的视线，保证了厅井空间的私密性；它的后部屏门，也使前后厅既有分隔又有联系。福州埕宅是这种厅井的典型实例。厅井周围或以格扇、间壁隔断，或以围墙、漏窗分隔，空间凹凸进退、延伸渗透，似无穷尽。这个厅井空间是全宅的核心，既是全宅的交通枢纽，也是全宅的活动中心。厅内梁架显露，均为清水作，显得雅洁、庄重。天井配以花木盆栽，把自然气息引入到宅院核心。

东面透视

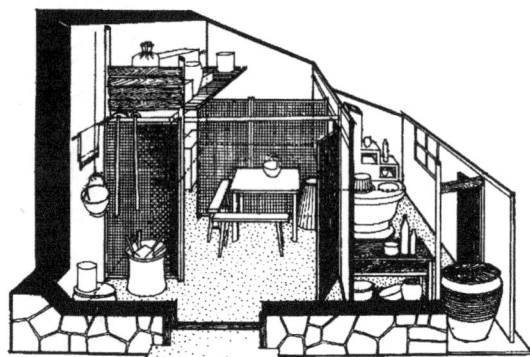

汪宅披屋剖视

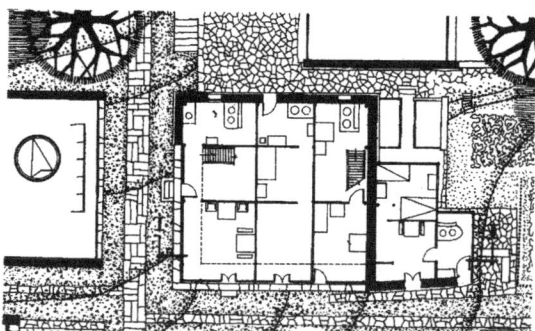

汪宅与邻宅平面

汪宅与邻宅南立面

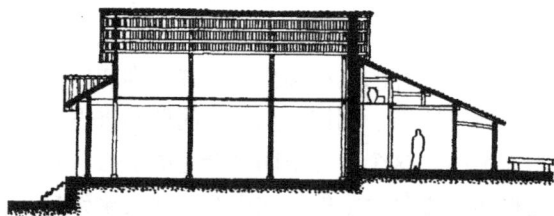

汪宅与邻宅剖面

8.8.1　杭州下天竺黄泥岭汪宅

8.8.1~3　南方散屋

南方各地，除天井院住宅外，还存在大量不带天井的散屋住宅。它不同于北方散屋那么规整划一，很善于发挥穿斗构架便于调度柱网、便于迭落、悬挑的特点，很善于灵活运用当地盛产的地方性建筑材料，很善于适应依山傍水、高下偏斜的地形、地势，因而呈现出极富地域多样性和环境适应性的千姿百态形象。这里列举3例：

1. 杭州下天竺黄泥岭汪宅

汪宅是利用邻宅楼房东侧山墙边的狭小地段，加盖了一处30平方米的小宅。它从楼房山墙斜下一面不等长的单坡披檐，布置了卧室、起居室、厨房和小工具间。紧贴山墙的位置，室内净空较高，在这里用竹屏分隔出前后两间，后间作卧室，前间作起居室。在起居室的西南角，又用竹屏隔出一小块工具间。利用前后室净空最高的山尖部位，搭了木板搁架，用以贮放杂物。披檐下端室内净空较低的位置，用作厨房。厨房东南角设一单独出入口，入口左侧墙角，设置了厨房单桌。小宅空间虽小，但平面关系明确、合理、紧凑，内部空间利用得很妥帖。汪宅外观处理，将旧宅腰檐延长过来，与接建的披檐交搭，不仅使新旧房屋联成一个整体，而且丰富了整体房屋的立面形象。这是利用屋边隙地的一个佳作，也是旧屋扩建的一个佳例。

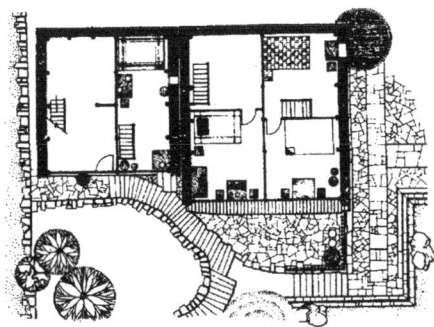

二层平面

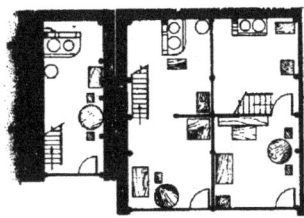

底层平面

透视

8.8.2　宁波陶公山忻宅

2. 宁波陶公山忻宅

　　忻宅傍山而建，采用屋脊垂直于等高线的布局方式，房屋面向登山阶道，下段建一两开间的规整方形楼房，采用勾连搭屋顶，减少了屋顶的尺度。上段毗连一错层的两间两层房。屋顶随地势递降，与整个地段十分合拍。迭落的屋顶和错层的屋身，带来了宅屋立面的错落变化，取得房屋与山地环境的有机融洽。

3. 湘西凤凰县山江金边营吴宅

　　吴宅由四开间的规整正房与一小间厢房和一间梯形附房组成，均高两层。大门设于临路一侧。进门后经过一个小空间，左转至较开阔的前院，空间收放自如。宅屋外观由于大门、围墙、正房、厢房、附房的高低凹凸而富有变化。其粗犷的块石墙基与细密的土坯墙身，形成材质的恰当对比，配上质朴的小青瓦顶，显现出浓郁的乡土气息和地域特色。

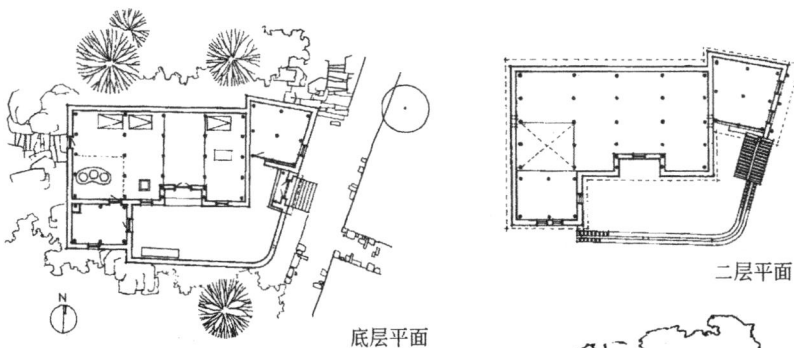

底层平面　　　　　　　　二层平面

入口平面

8.8.3　凤凰县山江金边营吴宅

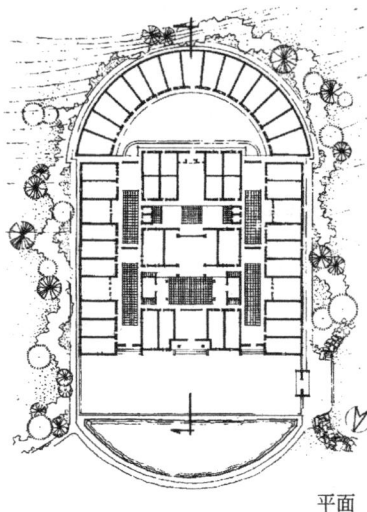

平面

8.9.1 梅县南口宁安庐

正立面

侧立面

纵剖面

8.9.1～3 客家土楼

客家是汉族的一个民系，客家先民原是居住在黄河、淮河和长江流域的汉族人民，因天灾和战乱的驱迫，辗转迁徙，陆续定居于闽、粤、赣交界的广袤山区，已经历十个世纪，形成了独特的客家文化。客家住宅以大家族聚居为突出特色，不同于一般汉民族的聚族而居：一是同宅、同楼聚居，而非仅仅聚居于同一村落；二是多个同宗同祖的小家庭组成"同居异财"的聚居，而非一个"同居共财"的大家庭聚居；三是超大规模的大家族聚居，聚居规模可达近百户，数百人；四是平等地聚居，土楼各户居住条件均等，无贵贱、辈分、等级之别；五是向心的聚居，表现出强烈的向心性、内聚性。客家住宅可以划分为多种类别，大体上耕地较少，交通闭塞，经济穷困，历史上匪患械斗多发的地区，宅屋的防御功能自然上升为强因子，其住宅明显以多层的圆形、方形土楼为主，闽西、赣南一带就是如此。而像广东梅州一带的盆地地区，经济、交通和社会治安相对来说优于山区，宅屋的防御功能不那么突出，其住宅则以单层的"围垅屋"为主。

广东梅县南口宁安庐是客家地区围垅屋的代表性实例。平面分为前部正屋与后部围屋两个部分。正屋由中轴三堂与两排横屋组成，称为"三堂两横"。三堂均为五开间，第一进明间为下堂，用作门厅；第二进中堂占三个开间，是家族公共活动场所；第三进明间为上堂，用作祖堂，次梢间分为前后房，作长辈居室。两排横屋共设4厅16室，都面对天井朝向堂屋，是晚辈居所。后部围屋呈半圆形，由正中用于祭祀的"垅厅"与14间用作厨房、杂物间的房屋组成。围屋围出的半圆形后院，当地称为"花胎"，是晾晒衣物的场所。正屋前方有宽大的禾坪和半月形水池。整组建筑依山而建，前低后高，层次分明，颇有气势。

福建永定县古竹乡承启楼，是内通廊式圆形土楼的典型实例。外径长62.6米，由4个同心圆环形建筑

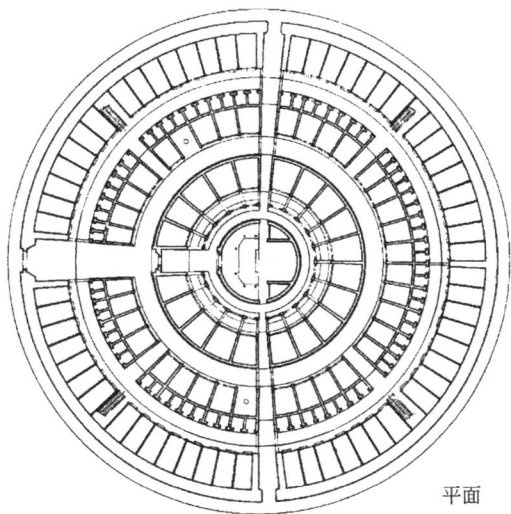

平面

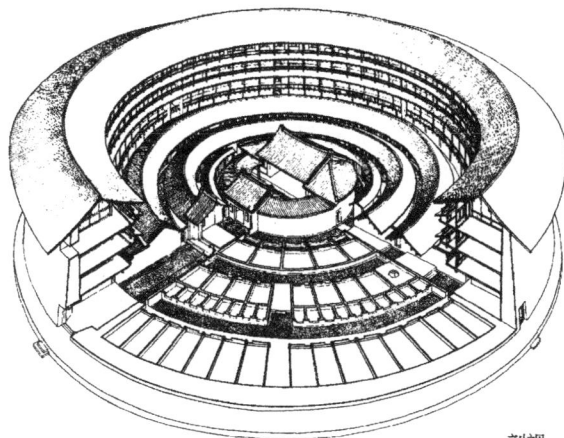

剖视

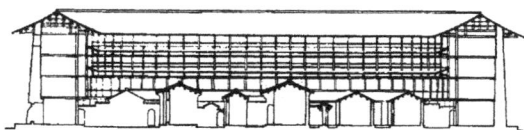

剖面

8.9.2 永定县承启楼

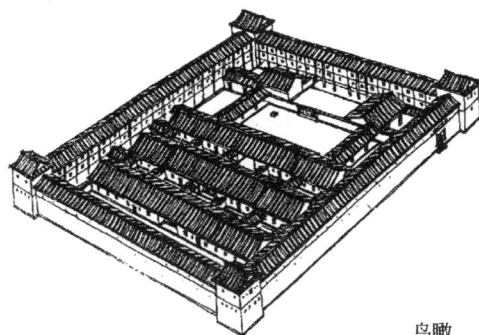

鸟瞰

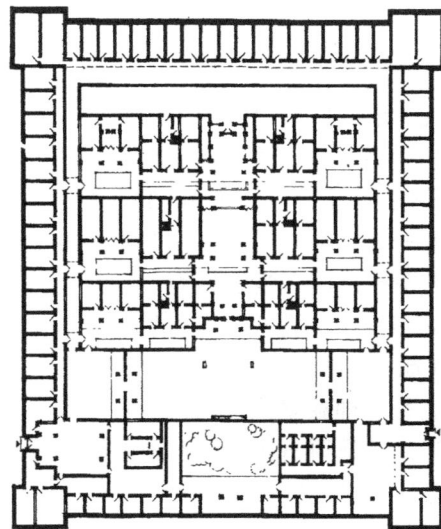

平面

8.9.3 龙南新围

和中心圆形天井院组成。外环（一环）高4层，各层以单面走廊作为通道，设4部楼梯，1个大门和2个边门。环楼每个开间1~4层住1户。底层作厨房，二层作谷仓，三、四层作卧室。二、三环均为单层，二环为牲畜栏舍和贮藏室，三环为居室和厨房。四环为环形回廊，内建单层圆形天井院，作为全宅祖堂。此楼建于清康熙四十八年（1709年），盛期曾住80多户，600余人。其外环外墙用厚达1米以上的夯土承重墙，与内部木构架相结合。外墙下两层不开窗，防御性能很强。

江西龙南县关西乡新围，是一种方形土楼，江西称为"围子"、"土围"。围屋高三层，四角设高四层带歇山顶的炮楼。院内前区设马驹房、轿车房、游乐房，并有一处花园。后区设三路三进合院，共有14个天井，俗称"九井十八厅"。中路三进面阔达9间，其布局井然，空间丰富，层次分明，蔚为壮观。围屋为晚辈及什役住所，不设固定楼梯，只在炮楼架梯登楼，平时大多空置，械斗时集中人丁成了临时"兵营"。

8.10.1～4　西北窑洞

中国有得天独厚的黄土资源，广阔的黄土地带面积达 63 万平方公里，地跨甘肃、宁夏、陕西、山西、河南等省。黄土土质粘度较高，粘聚力、抗剪强度较强，具有良好的整体性、稳定性。到明清时期，窑洞已成为黄土高原和黄土盆地农村住宅的主要形式，成为中国传统民居的一支独特的生土建筑体系。

窑洞分为三种基本类型：

1. **靠崖窑**。直接依山靠崖挖掘横洞，所需挖方较少，施工较方便。根据山崖的高低，沟谷的深浅，靠崖窑的分布或一字排开，或层层后退呈台梯式布局。河南荥阳县竹川仓宅是台梯式靠崖窑的一例。它位于靠山临水地段，窑洞呈三层，底层单孔窑作厨房，洞内夹层作仓库；二层双孔窑为居室；三层辟单孔杂用窑。窑洞前方建两间居住用房和一间杂用房，联以围墙组成窑院。平面布局紧凑，窑房、楼梯位置安排恰当，空间层次丰富，外观质朴自然。

2. **天井窑**。即下沉式窑洞，也称天井院、洞子院、地坑院。是在平坦的黄土原地带，没有条件作靠崖窑，只能就地挖下地坑，形成四壁闭合的下沉院，然后再向四壁挖窑。天井窑有 6 孔、8 孔、10 孔等不同规模。图 8.10.3 是渭北地区典型的 8 孔窑布局，坑院 9 米见方，每面挖两孔窑洞，当地称为"八卦地窑庄"。其中有一孔窑洞辟为门洞，经坡道通往地面。

3. **覆土窑**。即独立式窑洞，不是挖掘原土成洞，而是用土坯、砖石砌出拱形洞屋，然后再覆土掩盖，分土基窑洞和砖石窑洞两种。砖石窑洞可以四面临空，灵活布置，还可以造窑上窑或窑上房，陕北、晋中南一带常在窑屋混构的

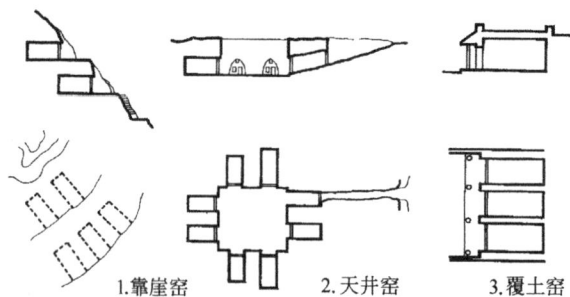

1. 靠崖窑　　2. 天井窑　　3. 覆土窑

8.10.1　窑洞的三种类型

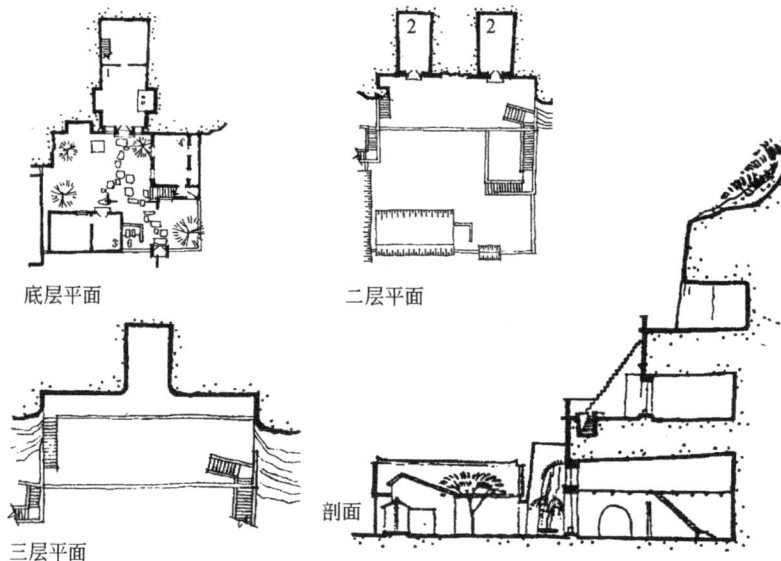

底层平面　　　　　　　二层平面

三层平面　　　　　　　剖面

8.10.2　荥阳竹川仓宅

宅院中用作正房或正、厢房。

窑洞住宅有一些值得注意的特点：一是就地取材，通过挖掘天然原土取得空间，砖木材料投入最少，造价极低；二是节省能源，主体结构用的是不需烧结的原状黄土，节省燃料能源；窑洞冬暖夏凉，也节省采暖能源；三是溶入自然，没有触目外显的建筑体量，窑洞群或是顺着梁峁沟壑的等高线布置，或是潜隐在大片土原之下，充分保持自然生态的环境风貌。窑洞虽然存在着洞屋潮湿，通风不良，安全性、持久性差，空间组合受限制等诸多缺陷，但其经济、节能和融合生态环境的生土建筑特色颇引人注目。至于窑洞建筑的占地问题，天井窑因窑背需要闲置，占地颇大；靠崖窑占用土地尤其是占耕地较少，但其布局大多难以紧凑，村落用地并不少；覆土窑则结构面积往往等同甚至大于使用面积，占地也偏大。因此过去窑洞主要用于地广人稀的地带。

鸟瞰

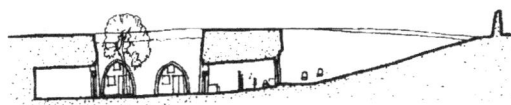

横剖面

纵剖面

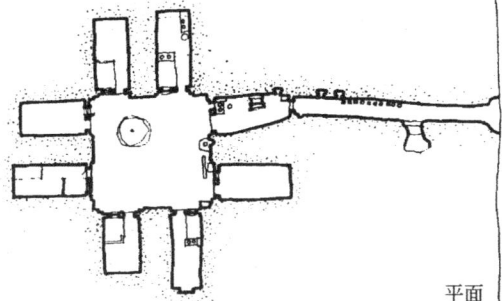

平面

8.10.3　渭北天井窑

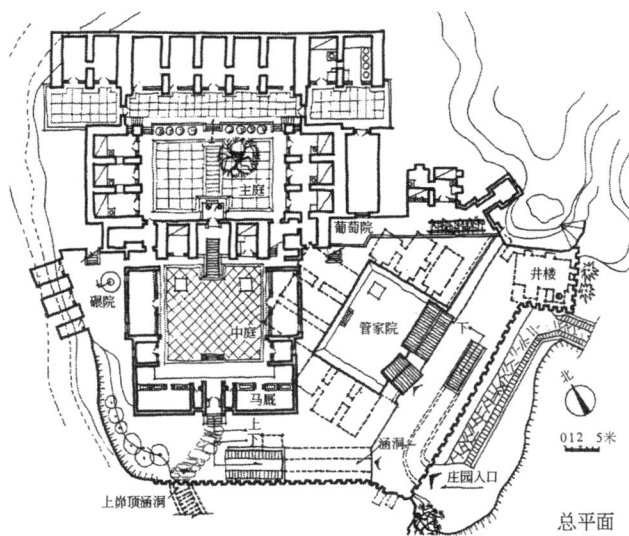

总平面

　　窑洞的空间组织虽然受到很大限制，一些地主庄园采用窑屋混构的方法，也能形成庞大的组群。陕西米脂县刘家峁姜园就是如此。它建成于光绪十二年（1886年），坐落在陡峭的峁顶上，由覆土窑与木构架房屋混构，组成上院（主院）、中院和下院（管家院）三层窑院。下院辟正房、厢房各三孔石拱窑；中院设东西厢各三间木构硬山房并带耳房，院内置月洞影壁；上院正房用五孔石窑，东西各三孔厢窑。正房两侧各辟出一小院，各建两孔石窑。庄园外围筑以高墙，设碉堡、角楼，形成不规则的城堡。整个组群顺依地形，既有明确的主轴线，又有高低错落的变化，加上陡峭的磴道，曲折的涵洞和月洞影壁、垂花门的穿插，空间抑扬收放，处理得很丰富。

8.10.4　米脂县刘家峁姜园

中院透视

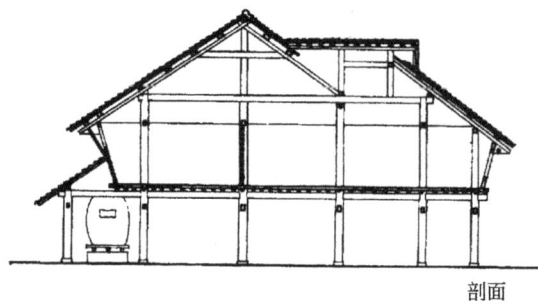

剖面

透视

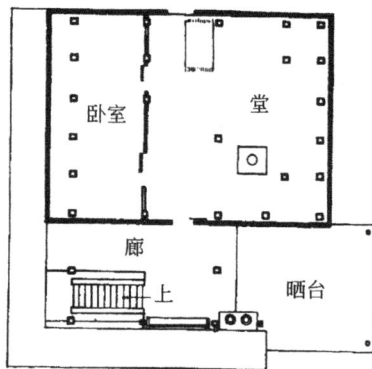

平面

8.11.1　云南西双版纳傣族高楼干阑

8.11.1~4　西南干阑

　　干阑民居分布于云南、贵州、四川、湖南、广西、海南等省，是傣、壮、侗、苗、布依、景颇、佤等十多个少数民族的住屋形式。干阑的类别，有架空较高的高楼干阑，架空较低的低楼干阑，重楼式的麻栏和半楼半地式的半边楼等。楼面架空是干阑建筑的基本特征，其作用：一是避免贴地潮湿；二是有利楼面通风；三是防避虫兽侵害；四是便于防洪排涝。在山区地段，还能保持底层地面坡度，有利适应地形，节约平整土方的工程量。图 8.11.1 是云南西双版纳地区的傣族高楼干阑，上层平面由堂屋、卧室、前廊、晒台组成，底层四周敞露，用作碓米、堆柴、贮藏、畜圈。过去多为竹构，现多改用木构。T字相交的歇山，山尖起采光、通风、散烟作用。架空的居住面，深远的大出檐，向外倾斜的外墙，加上墙面的少开窗或不开窗，构成了独特的"自防热体系"，取得良好的防辐射、防日晒和隔潮、通风效果，也带来建

筑外观的轻快、活泼。图 8.11.2 是云南潞西、盈江、陇川一带景颇族的低楼干阑，平面多为长方形，入口设在山墙一端，室内由门廊、客房、卧室、厨房和贮藏室组成。外观粗犷简朴，以大面积的倒梯形悬山顶覆盖，尚保持着古老的"长脊短檐"形式。图 8.11.3 是广西壮族的麻栏，架空底层以竹编壁、板壁封闭，呈重楼外观。上层平面以堂屋为主空间，与过间连通形成高敞畅通的大空间，周围布置卧室、火塘间、厨房、望楼、外廊等。底层为杂务院、畜圈、厕贮。结构为穿斗木构，上层常悬出挑廊，加建偏厦。图 8.11.4 是贵州苗族半边楼，平面纵向划分为前部楼居和后部地居。入口常设于山面，通过曲廊导至正面退堂处入宅。底层半地下空间，用作圈栏杂贮，常外挑晒台。上层半楼面半地面，以堂屋居中，两侧为卧室、火塘间、厨房。室内尚有阁楼，可贮谷藏物，兼起防寒、隔热作用。穿斗构架的机动灵活，使半边楼高低吊脚十分方便，充分体现出适应山区地形的优越性。

立面

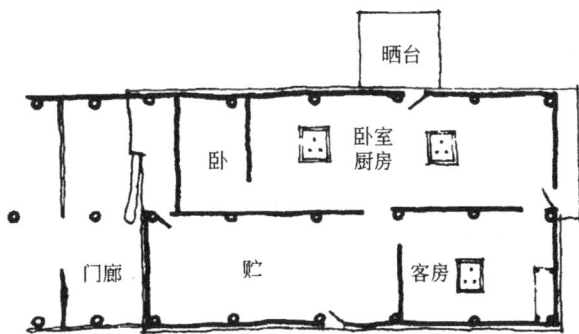

晒台

卧

卧室
厨房

门廊

贮

客房

平面

8.11.2　云南景颇族低楼干阑

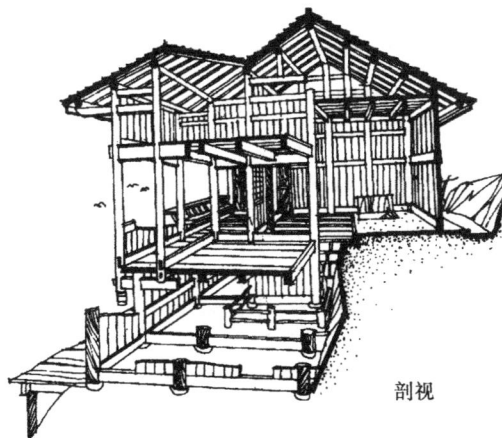

剖视

透视

透视

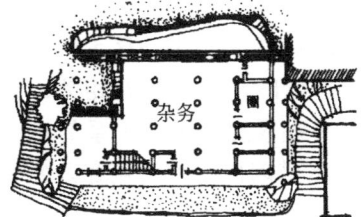

杂务

底层平面

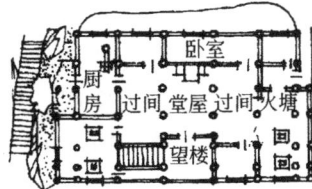

卧室

厨房　过间 堂屋 过间 火塘

望楼

楼层平面

8.11.3　广西壮族麻栏

厨　堂屋　火塘

退堂

楼层平面

贮　杂务

底层平面

8.11.4　贵州苗族半边楼

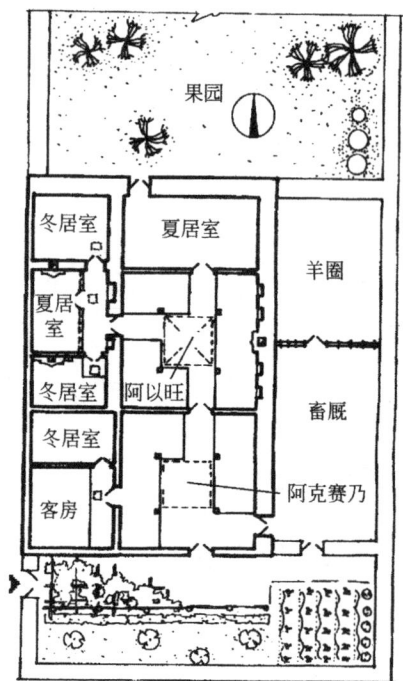

8.12.1 带"阿以旺"、"阿克赛乃"
的小型住宅

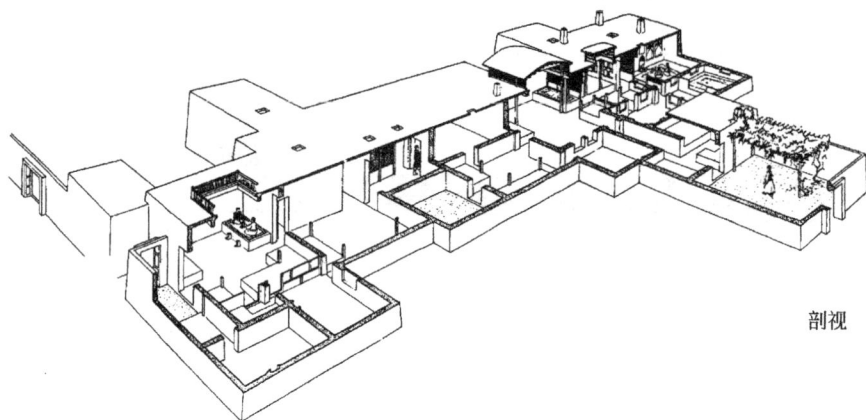

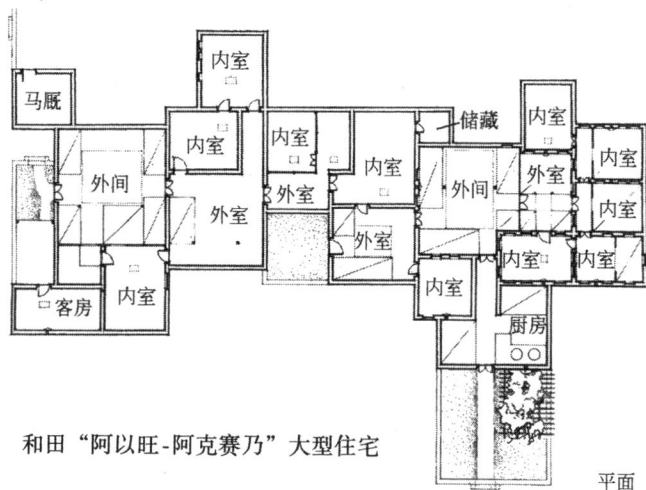

剖视

8.12.2 和田"阿以旺-阿克赛乃"大型住宅

平面

8.12.1~2 新疆"阿以旺"

新疆和田地区，气候干燥，雨量极少，年平均蒸发量为降水量的50多倍，年温差、日温差都很大，日照时间长，辐射强度高。异常的干热气候，导致和田维吾尔族民居形成以"阿以旺"为中心的布局形式。"阿以旺"的维语意为"明亮的处所"，就是屋顶上带有竖向天窗的房间。阿以旺住宅的特点是：1. 外墙普遍不开窗，屋顶均为平顶，空间组合不受外墙和屋顶牵制，平面布置极为灵活，可纵横自由延伸。2. 住宅布局以阿以旺为中心，阿以旺通过天窗采光，是全宅最明亮、装饰最讲究的房间。它是全宅公用的起居室，也是待客、聚会和歌舞的场所。3. 居室分夏室（外室）、冬室（内室），夏室面积大，靠近阿以旺，通风采光较好；冬室面积很小，很封闭，靠屋顶

开小洞通风。4. 空间组合没有明确的轴线和对称要求，没有定规的朝向，居室布置灵活，无上房下房、正房偏房之别。5. 常在宅内设"阿克赛乃"，即将部分屋顶敞开，形成局部露天的房间，类似闭合的室内天井院。6. 结构为木柱、梁枋加斜撑承重，铺密椽平顶。外墙砌很厚的干土墙、插坯墙，室内辟各式壁龛、龛炉。装饰集中于木柱外廊廊檐、阿以旺内柱柱身、柱头和天花雕饰。图 8.12.1 是和田地区带阿以旺和阿克赛乃的小型住宅，阿以旺与阿克赛乃相邻，都占很大空间。夏、冬居室布置紧凑，平面关系简洁、利落。图 8.12.2 是和田地区带阿以旺和阿克赛乃的大型住宅。其北侧"外间"为阿克赛乃，南侧"外间"为阿以旺，旁带一个小阿以旺。这组阿以旺住宅充分显示出平面布局高度灵活的特色。

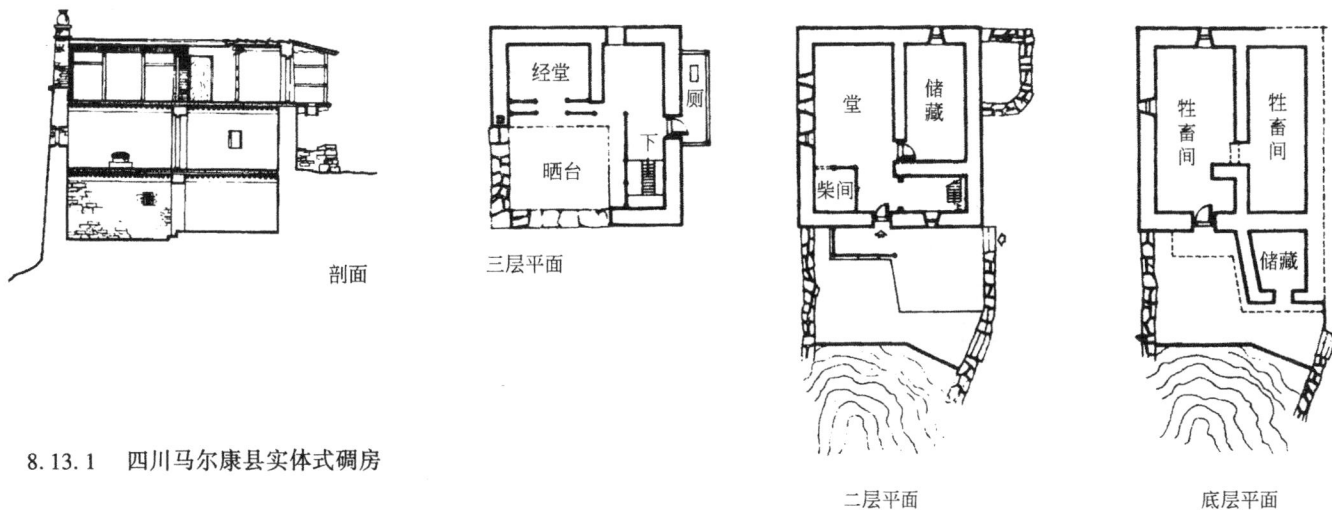

剖面　　　　　　三层平面

8.13.1　四川马尔康县实体式碉房

二层平面　　　　　　　底层平面

8.13.1~3　藏式碉房

　　藏式碉房以厚石墙、木梁柱、小跨、密肋、低层高、平屋顶、梯形窗套为其特色。由于山区木材靠牦牛驮运，木料长度不能超过2米，导致碉房普遍以2米见方的柱网为单元，组成2米×4米、4米×4米、4米×6米等几种平面。居室净高由柱高加上柱托约2.2米，很适合藏区的干寒气候和藏民习惯帐篷低空间的生活习俗。石木混构的碉房，外墙明显收分，呈现上小下大的梯形轮廓，加上石墙的粗犷材质和小窗的窄小尺度，建筑通体稳重、敦实、封闭，取名"碉房"是很确切的。碉房民居有3种基本形式：1. 实体式，见图8.13.1。该宅依山而建，高3层。底层为畜圈、草料房；二层为居室、厨房、贮藏；三层以经堂为主，附以晒台、旱厕。二、三层有木构挑楼伸出，形成材质对比。建筑虽小，但善于结合地形，房屋高低错落，富有变化。2. 天井式，见图8.13.2。该宅为两层带内天井，下层布置起居室、接待室、卧室、库房，上层设经堂、卧室、贮藏。大部分房间是带一根中心柱的4米×4米标准间。布局紧凑，造型严整。3. 廊院式，见图8.13.3。主屋前方接建一圈廊子或廊屋，围合成或大或小的廊院。廊宽2米，是室内生活空间的延伸。一些贵族的廊院式碉房大院可以达到很大的规模。

二层平面

一层平面

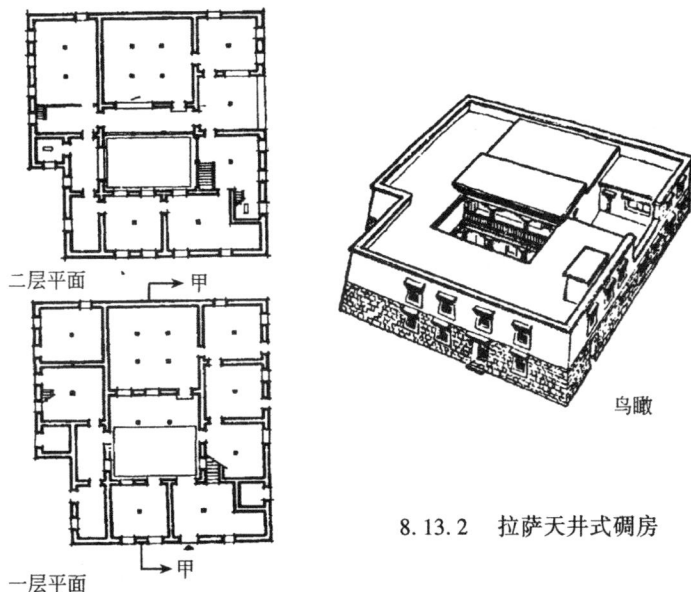

鸟瞰

8.13.2　拉萨天井式碉房

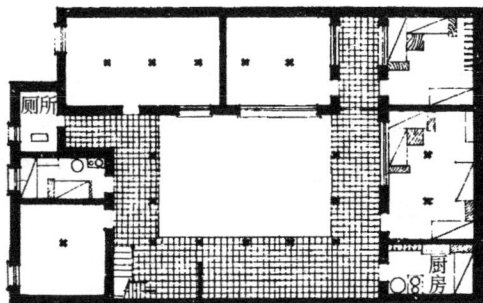

8.13.3　拉萨廊院式碉房

213

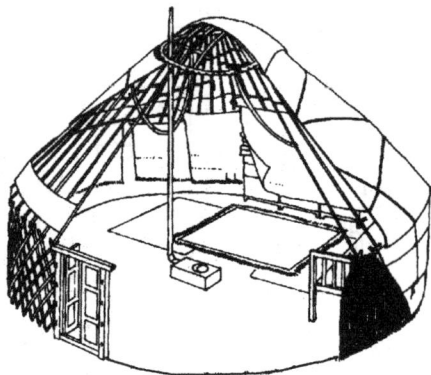

8.14.1 毡包剖视

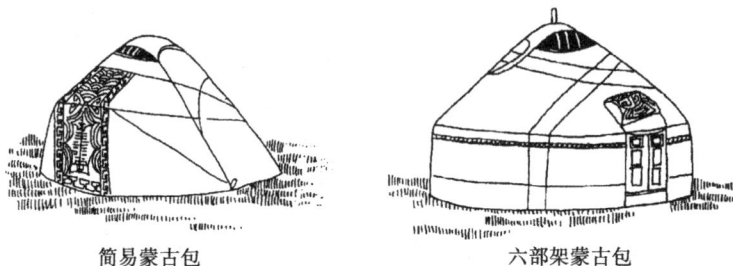

简易蒙古包

六部架蒙古包

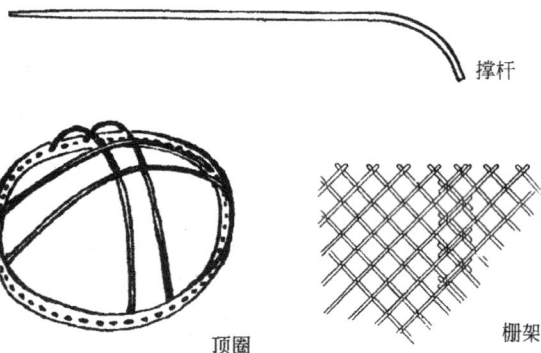

撑杆

顶圈

栅架

8.14.2 毡包的三种构件

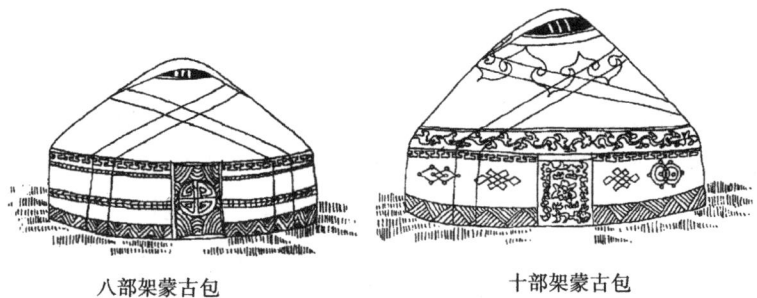

八部架蒙古包

十部架蒙古包

8.14.3 蒙古包的类别

8.14.1~3　蒙疆毡包

居住在内蒙古、新疆辽阔草原的蒙古、哈萨克、柯尔克孜、塔吉克等族的广大牧民，为适应"逐水草而居"的生活方式，形成一种独特的毡包住宅。它是一种圆形的、便于拆装、迁徙的活动房屋。为适应装卸、迁移的需要，毡包的结构、构造力求轻巧简便，它的骨架由3种构件组成：一是栅栏墙架，是用木条做成斜格状的网架，可拉开也可收拢。拉开后高约1.4~1.6米。通常小型的、直径4~5米的毡包，由4片栅栏墙架围成，可用6片、8片、10片以至12片围成不同的大小规格。二是顶圈，是木制的直径约1~1.5米的圆圈，圈上钻一列孔眼，圈内凸起两对（共4根）或3对（共6根）弯杆，使顶圈呈穹隆状。三是

撑杆，是一端弯成弧形的细木杆，长约2~3米。搭建时，将一根根撑杆弯头绑扎在栅架上，另一端插入顶圈孔眼，就支成了毡包骨架。然后再在栅架外铺围毡，在伞状撑杆外铺蓬毡，在顶圈上铺可开启的顶毡。整个毡包的安装，一般用1~2小时即可架起。这在世界各地的传统移动式住宅中，可以说是便捷度很高的。图8.14.3是新疆蒙古族的几种蒙古包，简易的、用4片栅架组成的四部架蒙古包，仅在门上挂带有图案的毡门帘，而八部架、十部架的蒙古包，则比较注意外表装饰，在毛毡外面还围上带有各种色彩鲜艳图案的白布。这些蒙古包，或六、七座，或二、三十座聚集在一起，远望如朵朵白云飘洒在绿色草原上，十分清新悦目。

选图引用出处

1　原始建筑

图 1.1.1　引自黑龙江省文物管理委员会等编著：《阎家岗》，文物出版社，1987 年版

图 1.1.4、1.1.8、1.1.9、1.1.10、引自杨鸿勋著：《建筑考古学论文集》，文物出版社，1987 年版

图 1.1.6、1.2.2　引自杨鸿勋著：《宫殿考古通论》，紫禁城出版社，2001 年版

图 1.1.7、1.2.1　引自潘谷西主编：《中国建筑史》（第四版），中国建筑工业出版社，2001 年版

图 1.1.11　引自《淅川下王岗》，文物出版社，1989 年版

2　夏、商、周建筑

图 2.1.1、2.2.1、2.2.3、2.2.5、2.3.4　引自潘谷西主编：《中国建筑史》（第四版），中国建筑工业出版社，
　　　　2001 年版

图 2.1.2、2.1.4、2.1.5、2.1.6、2.5.4、2.5.5、2.5.7、2.5.9、2.5.10　引自萧默主编：《中国建筑艺术
　　　　史》（上），文物出版社，1999 年版

图 2.1.3、2.5.3、2.5.6　引自刘敦桢主编：《中国古代建筑史》(第二版)，中国建筑工业出版社，1998 年版

图 2.2.2、2.2.4、2.4.2、2.4.4、2.5.8　引自杨鸿勋：《建筑考古论文集》，文物出版社，1987 年版

图 2.3.1、2.3.2、2.3.3、2.4.1、2.4.3、2.5.1、2.5.2　引自《傅熹年建筑史论文集》，文物出版社，1998
　　　　年版

3　秦、汉建筑

图 3.1.1、3.1.3　引自中国大百科全书《考古卷》，中国大百科全书出版社，1986 年版

图 3.1.2、3.3.11、3.3.13、3.6.9、3.6.10-3、3.6.17-2、3.6.18-2、3.6.26、3.6.27、3.6.29　引自萧默主
　　　　编：《中国建筑艺术史》（上），文物出版社，1999 年版

图 3.1.4、3.3.8　引自中国大百科全书《建筑、园林、城市规划卷》，中国大百科全书出版社，1988 年版

图 3.2.2、3.3.1、3.3.2、3.3.3、3.3.4、3.3.5、3.3.9、3.4.1、3.4.3、3.5.4、3.5.5、3.6.1、3.6.2、
3.6.4、3.6.5、3.6.6、3.6.8、3.6.10-1、-2、3.6.12、3.6.13、3.6.14、3.6.16、3.6.18-1、3.6.24、3.6.25
　　　　引自刘敦桢主编：《中国古代建筑史》(第二版)，中国建筑工业出版社，1984 年版

图 3.3.6　引自张泽栋：《云梦出土东汉陶楼》，载《新建筑》1983 年第 1 期

图 3.3.7　引自杨宽：《中国古代陵寝制度研究》，上海古籍出版社，1985 年版

图 3.3.12　引自萧默：《敦煌建筑研究》，文物出版社，1989 年版

图 3.4.2、3.5.5-2、3.6.25-8 引自中国科学院自然科学史研究所主编：《中国古代建筑技术史》，科学出版社，1985 年版

图 3.5.1 引自潘谷西主编：《中国建筑史》（第四版），中国建筑工业出版社，2001 年版

图 3.5.2、3.5.3 引自秦俑坑考古队：《秦始皇陵东侧第三号兵马俑坑清理简报》，载《文物》1979 年第 12 期

图 3.6.3 引自《梁思成文集》（三），中国建筑工业出版社，1985 年版

图 3.6.7、3.6.17-1、3.6.18-2、 引自杨鸿勋：《建筑考古论文集》，文物出版社，1987 年版

图 3.6.28 引自赵康民：《秦始皇陵北二、三、四号建筑遗迹》，载《文物》1979 年第 12 期

图 3.6.29 引自阮长江编绘：《中国历代家具图录大全》，江苏美术出版社，1992 年版

4 三国、两晋、南北朝建筑

图 4.1.1、4.2.1、4.2.2、4.2.4、4.3.1、4.3.2、4.4.5、4.4.9、4.4.10、4.4.11 引自刘敦桢主编：《中国古代建筑史》（第二版），中国建筑工业出版社，1984 年版

图 4.1.2、4.4.6、4.4.7、4.4.8 引自《傅熹年建筑史论文集》，文物出版社，1998 年版

图 4.2.3 引自杨鸿勋：《关于北魏洛阳永宁寺复原草图的说明》，载《文物》1992 年第 9 期

图 4.2.5、4.4.1、4.4.2、4.4.3 引自萧默主编：《中国建筑艺术史》（上），文物出版社，1999 年

图 4.4.4、4.4.5 引自杨鸿勋：《建筑考古论文集》，文物出版社，1987 年版

5 隋、唐、五代建筑

图 5.1.1、5.1.4、5.1.6、5.1.7、5.5.1、5.6.1、5.7.4、5.7.5、5.8.1-3、5.9.8、5.9.9、5.9.11-1 引自萧默主编：《中国建筑艺术史》（上），文物出版社，1999 年版

图 5.1.2、5.1.5、5.2.3、5.3.1、5.3.2、5.3.4、5.3.5、5.3.6、5.3.7、5.3.8、5.3.9、5.3.10、5.4.1、5.4.4、5.4.6、5.6.2、5.6.4、5.6.5、5.9.1、5.9.8、5.9.9 引自刘敦桢主编：《中国古代建筑史》（第二版），中国建筑工业出版社，1984 年版

图 5.1.3、5.2.2、5.2.4、5.2.7、5.2.8、5.2.9、5.9.2、5.9.5 引自《傅熹年建筑史论文集》，文物出版社，1989 年版

图 5.2.1、5.4.2 引自赵立瀛主编：《陕西古建筑》，陕西人民出版社，1992 年版

图 5.2.5、5.2.6 引自杨鸿勋：《建筑考古论文集》，文物出版社，1987 年版

图 5.3.3 引自《柴泽俊古建筑文集》，文物出版社，1999 年版

图 5.3.11、5.9.10-1　引自《梁思成文集》(二)，中国建筑工业出版社，1984 年版

图 5.4.3　引自杨鸿勋：《唐长安荐福寺塔复原探讨》，载《文物》1990 年第 1 期

图 5.4.5、5.6.3　引自《刘敦桢文集》(四)，中国建筑工业出版社，1992 年版

图 5.5.2、5.5.5、5.9.7、5.9.8、5.9.9　引自萧默：《敦煌建筑研究》，文物出版社，1989 年版

图 5.5.3-1、-2　引自秦浩编著：《隋唐考古》，南京大学出版社，1992 年版

图 5.5.3-3、5.5.4　引自刘致平著：《中国居住建筑简史-城市、住宅、园林》，中国建筑工业出版社，1990 年版

图 5.7.1、5.7.2　引自周维权著：《中国古典园林史》，清华大学出版社，1990 年版

图 5.8.1-1、-2　引自《梁思成文集》(一)，中国建筑工业出版社，1984 年版

图 5.9.3　引自傅熹年：《试论唐至明代官式建筑发展的脉络及其与地方传统的关系》，载《文物》1999 年第 10 期

图 5.9.4　摹自王世仁：《理性与浪漫的交织》，中国建筑工业出版社，1987 年版

6　宋、辽、金、元建筑

图 6.1.1、6.3.26、6.3.27　引自潘谷西主编：《中国建筑史》(第四版)，中国建筑工业出版社，2001 年版

图 6.1.2、6.1.6、6.3.7、6.3.8、6.3.9、6.3.15、6.3.16、6.4.11　引自萧默主编：《中国建筑艺术史》
　　　(上)，文物出版社，1999 年版

图 6.1.3　引自萨支平、蔡新日：《由(清明上河图)研究北宋汴京之都市开放空间》，台湾《将作》26，将作
　　　工作坊出版，1985 年版

图 6.1.4　引自林正秋：《南宋都城临安》，西泠印社，1986 年版

图 6.6.1、6.6.2-1、-3　引自邱玉兰：《中国古建筑大系·伊斯兰教建筑》，中国建筑工业出版社

图 6.1.5、6.1.9、6.3.1、6.3.2、6.3.3、6.3.4、6.3.12、6.3.24、6.3.28、6.4.1、6.4.2、6.4.3、6.4.4、
　　　6.4.5、6.4.7、6.4.8、6.4.9、6.4.10、6.5.1、6.5.7、6.5.10、6.6.2 - 2、6.7.1、6.7.2、
　　　6.9.5、6.9.6、6.10.4、6.10.6、6.10.10、6.10.18、6.10.20、6.10.21、6.10.29、6.10.30　引
　　　自刘敦桢主编：《中国古代建筑史》(第二版)，中国建筑工业出版社，1984 年版

图 6.1.7、6.1.8　引自中国大百科全书《考古卷》，中国大百科全书出版社，1986 年版

图 6.2.1、6.2.2、6.2.3、6.2.4、6.2.5、6.8.6　引自《傅熹年建筑史论文集》，文物出版社，1998 年版

图 6.3.5、6.3.10、6.3.11　引自《梁思成文集》(一)，中国建筑工业出版社，1982 年版

图 6.3.6　引自傅熹年：《中国古代建筑外观设计手法初探》，载《文物》2001 年第一期

图 6.3.13 - 1、6.10.1、6.10.5、6.10.11、6.10.12、6.10.13、6.10.15、6.10.17、6.10.19、6.10.22、
　　　　　6.10.23、6.10.24、6.10.25、6.10.26　引自梁思成：《营造法式注释》卷上，中国建筑工业出版社，
　　　　　1980 年版

图 6.3.13 - 2、6.3.14、6.3.15、6.3.16、6.3.17、6.3.18、6.3.19　引自梁思成、刘敦桢：《大同古建筑调查
　　　　　报告》，中国营造学社汇刊第四卷第 3、4 期合刊本

图 6.3.20、6.10.8　引自杨秉纶、王贵祥、钟晓青：《福州华林寺大殿》，载《建筑史论文集》第九辑，1988 年版

图 6.3.21、6.5.3、6.10.7、6.10.14、6.10.16　引自中国大百科全书《建筑、园林、城市规划》，中国大百科
　　　　　全书出版社，1988 年版

图 6.3.22　引自孙大章主编：《中国古今建筑鉴赏辞典》，河北教育出版社，1995 年版

图 6.3.23　引自傅熹年：《试论唐至明代官式建筑发展的脉络及其与地方传统的关系》，载《文物》1999 年第 10 期

图 6.3.25　引自《梁思成文集》二，中国建筑工业出版社，1984 年版

图 6.4.6　引自王世仁：《记后土祠庙貌碑》，载《考古》1963 年第 5 期

图 6.5.2、6.5.4、6.5.5　引自陈明达：《应县木塔》，文物出版社，1966 年版

图 6.5.6、6.5.8、6.6.3、6.10.2、6.10.3　引自中国科学院自然科学史研究所主编：《中国古代建筑技术
　　　　　史》，科学出版社，1985 年版

图 6.5.9　引自《王世仁建筑历史理论文集》，中国建筑工业出版社，2001 年版

图 6.8.1、6.8.2、6.8.3　引自《傅熹年书画鉴定集》，河南美术出版社，1999 年版

图 6.8.4、6.8.5　引自刘致平：《中国居住建筑简史-城市、住宅、园林》，中国建筑工业出版社，1990 年版

图 6.9.1、6.9.2　引自周维权：《中国古典园林史》，清华大学出版社，1990 年版

图 6.9.3　引自潘谷西主编：《中国古代建筑史》第四卷(元、明建筑)，中国建筑工业出版社，2001 年版

图 6.9.4　引自刘托：《两宋私家园林的景物特征》，载《建筑史论文集》第 10 辑

图 6.10.9　引自陈明达：《营造法式大木作研究》，文物出版社，1981 年版

图 6.10.27、6.10.28　引自[宋]李诫：《营造法式》

图 6.10.30、6.10.31、6.10.32　引自阮长江编绘：《中国历代家具图录大全》，江苏美术出版社，1992 年版

7 明、清建筑

图 7.1.1、7.9.3 引自中国大百科全书《建筑 园林 城市规划》中国大百科全书出版社，1988 年版

图 7.1.2、7.10.3、7.10.4、7.12.33、7.12.52 引自中国科学院自然科学史研究所主编：《中国古代建筑技术史》，科学出版社，1985 年版

图 7.1.3、7.1.5、7.1.8、7.2.6、7.2.9、7.2.11、7.4.8、7.4.9、7.5.14、7.5.16、7.5.17、7.5.18

图 7.5.19、7.5.20、7.5.21、7.8.2、7.12.20、7.12.35、7.12.36、7.12.38 引自刘敦桢主编：《中国古代建筑史》（第二版），中国建筑工业出版社，1984 年版

图 7.1.4 引自董鉴泓主编：《中国城市建设史》，中国建筑工业出版社，1989 年版

图 7.1.6、7.1.7、7.1.9、7.2.10、7.3.7、7.3.11、7.3.12、7.3.15、7.4.1、7.4.3、7.4.6、7.4.7、7.5.1、7.5.2、7.5.3、7.5.4、7.6.2、7.8.1 引自潘谷西主编：《中国古代建筑史》第四卷（元、明建筑），中国建筑工业出版社，2001 年版

图 7.1.10、7.2.1、7.2.13、7.3.1、7.3.8、7.3.9、7.3.10、7.5.11、7.5.12 引自潘谷西主编：《中国建筑史》（第四版），中国建筑工业出版社，2001 年版

图 7.2.2 引自《中国美术全集》建筑艺术编 1 宫殿建筑，中国建筑工业出版社，1987 年版

图 7.2.3、7.3.2、7.12.2、7.12.3 引自《傅熹年建筑史论文集》，文物出版社，1998 年版

图 7.2.4、7.2.5 引自梁思成著：《营造法式注释》，中国建筑工业出版社，1983 年版

图 7.2.7、7.2.8 引自《紫禁城》1983 年第 5 期

图 7.2.14 引自茹竟华、彭华亮：《中国古建筑大系·宫殿建筑》，中国建筑工业出版社

图 7.3.3、7.5.5 引自傅熹年著：《中国古代城市规划建筑群布局及建筑设计方法研究》（下册），中国建筑工业出版社，2001 年版

图 7.3.13、7.6.3、7.6.4、7.6.5 引自南京工学院建筑系、曲阜文物管理委员会合著：《曲阜孔庙建筑》，中国建筑工业出版社，1987 年版

图 7.4.2、7.4.5 引自曾力：《明十三陵建筑制度研究》（硕士学位论文）

图 7.4.4、7.4.10、7.4.11 引自王伯阳：《中国古建筑大系·帝王陵寝建筑》，中国建筑工业出版社

图 7.5.6、7.5.7、7.5.8 引自李维信：《四川灌县青城山风景区寺庙建筑》，载《建筑史论文集》第五辑，清

华大学出版社，1981 年版

图 7.5.9、7.5.10　引自《碧云寺建筑艺术》，天津科技出版社，1997 年版

图 7.5.13、7.6.1、7.7.1　引自萧默主编：《中国建筑艺术史》，文物出版社，1999 年版

图 7.5.15、7.6.6　引自《中国古今建筑鉴赏辞典》，河北教育出版，1995 年版

图 7.5.22、7.5.23　引自赵立瀛主编：《陕西古建筑》，陕西人民出版社，1992 年版

图 7.7.2　引自《王世仁建筑历史理论文集》，中国建筑工业出版社，2001 年版

图 7.9.1、7.9.14、7.9.15、7.9.19　引自周维权：《中国古典园林史》，清华大学出版社，1990 年版

图 7.9.2、7.9.8、7.9.9、7.9.10、7.9.11　引自清华大学建筑学院：《颐和园》，中国建筑工业出版社，2000 年版

图 7.9.4、7.9.5、7.9.6、7.9.7　引自陈宝森编著：《承德避暑山庄外八庙》，中国建筑工业出版社，1995 年版

图 7.9.13　引自《清代御苑撷英》，天津大学出版社，1990 年版

图 7.9.16、7.9.17、7.9.18、7.9.20、7.9.21　引自刘敦桢著：《苏州古典园林》，中国建筑工业出版社，1979 年版

图 7.10.1、7.10.2、7.12.12、7.12.13、7.12.21、7.12.22、7.12.23、7.12.24、7.12.25 引自王璞子：《工程做法注释》，中国建筑工业出版社，1995 年版

图 7.11.1、7.11.2-1、-2、-3、-4、-5、-6　引自阮长江编绘：《中国历代家具图录大全》，江苏美术出版社，1992 年版

图 7.12.5　引自刘致平：《中国建筑类型及结构》，建筑工程出版社，1957 年版

图 7.12.1、7.12.8、7.12.11、7.12.16、7.12.17、7.12.18、7.12.19、7.12.44、7.12.45、7.12.46　引自马炳坚著，《中国古建筑木作营造技术》，科学出版社，1991 年版

图 7.12.14、7.12.15　引自梁思成：《清式营造则例》，中国建筑工业出版社，1981 年新 1 版

图 7.12.32、7.12.34、7.12.36、7.12.39、7.12.40、7.12.41、7.12.42、7.12.43　引自刘大可编著：《中国古建筑瓦石营法》，中国建筑工业出版社，1993 年版

图 7.12.50、7.12.51、7.12.53　引自《中国古代建筑彩画图集》

8　传统的延续：近代乡土建筑

图 8.1.1、8.9.2、8.11.1、8.12.2、8.13.1、8.13.2--1、--2　引自刘敦桢主编：《中国古代建筑史》（第二

版），中国建筑工业出版社，1984 年版

图 8.1.2-1、8.1.4、8.1.5、8.1.6、8.1.7、8.1.8　引自马炳坚编著：《北京四合院建筑》，天津大学出版社，1999 年版

图 8.1.3　引自程敬琪、杨玲玉：《北京传统街坊的保护刍议》，载《建筑历史研究》第二辑

图 8.3.1　引自张驭寰：《吉林民居》，中国建筑工业出版社，1985 年版

图 8.2.1、8.2.3、8.3.2、8.4.1、8.4.2、8.5.2、8.9.3~2　引自汪之力、张祖刚主编：《中国传统民居建筑》，山东科学技术出版社，1994 年版

图 8.3.3　引自王其钧编绘：《中国民居》，上海人民美术出版社，1991 年版

图 8.5.1　引自东南大学建筑系、歙县文物管理所编著：《徽州古建筑丛书：瞻淇》，东南大学出版社，1996 年版

图 8.6.1　引自陈志华、楼庆西、李秋香著：《诸葛村》，重庆出版社 1999 年版

图 8.6.2、8.6.3、8.6.4、8.6.5、8.8.1、8.8.2　引自中国建筑技术发展中心建筑历史研究所著：《浙江民居》，1984 年版

图 8.7.1、8.7.2、8.7.4、8.9.1　引自陆元鼎、魏彦钧：《广东民居》，中国建筑工业出版社，1990 年版

图 8.7.3、8.7.5　引自黄汉民：《福建民居的传统特色与地方风格》上，载《建筑师》第 19 辑

图 8.7.6　引自高鉁明、王乃香、陈瑜：《福建民居》，中国建筑工业出版社 1987 年版

图 8.8.3　引自魏挹澧等：《湘西城镇与风土建筑》，天津大学出版社，1995 年版

图 8.9.3-1　引自黄汉民著：《客家土楼民居》，福建教育出版社 1995 年版

图 8.10.3、8.10.4、8.12.2-1　引自侯继尧、王军著：《中国窑洞》，河南科学技术出版社，1999 年版

图 8.11.2　引自云南省设计院《云南民居》编写组：《云南民居》，中国建筑工业出版社，1986 年版

图 8.11.3、8.11.4　引自陆元鼎主编：《中国传统民居与文化》第二辑，中国建筑工业出版社，1992 年版

图 8.12.1、8.14.3　引自新疆土木建筑学会编著严大椿主编：《新疆民居》，中国建筑工业出版社，1995 年版

图 8.13.3　引自拉萨民居调研小组：《拉萨民居》，载《建筑师》第 9 辑

图 8.14.1　引自潘谷西主编：《中国建筑史》（第四版），中国建筑工业出版社，2001 年版